普通高等院校建筑专业"十三五"规划精品教材

生态建筑

（第三版）

Ecological Architecture

主　编　冉茂宇　刘　煜
副主编　孟庆林　董　靓

华中科技大学出版社
中国·武汉

内容提要

本书内容按编写顺序可分为6个部分。第1部分是生态建筑基本知识和原理，包括第1章“生态学基础”和第2章“生态建筑概论”。第2部分是生态建筑选址、规划和场地设计，包括第3章“生态选址与规划”和第4章“可持续场地设计”。第3部分是生态建筑设计，包括第5章“气候适应性设计”、第6章“建筑的仿生设计”和第7章“生态景观设计与规划”。第4部分是生态建筑技术，包括第8章“节能与能源有效利用技术”和第9章“节地、节水与材料循环利用”。第5部分是生态建筑实践案例介绍，包括第10章“生态建筑实践”。第6部分是附录“气候分析工具与方法”。

本书既可作为普通高等院校建筑学、城市规划、风景园林等专业的教材或教学参考书，也可供相关专业的设计与技术人员参考。

图书在版编目(CIP)数据

生态建筑/冉茂宇，刘煜主编. —3版. —武汉：华中科技大学出版社，2019.7(2023.7重印)
普通高等院校建筑专业“十三五”规划精品教材
ISBN 978-7-5680-2553-9

Ⅰ.①生… Ⅱ.①冉… ②刘… Ⅲ.①生态建筑-高等学校-教材 Ⅳ.①TU-023

中国版本图书馆CIP数据核字(2017)第012222号

生态建筑(第三版)
Shengtai Jianzhu(Di-san-Ban)

冉茂宇 刘 煜 主编

策划编辑：金 紫
责任编辑：陈 骏
封面设计：张 璐
责任校对：李 弋
责任监印：朱 玢
出版发行：华中科技大学出版社(中国·武汉) 电话：(027)81321913
武汉市东湖新技术开发区华工科技园 邮编：430223
录 排：武汉楚海文化传播有限公司
印 刷：武汉科源印刷设计有限公司
开 本：850mm×1065mm 1/16
印 张：22.5
字 数：589千字
版 次：2023年7月第3版第3次印刷
定 价：69.80元

第三版前言

本书是对第二版的修订和完善。在修订完善的过程中，一是注重保留第二版系统性、完整性、科学性、实用性、普适性、新旧知识结合的特点；二是注重适于我国高校环境设计等专业师生教学，兼顾相关专业人员参考，做到图表多样化，便于理解并方便多媒体教学；三是对第二版的部分章节进行精简，补充了与"生态建筑"紧密相关的内容，尤其是有关"生态规划"和场地"生物多样性"设计方面的内容。

第 1 章和第 2 章由华侨大学建筑学院冉茂宇和华南理工大学建筑学院孟庆林编写，第 3 章和第 4 章由冉茂宇和西南交通大学建筑学院董靓编写，第 5 章由冉茂宇编写，第 6 章由华侨大学建筑学院薛佳薇编写，第 7 章由西北工业大学建筑系刘煜编写，第 8 章由冉茂宇和西北工业大学建筑系李静编写，第 9 章由华侨大学建筑学院薛佳薇和龙淳编写，第 10 章由华侨大学建筑学院袁炯炯编写，附录部分由冉茂宇编写。本书由冉茂宇、刘煜担任主编，孟庆林、董靓担任副主编，由冉茂宇统稿，刘煜进行补充，最后由华中科技大学建筑与城市规划学院李保峰教授审校。编写组衷心地感谢李保峰教授在百忙之中给予的大力支持，衷心地感谢华中科技大学出版社给予充裕的时间来编写和修订本书，同时还要感谢所有支持编写该书的人员，特别是华侨大学建筑学院彭晋媛、郑松、刘毅军等。

本书在成稿过程中，不同专家对书名有不同的理解和建议。有专家认为，"生态建筑"只是借鉴了生态学思想方法的建筑，其内容与复杂的生态学内容的关联度非常有限；再者，近些年来冠以"生态"之名的宣传太多(如生态停车场、生态厕所等)，有时这种宣传反而让人对生态的理解产生偏差；此外，"生态建筑"是中性词，而"绿色建筑"是褒义词，因此用后者作书名相对较好。另有专家则认为，"生态建筑"较"绿色建筑"学术性强，并且有"生态学"的原理和方法作支撑，可以使教材的系统性和整体性较好，从而体现教材的特色。此外，从"生态建筑"和"绿色建筑"名称的产生和发展来讲，"生态建筑"更多关注建筑活动与自然生态系统之间的整体互动关系，而"绿色建筑"更多关注建筑活动对人类的影响，虽然两者在实际使用中，内涵已经有许多交融互通之处，并且都在"可持续发展建筑"的大范畴之内，但从生态的角度理解和研究建筑显然具有更深刻的内涵和教育意义。这里对"生态建筑"名称的不同理解作出说明，是希望能呈现不同的观点，从而可以给读者更多思考的空间。

应该说，生态建筑在很多方面尚待研究和完善，因此，本书所编与修订内容肯定有不全面、不具体、不恰当之处，又由于编者学识水平和专业知识的限制，谬误之处在所难免，敬请读者批评指正。

冉茂宇

2019 年 5 月 24 日

目　　录

第1章 生态学基础

自20世纪70年代以来,随着环境污染、资源短缺、人口膨胀和生态破坏等问题的出现与加剧,生态学在过去几十年间获得了广泛的关注和发展。它不仅与许多自然科学的分支学科相融合,而且也和许多社会科学学科相结合,形成了许多交叉的边缘学科。生态建筑学是生态学与建筑学相互融合的结果,是生态学基本原理与知识在建筑学中的应用与体现。在学习生态建筑时,生态学的基础知识和原理是不可缺少的,这一章将对这些必备的基本知识作简要介绍。

1.1 生态学的产生与发展

1.1.1 生态学的产生

生物学是研究生物有机体的形态、结构和功能的学科。生态学是生物学发展到一定程度后,从生物学中孕育出来的一门分支学科。近代科学产生后,人们开始对自然界的各种动植物进行分门别类的单独研究。从19世纪初至19世纪中叶,植物地理学家、水生生物学家和动物学家在各自的领域里进行了深入的研究,对自然界的动物、植物和微生物以及人这种特殊生物的知识已有相当的积累。随着科学发展,人们发现生物体与环境之间有着重要的依存关系。一方面,生物必须从环境中获取食物、水等才能生存,环境对生物个体或群体有着很大的影响;另一方面,生物的活动也在某些方面改变着环境,如动物的排泄物和遗骸增加了环境中的营养成分,植被的覆盖使原先裸露的土壤表面变得湿润、阴凉等。因此,人们认识到,只研究生物有机体的形态、结构和功能还不能全面认识生物,生物与其环境两者不能截然分开,必须进一步将两者作为一个整体来看待并加以研究。

1886年德国动物学家赫克尔(E. Haeckel)首次提出了"生态学"(Ecology)的概念,它标志着生态学这门新学科的正式诞生。"Ecology"一词来源于希腊文"Oikos"和"Logos",前者是"家"或"住处"之意,后者为"学科"之意。因此,生态学有管理生物或创造一个美好家园之意。赫克尔最初给生态学下的定义是:"我们把生态学理解为与自然经济有关的知识,即研究动物与有机环境和无机环境的全部关系。此外,还包括与它有着直接或间接接触的动植物之间的友好的或有敌意的关系。总而言之,生态学就是对达尔文所称的生存竞争条件的那种复杂的相互关系的研究。"显然,这一定义主要是基于对动物的研究而提出的。1889年,他又进一步指出:"生态学是一门自然经济学,它涉及所有生物有机体关系的变化,涉及各种生物自身以及他们和其他生物如何在一起共同生活。"这样就把生态学的研究范围扩大到对动物、植物、微生物等各类生物与环境相互关系的研究。自此之后的将近一个世纪,生态学的定义几乎没有变化。

1.1.2 生态学的发展

生态学作为一门独立的学科,提出之初并不为人们所立即接受,主要原因在于生态学是一门多形态的学科,早期的研究对象不像其他传统学科那样明确,且其尺度并不确定。这种状况一直持续到种群研究的广泛开展后才有所改观。

在20世纪前半叶里，生态学出现了兴旺发达的景象，形成了比较完备的理论体系和研究方法，并产生了许多分支学科。这些分支学科的研究对象和侧重点各不相同，有些研究水生动物，有些研究植物，有些侧重于个体，有些侧重于区域群体。研究方法也不相同，有实地调查，也有数学统计和模型推导，逐步完善了描述性生态学工作。但总体而言，这一时期研究较多的是植物生态学，其次是动物和微生物生态学，较少把人类本身作为自然界一员纳入到生态学研究中去。

从20世纪后半叶至今，生态系统成为生态学最活跃的研究对象，尤其是迈入20世纪60年代后，由于环境问题变得越来越严峻，生态学的研究更是得到了迅速发展。人们已不仅能够运用生态学传统理论对动植物和微生物的生态学过程做出较为科学的解释，而且在个体、种群、群落和生态系统等领域的研究都取得了重大进展。特别是其他学科的加盟和相互渗透，计算机技术和遥测技术等的应用，系统论和控制论方法的引入，都进一步丰富并拓展了生态学的研究内容和方法。目前，人类面临的环境污染、人口爆炸、生态破坏与资源短缺等全球性问题的解决，都有赖于对地球生态系统的结构和功能、稳定和平衡、承载能力和恢复能力的研究。生态学的一般理论及其分析方法也正在向学科的其他领域和相邻的社会学、人类学、城市学、心理学等领域渗透，现代自然科学的主导趋势之一是“生态学化”。

随着研究对象和内容的发展，生态学的概念也在不断发展和完善。20世纪60年代以来出现了许多生态学的新定义，例如，美国生态学家奥德姆(E. P. Odum，1971)曾提出：“生态学是研究自然界结构和功能的科学，这里需要指出的是人类也是自然界的一部分。”1997年，他又在其撰写的新书《生态学——科学与社会的桥梁》中进一步指出，生态学越来越成为一门研究生物、环境及人类社会相互关系的独立于生物学之外的基础学科，一门研究个体与整体关系的学科。我国学者马世骏(1980)也提出：“生态学是一门多学科的自然科学，研究生命系统与环境系统之间相互作用规律及其机理。”这些新定义进一步扩展了生态学的研究内容和对象，将研究对象从有机体推及所有的生命系统，这种生命系统除了自然的动植物外，还包含人类自身。生态学最一般的定义是：生态学是研究生物与生物之间、生物与非生物之间的相互关系的科学。

1.1.3 生态学研究对象

地球上的生物可以分成不同的层次或组织水平。生态学家奥德姆形象地用“生物学谱”来表示生态学研究的不同层次对象(见图1-1)。不同层次对象及其作用如下：基因——构成生命物质的最小单位；细胞——生物体的基本结构和功能单位；个体——生物物种存在的最小单位；种群——同种个体的集合群体，是物种得以世代遗传的保证；群落——生境[①]中所有动植物和微生物的总合，是生态系统的重要组成部分；生态系统——生物群落与非生物环境组成的物质循环系统和能量流动系统，是生态学中的基本功能单位。生态学的研究对象是从简单到复杂、从低级到高级的各种生命组织。当生命组织从一个层次过渡到另一个较高的层次时，就会出现一个新的特性。早期生态学以研究生物个体为主，致使其难以与生物学研究对象相区别，故此，生态学作为一门单独的学科，迟迟不为人们所接受。经典生态学以研究种群和群落为主，现代生态学则是以研究生态系统为核心。

---

① 生境(Habitat)：一个生物体或由生物体组成的群落所栖居的地方，包括周围环境中一切生物的和非生物的因素或条件。

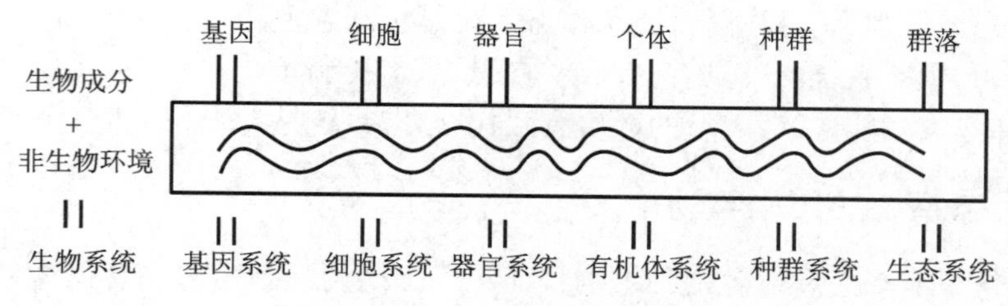

图1-1　生态学研究的不同层次对象[1]

1.2　自然生态系统

1.2.1　自然生态系统的组成与特点

自然生态系统是由非生物环境和自然生物成分组成的系统。非生物环境包括气候因子(太阳辐射、风、温度、湿度等)、生物生长的基质和媒介(岩石、砂砾、土壤、空气和水等)、生物生长代谢的物质(二氧化碳、氧气、无机盐类和水等)三个方面。在自然生态系统中,生物被分为生产者、消费者、分解者。生产者主要是绿色植物,它利用太阳能把二氧化碳和水合成为碳水化合物,从而将太阳能以化学键能的形式储存于有机物中,生产带有能量的有机物。消费者指直接或间接从植物获得能量的各种动物,包括食草动物、食肉动物和杂食动物等。食草动物也称一级消费者或初级消费者,肉食动物也称为次级消费者。杂食动物也称兼食性动物,是介于食草动物和食肉动物之间,既吃植物又吃动物的生物,人就是典型的杂食动物。分解者是指能分解动植物尸体的异养生物,主要是细菌、真菌和某些原生动物及小型土壤动物(例如甲虫、白蚁、某些软体动物等),它们把酶分泌到动植物残体的表面或内部,酶能把生物残体消化为极小的颗粒或分子,最终分解为无机物质,归还到环境中,再被生产者利用。

地球上有无数大大小小的自然生态系统(见图1-2),大到整个海洋、整块大陆,小至一片森林、一块草地、一个小池塘等。根据水陆性质不同,可将地球生态系统划分为水域生态系统和陆地生态系统两大类。水域生态系统又可分为淡水生态系统和海洋生态系统两个次大类,陆地生态系统则可分为森林生态系统、草原生态系统、荒漠生态系统、高山生态系统、高原生态系统等。

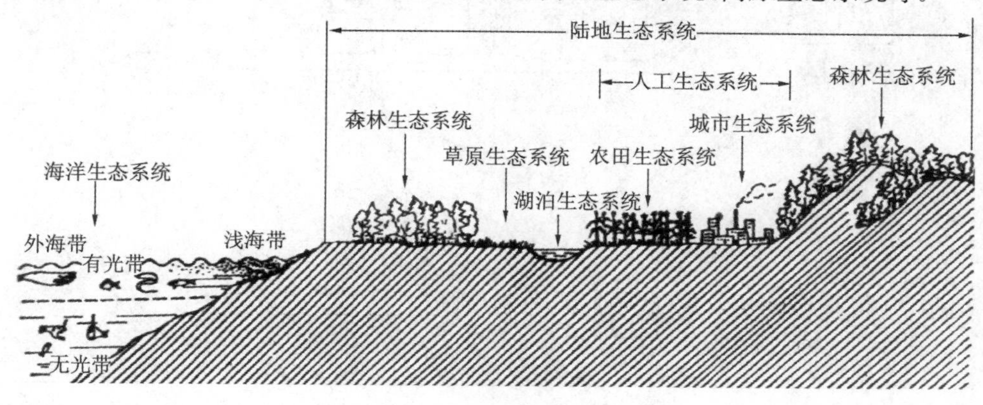

图1-2　地球上生态系统的类型[2]

任何自然生态系统都具有以下特性:①生态系统是生态学上的一个结构和功能单位,属于生态学上的最高层次;②生态系统内部具有自调节、自组织、自更新能力;③生态系统具有能量流动、物质循环、信息传递三大功能;④营养级的数目有限;⑤生态系统是一个相对稳定的动态系统。

1.2.2 自然生态系统的结构与功能

自然生态系统具有形态和营养两种结构特征。形态结构是指生态系统的生物种类、数量的水平和垂直分布以及种的发育和季相变化等。营养结构是指生态系统各组成成分间由于营养物质的流动形成的关系。自然生态系统具有物质循环、能量流动和信息传递的功能。

(1)自然生态系统中的物质和能量生产。在自然生态系统中,绿色植物通过光合作用将太阳能转换为化学键能并储存在有机物中,这就是生态系统中的能量的生产;同时,通过光合作用将无机物合成为有机物,这就是生态系统中的物质生产。光合作用过程可概括为

$$6CO_2 + 12H_2O + 光 \rightarrow C_6H_{12}O_6 + 6O_2 \uparrow + 6H_2O$$

自然生态系统中,绿色植物生产能量和物质的过程称为初级生产。有了初级生产,能量就在生态系统中流动,物质就在生态系统中循环。消费者和还原者利用初级生产量进行的生产称为次级生产,表现为动物和微生物的生长、繁殖和营养物质的存储等生命活动过程。

(2)自然生态系统中的能量逐级流动。在自然生态系统中,绿色植物利用光合作用将太阳能转换为化学键能储存于有机物中,随着有机物质在生态系统中从一个营养级到另一个营养级传递,能量不断沿着生产者、食草动物、一级食肉动物、二级食肉动物等逐级流动。这种能量流动是单向的、逐级的,且遵循热力学第一定律和热力学第二定律:能量在流动过程中,要么转换为其他形式的能量,要么以废热形式消散在环境中(见图 1-3)。能量在从一个营养级向下一个营养级流动的过程中,一定存在耗散。

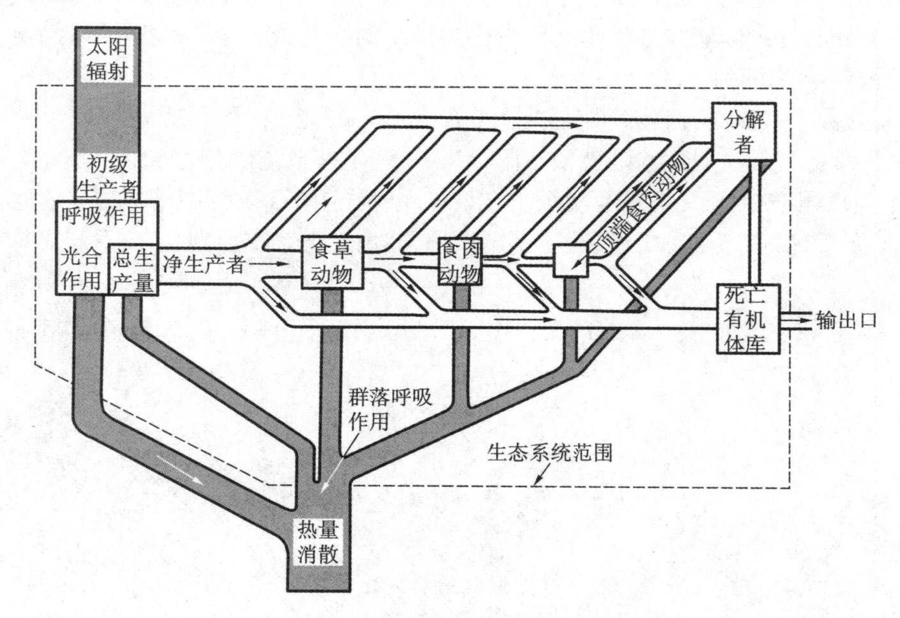

图 1-3 生态系统中的能量逐级流动[3]

生态效率是指物质或能量从一个营养级到下一个营养级的利用效率,即营养级物质生产量与

其物质消耗量之比值。在自然生态系统中，食物链越长，损失的能量也就越多。在海洋生态系统和一些陆地生态系统中，能量从一个营养级到另一个营养级，其转换效率一般为10%，约90%的能量在流动过程中散失掉了。这一定律称为林德曼“百分之十”定律。

(3)自然生态系统中的物质循环。生态系统中的物质主要是指生物为维持生命活动所需要的各种营养元素，包括能量元素：碳(C)、氢(H)、氧(O)，它们占生物总质量的95%左右；大量元素：氮(N)、磷(P)、钙(Ca)、钾(K)、镁(Mg)、硫(S)、铁(Fe)、钠(Na)；微量元素：硼(B)、铜(Cu)、锌(Zn)、锰(Mn)、钼(Mo)、钴(Co)、碘(I)、硅(Si)、硒(Se)、铝(Al)、氟(F)等。它们对于生物来说，缺一不可。这些物质，从大气、水域或土壤中通过生产者的吸收进入自然生态系统，然后转移到食草动物和食肉动物等消费者，最后被还原者分解转化回到环境中。这些释放出来的物质，又再一次被植物利用吸收，再次参加生态系统的物质循环。图1-4和图1-5所示为地球生态系统中的碳循环和水循环。

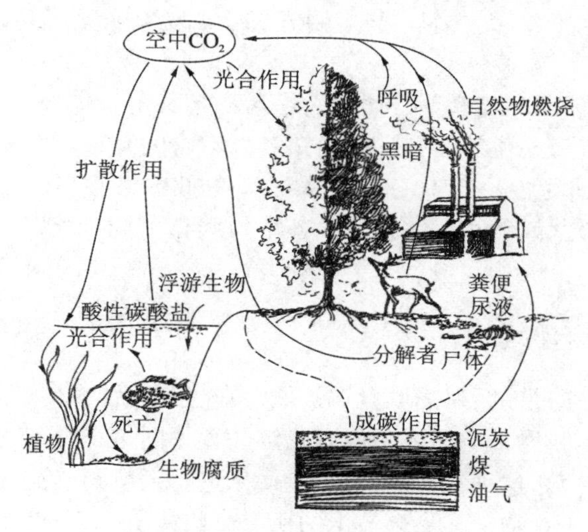

图1-4 地球生态系统中的碳循环[4]

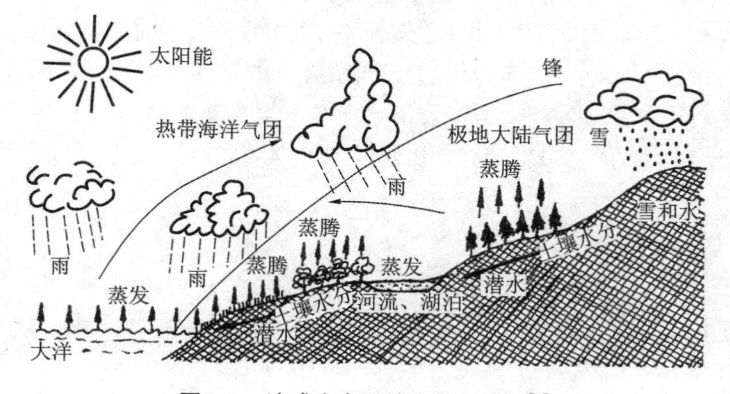

图1-5 地球生态系统中的水循环[2]

物质循环和能量流动是自然生态系统的两大基本功能，两者不可分割，是一切生命活动得以存在的基础。如果说自然生态系统的能量来自太阳，那么构成自然生态系统所需要的物质必须由地球供给。

(4)自然生态系统中的信息传递。在自然生态系统中，种群与种群之间，同一种群内部个体与个体之间，甚至生物与环境之间都可以表达、传递信息。信息不是物质，也不是能量，但信息必须以物质或能量为载体进行传输。信息传递与能量流动和物质循环一样，都是生态系统的重要功能，它通过多种方式的传递把生态系统的各组分联系成一个整体，具有调节系统稳定性的功能。自然生态系统中的信息一般分为基因信息和特征信息两大类[5]。基因信息是生命物种得以延续的保证，是一组结构复制体。它记录了生物种类的最基本性状，在一定的生物化学条件下，可以重新显示发出者的全部生理特征。特征信息分为物理信息、化学信息、营养信息、行为信息 4 类，主要用于社会交流与通信。

通信是指种群中个体与个体之间互通信息的现象。只有互通信息，个体之间才能互相了解，各司其职，在共同行动中协调一致。信号是个体之间用以传递信息的行为或物质。通信根据信息的传递途径分为以下三种类型。化学通信：由嗅觉和味觉通路传导信息。机械通信：由触觉、听觉通路进行传导，包括声音和触压方面。辐射通信：由光感受或视觉来完成其通信，视觉信号包括动作、姿势以及各种色彩的展示。

通信的生态意义如下。①相互联系。通信引导动物与其他个体发生联系，维持个体间相互关系，例如，标记居住场所、表示地位等级等可以通知对方本身的存在，使行为易于被感受者所接受。②个体识别。通过通信，动物彼此互相识别。③减少动物间的格斗和死亡。标记居住场所、表示地位等级，可以减少社群成员之间的相争。④帮助各个体间行为同步化。⑤相互警告。⑥有利于群体的共同行动。

1.2.3　食物网与生态金字塔

植物所固定的太阳能通过一系列的取食和被取食在生态系统中传递，形成食物链，各种食物链相互交错、紧密结合形成食物网。自然界中的食物链和食物网是物种与物种之间的营养关系，这种关系是错综复杂的。为了简化这种复杂的关系，以便于进行定量的能流分析和对物质循环的研究，引入了营养级的概念。处于食物链某一环节上的所有生物构成一个营养级。营养级之间的关系是指某一层次上的生物和另一层次上的生物之间的关系。

在自然生态系统中，营养级之间的关系总是后一营养级依赖于前一营养级，输入到一个营养级的能量只有 10%～20%流到后一个营养级。物质和能量的数量逐级传递，形成生态金字塔，如图 1-6 所示。生态金字塔可以是能量金字塔、数量金字塔，也可以是单位面积生物的重量，即生物量金字塔。图 1-7 示出了一种简化的温带针阔叶混交林中的食物网。

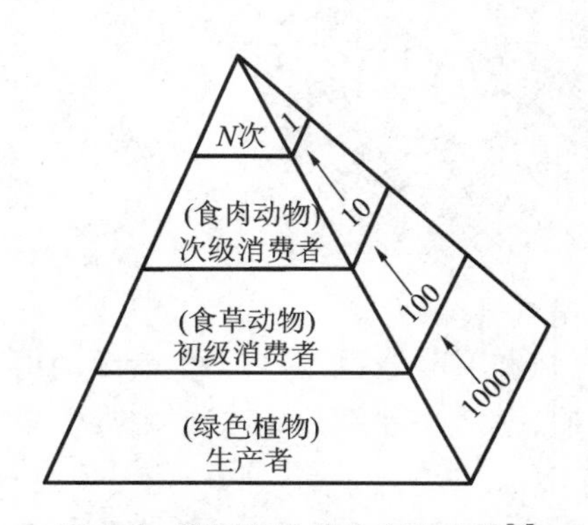

图 1-6　能量流动的生态金字塔[6]

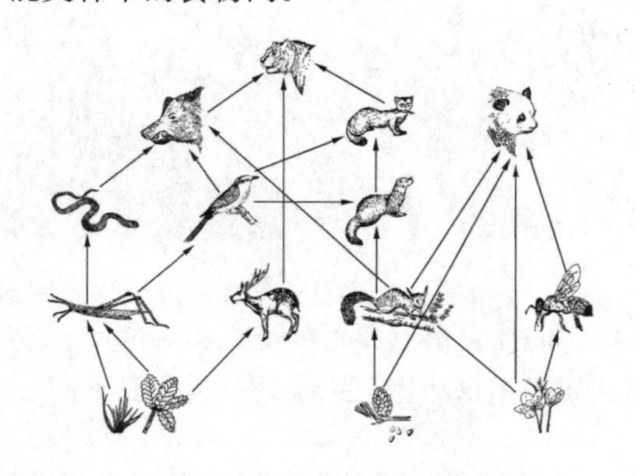

图 1-7　一种简化的温带针阔叶混交林中的食物网[2]

1.2.4　自然生态系统的平衡与演替

自然生态系统的平衡是指在一定时间内，系统中能量的流入和流出、物质的产生和消耗、生物与生物之间相互制约、生物与环境之间相互影响等各种对立因素达到数量上或质量上的相等或相互抵消的状态。生态平衡是一种动态平衡，它使生态系统的结构和功能在一定时间范围内保持相对不变（即处于相对稳定状态）。一个相对平衡稳定的自然生态系统，在环境改变和人类干扰的情况下，在一定的范围内，能通过内部的调节机制，维持自身结构和功能的稳定，保持自身的生态平衡，这种调节机制称为稳定机制。生态系统的稳定机制是有一定限度的，超出了这个限度，将造成系统结构的破坏、功能的受阻和正常关系的紊乱，系统不能恢复到原有状态，甚至导致系统的毁灭，这种状态称为生态失衡。影响生态平衡的因素很多，主要有植被破坏、物种数量减少、食物链被破坏等。

自然生态系统演替是指生态系统的结构和功能随时间而改变，表现为一个群落被另一个群落取代的现象。自然生态系统的演替具有自调节、自修复、自维持、自发展并趋向多样化和稳定的特点，是有规律地以一定顺序向固定的方向发展的，是可预见的（见图 1-8）。任何一类演替都需经过迁移、定居、群聚、竞争、反应、稳定 6 个阶段。演替是物理环境改变的结果，但同时受群落本身控制，是从种间关系不协调到协调，从种类组成不稳定到稳定，从低水平适应环境到高水平适应环境，从物种少量性向物种多样性发展，最后形成一个与周围环境相适应的、稳定的顶级生态系统（例如气候顶级生态系统）的过程。在顶级生态系统中有最大的生物量和生物间共生功能。

在自然生态系统演替各阶段中，各物种是相互适应的，一个物种的进化会导致与该物种相联系的其他物种的选择压力发生变化，继而使这些物种也发生改变，这些改变反过来又进一步影响原有物种的变化。因此，在大部分情况下，物种间的进化是相互影响的，共同构成一个相互作用的协同适应系统。

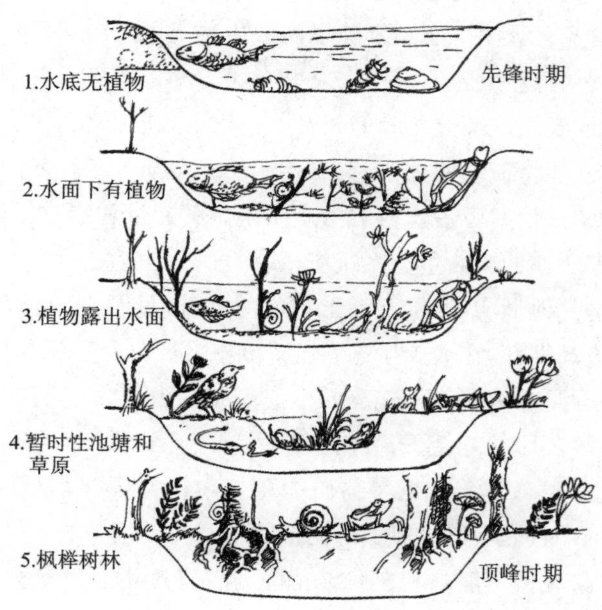

图 1-8　从池塘到森林的演替[4]

1.3　人工生态系统与生态足迹

1.3.1　人工生态系统

人工生态系统是指有人为因素参与或作用的生态系统。人工生态系统按人为因素参与或作用的程度不同可分为低级、中级、高级人工生态系统。人工化程度越高,人为主导作用越强,自然因素就越少,或者说自然因素所起的作用就越小。例如,渔猎文明时期,由于人类生产力低下和社会关系简单,人工生态系统的运作与自然生态系统没有多大差别,属于低级的人工生态系统;农业文明时期,由于人类培养栽种农作物,驯养禽兽,自身可以部分控制或调节生态系统中物质和能量的生产与输出,可认为是中级的人工生态系统;高度现代化的城市属于高级人工生态系统,它本身不具备物质和能量的生产以及废弃物降解能力,是一个物质和能量及其消费高度集中并产生大量废弃物的人工生态系统。人工生态系统有以下几点特性。

(1)任何人工生态系统都是某一自然生态系统的子系统,人为因素或作用可增加或减弱该自然生态系统的物质和能量生产,可促进或阻止该自然生态系统的进化与发展,还可修复或破坏该自然生态系统的结构和功能。其结果的好坏完全取决于人类的活动。

(2)人工生态系统通常是以人为中心的生态系统。人是这个系统的核心和决定因素[7]。这个系统是人根据自己的决定创造的,反过来又作用于人。因此,在人工生态系统中,人既是调节者也是被调节者。人的主观能动性对人工生态系统的形成和运行有很大影响。例如,人可以在人工生态系统中合成利用自然界并不存在的新物质,这些物质如果不能被自然界分解,就会危害自然界,进而危害人工生态系统自身。人工生态系统除了涉及生物人的特性,还涉及人与人之间的社会关系以及经济关系,它是一种自然-社会-经济三位一体的复合生态系统。

(3)人工生态系统中的各组成部分之间的相互作用,仍是通过物质代谢、能量流动、信息传递而进行的。物质代谢的快慢、能量流动的大小、信息传递的多少与人工程度的高低有关。

(4)人工生态系统通常是消费者占优势的生态系统。其能量和物质相对集中,全部或部分由外部环境输入,因此,它对其所在的自然生态系统有依存性。人工生态系统中,物质能量结构是金字塔状还是倒金字塔状或是其他形状,取决于人工程度的高低(见图1-9)。在自然生态系统中,能量和物质只依靠食物网而流动循环,在人工生态系统中,吃、穿、住、行等都是能量和物质的流动途径。

(5)人工生态系统通常是分解功能不充分的生态系统。由于人工生态系统中缺乏或仅存少量的分解还原者,造成其分解还原功能低下;又由于有大量废弃物排出,导致人工生态系统中的环境受到严重污染。因此,人工生态系统无论是物质能量生产还是废弃物吸收,都依赖于外部环境系统。人工程度越高的系统,对周围环境的依赖越强。

(6)人工生态系统的自我调节能力和自我维持能力较自然生态系统薄弱。由于人工生态系统或多或少对外界自然环境有依存性,其抗外界干扰和破坏的能力较弱,稳定性较差。

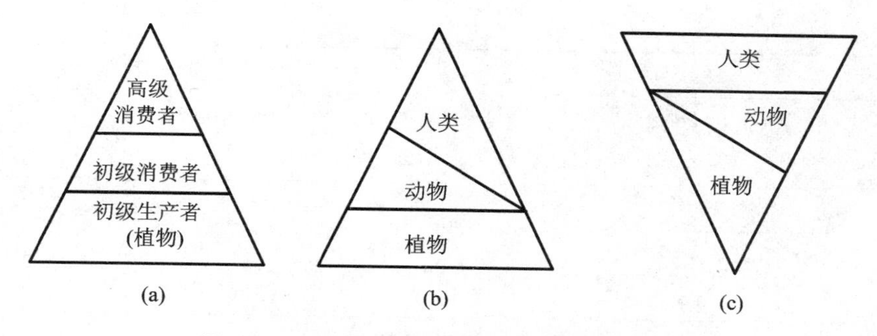

图 1-9 不同类型生态系统的消费金字塔结构

(a)自然生态系统;(b)农村生态系统;(c)城市生态系统

1.3.2 生态足迹(Ecological Footprint)

众所周知,任何自然生态系统中的资源数量总是有限的,只能承受一定数量的生物。因此,生态学中的"容纳量"是指生活在某一自然生态系统内,在不导致该系统受到永久性破坏的情况下的某一种生物的数量。另外,在自然生态系统中,存在着生物的"领域行为"和"领域范围"现象。为了维持某种生物量的生存,需要一定领域范围的资源作为支撑。在人工生态系统中,由于有人为因素的参与和作用,其能量流动和物质循环涉及的范围较自然生态系统要广泛得多,其利用目的和形式也复杂多样,因此,不能将自然生态系统中的"容纳量"概念用于人工生态系统。"生态足迹"是类似于"领域范围"但用于人工生态系统的一个概念,定义为"能维持某一地区人口的现有生活水平,并能消解其生产的废物所需要的可生产土地和水域的面积"[8]。通过生态足迹的计算,可以非常直接明了地了解某一地区、某一城市乃至某一国家的人们,为了维持目前的生活水平所需要的可生产土地和水域的面积。生态足迹理论是一种非常有效直观的理论,有利于我们转变思考问题的视角和方式,从而对目前的生态问题和可持续发展有更深刻和更全面的认识。生态足迹的具体计算公式为

$$\mathrm{EF} = N[ef] = \sum (aa_i) = \sum (c_i / P_i) \tag{1-1}$$

式中,i 为消费品和投入的类型;P_i 为 i 种消费品的全球平均生产能力;c_i 为 i 种消费品的人均消费量;aa_i 为人均 i 种消费品折算的生物生产性土地或水域面积;N 为人口数;ef 为人均生态足迹;EF 为总的生态足迹。

在计算生态足迹时,主要考虑六种类型生物生产性土地和水域面积。①化石燃料地:人类应该留出吸收二氧化碳的土地。②可耕地:最有生产能力的土地。③林地:包括人工林和天然林。④草场:人类用来饲养牲畜的土地。⑤建筑用地:目前人类定居和道路建设用地。⑥水域:供生产水生物产品的土地。表 1-1 是 1997 年和 2009 年部分国家和地区的生态足迹。

表 1-1 1997 年和 2009 年部分国家和地区人均生态足迹

国家	1997 年[9]			2009 年[10]		
	生态足迹 (hm^2/人)	承载力 (hm^2/人)	生态盈余 (hm^2/人)	生态足迹 (hm^2/人)	承载力 (hm^2/人)	生态盈余 (hm^2/人)
加拿大	7.7	9.6	1.9	5.0	14.5	9.6

续表

国　　家	1997 年[9]			2009 年[10]		
	生态足迹 (hm²/人)	承载力 (hm²/人)	生态盈余 (hm²/人)	生态足迹 (hm²/人)	承载力 (hm²/人)	生态盈余 (hm²/人)
丹麦	5.9	5.2	−0.7	7.6	5.5	−2.0
芬兰	6.0	8.6	2.6	5.6	13.4	7.8
法国	4.1	4.2	0.1	6.4	4.9	−1.5
德国	5.3	1.9	−3.4	4.5	2.1	−2.3
意大利	4.2	1.3	−2.9	4.3	3.6	−0.8
日本	4.3	0.9	−3.4	3.8	0.6	−3.2
荷兰	5.3	1.7	−3.6	5.9	1.3	−4.6
澳大利亚	9.0	14.0	5.0	5.3	14.3	9.0
新西兰	7.6	20.4	12.8	2.7	10.1	7.4
美国	10.3	6.7	−3.6	6.9	3.9	−3.0
中国	1.2	0.8	−0.4	2.2	0.9	−1.4
印度	0.8	0.5	−0.3	0.9	0.5	−0.4
印度尼西亚	1.4	2.6	1.2	1.3	1.4	0.1
孟加拉	0.5	0.3	−0.2	0.7	0.4	−0.3
巴基斯坦	0.8	0.5	−0.3	0.8	0.4	−0.3
巴西	3.1	6.7	3.6	2.9	9.6	6.7
阿根廷	3.9	4.6	0.7	2.1	6.5	4.4
全球	2.8	2.1	−0.7	2.6	1.8	−0.8

1.4　生物多样性与生态冗余

1.4.1　生物多样性

生物多样性可定义为生物多样化和变异性以及生境的生态复杂性。它包括植物、动物和微生物物种的丰富程度、变化过程以及由其组成的复杂多样的群落、生态系统和景观。生物多样性一般有三个水平：遗传多样性——地球上各个物种所包含的遗传信息之总和；物种多样性——地球上生物种类的多样化（由生物群落中物种的数目及其分配状况来衡量）；生态系统多样性——生物圈中生物群落、生境与生态过程的多样化。

生物多样性是地球上经过几十亿年发展进化出的生命总和，是生物圈稳定和生态平衡不可缺少的一种特性，是人类社会赖以生存和发展的物质基础，是自然科学、社会科学、旅游观赏、文化历史、精神文明等多门学科教育和研究的重要材料。每一种生物都是大自然的杰出创造和人类的宝贵财富，失去则不可复得。赫利韦尔（Helliwell，1969）将生物多样性的价值归纳为 7 个方面：①直接收入——通过旅游观赏、考察、钓鱼、狩猎和采摘果实等活动直接获得物质和经济收入；②遗传库——每种生物都是一个遗传库，其中遗传物质的保存有利于动植物品种改良等，并且是提供新医药、新食品的来源；③维持生态平衡——动植物自然种群保障了生态系统的稳态，例如可以避免有害生物的大爆发；④教育价值——通过直接或有趣的方式，让人们知道生物世界是如何产生功能的，使人们从中得到教育；⑤科学研究价值——生物多样性是人们研究生物学问题的材料，并且有益于科研工作者的训练；⑥满足自然爱好——生物多样性为一些业余的自然爱好者提供兴趣基础，也为摄影家、艺术家、诗人等提供题材；⑦地方特征——某些地方的特有生物多样性成为其地方特征。

由于人类活动的不断增加和无节制地索取，滥捕乱猎活动和各种有毒物质的使用导致了生物栖息地的改变甚至减少，大量生物死亡，致使生物多样性趋于枯竭或绝灭。世界自然保护联盟的科学家们在2007年对全球4万种动植物进行了调查，统计结果显示：1/3的两栖动物、1/4的哺乳动物、1/8的鸟类和70%的植物被列为“极危”“濒危”“易危”三个级别，都属于生存受到威胁的物种；面临灭绝危机的动植物比2006年增加了188种，已达到16306种，占被评估全部物种的40%左右。因此，生物多样性的保护工作已迫在眉睫。

1.4.2 生态冗余

冗余是指系统为了保证自身正常运转或相对稳定，所具有的某种储备或调节机制。对于一个机械系统而言，其零件总是有一定寿命的，它们不可避免地会发生故障。为保障系统的正常运转，就必须为系统配备一定数量的零件，这种备件就是机械系统的冗余。没有冗余的系统是脆弱的，经不起随机事件的干扰。生态冗余是指生态系统或生命有机体为了自身的发展以及保证自身结构和功能的稳定所做出的一种战略性储备或调节机制[11]。例如，自然生态系统中各种营养级的存在就是一种营养结构的冗余；当自然生态系统的某种食草动物遭受捕食者的猎杀或某种外界因素的干扰时，其种群数量会大幅度下降，但只要还有其他种类的食草动物可供捕食者捕猎，就不会导致该食草动物营养级的毁灭。同样，捕食者由于有多种猎物可捕食，也不会因某一种猎物灭绝而立即灭绝。这样，食物网就比食物链更能使生态系统结构稳定。实践经验已经表明，生态系统越复杂，生物多样性越丰富，则其结构和功能越稳定，也越能抗拒外界的干扰和破坏。因此，生物多样性是生态系统生态冗余的重要体现。众所周知，人工农业生态系统由于物种单一，很容易遭到虫害；在原始的热带雨林中，并不出现昆虫的“爆发”现象，但在人工林里就很容易产生“爆发”现象；如果营造马尾松纯林，容易被松毛虫毁灭，但营造针阔叶混交林，就没有这种现象，这是由生态冗余不同而造成的。

1.5 生物与环境之间的关系

1.5.1 环境对生物的选择

环境是指影响生物个体或群体生存和发展的一切事物的总称，可分为非生物环境和生物环境。非生物环境是指气候因素、土壤因素、地形因素等。气候因素包括光照、温度、湿度、降水、风和气压等；土壤因素主要是指土壤的各种特性，如土壤结构、有机物和无机物的营养状态、酸碱度等；地形因素包括地面各种特征，如坡度、坡向、海拔高度等。而生物环境是指某一生物的同种其他个体或异种生物，也包含了人为因素。任何一种环境都包含了很多因素，这些因素在生态学中称为生态因子。在生态因子中，对生物生长、发育、生殖、行为和分布起决定作用的因子称为主导因子。

环境是生物赖以生存的基础，生物必须从环境中获取物质和能量才能生存和发展。每一种生态因子都对生物有或多或少、直接或间接的作用，并且这种作用随着作用对象、时间和空间的变化而有所不同。任何一种生态因子在数量上或质量上的不足或过多，都会影响生物的生存和分布，也就是说，某种生态因子只要接近或超过生物的耐受范围，就会成为这种生物的限制因子。环境中各种生态因子对生物的作用虽然不尽相同，但都各具重要性，它们不是彼此孤立的而是相互联系的，共同对生物产生影响。主导因子对生物的影响起绝对性作用，其变化会引起其他因子也发生变化。从总体上来讲，生态因子(尤其是主导因子)彼此之间是不可替代的，但生态因子之间有时是可以局部相互补偿的。

各种生态因子对生物的共同作用表现为环境对生物的选择。环境对生物的选择将有利于那些能最大限度地将自身基因或复制基因传递到未来世代的个体。自然选择不仅在过去起作用，而且在现在和未来起作用。

1.5.2 生物对环境的适应

生物对环境的适应是指生物为了生存和发展，不断地从形态、生理、发育或行为各个方面对自身进行调整，以适应特定环境中的生态因子及其变化。不同环境会导致生物产生不同的适应性变异，这种适应性变异可以表现在形态、生理、发育或行为等各方面。如果生物的适应性变异能遗传给下一代，则这种适应称为基因型适应，否则称为表型适应。物种通过漫长的进化过程，调整遗传成分以适合于不断变化的环境条件称为进化适应；生物个体通过生理过程的调整以适合于气候条件、食物质量等环境条件改变称为生理适应。例如，在同一分类单位中，恒温动物的大型种类，趋向于生活在寒冷的气候中，而其突出部分在低温环境中，有变短变小的趋势(见图 1-10)。生物个体的感觉器官随着它们所能够感觉到的环境刺激的改变而进行调整称为感觉适应。动物通过学习以适应环境变化称为学习适应。

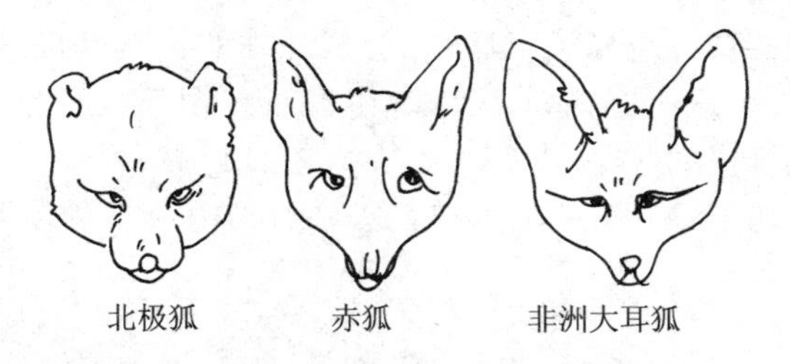

图 1-10 狐对气候的形态适应[6]

所有的生物始终处于选择压力之下，因为有种间竞争、种内竞争、捕食关系或寄生关系等。它们很少生活在其最适宜的环境内，大多则生活在较适宜的栖息地内，在这里它们能够最有效地竞争，获得最大的生态利益。生物虽然可以通过改变环境因素和采取多种方式来调整适应环境，但却始终不能逃脱生态因子的限制作用。动物的任何行为都以给自己带来收益为目的，同时也会为达到此目的付出一定代价，自然选择总是倾向于使动物从所发生的行为中获得最大的净收益。

环境对生物的选择是进化的动力，生物对其环境的适应则是进化的结果，而作用于生物的选择压力又决定着进化和适应的方向。现存生物是自然长期选择或生物长期适应的结果，具有较强的环境适应能力，能充分有效地利用环境资源。

1.6 生物与生物之间的关系

1.6.1 竞争与生态位

生物的资源是指对某一种生物繁殖、生长、发展等有益的客观存在，包括栖息地、食物、配偶以及光、温度、水等各种生态因素。竞争是指生物为了利用有限的共同资源，相互之间产生的不利或有害的影响，通常只有在生物所利用的资源是共同的，而且资源是有限的情况下才会产生。它包括间接竞争和直接竞争。间接竞争是指生物之间没有直接行为的干涉，而是双方各自消耗利用共同资源，由于资源可获得量减少从而间接影响对方的存活、生长和生殖。直接竞争也称相互干涉性竞争，例如，动物之间争夺食物、配偶、栖息地等发生争斗。竞争又分为种内竞争和种间竞争。种内竞争由于个体在遗传上是等价的，有相同的资源要求，且在结构、功能和行为适应上也比较相似，因此较种间竞争激烈。种间竞争发生在不同物种需要某些共同资源的地方，取决于需求资源的相似程度和资源的缺少程度。种内竞争有调节种群密度的作用，种间竞争可以导致物种分化和新物种的形成。

生态位又称为生态龛，是指生物在一定层次、一定范围内生存发展时所需要的条件（包括物质、能量、空间、时间）和能够发挥的作用（即对该范围内的生态环境的影响），也可理解为生物在特定的生态系统中所处的位置或地位。这里的“位置”不仅指生物占据的空间位置，还指生物生活的时间范围，以及适于生物生存和发展的其他生态因子的范围；这里的“地位”不仅指生物在食物链或食物网中所起的作用，还指生物在生态系统中所起的其他方面的作用和功能，以及生物能利用的特定资源条件。因此，生态位分为生境生态位和功能生态位。生境生态位是指能为生物利用或占有的环境因素的范围或位置。例如，生物生活所处的空间和时间段，适合于生物生存的温度、湿度、土壤物性范围等。功能生态位是指生物在生态系统中所起的作用和所处的地位，也就是生物在所有关系网中扮演的角色。例如，自然生态系统中，生物在食物链或食物网中的位置就是其营养生态位。生态位按照是否为生物自身创造和生产，分为自产生态位和非自产生态位。生态位的含义很广泛，是一种多维的概念（见图1-11）。

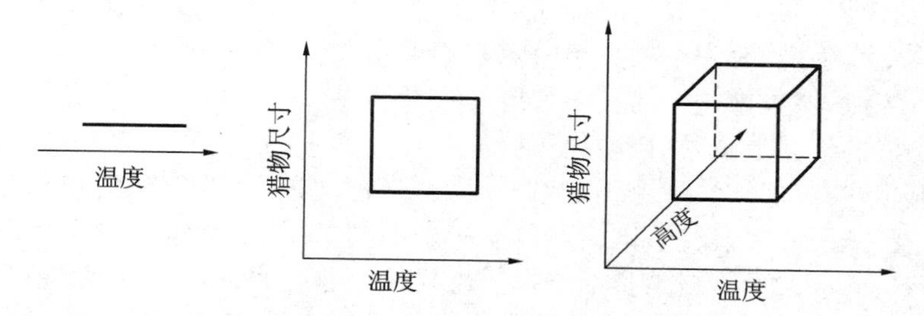

图1-11 多维生态位概念[12]

一个物种只能生活于环境因素的特定范围内，只能利用某些特定的资源条件，只能占有特定的时间、空间段。因此，每个物种在群落中都有不同于其他物种的生态位，它不仅决定了生物在哪里生活，而且决定了它们如何生活。生物的生态位可能随时间空间的变化而发生变化。即使是在同一空间里，同一种生物的发育阶段不同或性别不同，它们的生态位所需要的营养也不相同，例如蝌蚪是食草动物，发育成熟后变成青蛙，则是食肉动物。

不同物种的生态位越相似，竞争就越激烈。生态位相似的两种生物不能在同一个地方永久共存。也就是说，在同一生态位不可能长久地存在不同的物种(见图 1-12)。如果某个地方在某个时间段共存两种不同的物种，随着时间的推移，要么其中一种物种消失，要么发生生态位分离。因此，在漫长的进化过程中，在种内竞争和种间竞争的作用下，生活在同一地区的不同物种必然在生态位上形成各种差别。

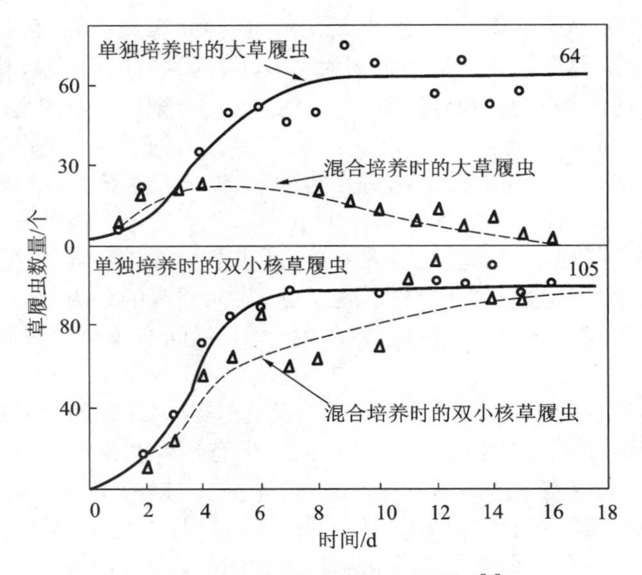

图 1-12　两种草履虫的竞争排斥[6]

1.6.2　集群效应与领域行为

集群是指同种生物个体生活在一起的现象。根据群体生活时间长短，集群可分为临时性集群和永久性集群。集群原因复杂多样，主要有对资源(食物、光照、温度、水等)的共同需要；对昼夜天气或季节气候的共同反应；繁殖的结果；被动运输的结果；个体之间的社会吸引等。同种个体在一起生活产生的有利作用称为集群效应。集群效应的优点在于有利于提高捕食效率，有利于共同防卫敌害，有利于改变小生境，有利于提高学习效率和工作效率，有利于繁殖。

集群效应只在有足够数量的个体参与聚群时才会产生。因此，对于一些集群生活的动物，如果数量太少，低于集群的临界下限，则该动物种群就不能正常生活，甚至不能生存，这就是所谓的"最小种群原则"。但是，随着群体当中个体数量的增加，当密度过高时，由于食物和空间等资源缺乏，排泄物的毒害以及心理和生理反应，则会对群体带来不利的影响，导致死亡率上升，抑制种群的增长，产生所谓的拥挤效应。由于自然长期选择与生物长期适应的结果，种群密度高低及分布特点反映了环境条件的优劣。种群密度的高低与生物个体大小和食性相关，一般食草动物比食肉动物的种群密度高，食性相似的动物，个体大的密度小。

每种生物的种群密度都有一定的变化范围。最大密度是指特定环境所能容纳某种生物的最大个体数；最小密度是指种群维持正常繁殖、弥补死亡所需要的最小个体数；最适密度是指使种群增长最快的密度。在一定条件下，当种群密度处于最适密度时，种群增长最快，密度太高或太低，都会对种群的增长起到限制作用。

领域是指动物个体或与其配偶、家族等活动并受其保护、不让其他动物(通常是同类动物)进入的区域或空间。领域作用具有以下特性：排他性——不允许其他动物(通常是同种动物)进入；伸缩性——领域的大小与物种种类、生态条件及时间变化有关；替代性——当领域的占有者被移去或死亡后，它们的领域很快被其他生物占领。领域行为的生态学意义可以归纳如下。隔离作用——领域行为将可利用的栖息地划分成若干单位，能够促进个体或群体分布的合理，减少种内竞争，防止过度拥挤和食物不足。调节数量——领域划分对一些种类具有调节种群数量的作用。特定的环境让动物只能建立有限数量的领域，不能获得领域的动物不能繁殖，因此，领域行为能够将种群数量维持在环境的容纳量之下；当占有领域的动物死亡时，那些不能获得领域的动物则有机会获得领域进行繁殖，从而能够避免种群数量下降。有利于生物繁殖——对于鸟类，领域行为能够促进繁殖的成功。自然选择作用——领域行为剔除了弱小的个体，因此成为一种进化的力量。在具有领域行为的物种当中，那些不能建立领域和保护领域的个体不能繁殖，因此它们的遗传特性不能传递到后代。

1.6.3　社会等级与种间关系

社会等级是指生物群体当中生物个体各自有一定的等级地位。等级地位较高的优势个体比等级地位较低的从属个体优先获得资源，满足其食物、栖息场所、配偶等需要，群体内部这种个体之间的等级关系就称为社会等级或优势顺序。

社会等级发生在封闭式的群体中，主要有三种基本形式。①一长式：社群中的所有个体只受一个优势个体支配，其他成员没有等级差别。②单线式：社群中的每个个体都有一定的地位，甲支配乙，乙支配丙，丙支配丁，等等，也称啄食等级。③循环式：也称三角式，甲支配乙，乙支配丙，丙支配甲。

社会等级对于生物有以下的生态学意义：①非争斗性地获得有限资源。个体之间可以通过通信、威胁等方式来代替格斗，减少伤害。②调节种群的数量。优势个体能在竞争中获得领地和配偶，能成功地进行繁殖和生育，而从属个体则不能生存繁殖，由此，社会等级具有控制种群数量增长的作用。③起到自然选择的作用。当资源不足时，优势个体可以优先获得食物等资源而生存，从属个体则首先出现饥饿和死亡现象，从而剔出弱小个体的基因遗传，成为一种进化力量。

种间关系是指不同物种种群之间的相互关系。两个种群之间的相互关系既可以是直接的，也可以是间接的，主要表现在7个方面，见表1-2。

表1-2　种群之间的7种相互关系[6]

种间关系类型	物种		主要特征
	1	2	
中性	0	0	互不影响
竞争	－	－	相互有害
偏害	－	0	1受害，2无影响
捕食	＋	－	1有利，2受害
寄生	＋	－	1有利，2受害
偏利	＋	0	1有利，2无影响
互利	＋	＋	彼此有利

第2章　生态建筑概论

生态建筑涉及众多学科，很多内容目前正处于研究之中，尚未有统一的认识和看法。本章通过对生态建筑一些基本问题的论述，让读者了解生态建筑学的产生与发展及其研究的对象、目的、内容和方法，明确生态建筑的基本内涵，理解生态建筑与绿色建筑和可持续发展建筑之间的关系，从而树立正确的生态建筑观，并掌握生态建筑设计的基本原则和方法；最后，介绍建筑生态系统及建筑物子系统，让读者了解建筑生态系统的基本组成及其相互关系，进一步加深对生态建筑的认识。

2.1　建筑与地球生态环境

2.1.1　建筑的本质及发展

从生态学的角度看，建筑的本质是人类为了自身的生存和发展所做出的对外界环境的一种适应或改造。无论是原始的简陋巢穴，还是今天的高楼大厦，都是为满足人类的各种需要而建造的。人类的需求具有多样性和层次性，建筑能否满足和适应人类的需要决定了建筑的存亡。因此，建筑的功能是其重要的生态因子。而就建筑与人的关系而言，建筑是人为了改变或调节环境所创造的物质实体，是人的一种自产生态位。每一栋建筑都是平衡了功能要求、基地状况、气候条件、社会文化、经济技术等因素而建造起来的，因此，建筑既对环境有一定影响，又对环境有一定的适应性，只是这种影响和适应的程度有不同而已。建筑从选址与规划到设计与建造，再到运行与拆除的整个生命过程，与生命体有着很多相似之处。比如，建筑选址要考虑基地条件是否适合建造，动物选择和建造巢穴要考虑环境是否适合生存与繁衍；规划与设计方案确定需要经过投标和选优，这类似于环境对生物的选择和竞争机制；每一种建筑都只能在特定的方面满足人们的需要，这类似于每种生物有各自不同的生态位；建筑物需要消耗物质和能量才能运行与维持，这与生命体需要物质和能量进行新陈代谢是一致的；建筑同样存在集群现象，福建客家土楼采用封闭形态有利于防御外来侵袭和进行内部交流，连排住宅或大体量建筑有利于能量的有效利用、节能节地、节约资源，建筑密度需要有“分寸”，否则会产生“拥挤效应”。

自然界中，动物的生活方式是长期进化与适应的结果，只要其生活方式有利于生物的生存和繁衍，那么这种生活方式就会被这一物种继续使用。建筑是人类生活方式的重要体现，其形式、功能以及布置方式等，也在适应气候、生活方式等环境因素的过程中不断变化发展，并在不断地试错中得到进化。现存的传统建筑是自然长期选择的结果，其中有不少的生态思想和生态做法值得我们挖掘和借鉴；同时，它们也正经受着并将经受各种环境因素的选择。建筑的演变与生物的发展相同，也是从简单到复杂，从功能单一到功能齐全，从结构简单到结构复杂，从被动适应向主动适应的方向发展变化。

2.1.2　地球生态系统的演变

地球生态环境是人类赖以生存和发展的根本，关注地球生态系统的演进过程和目前的状况，有助于对生态建筑产生背景的认识，从而增强我们的环保意识和发展生态建筑的责任感。图 2-1 是地球生态系统的演变过程。

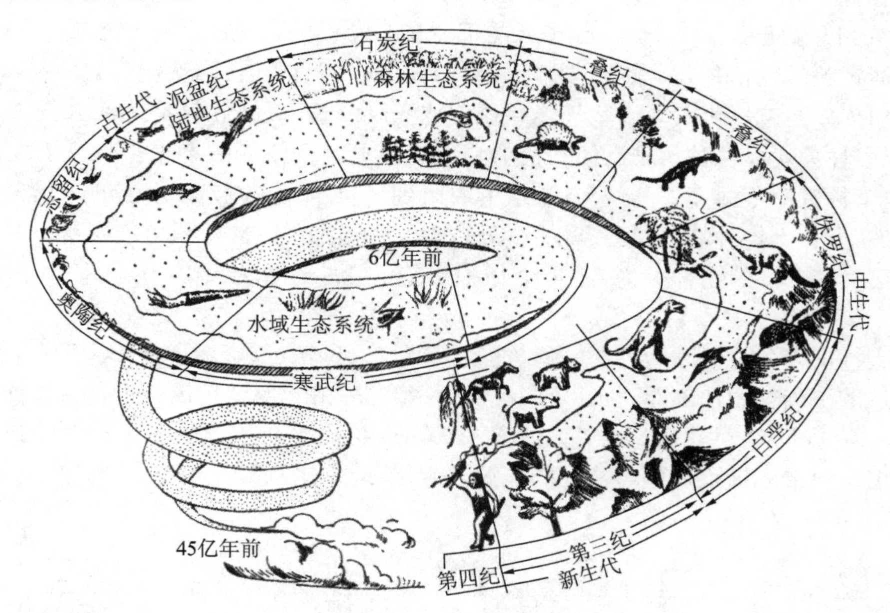

图 2-1　地球生态系统的演化[6]

大约在 46 亿年前，地球在宇宙中诞生；12 亿年后，原始菌藻类生物才在海洋中出现；又过了 20 亿年，真核生物才出现；再过 8.3 亿年，多细胞异养的后生动物才大量出现；约在 4.2 亿年前，大气含氧量上升到今日的 10%左右，臭氧开始出现，为陆地生物免受紫外线辐射提供防护，蕨类物种得以登陆，昆虫和无节锥动物、两栖类动物得以出现。演进到泥盆纪，裸蕨类植物大量生长，约在 3.5 亿年前，鳞木和芦木等高大的裸蕨类植物茂盛。在 1.85 亿年前，侏罗纪裸子植物大量发展；而在 0.7 亿至 0.1 亿年前，被子植物代替裸子植物占优势。约在中生代初，哺乳动物才产生，并在 2 亿年前的第三纪繁盛。距今六千五百万年前，进入新生代；人类产生于新生代末期，约在 500 万年前进化成猿人，200 万年前进化成原人，50 万年前进化成旧人，10 万年前进化成新人，1 万年前才进入农耕畜牧时期。由此可见，地球生态环境是经过几十亿年的漫长进化演变而来的，各种动植物的形成和生物多样性是何等地来之不易！人作为地球上的最高等动物是地球生态系统发展到一定程度后才产生的，是自然界长期进化发展的产物，也是地球生态系统的组成部分。

然而，人类一诞生就开始了改造自然环境的活动，而且这种改造活动随着科技进步不断加强，目前已严重破坏了地球的生态环境。如何保护地球生态系统的结构和功能不再受到伤害并使部分得到恢复，是人类目前面临的严峻问题。

建筑活动作为最原始、最古老的人类实践，自人类产生就出现了，并伴随着人类文明的进步而不断发展。建筑作为人类的伴生物，从全球范围看，它是地球生态系统的组成部分；从某一区域看，它是区域生态系统的组成部分。建筑与其周围的环境因素不可分割，理应与其他因素协调和谐，共同使地球生态系统有良好的结构和功能,并促使其朝向有利于人类生存和发展的方向演进。

2.1.3 建筑对生态环境的影响

当前,地球生态环境正面临着失衡的危险,人口膨胀、资源匮乏、全球变暖、臭氧破坏、环境污染、生态破坏仍在恶化,破坏了地球生态系统的结构和功能,威胁着人类的生存和发展。据统计,2015 年地球人口总数已达 72.8 亿。支撑人类工业文明的不可再生能源——石油、煤炭、天然气正逐渐枯竭。据相关研究估计,石油、天然气、煤炭的可使用时间分别不超过 100 年、200 年和 400 年。工业活动排放的二氧化碳等温室气体导致全球气候变暖,氯氟烃与哈龙使大气中臭氧不断减少,从而引起多种灾变。各种污染已使动植物和人类本身的健康受到严重影响。土地资源在不断减少和退化,森林资源不断萎缩和消失,淡水资源出现严重不足,生物物种在迅速减少。据世界资源研究所推定,世界上物种的总量约有 1400 万种,由于人类的影响,从 1975 年到 2015 年期间,每 10 年间就有 1%~11%的物种灭绝,而 1 个物种灭绝又至少会引起 20 种昆虫因食物链的破坏而消亡。

建筑是人类从事各种活动的主要场所,建筑活动与人口增加、资源匮乏、环境污染和生态破坏密切相关。从能源消耗的角度看,统计资料显示,一个国家的建筑运行能耗占社会总能耗的比例很大,为 25%~40%(见图 2-2),我国目前已接近 30%,而且还存在上升趋势。若考虑到建筑材料的生产和运输以及建造和拆除过程所消耗的能源,则建筑能耗比例会升到 50%左右。

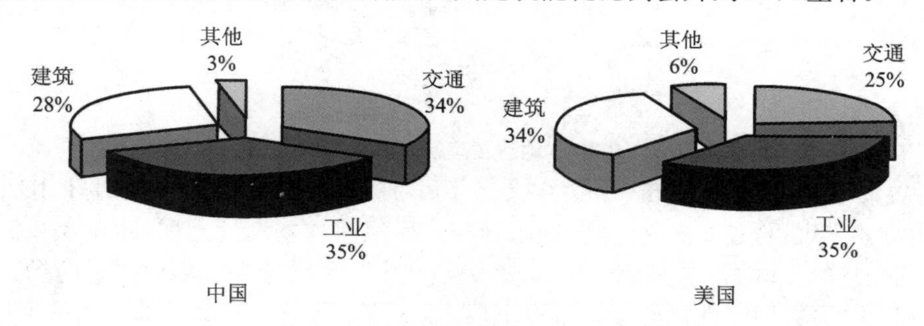

图 2-2 我国与美国能源消耗分布比较

建筑活动对全球气候变暖和臭氧破坏负有相当大的责任。二氧化碳和氯氟化合物是使气候变暖和臭氧破坏的主要气体(见表 2-1),建筑活动排放的二氧化碳量与其消耗的能源量成正比,占二氧化碳总排放量的 30%左右。

表 2-1 主要温室气体及其对气候变暖的影响

温室气体	对气候变暖的贡献	温室气体	对气候变暖的贡献
二氧化碳 CO_2	49%	氯氟烃 CFC11	5%
沼气	19%	一氧化二氮	4%
氯氟烃 CFC12	10%	水蒸气	3%
对流层中的臭氧	8%	其他氯氟烃	2%

建筑活动排放的氯氟化合物占排放总量的 50%左右,如表 2-2 所示。建筑活动排放的温室气体占总排放量的 42%左右。据英国的统计资料显示,建筑用水占水资源消耗的 50%左右,如图 2-3

所示；在建筑施工阶段，用水一般在 5%～10%；在一般的住宅建筑用水中，2%是饮用水，而洗澡和冲洗卫生间等的用水基本上占总用水量的 70%，如图 2-4 所示。另外，建筑活动使用了 40%左右的原材料，占用 80%左右的耕地，同时还产生了 50%左右的空气污染物、50%的水污染物、48%的固体废弃物。显然，建筑产业是造成当前地球环境危机的主要因素之一。

表 2-2　氯氟烃在欧洲的使用(1994)

名　称	所占比例	名　称	所占比例
气雾剂	52%	泡沫塑料	32%
制冷剂	10%	溶剂	6%

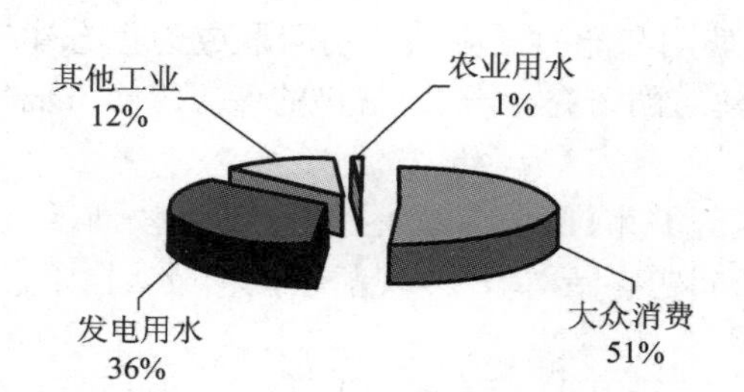

图 2-3　英国水资源消费状况[13]

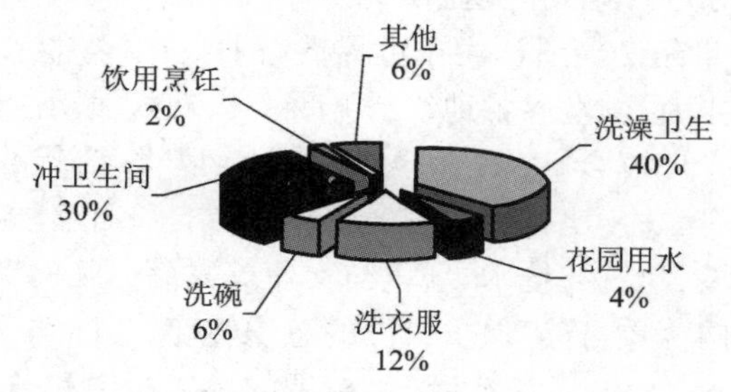

图 2-4　英国普通家庭用水状况[13]

我国是能源消耗大国，2014 年能源总消耗为 42.6 亿吨标准煤。由于我国能源消耗以煤炭为主，二氧化碳及其他有害污染物质排放量巨大。据报道，2006 年我国二氧化碳排放量为 60.17 亿吨，首次超过美国(59.02 亿吨)，成为全球向大气排放二氧化碳最多的国家。自 2011 年起，雾霾成为我国民众最担心的环境问题之一。2012 年在全国 1/4 的面积内约 6 亿人受到雾霾影响；2013 年，雾霾波及 25 个省 100 多个大中型城市，全国平均雾霾天数达 29.9 天；2014 年，该数据攀升至 35.9 天，问题严重的京津区域 13 个地级及以上城市空气质量平均达标天数仅 156 天；2015 年，全国出现 11 次大范围雾霾，其持续时间长、污染非常严重。

2.1.4　生态建筑学的产生

20 世纪 50 年代到 60 年代，在世界发达国家，大气、水、食物等严重受到污染，造成了各种社会公害，直接威胁到人们的生存和健康，成为当时人们极度关注的重大社会问题。这些问题表面上看有些是人的问题，有些是环境问题，实质上都可归结为人与环境的关系问题。它给人类敲响了警钟，使人们意识到，不断向环境索取资源和排放废弃物既能促进社会某些方面的发展，也会阻碍社会其他方面的发展，并危及到人类自身的生存。这些问题引起了人们对生态学这门学科的极大关注，生态学被人们视为拯救人类、指导生产、改造自然、保护环境的强有力的科学武器。众多学科在这一时期纷纷与生态学结合，力图用生态学原理从各个学科的角度去解决环境污染和生态破坏问题，因此，很多交叉学科如农业生态学、人口生态学、工业生态学、资源生态学等应运而生。

在建筑学领域也不例外，20 世纪 60 年代，意大利建筑规划师保罗·索勒里(Paolo Soleri)首次把生态学(Ecology)和建筑学(Architecture)相结合，将 Ecology 与 Architecture 两词合并为"Arcology"，从而开创了一门新兴的边缘学科——生态建筑学。

1969 年著名的美国景观建筑师麦克哈格(Ian L. McHarg)的《设计结合自然》一书出版，书中采用系统分析的方法,通过综合因子的叠加与分析得出最优的行径方案,表明生态学这一解决环境问题的武器在建筑学领域的应用和发展。在国内,清华大学建筑学院高亦兰先生在1985年首次介绍了保罗·索勒里及其发展的"Arcology"理论,将"Arcology"译为"建筑生态学",后来也将这一学科称为"生态建筑学"。

2.1.5 生态建筑学的发展

生态建筑学从其产生到现在,一直致力于在建筑领域中解决人类面临的环境与生态问题,并随着新的问题和观念的产生而不断发展。20世纪60年代,生态建筑学主要关注的是当时的环境污染所带来的一系列问题。

20世纪70年代,由于世界性石油危机,与能源使用和能源供应相关的问题成为生态建筑学关注的主要因素,世界各地纷纷开展了被动式太阳能建筑的研究,并在建筑物的保温隔热方面做了大量工作。1977年12月,国际建协大会以1933年的《雅典宪章》为出发点,在秘鲁签署了另一个新宪章——《马丘比丘宪章》。新宪章总结了现代建筑与城市规划建设的主要经验和教训,综述了城市与区域、建筑与技术、环境与文化等方面面临的新问题和新对策,体现了建筑领域从探索自然、改造自然向尊重自然、保护自然的意识转变。

进入20世纪80年代,大范围的环境污染和破坏已殃及世界各国,环境和生态保护成为生态建筑学讨论和关注的焦点。1988年,我国学者吴良镛先生在希腊建筑师道萨迪亚斯的"人类聚居学"基础上,创造性地提出了"广义建筑学"概念,并写成了《广义建筑学》一书。书中指明以城市规划、建筑与园林为核心,综合工程、地理、生态等相关学科,构建"人居环境科学"体系,以建立适于居住的生活环境。

20世纪90年代后,全方位解决生态环境问题的"可持续发展"理论成为全球共识,环境、生态、资源共同成为世界各国关注的焦点。1999年6月,第20届国际建协大会在我国北京召开,此次会议以"21世纪的建筑学"为主题,与会代表签署了《北京宪章》。《北京宪章》强调人与自然相互依存、和谐共生的辩证关系,倡导科学技术与人类文明的共同进步;提出以城市为核心,建立建筑设计、城市规划、园林设计三位一体的观点,促进地区文化精神的复兴,实现现代主义的地区化和地区主义的现代化。《北京宪章》是对生态环境保护运动的促进和地区文化的复兴,为21世纪的建筑活动与设计指明了方向,表明了关注生态、关注环境是21世纪建筑活动的主题。

进入21世纪,社会、经济、自然协同发展成为各行各业共同致力的目标,人、社会、建筑、自然和谐共生与协同发展成为生态建筑学致力的目标。生态规划、生态城市、可持续社区、绿色交通、绿色建筑等相关的研究和实践在世界范围内广泛兴起,尤其是绿色建筑评价标准在各国的相继制定与推行,成为世界生态建筑的发展潮流。

2.2 生态建筑学研究的对象与目的

2.2.1 生态建筑学研究的对象

生态建筑学作为一门新兴的交叉学科,建立在生态学基础之上,是生态学与建筑学相结合的产物。其研究对象是由人、社会、建筑、自然共同组成的人工生态系统。这种人工生态系统是一个有机的整体，从不同的角度可以有不同的称谓，从“人居”的角度可称为“人居环境系统”，从“社会”的角度可称为“社会生态系统”，从自然、社会、经济的角度，还可以称为“复合生态系统”。在本书中我们从建筑学的角度称这种人工生态系统为“建筑生态系统”。

建筑生态系统的边界范围可大可小，既可大到一个城市、一个国家，甚至全球生态系统，也可小到由建筑物单体及其环境共同形成的生态系统。建筑生态系统既可采用道萨迪亚斯的“人类聚居学”方法将其分为 10 个层次或 15 个层次，也可以采用吴良镛先生的 5 层次分法（见表 2-3）[14]，还可以采用 4 级地理范围分法（区域城市、城镇小区、街道地段、建筑单体）和 3 级聚落分法（院落、村落、城市）。这些划分都是为了研究分析的方便而提出来的。总之，生态建筑学与传统建筑学研究的对象相同，但研究内容比传统建筑学更为广泛和深入，研究方法比传统建筑学更为多样和全面。从系统的观点看，传统建筑学主要强调“人”的生态需要，重点关注“建筑”对“人”的影响，基本上不考虑其他动植物的生态需要，也忽视了“建筑”活动对周围环境造成的影响。传统建筑学重点关注建筑生态系统中“人”与“建筑”子系统间的相互关系以及它们的结构功能，未从“整体性”和“生态性”的角度审视和研究建筑生态系统，难以使建筑生态系统整体结构和功能优化。因此，生态建筑学无论在理念上，还是在内容、方法上，与传统建筑学都存在差别。

表 2-3 建筑生态系统层次划分（$1k=10^3$，$1m=10^6$，$1g=10^9$）

<table>
<tr><td>社区等级</td><td></td><td></td><td></td><td>Ⅰ</td><td>Ⅱ</td><td>Ⅲ</td><td>Ⅳ</td><td>Ⅴ</td><td>Ⅵ</td><td>Ⅶ</td><td>Ⅷ</td><td>Ⅸ</td><td>Ⅹ</td><td>Ⅺ</td><td>Ⅻ</td></tr>
<tr><td>人数范围</td><td></td><td></td><td>3～15</td><td>15～100</td><td>100～750</td><td>750～5k</td><td>5k～30k</td><td>30k～200k</td><td>200k～1.5m</td><td>1.5m～10m</td><td>10m～75m</td><td>75m～0.5g</td><td>0.5g～3g</td><td>3g～20g</td><td>20g以上</td></tr>
<tr><td>聚居人口</td><td>1</td><td>2</td><td>5</td><td>40</td><td>250</td><td>1.5k</td><td>9k</td><td>75k</td><td>0.5m</td><td>4m</td><td>25m</td><td>150m</td><td>1g</td><td>7.5g</td><td>50g</td></tr>
<tr><td>15 层次</td><td>人体</td><td>房间</td><td>住所</td><td>住宅组团</td><td>小型邻里</td><td>邻里</td><td>小城镇</td><td>小型城市</td><td>中等城市</td><td>大城市</td><td>小城市连绵区</td><td>城市连绵区</td><td>小型城市州</td><td>城市州</td><td>普世城</td></tr>
<tr><td>10 层次</td><td>家具</td><td>居室</td><td>住宅</td><td>住宅组团</td><td colspan="2">邻里</td><td colspan="2">城市</td><td colspan="2">大都市</td><td colspan="2">城市连绵区</td><td colspan="2">城市州</td><td>普世城</td></tr>
<tr><td>5 层次</td><td colspan="4">建筑</td><td colspan="2">社区（村镇）</td><td colspan="4">城市</td><td colspan="4">区域</td><td>全球</td></tr>
</table>

2.2.2 生态建筑学研究的目的

生态建筑学对建筑生态系统进行研究的目的有两个方面：一是促进已有建筑的生态化，使其与人、社会、自然协调发展，完善建筑生态系统的结构和功能，从而最终实现人与自然的和谐发展；二是减少新建、扩建、改建建筑对原有生态系统的破坏，力图促使被破坏的自然生态系统得到恢复，充分利用有限的资源，使新建、扩建、改建的建筑与其周围环境协调一致，在满足人类生存发展需要的同时，也满足其他生物的生存和发展需要，也就是使新、旧建筑都成为生态建筑。

建筑在设计、建造、使用过程中要消耗大量的能源和材料，同时排放大量垃圾、废气和废水，危害生态环境的健康和持续发展。生态建筑学研究的具体目的包括尽量提高建筑的可再生能源利用率,减少对不可再生能源的依赖,最大限度实现能源自供;尽量提高建筑对能量的利用效率,实现能量的多级利用以及废热回收;尽量采用可回收和重复利用的材料;尽量减少垃圾和废气、废水的排放,并使其排放物尽快并且安全地参与外部自然生态系统的物质循环;尽量抑制或杜绝有毒有害物质在建筑的制造和运行过程中进入自然生态系统,避免这些物质危害各种生物,保护生物多样性等。

2.3 生态建筑学研究内容与方法

2.3.1 生态建筑学研究的内容

对于不同尺度的研究对象,生态建筑学关注的重点也不一样。在建筑单体尺度,关注的重点是资源在建筑中的有效利用、环境对建筑的影响以及建筑对环境的适应性和改造作用;在社区尺度,还要关注建筑之间的相互影响、相互作用以及建筑密度等;在城市尺度,主要关注各种建筑功能在一个较大地域范围内的布局及其组成结构、能量流动、物质循环以及信息传递、交通运输等。生态建筑学的研究内容大致有以下 6 个方面的内容。

(1)建筑生态系统结构方面的研究。一是建筑活动对非生物因素的影响(例如对气候的影响和对空气的污染,对土地的利用和对土壤的污染,对水资源的影响和污染等)以及建筑材料和建筑垃圾等对非生物因素的影响。二是建筑活动对自然生物的影响以及由此产生的生物反应。诸如,建筑对各种动物、植物的影响,以及由此造成的对人体健康的影响等。三是建筑活动对人的直接影响。诸如,人的需求与建筑功能变化,建筑中人的生态处境与身心健康等。

(2)建筑生态系统功能方面的研究。建筑生态系统功能是指系统内部各组成部分所起的各种作用,这方面的研究主要包括:一是如何更好地满足人的需要,二是揭示建筑生态系统中物质代谢、能量流动和信息传递的规律。建筑生态系统在运行过程中要消耗大量的物质和能量,而它自身仅能提供一部分,其他都要靠外部输入。不同建筑生态系统中的物质代谢、能量流动和信息传递是有差别的,揭示它们作用的特点和规律对于构建生态建筑具有重要意义。具体可体现在食物链和食物网、物质的产生和输入及循环、能量的获得和流动及效用、信息类型和传递方式及效率、建筑物的密度和建筑中人的容量等。

(3)建筑生态系统的动态研究。包括建筑生态系统的形成、发展过程,以及与此相应的自然和人文变化的动因分析。这项研究有助于认识建筑生态系统的发展规律,可为旧建筑改造和新建筑建设指明方向。

(4)建筑生态系统的性能研究。在建筑生态系统结构和功能研究的基础上,对建筑生态系统性能进行模拟、评价、预测和优化。

(5)建筑的生态设计、生态建设和生态管理研究。根据生态建筑学的理论对建筑生态系统进行生态评价、生态设计、生态建设和生态管理。这些方面既是建筑设计、建筑施工和建筑管理的一部分，又与它们有区别，并可作为它们的补充。

(6)建筑生态系统与外界环境间关系的研究。其中包括人员、物资、信息的交流以及相互影响等。此外，还可从维护区域生态平衡、合理利用自然资源的角度出发，进行建筑生态系统与大系统间关系，乃至与全球生态系统间关系的研究。

2.3.2　生态建筑学研究的方法

生态建筑学研究的方法主要有四种，即系统分析的方法、模拟设计的方法、现场实测的方法和指标评价的方法。这四种方法之间是相互补充、相辅相成的关系[15]。

(1)系统分析的方法。建筑生态系统是一个包含了人、社会、建筑、自然等诸多事物和现象的复杂系统。通过对系统的全面分析论证，能掌握事物间的内在联系，确定使人、社会、自然持续发展的最优化建筑方案。系统分析涉及的主要内容有两方面。一是建筑的环境分析，包括对自然、社会、人的分析。对自然的分析指对设计地段相关的自然条件(如地形、地貌、水文、气候等)、景观资源、动植物种类与分布等方面的综合分析。对社会的分析指对设计地段的社区结构、民俗习惯、文化传统、价值观及历史文脉等方面的分析认证。对人的分析指对当地的人的生理、心理需要的分析。二是建筑的功能分析，主要通过对建筑生态系统内各构成要素间能量流、物质流、信息流等的分析来完成。对不同功能单元之间的连接、兼容、并列、叠合、分离等关系做出判断，确定合理的功能配置。交通分析是功能分析的重要内容，包括交通流线分析、车行系统与人行道的层次分析、交通换乘体系的分析等。

(2)模拟设计的方法。这种方法是在系统分析的基础上，通过建立模型，对建筑生态系统的整体或部分进行结构或功能的模拟，将系统内多种复杂的、不可见的、直接或间接的关系，以可见的、直观的、定性的或定量的方式来表达，从而获得最优化的设计方案。建筑生态系统模型有理论思维的形式，也有物质模型的形式，更多的是在两者基础上形成的综合模型。例如，大型商业中心的建造会对周边地区有什么影响，新机场的建设会给区域的发展带来什么变化，私人交通的增长会引起什么问题等。为了观察这些变化的后果，就要对该地区进行分析研究，模型为这种分析研究提供了技术手段。它一方面可以科学地描述建筑生态系统的结构要素和运行机制，另一方面可以预测建筑生态系统的未来情况。建立模型的过程就是对系统深入研究的过程，从而可以对不同的设计方案进行比较评估。值得说明的是，利用实物模型模拟可以得到较为真实准确的结果，但是实物模型的建造成本高、模拟周期长；利用计算机模拟的方法，可以大大降低成本、缩短模拟周期，但其真实准确性取决于理论模型的正确性和计算方法的可行性。目前，利用计算机模拟，不同的模拟软件和模型构建方式，都在内容、深度、计算精度和可靠性等方面存在一定的局限，因此，在应用模拟方法对设计方案进行技术分析时，必须对其结论的可靠性有清醒的认识。

(3)现场实测的方法。无论是系统分析方法或是模拟设计方法，与真实的实际情况都存在或多或少的差异。例如，理论分析通常会忽略一些次要因素，模拟方法通常使用理想的边界和初始条件。现场实测的方法，就是在建造前后，对某些参数进行现场实测。这种方法所得的结果能准确地反映建造前后的实际情况,既可用于建造前相关方案的分析与优化,又可用于建成后环境的评价和改善,也可以用于评判系统分析和模拟设计方法的正确性,并对系统分析和模拟设计进行修正。现场实测的方法通常工作量大、时间长,因此,一般用于对重要的、典型的工程进行现场实测或进行抽检。现场实测的方法所得结果的准确性取决于检测方法的正确性和检测仪器的精准度。

(4)指标评价的方法。这种方法是通过一系列指标,对建筑设计成果在满足人和环境内在需求及价值方面的优劣程度及实施可能性的评价。它是对设计方案的再次分析与论证。指标是对错综复杂现象的一种简化在评估设计方案时必须采用多个指标。指标可分为单项指标和综合指标,也可分为预测指标和现状指标。预测指标常用于(拟建)建筑的方案阶段,一般通过模拟的方法获得;现状指标常用于(现有)建筑的使用阶段,一般通过实测的方法获得。通过模拟方法获得的指标数据有时与建筑建成后的实测数据差别很大,需要特别引起注意。除了容积率、建筑面积、建筑密度、居住面积、居住密度、绿化面积、绿化率、人口密度等常用的规划指标外,环境质量的指标应作为重要的评价依据。

在生态建筑设计及建造过程中,系统分析、模拟设计、现场实测和指标评价,四者之间相辅相成、互为补充。在实际过程中,对四种方法常常多次循环往复综合运用。

2.4 生态建筑的概念及其内涵

2.4.1 生态建筑的概念

在《中国大百科全书:建筑园林城市规划卷》中指出,“建筑”一词既可作动词解,表示“构筑”(Construct)或“建造”(Build)之意,又可作具体名词解,表示具体的“构筑物”(Construction)或“建筑物”(Building),还可作抽象名词解,表示具有某种特征(某个时期、某种风格等)的建筑物及其所体现的技术和艺术的总称(Architecture)。由此可见,汉语中的“建筑”一词有多重释义,不同知识背景的人对“建筑”概念的理解可能完全不一样。建筑师和艺术家对“建筑”的理解更趋向于 Architecture,工程师和建造师对“建筑”的理解更趋向于 Building 或 Construction,普通大众对“建筑”的理解更为笼统,可能各种释义兼有。

“生态”一词在汉语中是指生物的生存和发展状态或指生物的生理特征、生活习性等。这里的“生物”不仅仅指人这一特殊的动物,还包括其他动物、植物和微生物。“生态性”是指满足生物生存和发展需要或体现生物生理特征和生活习性。根据上面对“建筑”的释义,在“建筑”一词之前冠以“生态”,当然也有相应的三种释义:一是指“考虑生态性的修建或营造”,二是指“具有生态性的具体建筑物”,三是指“具有生态性的所有建筑物的总称”。由于有这三种释义,不同的人对“生态建筑”也有不同的理解。

目前,关于“生态建筑”的定义不下几十种,但多数是从其名词性角度进行论述的[16][17]。有学者认为,“生态建筑”源于外文“Arcology”,应理解为“符合生态学原理的城市规划和建筑学”[18]。也有学者认为,“生态建筑”应被理解为“注重或关注生态的建筑”或“具有生态意识的建筑”[19]。还有学者认为,“生态建筑”被定义为“将建筑看成一个生态系统,通过组织(设计)建筑内外空间的各种物态因素，使物质、能源在建筑生态系统内部有秩序地循环转换，获得一种高效、低耗、无废、无污、生态平衡的建筑环境”[20]，或是将“生态建筑”理解为“运用生态学原理和方法设计建造、本身像一个健康的生命有机体，既有自身的良性循环系统，又与周围的自然生态系统保持平衡，能与自然环境共生的建筑”[21]。另有学者将“生态建筑”解析为一种体系，即“用生态学的原理和方法，以人、建筑、自然和社会协调发展为目标，有节制地利用和改造自然，寻求最适合人类生存和发展的建筑环境，将建筑环境作为一个有机的、具有结构和功能的整体系统来看待。它是以生态良性循环为原则，以生态经济为基础，以生态社会为内涵，以生态技术为支撑，以生态环境为目标和方向的一种新型建筑体系”[22]。事实上，“生态建筑”一词为国人所使用、发展到今天，其意义与刚翻译过来时已有所不同，一般人是从其字面意义来理解的，认为是“满足生物生存和发展需要、符合生物生理特征和生活习性的建筑”。现在比较公认的是最新汉语词典里收录的定义：“根据当地自然生态环境，运用生态学、建筑学和其他科学技术建造的建筑；它与周围环境成为有机的整体，实现自然、建筑与人的和谐统一，符合可持续发展的要求。”[23]

真正的生态建筑，不仅考虑自然环境，也要考虑人文社会环境，不仅仅是建造过程要遵循生态原则，在建造之前的设计过程和建造之后的使用过程和拆除过程都要具有生态性，因此，对“生态建筑”的定义可进一步完善为：根据当地自然、社会和人文环境，借鉴生态学的原理和方法，同时结合建筑学及其相关学科的理论、技术和手段，规划、设计、建造、使用和管理的建筑；它与周围环境成为有机的整体，能够实现自然、建筑、人和社会的和谐统一，符合人类与自然环境共同持续发展的要求。

2.4.2　生态建筑的内涵

尽管“生态建筑”的概念多种多样，但它们都从某一个侧面说明了生态建筑的某些特征，揭示了生态建筑的某些本质内涵。其共性特征和本质内涵概括如下。

(1)生态建筑仍然属于“建筑”的范畴，但把生态环境纳入考虑之中。生态建筑活动所涉及的基本内容与常规建筑活动相同，但它相对于常规建筑而言，还要关注建筑活动对资源、环境、生态以及人类健康生存的影响。常规建筑活动的基本内容包括建筑选址规划、场地设计、建筑布局以及外部环境和景观设计等基本内容，这些内容也是生态建筑活动涉及的基本内容，只不过在考虑这些内容时，是基于更高的认识水平、更广的范围和更好的技术手段来考虑的。

(2)生态建筑的最终目的是更好地和长久地满足人类自身的生存和发展的需要。如果离开了人类自身的生存和发展需要来谈生态建筑，是没有任何意义的。由于生态建筑的“以人为本”的理念考虑了资源和生态环境的影响以及人类长期发展的需要，它是高于常规建筑的“以人为本”的。常规建筑活动往往是针对某些团体或个人而言的，不考虑其他人和其他生物的生态需要。这种观念关注的只在于人本身，而忽略了更大范围内生态系统整体性结构和功能及其优化。由此而来的盲目建设，破坏了人类赖以生存和发展的地球生态环境，反过来危及人类自身的生存和发展。生态建筑活动不仅要满足人的生态需要，还要顾及其他自然生物的生态需要，也就是要在更高层次上考虑人的需要，以实现人类社会的持续发展。

(3)生态建筑的具体目标体现在以下方面：通过对建筑内外空间中的各种物质要素的合理设计与组织，使物质在其中得到顺畅循环，能量在其中得到高效利用；在更好地满足人的生态需要的同时，也满足其他生物的生存需要；在尽量减少环境破坏的同时，也体现建筑的地域特性。

(4)生态建筑致力于实现建筑整体生态功能的完善和优化,以实现建筑、人、自然和社会整体系统的和谐与共同发展。常规建筑活动基本上只局限于人工系统,而生态建筑活动必须同时整合自然生态系统和人工生态系统,使两者和谐共生。生态建筑的环境因素分为自然因素和人文因素。自然因素指当地的非生物因素和生物因素,其中,非生物因素包括地质、地势、地形、土壤特性等与地有关的因素,以及阳光、雨水、风、温(湿)度等气候因素;生物因素除了包括人的生物属性这一层次外,还包括各种植物、动物、微生物等因素。人文因素是指由人的社会属性所形成的因素,包括观念、文化、宗教、习俗等。

(5)要实现生态建筑,在思想观念上,首先必须树立新的自然观、生态系统观和可持续发展观,必须尊重自然,必须关注建筑所在地域与时代的环境特征,必须将建筑与其周围环境作为一个整体的、有机的、具有结构和功能的生态系统看待;并从可持续发展的角度仔细研究建筑与周围环境各因素间的关系,以及整体生态系统的机能。在方法措施上,必须借鉴生态学的原理和方法,同时结合建筑学以及其他相关学科的适宜技术和手段,才能实现建筑、人、社会和自然的和谐统一与协调发展。在生态评判上,必须从建筑活动的全生命周期出发,分析评价其对生态环境的影响以及自身对环境的适应性。也就是说,生态建筑不仅仅是指在选址规划阶段注重生态,在设计、建造和使用阶段以至最后的拆除阶段都要注重生态。

2.5 生态建筑与绿色、可持续建筑之关系

2.5.1 绿色建筑概念

“绿色”是自然生态系统中的生产者——植物的颜色,它是地球生命之色,象征着生机盎然的生命运动。在“建筑”前面冠以“绿色”,意在表示建筑应像自然界绿色植物一样,具有和谐的生命运动和支撑生态系统演进的特性。目前,关于“绿色建筑”的概念很多,尚未形成统一认识。大卫和鲁希尔·帕卡德基金会认为,任何一座建筑,如果其对周围环境所产生的负面影响要小于传统建筑,那它就可以称为绿色建筑[24]。在《大且绿——走向21世纪的可持续建筑》一书中,“绿色建筑”被定义为“通过节约资源和关注使用者的健康,把对环境的影响减小到最低程度的建筑”[25]。有将“绿色建筑”定义为“规划、设计时充分考虑并利用了环境因素,施工过程中对环境的影响最小,运行阶段能为人们提供健康、舒适、低耗、无害空间,拆除后又对环境危害降到最小的建筑”;也可理解为“在建筑寿命周期内,通过降低资源和能源的消耗,减少各种废物的产生,实现与自然共生的建筑”[26],有将“绿色建筑”定义为“在建筑设计、建造、使用中充分考虑环境的要求,把建筑物与种植业、养殖业、能源环保、美学、高新技术等紧密地结合起来,在有效满足各种使用功能的同时,能够有益于使用者的身心健康,并创造符合环境保护要求的工作和生活的空间结构”[27],还有将“绿色建筑”理解为一种“建筑体系”的[28]。在我国《绿色建筑评价标准》(GB/T 50378－2014)中,“绿色建筑”被定义为“在建筑的全寿命周期内,最大限度地节约资源(节能、节地、节水、节材)、保护环境和减少污染,为人们提供健康、适用和高效的使用空间,与自然和谐共生的建筑”[29]。我们认为,“绿色”一词现在广为各行各业使用,已有约定俗成的意义,即无公害、无污染、健康舒适、节能环保等。“绿色建筑”与“绿色冰箱”“绿色食品”“绿色照明”等概念类同,可理解为“无公害、无污染、健康舒适、节能环保”的建筑。

2.5.2　可持续建筑概念

"可持续建筑"可称为"可持续发展建筑"，是可持续发展观在建筑领域中的体现，也称为"永续建筑"[30]。目前，对"可持续建筑"的定义尚未形成统一的认识。一般情况下，我们可简单地将其理解为"在可持续发展理论和原则指导下设计、建造、使用的建筑"，它体现了人们对资源、环境、生态因素的全面关注。2000年在荷兰马斯垂克召开的国际可持续建筑会议上对可持续建筑的定义如下："可持续发展建筑需要思考的操作事项是建材、建筑物、城市区域的尺度大小，并考虑其中的机能性、经济性、社会文化和生态因素……为达到可持续发展，建筑环境必须反映出不同区域性的状态和重点以及建构不同的模型去执行。"关于可持续发展观的更多知识，请参阅"2.6.2 可持续发展观"及相关文献和书籍[31]。

2.5.3　三者之间相互关系

从"绿色建筑"和"生态建筑"的起源看，它们产生于同一时代。20世纪50—60年代西方发达国家因环境污染而出现的一系列社会公害，危及人们的生存和发展，引起了各学科学者和民众对"环境"问题的觉醒和讨论。这在一方面催生了"生态建筑学"的产生，也在另一方面导致了一场"绿色"运动。从20世纪60年代末到70年代初，在西方发达的资本主义国家，相继兴起了一些民间环境保护组织。例如，1969年在美国民间成立的"地球之友"(Friends of Earth)，1970在加拿大成立的国际性组织"绿色和平组织"(Green Peace)。这些民间组织的环保行动汇聚成当时的"绿色"运动。"绿色"运动最初的目标是维护生态平衡、实现环境保护，它推动了绿色文化的发展，使绿色思想深入各行各业，出现了各种与"绿色"相关的概念或事物。在建筑领域里，绿色文化直接导致了"绿色建筑"一词的产生。由此可知"生态建筑"与"绿色建筑"是从同一问题引发的两个概念。

从"绿色建筑"和"生态建筑"的目的看，它们具有共同的目的，就是要实现"生态环境的保护"。从关注内容看，"生态建筑"侧重于"生态性"和"整体性"，"绿色建筑"则侧重于"环保性"和"健康性"。从方法和途径上看，"生态建筑"强调"利用生态学原理和方法"，有其自身的学科基础理论——生态学和建筑学，而"绿色建筑"强调"利用一切可能的行为和手段"，包括政治与法律手段等，因此比"生态建筑"更为大众所理解和接受，更具有可操作性[28]。由于"生态"与"环境"两者不能截然分开，所以，"生态建筑"与"绿色建筑"的含义是一种交融状态，大同小异。

"可持续发展建筑"是基于可持续发展观而提出来的。可持续发展观不仅关注"环境、生态、资源"问题，而且强调"社会、经济、自然"的可持续发展，它涉及社会、经济、技术、人文等方方面面。

由此可见，"生态建筑"与"绿色建筑"是同一问题的两个方面，只不过各有侧重而已，但都只强调问题的某些方面，没有看到问题的全部。"可持续建筑"是从问题的全局性出发而提出来的，其内涵和外延较"生态建筑"和"绿色建筑"要丰富深刻、宽广复杂得多[30]。可以说，从"生态建筑""绿色建筑"到"可持续发展建筑"是一个从局部到整体、从低层次向高层次的认识发展过程。然而，三者的最终目标和核心内容是一致的，只不过是从不同的侧面和层次来研究处理同一问题而已。

事实上，早期的"生态建筑"研究为"可持续建筑"奠定了理论基础，而"绿色建筑"的研究为"可持续建筑"实施提供了可操作性和适宜性。可持续发展观念提出后，在其思想原则指导下，"生态建筑"与"绿色建筑"的内涵和外延又都在不断扩展，例如生态学已经把人这一特殊的动物置于生态系统之中加以研究，研究范围正在向人文社会和经济美学领域渗透。"绿色建筑"也吸收了可持续发展理论,正如得阿莫里·B.洛文斯(Amory B. Lovins)在他的文章《东西方的融合:为可持续发展建筑而进行的整体设计》(*East Meet West:Holistic Design for sustainable Building*)中指出:"绿色建筑是将人们生理上、精神上的现状和其理想状态结合起来,是一个完全整体的设计,一个包含先进技术的工具;绿色建筑关注的不仅仅是物质上的创造,而且还包括经济、文化交流和精神上的创造……绿色设计远远超过能量得失的平衡,自然采光、通风等因素。绿色设计力图使人类与自然亲密地结合,它必须是无害的,能再生和积累。绿色设计能带来丰富的能源、供水和食物,创造健康、安宁和美。"

"生态建筑"和"绿色建筑"发展到今天,其内涵和外延较提出之初已有了很大发展,与"可持续建筑"已没有本质的区别,其核心内容都集中在三方面:一是充分利用资源,尽量减少对生态环境的不利影响;二是满足生态需要,为人类创造健康、舒适的生活环境;三是强调建筑与周围自然环境和谐共生。因此,在一般情况下,"生态建筑"也可称为"绿色建筑"或"可持续建筑"。

2.6 生态建筑观

2.6.1 新的生态自然观

自然观是指人们对自然的看法,它直接影响人们的自然伦理观和价值观。传统的自然观在东西方文化中是有很大差别的。在西方,传统的自然观根源于基督教文化和"人类中心主义",认为人是上帝按照自己的形象创造出来的最高产物,人通过命名所有的动物而建立了对它们的统治,人为了自己的目的而剥削自然是上帝的旨意,而其他物质除了服务于人以外就没有别的意义。因此,在西方传统自然观里,人与自然是一种统治与被统治、征服与被征服、支配与被支配的关系。在这种对立的二元自然观支配下,自然界除了服务于人的目的外,无任何其他价值可言,也得不到应有的尊重,由此导致了人类对其毫不同情地榨取,进而把整个地球推向了生态毁灭的边缘[28]。

在东方,中国古代哲学思想"天人合一"是另一种朴素的自然观。中国的古代哲学主要由儒、释、道三大体系汇集而成,三者都强调"天人合一"的一元论思想。道教与儒家共同尊奉的《周易》,体现了中国古代的自然观,认为自然万物有其固有的运行法则,人们的行为必须顺应自然,方能实现"天、地、人"三者和谐相处,协调发展。《周易》的作者主张"夫大人者与天地合其德,与日月合其明,与四时合其序,与鬼神合其吉凶"的天人协调思想,老子提倡"人法地,地法天,天法道,道法自然"的"法自然"思想,北魏农学家贾砚"顺天时,量地利" 的农畜产业循环生产的思想,宋代张载主张的"民胞物与",这些都是一种力求与自然取得和谐的思想。在这种思想的主导下,中国古代哲学家们认为自然界有以下价值并给予了极高评价。一是"厚生",即自然界具有给人类提供广泛的物质生活资料,以满足人的生存、发展需要的价值。管仲说:"地者,万物之本原,诸生之根苑也",讲的就是"厚生"价值。二是"治世",即自然环境、自然条件对一个国家、一个地区的经济、政治、军事等治世活动具有重要意义。如孟子提出的"天时""地利""人和"中的前两个条件就是自然界的"治世"价值。三是"比德",即将自然景物与人的精神生活、道德观念联系起来,赋予自然以某种伦理道德意义。孔子说的"智者乐水,仁者乐山",就是对自然景物的"比德"价值的著名表述。四是"审美"。如果说儒家多关注自然界的道德价值,那么道家则特别重视自然界的审美价值,庄子说:"天地有大美而不言。"在他看来,天地之"大美"是"自然"之美、"朴素"之美,是"真美""至美";而人工之"美"破坏了自然，是残美，是“一曲之美”“偏美”。魏晋南北朝时期，人们对自然的审美价值认识有了进一步的发展，玄学家们把自然作为独立的审美对象加以欣赏，认为自然界的壮丽景观具有使人情感怡悦和精神超越、实现自由的价值。

中国古代，城市选址强调“天有九星，地有九宫”的格构模式；城市建设应“若有山川，则因之”，宫殿布局则“体象乎天地，经纬乎阴阳，据神灵之正位，仿太紫之圆方”。中国较早的《黄帝宅经》提出：“夫宅者，乃是阴阳之枢纽，人伦之轨模，非博物明贤者未能悟斯道也。”中国古代这种顺应自然，强调天、地、人和谐统一的建筑思想，对于人类今天解决“可持续发展”的时代课题，对于生态建筑活动都有一定的借鉴意义。正如美国学者西蒙德(John O. Simonds)在他所著的《景观建筑学》一书中指出，东方古老朴素的自然观是值得我们重新学习的“旧日真理”。

新的生态自然观认为，人类是从自然界进化而来的，是自然界的组成部分，它与自然界的其他动植物以及非生物因素共同形成了一个不可分割的有机整体(见图 2-5)。人与自然的关系不是统治与被统治、征服与被征服、改造与被改造的关系，而是既对立又统一的平等和谐相处关系，它们相互依存、相互联系、相互影响，共同促进了地球生态系统的进化发展，同时，各自在地球生态系统中有其不可代替的独特功能，它们之间也是共同进化发展的。

目前地球生态系统的承载力、净化能力以及稳定性已大大降低，要抑制生态环境的进一步恶化，必要树立新的生态自然观，采取一系列措施对自然进行保护，并尽可能使其恢复。

图 2-5　以人为主体的环境构成

(来源：编者自绘)

2.6.2　可持续发展观

可持续发展观是人类长期探索经济增长与环境破坏和资源匮乏两难问题，并总结经验教训后而提出的一种崭新的社会发展观和发展模式[31]。

在 20 世纪中叶第一次环境问题高潮出现后，人们意识到追求经济的增长是要付出环境代价的，随后采取了很多技术措施对环境污染进行治理，但并未收到预期效果。1972 年“罗马俱乐部”的报告《增长的极限》首次指出，世界经济增长将会于 21 世纪某个时段因粮食短缺和环境破坏达到极限，进而将发生不可控制的衰退；要避免因超越地球资源极限而导致世界崩溃的最好方法是限制增长，并提出了经济“零增长”的概念。20 世纪 80 年代以后，环境和生态问题全球化，人们希望能探索出一种在环境和自然资源可承受基础上的发展模式,相继提出了经济“协调发展”“有机增长”“同步发展”“全面发展”等许多设想,使“经济增长”的概念开始具有了“净化的增长”“质量增长”或“适度增长”等新含义,从而为可持续发展观的提出作了理论准备。

1980 年,世界自然保护联盟(IUCN)在《世界保护策略》中首次使用了“可持续发展”的概念,并呼吁全世界“必须研究自然的、社会的、生态的、经济的以及利用自然资源过程中的基本关系,确保全球的可持续发展”。1983 年,21 个国家的环境与发展问题著名专家组成了联合国世界环境与发展委员会(WECD),由原挪威首相布伦特兰夫人任首任主席,深入研究经济增长和环境问题之间的相互关系。经过 4 年调查研究,于 1987 年发表了名为《我们共同的未来》的长篇调查报告[32]。报告从环境与经济协调发展的角度,正式提出了“可持续发展”(Sustainable Development)的观念,并指出走可持续发展道路是人类社会生存和发展的唯一选择。

可持续发展的观念一经提出,即受到全世界不同社会制度、不同意识形态、不同文化群体人们的重视,并逐渐成为共识,成为解决环境问题、对待经济增长、促进社会发展的根本指导思想和原则。它使人类从暗淡的前途中见到了曙光,为人类解决生态环境问题和促进社会经济的发展指明了方向。1992 年 6 月,在巴西里约热内卢召开了联合国环境与发展会议,102 位国家元首和政府首脑参加了这次全球重要会议,通过了《里约环境与发展宣言》(又名《地球宪章》)和《21 世纪议程》两个纲领性文件以及《关于森林问题的原则声明》,签署了《气候变化框架公约》和《生物多样性公约》。这次大会的召开及其所通过的纲领性文件,标志着可持续发展观已经成为人类的共同行动纲领。

“可持续发展”在不同领域里有不同的含义,不同学科从各自的角度对其有不同的理解和阐述。1991 年,自然保护同盟(IUCN)从自然的属性的角度对“可持续使用”所作的定义是“在可再生能力(速度)的范围内使用一种有机生态系统或其他可再生资源”;国际生态学联合会(INTECOL)和国际生物科学联合会(IUBS)将可持续发展定义为“保护和加强环境系统的生产更新能力”;同年,国际自然保护同盟(IUCN)又和联合国环境规划署(UNPE)、世界野生生物基金会(WWF)共同发表了《保护地球——可持续生存战略》,从社会属性定义“可持续发展”为“在生存不超出维持生态系统涵容能力的情况下,提高人类的生活质量”。在经济领域里,经济学家皮尔斯(D. Pearce)在 1990 年把可持续发展理解为“当发展能保证当代人的福利增加时,也不会使后代人福利减少”。在科技领域,“可持续发展”意味着转向更清洁、更高效的技术,尽可能接近“零排放”或“密闭式”的工艺方法,尽可能减少能源和其他自然资源的消耗。在《我们共同的未来》的报告中,布伦特兰夫人将“可持续发展”定义为“既满足当代人的需求,又不对后代人满足其自身需求的能力构成危害的发展”。这一概念在 1989 年联合国环境规划署第 15 届理事会通过的《关于可持续发展的声明》中得到认同,即可持续发展指满足当代人需要,而又不削弱子孙后代满足其需要之能力的发展,而且绝不包含侵犯国家主权的含义。

从总体角度讲,可持续发展是一个涉及经济、社会、技术及自然环境的综合概念,也是一种从环境和自然资源角度提出的关于人类长期发展的战略和模式。可持续发展主要包括自然资源、生态环境、经济和社会的可持续发展以及代际与代内公平四个方面。其基本含义和内涵主要包括以下几个方面[28]。

(1)不否定经济增长,尤其是不发达国家的经济增长,但需要重新审视如何推动和实现经济增长。可持续发展强调经济增长的必要性,因为经济增长是提高当代人福利水平、增加社会财富、增强国家实力的必要条件。经济增长不仅要重视数量,还要依靠科技进步,提高其效益和质量,达到具有可持续意义上的经济增长。因此，必须改变能源和原料的使用方式，改变传统的以“高投入、高消耗、高污染”为特征的生产模式和消费模式，实施清洁生产和文明消费，从而减少单位经济活动所造成的环境压力。

(2)要求以自然资源为基础，同环境承载力相协调。经济和社会发展不能超越资源和环境的承载能力。它要求在严格控制人口增长、提高人口素质和保护环境、资源永续利用的条件下，进行经济建设，保证以可持续的方式使用自然资源和环境成本，将人类的发展控制在地球的承载力之内。随着工业化、城市化的快速进程以及人口的不断增长，人类对自然资源的巨大消耗和大规模开采，已导致资源基础的削弱、退化、枯竭，如何以最低的环境成本确保自然资源的永续利用，是可持续发展面临的一个重要问题。若要能可持续地利用自然资源，则必须使自然资源的耗竭速率低于其再生速率，而这必须依靠适当的经济手段、技术措施和政府干预才能得以实现。因此，需要通过一些激励手段，引导企业采用清洁工艺和生产非污染产品，引导消费者采用可持续消费方式并推动生产方式的改革。

(3)以提高生活质量为目标，同社会进步相适应。发展不仅仅是经济问题，单纯追求产值的经济增长并不能体现发展的内涵。可持续发展的观念认为，世界各国的发展阶段和发展目标可以不同，但发展的本质应当包括改善人类生活质量，提高人类健康水平，创造一个保障人们平等、自由和免受暴力的社会环境。这就是说，在人类可持续发展系统中，经济发展是基础，自然生态保护是条件，社会进步才是目的。而这三者又是一个相互影响的综合体，只有社会在每一个时间段内都能保持与经济、资源和环境的协调，这个社会才符合可持续发展的要求。显然，在新的世纪里，人类共同追求的目标，是以人为本的社会、经济、自然复合系统的持续、稳定、健康发展。

(4)承认并要求在产品和服务的价格中体现出自然资源的价值。这种价值不仅体现在环境对经济系统的支撑和服务价值上，也体现在环境对生命系统支持的不可或缺的存在价值上。

(5)以适宜的政策和法律体系为条件，强调“综合决策”和“公众参与”。改变过去各个部门在制定和实施经济、社会、环境政策时各自为政的做法，提倡根据周密的社会、经济、环境考虑和科学原则，全面的信息和综合的要求来制定政策并予以实施。可持续发展的原则要纳入经济、社会、人口、资源、环境等各项立法及重大决策之中。

(6)可持续发展包含了当代与后代的需求、国际公平、国家主权、自然资源、生态承载力、环境和发展相结合等重要内容。在代际公平和代内公平方面，可持续发展是一个综合的概念，它不仅涉及当代的或一国的人口、资源、环境与发展的协调，还涉及同后代的或国家及地区之间的人口、资源、环境和发展的矛盾和冲突。

可持续发展观用于指导建筑活动，是一种全新的建筑观，因为它强调的不纯粹是建筑的形象、风格，更主要的是建筑的设计思想和具体技术，它是一场建筑思想革命。建筑的创作应寻求与人工环境、自然环境和社会环境和谐共生，同时满足人类生产生活的生态需要。建筑不再是对环境的剥夺和污染，而是促进同周围环境的协调，使人类赖以生存的家园能够持续地向未来发展。生态建筑的理念既契合了“可持续发展”的全球共识，又为建筑设计发展开辟了一条新途径。

2.6.3 整体的生态系统观

系统论中的“系统”是指“由若干相互作用和相互依赖的组成部分结合而成、具有特定功能的有机体”，或简称为“具有特定功能的综合体”。要成为一个系统，必须具备3个条件：①具有组成系统的若干组成成分；②各个组成成分之间通过相互制约、相互作用，形成一个统一的整体；③系统具有层次性，具有特定的功能。一个系统本身包含若干个子系统—系统组成成分，同时它又是一个更大系统的组成成分(见图 2-6)。

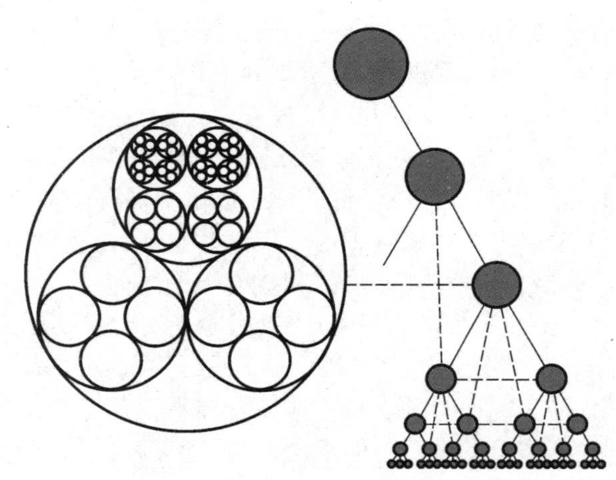

图 2-6　系统的层次性示意图[14]

一个系统有其自身的独特功能，它既不同于下一级子系统的功能，也不同于上一级母系统的功能。系统可分为封闭系统和开放系统。封闭系统是指系统与外界不存在任何能量与物质的交换，开放系统是指系统与外界存在能量或物质交换。除宇宙外，世间所有系统都是开放系统。开放系统的能量或物质获得及信息传入称为输入，能量或物质失去及信息传出称为输出，系统内部能量和物质或信息交换称为流通。

系统中某一组成部分变化会引起其他组成部分发生一系列变化，而后者的变化最终又反过来影响首先变化的组成部分，这种现象称为系统的反馈现象。如果反馈的作用能够抑制或减少最早发生变化的组成部分的改变率，那么，这种反馈称为负反馈；如果反馈的作用能够加剧或增加最早发生变化的组成部分的改变率，则称为正反馈。负反馈是系统自身保持相对稳定的内在调节机制，正反馈则会导致系统最终崩溃。例如，人体是一个生物系统，当气候变冷时，向外散热增加，体温有下降趋势，感到冷不舒适，做出的生理调节反应就是皮肤血管收缩、血液流动量减少、降低向外散热，使身体处于稳定健康状态，这就是一种负反馈调节。系统具有下列一般特性。

(1)系统各组成部分之间的联系广泛而紧密，构成一个网络。因此，每一个组成部分的变化都受到其他组成部分变化的影响，并会引起其他组成部分的变化。

(2)系统具有多层次、多功能的结构，每一层次均成为构筑其上一层次的单元，同时也能有助于系统某一功能的实现。

(3)在系统的发展过程中，能够不断地学习并对其层次结构与功能结构进行重组及完善。

(4)系统是开放的，它与环境有密切的联系，能与环境相互作用，能不断向适应环境的方向发展。

(5)系统是动态的，它处于不断发展变化之中，而且系统本身对未来有一定的预测能力。

整体系统观认为，任何事物都与其他事物存在密切联系，它们共同组成了一个不可分割的有机整体；各个组成部分或子系统之间必须相互协调作用，共同为整体系统的功能服务；整体系统的功能不是各子系统功能的简单相加，它远远大于各部分功能之和，是一种新的质的飞跃；认识和把握事物必须首先从整体性上去认识和把握。

将整体系统观用于建筑活动就是建筑的整体生态系统观，即人、建筑、环境共同组成了一个整体生态系统。人与建筑仅为同一层次上的两个子系统，认识把握建筑不仅要研究建筑与人的关系问题，还要研究建筑与其他环境因素之间的关系问题；不仅要关注组成建筑自身的各子系统的整合与协调，也要关注建筑对上一级系统的作用，做到建筑与周围环境的协调，以及与上下系统间的协调。由此可见，以整体系统观来审视建筑，关注的内容不仅是建筑与其同层次子系统间的相互关系，还包括建筑与上一级母系统和下一级子系统之间的关系；建筑是复杂立体关系网中的一个节点，而不再是平面网中的节点。

传统建筑学主要研究建筑与人之间的关系，这种认识方法无疑抓住了主导因子——人对建筑的作用，在过去对建筑学的发展起到了极大的推动作用。但是，从整体系统观来看，这种认识方法是有局限性的。图 2-7 示出了建筑及其环境（包括人、社会环境、自然环境、人工环境等）共同形成的整体系统。在这一整体系统中，人与建筑只是同一层次的两个系统，研究它们之间的关系，只能揭示同层次两个子系统之间的直接关系，不能揭示建筑与其他因素之间的关系，更不涉及上下级系统之间的相互作用。因此，传统建筑学研究方法，往往由于看不到全局而过分强调主体人的需要，从而偏离了系统的整体性能优化方向。

图 2-7　建筑及其环境构成

（来源：编者自绘）

整体的生态系统观，不仅将建筑及其环境视为不可分割的有机整体，关注同一层次和上下层次系统间的相互关系，更重要的是注意到建筑及其环境组成的系统是一种有生命运动参与的生态系统，建筑设计、建造、运行必须符合生命运动的规律，符合生态学的基本原则，既要考虑能量流动，也要关注物质循环，还要强调整体生态系统功能的优化和发展。这一观点阐明了建筑及其环境不可分割，是一个整体的生态系统，在这个整体的生态系统中，不仅包含了人这一特殊生物，还包含了植物、其他动物、微生物以及天然和人工的非生物因素。它们之间相互制约、相互影响、互为环境且相互适应，协同进化和发展，任意组成部分的丧失或变化都会殃及其他组成部分，使整体生态系统的结构和功能受到影响。这一观点不仅包含了整体系统观，而且进一步使我们明确了可以用生态学原理和规律来处理和研究建筑生态系统的各种内外关系。

2.7 生态建筑设计

2.7.1 常规设计与生态设计

设计通常包括功能需求分析、规模规格确定、形式方案实施、成果评价鉴定等。在常规设计中,主要考虑的是市场消费需求、质量成本、实用美观、材料色彩、制造技术的可能性等问题,而没有将对生态环境的影响作为开发设计的一个重要指标。生态设计是在常规设计基础上,把对生态环境的影响纳入设计与实施的考虑之中,这是生态设计与常规设计的根本区别所在。由此造成了生态设计在很多方面与常规设计不一样[33][34](见表2-4)。

表2-4 常规设计与生态设计比较

比较项目	常规设计	生态设计
人与自然关系	以狭义的“人”为中心,意欲以“人定胜天”的思想征服或改造自然。人成为凌驾于自然之上的万能统治者	人和自然中的其他生物,都是地球生态系统的组成部分,相辅相成,缺一不可;人应把自己融入自然之中
对资源的态度	没有或很少考虑有效的资源再生利用及对生态环境的影响	要求设计人员在构思及设计阶段必须考虑降低能耗、资源重复利用和保护生态环境
设计依据和指标	依据建筑的功能、性能及成本要求来设计,考虑人的生活习惯,要舒适、经济,满足基本规范指标	依据环境效益和生态环境指标与建筑空间的功能、性能及成本要求来设计,达到生态建筑指标要求
设计目的	以人的需求为设计的主要目的,达到建筑本身的舒适与愉悦	为人的需求和环境而设计,其终极目的是改善人类居住与生活环境,创造自然、经济、社会的综合效益,满足可持续发展的要求
施工技术或工艺	在施工和使用过程中很少考虑材料的回收利用	在施工和使用过程中采用可拆卸、易回收、不产生有副作用的材料和产品,并力争使废弃物最少
能源	依赖不可再生能源,包括石油、煤、天然气和核能	强调利用可再生能源,如太阳能、风能、水能、生物质能等
材料	大量使用不可再生循环材料,导致废弃材料遗存在土壤或空气中,变为有毒有害物质,破坏生态环境	利用可再生、易回收、易维护或持久耐用的物质材料,注重废物的再利用
有毒物	普遍使用,从除草剂到涂料	非常谨慎使用
生态测算	满足各种基本的规范要求,对环境影响的评价是被动的	贯穿于项目整个过程的生态影响预测,从材料提取到回收和再利用,对环境影响的评价是自觉主动的

续表

比较项目	常规设计	生态设计
地域特性体现 地域人文特性	规范化的模式在全球重复使用，很少考虑地方场所特性，摩天大楼从上海到纽约如出一辙；全球文化趋同，损害人类共同的财富	设计根据区域不同而有所变化，遵循当地的土壤、植物、材料、文化、气候、地形，因地制宜，体现地域特性；尊重和培植地方传统知识、技术和材料，丰富人类的共同财富
生物、文化、 经济多样性	使用标准化设计，高能耗、高消费、高污染，导致生物、文化及经济多样性的损失	维护区域生物多样性，维护与当地相适应的文化及经济支撑
知识面要求	狭窄的专业指向，单一的知识面	综合多个设计学科及广泛的科学，宽广的知识面
空间尺度	往往局限于单一尺度	综合多个尺度，在大尺度上反映小尺度的影响，在小尺度上体现大尺度的影响
整体系统性	画地为牢，以人定边界为限，不考虑自然过程的连续性	以整体系统为对象，设计旨在实现系统内部的完整性和统一性
自然的作用	设计强加于自然之上，以实现对自然的控制和狭隘地满足人的需要	与自然合作，尽量利用自然的能动性和自组织能力
可参与性	着重依赖于专家或专家库	致力于广泛而开放的讨论，人人都是设计的参与者
成本关注	生产成本	生命周期成本
污染治理	大量、泛滥，先污染，后治理	污染预防，生态优先，将污染减小到最低限度，废弃物的量和成分与生态系统的吸收能力相适应
经济效益	企业内部或个人经济效益最大化	企业与用户经济效益最大化
环境效益	较小或没有，不刻意追求	生命周期环境损害最小化
可持续性	低或没有	高

2.7.2　生态建筑设计原则

有关生态（绿色）建筑设计原则的著述颇多。1991年，Brenda和Robert Vale提出下列6项原则[35]：①节约能源；②设计结合气候；③材料与能源循环利用；④尊重用户；⑤尊重基地环境；⑥整体设计观。

1995年，Sim Van Der Ryn和Stuart Cowan在*Ecological Design*中提出下列5项原则[36]：①设计成果应是地方环境的产物（Solutions Grow from Place）；②让自然环境显现（Make Nature Visible）；③设计结合自然（Design with Nature）；④以生态效益指导设计（Ecological Accounting Informs Design）；⑤人人参与设计（Everyone is a Designer）。

2009年，我国学者刘先觉等在其专著《生态建筑学》中，提出要解决城市生态平衡问题，必须基于历史、整体、共生、环境、场所、人本、新颖、结构、弹性、绿化10种观点，在生态建筑中利用下列5

项总体原则[37]:①整体有序;②永续利用;③循环利用;④反馈平衡;⑤有偿使用。在生态建筑设计中必须遵循4项基本原则:①经济高效;②环境优先;③健康无害;④多元共存。

2010年,我国学者刘加平等在《绿色建筑概论》一书中,提出了绿色建筑设计的3项原则[38]。①资源利用的3R原则——减量(Reduction)、重用(Reusing)、循环(Recycling)。②环境友好原则——室内外环境满足使用者生理、心理需求,安全健康、舒适和谐、优美、无污染、阳光充足、空气新鲜、有绿化和景观场所,满足人们活动需求。③地域性原则——尊重传统文化和乡土经验,注重与地域自然环境结合,使用当地植物和建材。

事实上,生态建筑设计就是要协调好人、建筑、自然三者之间的相互关系,不同学者从不同的角度提出了不同的原则。从生态学基本原理和可持续发展观出发,其基本设计原则可归纳为以下几方面。

(1)尊重自然,体现"整体优先"和"生态优先"的原则。由于整体生态系统的功能远大于其各组成部分功能之和,所以在进行建筑活动时,应优先考虑建筑生态系统的结构和功能需要。保护生态植被、合理利用资源、维护生物多样性、消除污染、维持生态平衡是当今建筑活动必须首先考虑的问题。另外,要使建筑生态系统的结构、功能合理优化,要求在建筑活动中,不仅要关注生物人和社会人的生态需要,同时还要顾及其他生物生存和发展的需要,强调生物物种和生态系统的价值和权利,认为物种和生态系统具有道德优先性。

(2)满足人和自然共同、持续、和谐发展的需要。满足人的生存发展需要不仅是建筑产生的根本原因,也是建筑活动致力的最终目标,还是人类社会进步的根本动力所在。生态建筑活动必须以人的需求和发展为基本出发点,但是,不能为了满足人的需要而不顾其他自然生物的生态需要,破坏生态环境,也不能为了保护生态环境而忽视或降低人的需要,两者必须并重,才能实现自然与人类和谐共处、共同发展。

(3)充分利用自然资源,体现"少费多用"的原则。在目前资源匮乏的现状下,特别强调对能源的高效利用,对资源充分利用和循环利用,充分体现"6R"原则。即Reduce——减少对资源的消耗,例如,节能、节水、节地、节材等,减少对环境的破坏,减少对人类健康的不良影响;在设计中要树立"含能"意识(关于"含能"的概念和更多知识,请参阅"9.3.1 材料的含能"),尽量采用本地材料,减少或避免使用制造、加工、运输和安装过程耗能较大、对环境不利影响较大的建筑材料或构件。Recycle——对建筑中的各种资源,尤其是稀有资源、紧缺资源或不能自然降解的物质尽可能地加以回收、循环使用,或者通过某种方式加工提炼后进一步使用;同时,在选择建筑材料的时候,预先考虑其最终失效后的处置方式,优先选用可循环使用的材料。Reuse——在建筑活动中,重新利用一切可以利用的旧材料、旧构配件、旧设备、旧家具等,以做到物尽其用,减少消耗。在设计中,要注重建筑空间和结构的灵活性,以利于建筑使用过程中的更新、改造和重新利用。Renewable——指尽可能地利用可再生资源,例如太阳能、风能等,它们对环境无害,而且是可持续利用的。Revalue——对自然的价值和材料应用进行重新认识和生态环境效益评估。Reassembly——采用装配式建造方法,可以减少材料浪费和对环境的影响,同时提高建造的安全性和效率。

(4)与周围环境相适应,体现"因地制宜"的原则。一是与周围自然环境相适应。提倡采用"被动式"设计策略,提高建筑对环境气候的适应能力。研究及实践表明,与当地气候、地形、地貌、生物、材料和水资源相适应的建筑,与忽视其周围环境、完全依靠机械设备的建筑相比,具有更舒适、更健康且更高效的性能。很好地利用场地现有的各种免费自然资源,同时减少使用稀缺而昂贵的设备，是让使用者与其自然环境有所联系同时减少建筑造价的两个最好的方法。二是与周围人文环境相适应。体现和延续地方文化和民俗，注重历史文物和建筑的保护，发扬传统精华，并适应人文环境的新需要。

(5)注重过程环节，体现“发展变化”的原则。建筑生态系统是不断变化发展的，在进行生态建筑设计时，要充分考虑这种变动性，并找到适应这种变化的策略方法，从而延长建筑的使用寿命，减少其全生命周期的资源消耗。为此，要求在进行生态建筑设计时，注重每一个环节，预测其环境和建筑本身在未来可能发生的变化，并提出相应对策。另外，防患于未然的设计意识具有实践和经济上的双重意义。例如采用低毒或无毒建筑材料和施工方法，比通过大量通风稀释室内空气有毒成分的方法更加有效。通过设计减少供热、制冷和采光需求，比安装更多或更大型的机械(电力)设备要更加经济。

2.7.3　生态建筑设计思想与措施

生态建筑设计思想可以从自然、资源、人类、使用周期、城镇和社区五个方面考虑，对应的主要措施见表2-5。

表2-5　生态建筑设计思想与主要措施[39]

设计思想—软件		主要措施
自然	减少热量得失	提高建筑保温、隔热性能等
	充分利用日光	利用开窗、中庭、天井和设置反光板等措施实现自然采光
	最大限度利用自然通风	通过建筑体型设计和族群布置，利用风压和热压实现自然通风
	有效利用土壤和植被	利用屋顶绿化隔热，利用植物遮阳、导风等
使用周期	使用期的建设与管理	开发实用、高效、稳定的建筑设备管理系统
	设备使用周期比较	使用部件组装型设备，提高设备的可更新性能
	建筑的更新与再利用	通过旧建筑更新延长建筑的使用寿命；使用可循环利用的材料，减少废弃物对环境造成负担
	易于更新的系统	在室外建设服务通道，保留供建筑更新的空间
自然	慎重利用以木材为基础的材料	高效利用木材，提倡利用人工速生林中的木材，尽量避免或减少使用自然森林中的木材
	保护水资源	高效利用河水、雨水和井水，避免对水资源的污染和破坏
	有效利用自然能源	利用太阳能加热和供应热水，利用太阳能和风力发电等
人类	使用对人体无害的材料	使用自然材料和无害材料
	保留传统技艺	充分利用当地传统的生产工艺和技能
	提出新的生活模式	提倡生活方式的改变(从消费型转向再循环型)

续表

设计思想—软件		主要措施	设计思想—软件		主要措施
资源	发展高效系统	发展能源和材料的高效利用系统	城镇和社区	保护历史与传统	保护历史性建筑及其所处的自然和人文环境
	使用耐久性材料	使用耐久性强或可循环使用的材料		保护地景和水景	保护历史性街道、建筑、景观等
	使用对环境无害的材料	循环使用或合理处置工业废弃物，在建筑材料的加工、运输、使用和维护过程中，避免有毒有害气体挥发或液体渗漏对环境造成污染和破坏		建筑师与居民合作研究	提倡公众参与，尊重地方特性
	使用地方材料	有效利用当地材料及产品		优先考虑土地与气候	采用与环境相适应的设计和建造手段，保护当地自然和人文生态系统

2.7.4 生态建筑设计方法

生态建筑设计可以从材料与建造方法、功能与可持续性、防护措施、可再生资源利用、不可再生资源利用、人类舒适健康、体现地域特性、生态环境保护与控制等方面考虑，对应的设计方法见表 2-6。

表 2-6 生态建筑设计因素与设计方法[39]

主要设计因素	设计方法—硬件	主要设计因素	设计方法—硬件
材料与建造方法	限制排放氟利昂气体	不可再生资源利用	循环使用建筑材料
	慎重利用热带森林木材		废弃物再生利用
	使用对人体无害的材料		水的循环利用
	使用可循环利用的材料		有效利用未开发的资源
	使用耐久性材料		能源的多层次利用
	使用对环境影响最小的材料		使用高效设备及控制系统
功能与可持续性	易于维护的建筑和服务体系	保证健康和舒适的环境	高质量的热环境，高质量的声环境
	灵活的空间规划		高质量的采光和良好的视觉景观
防护措施	隔热、保温、遮阳		高质量的空气环境

续表

主要设计因素	设计方法—硬件	主要设计因素	设计方法—硬件
可再生资源利用	利用地热能	设计与地方结合	保护、复兴历史文化
	利用太阳能		使社区充满活力，体现地方特色
	利用自然通风和采光	保护生态环境，控制城市气候	控制空气污染，合理处理工业废弃物
	利用水力和生物质能		考虑建筑遮阳与通风
	利用风能		植被绿化等

2.8　建筑生态系统及建筑物子系统构成

2.8.1　建筑生态系统的构成

建筑生态系统的组成可用图 2-8 所示的自然系统、支撑系统、人类系统、社会系统和建筑物系统五个子系统来表示。自然系统包含天然非生物因素和生物因素，指气候、水、土地、植物、动物、地理、地形、资源等，它们是人类生存和发展的基础，是人类安身立命之本，是建筑得以建造的根本。自然资源，特别是不可再生资源，具有不可替代性，自然环境变化具有不可逆性和不可弥补性。支撑系统是指除建筑物以外的人工因素，包括非建筑物的各种人造物、人工设备和家养动植物。它们对于建筑物的建造、使用以及建筑生态系统各因素之间的联系，起到支撑、服务和保障作用。人类系统主要指作为个体的生物人，具有生理的和心理的各种需要。建筑活动必须从人的这些需要出发，并以满足人的各种需要为目的。社会系统主要指人的社会属性，即人们在相互交往和共同活动的过程中形成了各种关系。社会系统主要包含公共管理和法律、社会关系、人口趋势、文化特征、社会分化、经济发展、技术状况、健康和福利等。它涉及由人群组成的社会团体相互交往的体系，包括由地方性、阶层、社会关系等不同的人群组成的系统。

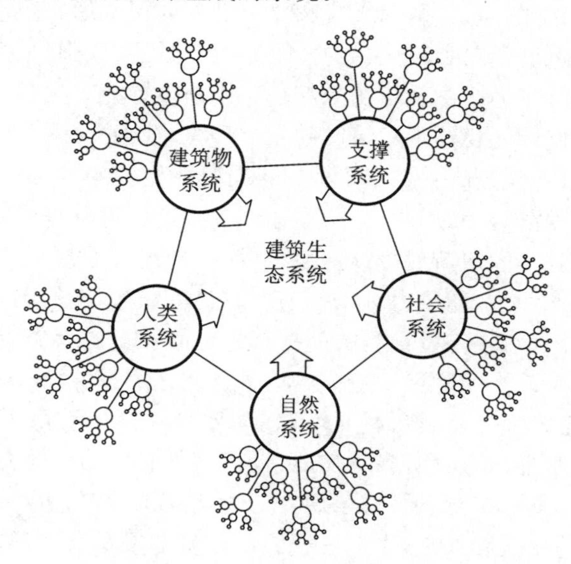

图 2-8　建筑生态系统的组成[14]

上述五个系统的划分只是为了研究与讨论问题的方便而提出的，根据研究需要，还可以有多种划分法。而每个系统又可分解为若干子系统。在五个系统中，人类系统与自然系统是两个基本系统，建筑物系统与支撑系统则是人为创造与建设的结果，而社会系统是由人与人之间的关系构成的。要使建筑、人、自然、社会的整体和各部分协调发展，在研究实际问题时，应善于分析、寻找各相关系统间的联系与结合。在任何一个建筑生态系统中，这五个系统都综合地存在着，五大系统也各有基础科学的内涵。在建筑学研究中，建筑师、规划师和一切参与建筑活动的科学工作者都要自觉地选择若干系统进行交叉组合。当然，这种组合不应是概念游戏，而应是对历史现象的总结，对现实问题的敏锐观察、深入研究和深邃理解，以及对未来大趋势的理性掌握与超前想象。

2.8.2 建筑物子系统的构成

建筑物系统又可分为五个子系统，即用地系统、结构系统、围护系统、设备系统和室内系统，图2-9显示了建筑物子系统的组成。

(1)用地系统。用地系统是建筑方案和用地环境之间相互作用的第一层次。其组成元素包括地形及周边环境(采光、通风、视野等)、建筑形态、用地边界、景观、路面系统、雨水系统、公共设施、照明系统、附属物等。

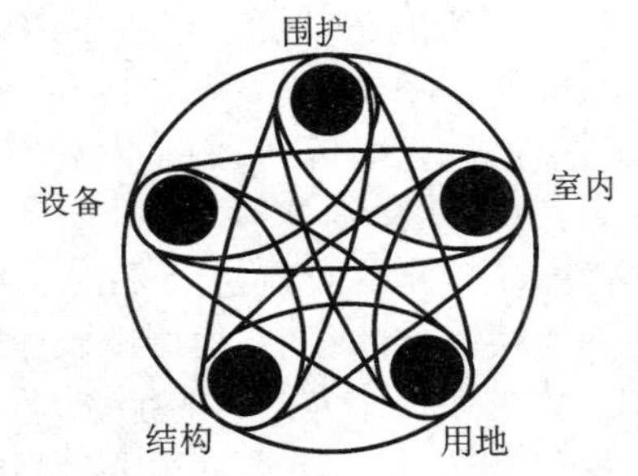

图2-9 建筑物子系统的构成[40]

从环境角度看，用地系统的状况对区域性气候有改造作用并形成相应的宏观气候。建筑的用地设计关注日照、通风、采光等因素与自然环境的关系。例如，山北坡的建筑和山南坡的建筑处于截然不同的气候中，被沥青包围的建筑和被绿树环抱的建筑也处于不同的状态下。可以通过细心设计来部分控制、改造宏观气候，并使这种改造的成果最优化。用地可以视为围护结构之外的又一气候缓冲层次，并友好地传达环境状况。例如，树木可以产生阴凉，并影响气流和建筑内外的视觉形象。块石路面可以用于从停车场和周边区域排泄雨水。建筑朝向和玻璃窗的位置影响着日照、遮阳、采光、通风和视线及私密性。自然水体和雨水滞留池可以作为空调系统的冷却塔。用地设计能产生多少潜在利益取决于建筑项目的具体情况。用地系统设计还要体现建筑文脉——环境、社会、文化和由建筑项目的具体条件及其周边环境所表现出来的特殊状况，它决定了建筑在自然和社会中的位置。

(2)结构系统。结构系统包括基础构件、承重构件和辅助构件等，其基本功能是提供静态平衡。结构荷载一般包括结构自身的固定荷载，室内家具、设备、使用者及屋面积雪等带来的活荷载以及一些影响结构设计的动态作用力，如风力、地震荷载和在建设时产生的不平衡荷载。结构设计必须保证有一定的安全系数，并且对各种可预测的荷载有稳定而长期的承受能力，甚至要考虑飓风和地震这样的动态事件。结构系统上的隐患所造成的危害往往是突发性、灾难性和毁灭性的。

(3)围护系统。围护系统包括墙、窗、屋面等元素，起到室内外环境分离和联系的基本作用，具有障碍物和过滤器的双重功能。它具有多种功能：抵挡室外自然力的作用，如紫外线辐射、日晒雨淋、风沙侵蚀、噪声传入等；具有采光、通风、景观等功能；能满足人们私密、安全、舒适和美观等方面的要求；它还形成了建筑的皮肤和外观，决定着我们对建筑形象及审美等方面的评价。

(4)设备系统。设备系统包括给水排水、弱电强电、通风空调、消防电梯等设施。每个组成部分都有自己的功能，并可分为若干个为该功能服务的子系统。就通风空调而言，必须满足以下要求：通过采暖或制冷实现温度控制；进行湿度控制即加湿或除湿；通过强制空气循环来给使用者提供流动空气；要求空气过滤以去除一定的杂质；把污浊的空气从室内热源、味源、潮源或化学物质聚集处（如厕所、实验室排气口和厨房）排到室外；为了通风、冷却、加热或夜间直接降温而循环空气；保持室内正压，避免未净化的室外空气、尘土、水汽进入室内；排烟和通过防火分区来控制室内空气压力组成元素。

（5）室内系统。室内系统一般由照明设备、声音设备、流线、家具、饰面和装饰物等构成。建筑设计的一个基本原则，是使室内空间满足人类对舒适和安全等方面的需要。在室内系统设计中，通常采用分区的方法，即把建筑空间成组地组合在一起，以便服务于不同的功能，同时实现对资源的智能编排和有效控制，以及对建筑内在秩序的表达。

第 3 章　生态选址与规划

建筑基址的选择和规划对于以后项目建设的各个方面都有决定性影响。建筑选址和规划要考虑众多的影响因素，它涉及经济、生态和社会的各个方面。因此，基址选择和规划不仅要符合经济标准和经济效率，而且要尊重国家和地方各种法律规范。选址和规划工作要从整体的角度做综合处理，既要将土地使用、建设密度、社会安宁和环境保护都纳入考虑范围，又要深入到每一个与可持续发展相关的细节。生态选址和规划较之于传统意义上的选址，不同之处在于它将生态环境作为选址时的重要因素加以考虑。本章主要介绍生态选址和规划考虑的各种因素，以及选址和规划主要的分析方法。

3.1　生态选址及中国“风水”

3.1.1　生态选址概述

基址的选择及其分析，是生态建筑活动和实现可持续发展社区最重要的步骤。由于基址的选择会影响后续项目建设的各个步骤和决策，因此，错误或大意的基址选择和分析会导致以后不可持续的发展。要特别强调的是，在生态选址和分析的过程中，不能只看到基址本身的问题，而要将它置于更大的综合地区环境中加以考虑。

生态选址，最主要的考虑就是这个位置是否适合建设，以及建设后是否适合今后的发展。因此，分析和评价基址的各种优缺点就成了生态选址的关键所在。在这一阶段，要分析每个可能的地点，列出它们在可持续发展方面的所有优势与劣势，特别是在确定适合住宅发展项目的基址时，要优先考虑与基础设施和公共交通网络的连接。每个被选基址的资源和能源潜力需要认真加以评估，尤其是水资源的状况和以太阳能、风能为基础的能源系统的潜力。在基址选择过程中，识别社区的发展对这片基址及其周围生态环境的影响是十分重要的。这个问题需要通过对生态环境的研究来解决，这些研究应该包括土壤侵蚀、植被及其生长地的保护、水和空气污染以及垃圾处理等。通过对具体基址优缺点的分析，可以为人们提供一个和谐的居住环境，避免对周边的自然环境和社会环境造成影响或者破坏，甚至有可能的话，会通过修复各方面的生态问题而改善周边环境。

对具体基址的优缺点进行分析评价时，内容可概括为自然条件和社会环境。自然条件主要由地质、地貌、水文、气候、动植物、土壤六项基本要素组成，从多方面以不同程度、不同范围、不同方式对建设（包括开发利用、空间形态、市政设施等）产生影响，还影响到建设的投资效益、工程技术措施的采用以及工程建设的速度。由于基址所处地理位置及地域状况的差异，自然环境的六项基本要素对基址选择的影响程度各不相同，有些基址受气候的制约比较突出，有的则受地质的影响较为显著。而每一自然要素对基址建设又往往存在着有利和不利两方面的影响，因此，在对基址自然条件的分析中应着重于主导因子，研究其作用规律及影响程度。各种自然要素对基址的影响并不是孤立的，有时有着相互制约或抵消的关系，有时则相互配合加剧了某种作用。基址选择时，必须充分了解上述自然条件的影响，为以后合理地利用和改造基址、达到自然环境与人工环境的协调和统一创造条件。

社会环境是指由人为因素造成的人为环境，按范围不同分为三个层次：一是基址与区域的关系，包括在区域（如城市）中的位置、同类设施与相关设施分布、区域交通设施与交通流向、区域基础设施条件与环境状况等。二是基址与周围环境关系，包括与基址有直接影响的地域之间的联系，着重于基址内外环境间的和谐性，例如，周围土地使用状况、邻近建筑空间、道路分布、公共服务设施、管线系统与容量、环境保护等。三是基址内部现状，包括现存建筑物与构筑物状况及可利用价值、绿化分布、场地平整情况、景观特征等。

从生态的角度讲，选址既要满足人类需要，考虑自然条件如地形、地貌、风速、日照、土壤、水源等对建设项目的有利作用，又要避免建设项目对生态环境的不利影响。选址应禁止占用耕地、林地及生态湿地，禁止占用自然保护区和濒危动物栖息地；避免靠近城市水源保护区，以减少对水源地的污染和破坏，使区域原有水体形状、水量、水质不因建设而受破坏，使自然植被与地貌生态价值不因建设而下降。选址应优先考虑具有城市改造潜力的废耕地、已开发过或曾经受到影响的用地。例如，可以选择曾经被利用的城市地块和商业地块，因为，这些场地可能已经影响了邻近地域、水域和其他方面的环境质量，重新开发会对自然生态系统产生最低程度的影响。同时，很可能还会改善邻近社区，创造潜在的就业机会，改善环境并增加地价。当选择荒地、废地作为建设用地时，需要对其进行改良和修复。为了避免高昂的场地前期准备费用，保存重要的视觉和生态特征，维护生态安全，选址应该考虑占据已开发场地的空隙或是那些处于重要资源之间的位置，远离氡、电磁辐射、有毒有害气体、噪声等污染源，同时避开河道、泄洪平原、湿地、陡峭的易侵蚀斜坡和成熟的植被。

值得说明的是，项目建设是一个连续不断的发展过程，尤以城市的更新改造和建设发展最为典型。因此，基址通常都有一定的相对稳定性，又处于动态变化之中，必须以历史的和发展的观点加以分析。不同的基址常因建设项目的性质与基址自身特点的差异，而有不同的内容组成与深度要求。例如，居住建筑选址注重周围公共服务设施的分布以及基址内现存绿化、道路、环境状况等；商业建筑的选址则更侧重于基址及其周边交通状况、环境空间特征等；处在城市范围内的基址，更多地考虑周围建筑空间的特征与相关设施分布；建成区以外的基址，则更注重配套设施的自我完善等方面。

3.1.2　中国“风水”理论

“风水”理论是中国古代建筑选址、规划、营建所遵循的理论法则。避开其迷信的一面，它实际上是现在称为地理学、气象学、景观学、生态学、城市建筑学等学科的综合体现，是一种从整体上把握建筑选址、规划、营建的学说。“风水”理论是基于中国古代“天人合一”的整体性生态观而产生的，“阴阳”和“五行”学说是“风水”理论建立的基础[41]。

关于“风水”的概念和理解有多种。今人所称“风水”，大多认为出于晋人郭璞的《葬经》，谓：“气乘风则散，界水则止，古人聚之使不散，行之使有止，故谓之风水。风水之法，得水为上，藏风次之。”又曰：“深浅得乘，风水自成。”关于风水的选择标准，《葬经》简明概括为“来积止聚，冲阳和阴，土厚水深，郁草茂林”等。因此，解读风水中“气”“风”“水”的意义，就成了理解风水的关键所在。明代徐善继、徐善述在《地理人子须知》是这样解读“气”的，谓：“地理家以风水二字喝其名者，即郭氏所谓葬者乘生气也。而生气何以察之?曰,气之来,有水以导之;气之止,有水以界之;气之聚,无风以散之。故曰要得水,要藏风。又曰气乃水之母,有气斯有水;又曰噫气惟能散生气;又曰外气横形,内气止生;又曰得水为上,藏风次之;皆言风与水所以察生气之来与止聚云尔。总而言之,无风则气聚,得水则气融,此所以有风水之名。循名思义,风水之法无余蕴矣。”

较早的《青乌先生葬经》中称“风水”为:“内气萌生,外气成形,内外相乘,风水自成。”题金丞相兀钦仄解读为:“内气萌生,言穴暖而生万物也;外气成形,言山川融结而成像也。生气萌于内,形象成于外,实相乘也。”

明代乔项《风水辨》解释“风水”为:“所谓风者,取其山势之藏纳,土色之坚厚,不冲冒四面之风与无所谓地风者也。所谓水者,取其地势之高燥,无使水近夫亲肤而已;若水势曲屈而环向之,又其第二义也。”

将风水理论用于建筑选址,就是要审慎考察自然环境,顺应自然,有效地利用自然,选择良好健康的、适于人居的环境。而这种适于人居的环境往往是在三面或四周山峦环护、地势北高南低、背阴向阳的内敛型盆地或台地,它与针灸中人体上的穴位相似,故喻为“穴”。

“负阴抱阳,背山面水”是风水理论中选择宅、村、城镇基址的基本原则和基本格局。所谓“负阴抱阳”,即基址后面有主峰为“龙山”,左右有次峰或岗阜的左辅右弼山,或称为青龙、白虎“砂山”,山上要有丰茂植被;前面有月牙形的池食(宅、村的情况下)或弯曲的水(村镇、城市),水的对面还要有一个对景山“案山”,轴线方向最好是坐北朝南。但只要符合这套格局,轴线为其他方向有时也是可以的。基址正好处于山水环抱的中央,地势平坦而具有一定的坡度。这样,就形成了一个背山面水基址的基本格局(见图 3-1)。

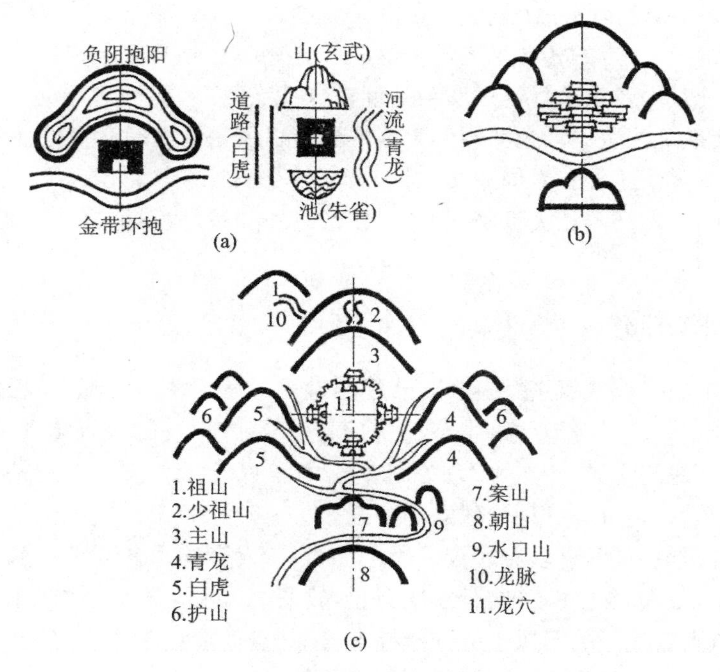

图 3-1 中国传统的“风水”理论选址[41]

(a)最佳宅址;(b)最佳村址;(c)最佳城址

按照中国传统的“风水”理论选择的“穴”作为人居环境，不难想象具有良好的生态特性（见图3-2）。由于“主山”和两翼的“白虎”“青龙”对北风的遮挡，山的南坡在冬季位于背风区即风影区，受北风的侵袭大大减弱，建筑的保暖性大大加强。因此，背山可以屏挡冬季北来寒流。在夏季，由于主导风一般来自南向，建筑面水而建能迎向主导风向。即使没有主导风，由于穴前有水，穴后有山，山水在白天和夜间受日照和天空辐射冷却不均，也会形成交替的地方风——白天空气从水面流向山坡，夜间空气从山坡流向水面。因此，建筑面水可以促进夏季通风。冬季太阳高度低，南向坡地有更多的日照，且较水平地面单位面积能受到更多的日照。一块基地上接收的太阳辐射量将影响它的温度高低、雪融化率、生长季节的长短、结霜期和落叶植物的循环周期。南向坡土壤能吸收和积蓄更多的热量，在温带的一个南向20°斜坡上，春天将比平地上提前大约两周。因此，朝南可以争取良好日照，便于太阳能的主动式或被动式利用。近水可以取得方便的水运交通及生活、灌溉用水，且可适于水中养殖。由于南面有水为低处，降雨时，地表水顺势而下，便于排水引导，避免泥石流、山洪、塌坡等造成的各种危害。因此，缓坡可以避免淹涝之灾。南向的坡地由于阳光充足、降水相对丰富，植被易于生长且茂盛，这对于保持水土、调整小气候、提高空气质量、发展果林或经济林、减少耕作出行、获取薪材等都是非常有益的。建筑建在南坡上，可以避免冬季冷空气下沉在山谷、洼地、沟地等处造成的“霜冻”效应，也可避免在山顶的“疾风”效应。总之，风水理论中的“穴”是最佳的建筑基址，作为人居环境，它容易在农、林、牧、副、渔的多种经营中形成良性的生态循环，自然也就变成一块吉祥福地了。值得一提的是，中国风水理论是基于“人”的生态需要而提出的早期经验理论，符合选址条件的“龙穴”很少，因此，人们经常会对准“龙穴”进行改造，比如，安徽宏村的水系改造。虽然在科学发展的今天，风水理论的科学性显得有所不足，也未将生态环境的保护纳入考虑之中，但其可为当今的生态设计提供参考和借鉴。

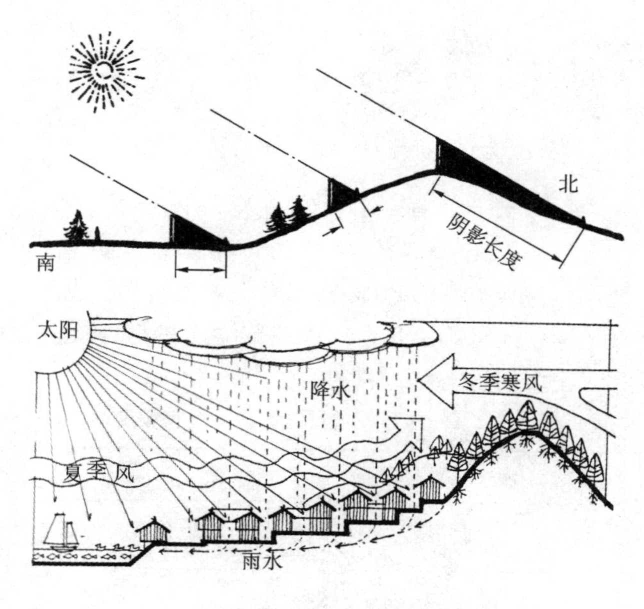

图3-2　“穴”的日照与通风示意[42]

3.2 自然条件对选址的影响

3.2.1 地形地貌与地质

不同的地形条件,对建筑和城市的功能布局、平面布置、空间形态设计、道路的走向、管线布置、场地平整、土方计算、施工建设等都有一定的影响。例如,地面的坡度对于确定制高点的利用、进行竖向平整、排水及防洪等有重要影响。地形还与小气候有关,如山脉或河谷会改变主导风向、向阳坡地有利于日照和通风等,不利的地形也会引起静风、逆温现象等不良小气候。因此,分析不同地形以及与其相伴的小气候特点,将有助于后续合理地进行布局与设计。

从大范围看,地形大体可分为山地、丘陵与平原三类;从小范围看,地形可划分为多种类型,如山谷、山坡、冲沟、盆地、谷道、河漫滩、阶地等(见图 3-3)。尽管人们可以对地形进行调整和改造,但自然地表形态仍是基址选择的基本条件。一般而言,平坦而简单的地形更适于作为建设基址,但有时也含有多种地形的组合。

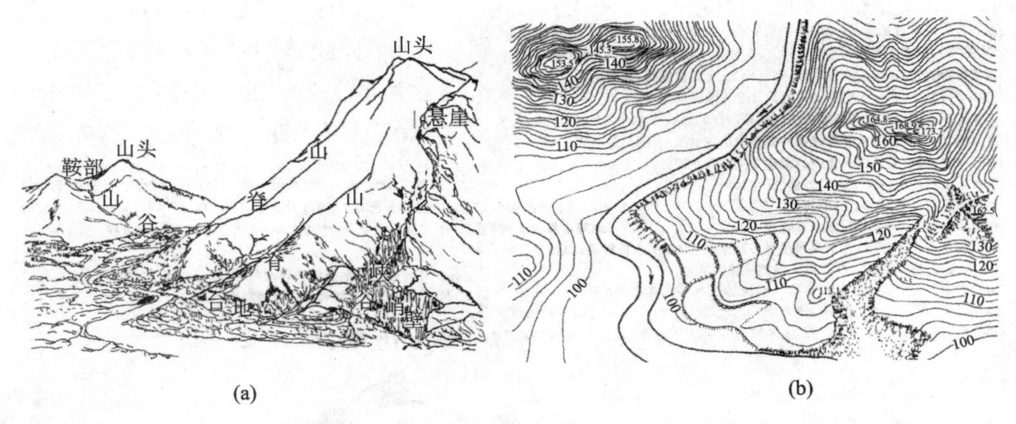

图 3-3 自然地形图与测绘地形图[43]

(a)自然地形地貌;(b)测绘图的表达

地形图是反映基址地形地貌最重要的基础资料,它在道路与管线纵坡设计、土石方计算及场地平整中有广泛的应用。用地形图还可确定基址的用地范围,因为各种建筑物与设施都要求建造在不大于某一特定坡度的相对平缓用地上(见表 3-1)。

表 3-1 一般建设项目与设施的适宜坡度

项 目	坡 度	项 目	坡 度
工业	0.5%~2%	铁路站场	0%~0.25%
居住建筑	0.3%~10%	对外主要公路	0.4%~3%
城市主要道路	0.3%~6%	机场用的	0.5%~1%
城市次要干道	0.3%~8%	绿地	可大可小

地质对基址选择的影响主要体现在其承载力、稳定性和有关工程建设的经济性等方面。基地的地表一般由土、砂、石等组成，将直接影响到建筑物的稳定程度、层数（或高度）、施工难易及造价高低等。表 3-2 示出了各种地表组成物质的承载力。

表 3-2　各种地表组成物质的承载力

类　别	承载力（kN/m²）	类　别	承载力（kN/m²）
碎石（中密）	400～700	细砂（很湿、中密）	120～160
角砾（中密）	300～500	大孔土	150～250
黏土（固态）	250～500	沿海地区淤泥	40～100
粗砂、中砂（中密）	240～340	泥炭	10～50
细砂（稍湿、中密）	160～220		

各种建筑物、构筑物对地基承载力具有不同的要求。一般民用建筑取决于其建筑物的性质、层数、结构及基础形式等，差别较大。道路与市政建设用地一般要求在 50 kN/m² 左右。因此，在基址选择时，要调查用地范围内的地表组成和地基承载力的分布状况。一些不良地基的土壤，如泥炭土、大孔土、膨胀土、低洼河沟地的杂填土等，常在一定条件下物理性状得到改变，引起地面变形或地基陷落并造成基础不稳，使建筑物发生裂缝、变形、倒塌等破坏。这类用地一般不宜作为建筑用地，当因条件所限而必须加以利用时，须采取防湿、排水、填换土层、设桩基等相应工程措施。

基址选择还要尽量避免不良地质因素，不良的地质如下。①冲沟：由间断流水在地表冲刷形成的沟槽。②滑坡：斜坡上的岩石或土体，因风化作用、地表水或地下水、震动或人为因素等原因，在重力的作用下失去原有平衡，沿一定的滑动面向下滑动的现象。③崩塌：山坡、陡岩上的岩石，受风化、震动、地质构造变化或施工等影响，在自重作用下突然从悬崖、陡坡上脱落下来的现象。④断层：岩层受力超过岩石体本身强度时，破坏了岩层的连续整体性，而发生的断裂和断层面显著位移的现象。⑤岩溶：石灰岩等可溶性岩层被地下水侵蚀成溶洞，产生洞顶塌陷和地面漏斗状陷穴等一系列现象。⑥地震：由于地质构造运动、火山活动等引起地层震动或下陷的现象。

3.2.2　气候条件

气候条件对基址的影响有着有利与不利两方面，它的作用往往通过与其他自然环境条件的配合，而变得缓和或是加强，尤其在创造适宜的工作和生活环境、防治环境污染等方面更有直接的影响。此外，还应注意到基址所在小地区范围内可能存在着地方气候与小气候。影响基址选择的气候因素主要有太阳辐射、风、温度、湿度与降水。

太阳辐射不仅具有重要的卫生价值，也是取之不竭的潜在能源。日照强度与日照率在不同纬度地区存在着差别，太阳的运行规律和辐射强度，是确定建筑的日照标准、间距、朝向以及遮阳设施、热工设计的重要依据。基址选择应遵循“冬季向阳，夏季庇荫”的原则。

风对基址选择有着多方面的影响，涉及以后的防风、通风、抗风等的实施，且与基址的热环境密切相关。基址选择应遵循“冬季避寒风，夏季迎凉风”的原则。风也是基址潜在能源的一种形式，需要仔细分析。另外，有害气体对空气的污染与风向及其频率有关，基址选择应避开大气污染源的下风向。

气温主要取决于太阳辐射的多少，一般纬度每增加 1 °，温度平均降低 1.5 ℃。海拔高度每升高 100 m,温度降低 0.6 ℃左右。因此,纬度和海拔高度大的地方,意味着温度较低。此外,海陆位置及海陆气流的分布也影响着气温。空气温度和湿度对于人们对冷热的感知有重要影响,长期影响着人们的行为方式,并形成不同生活习惯,会对基址的功能组织、建筑的布置与组合方式、空间形态和保温防热产生影响。当所处地区的气温日较差、年较差较大时,将影响到工程的设计与施工,以及相应工艺与技术的适应性和经济性等问题。如北方寒冷地区冬季的冻土深度,就是建筑和工程设计的重要参数。

降水对基地选择的影响主要表现在降水量、降水季节分配和降水强度等方面,它直接影响地表径流和引起地面积水,如河流洪水,并影响建筑和城市的防洪和排水设施的设计与建设。因此选择基址时,应当弄清基址处的降水规律和特点,考虑降水对以后竖向布置、给排水设计、道路布局和防洪设计等工作的影响。

通常,靠近海洋和大湖的地方日夜温差变化和冬夏温差都小于内陆地区。夏季日间靠近水的地方,最高温度都比较低,这种非线性效应使距离较近的小气候也会明显不同,尤其是距海洋 20 km范围之内。另外,高山通常产生湿润的向风坡,而低的丘陵通常产生湿润的背风坡。遇到山地斜坡时,湿空气团会急速上升,当空气达到露点时,在向风坡产生降温和降雨。潮湿空气穿过山脊后下降变暖,相对湿度降低,使背风坡较干燥。对于海拔差别较小的丘陵,情况正好相反,那里空气速度提高越过丘顶,雨水降落在背风坡上。

图 3-4 示出了丘陵地带建筑选址的气候分析。在冬天,山的南坡获得的日照最多,因而最暖和,而山的西坡则是夏天最热的地方。山的北坡背对太阳,在冬季也最为寒冷。山顶则是刮风最多的地方,而山脚地区由于冷空气下沉聚积,一般比山坡上要冷些。

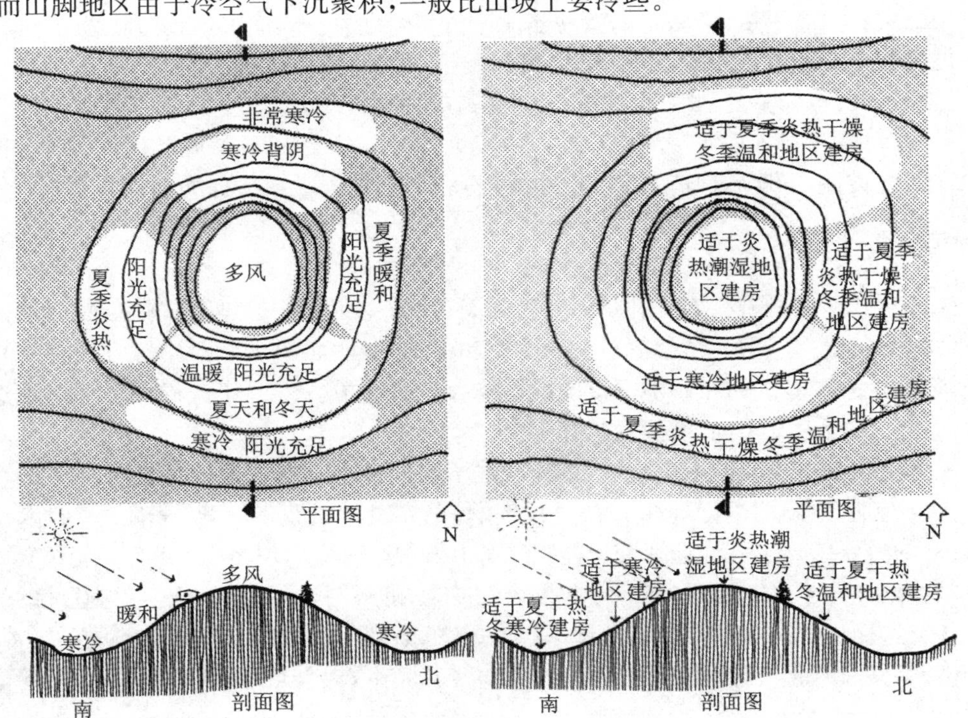

图 3-4 气候对建筑类型选址的影响[42]

对于外部得热型建筑，热量主要来自室外，例如民居和小型办公楼，其修建地点和气候条件之间的对应关系，可以参照图3-4中提出的建议：在寒冷地区，南向斜坡是比较好的地址；在温带地区，斜坡的中上部分是较好的地址，它既能接受阳光，又能接受风，但要阻挡大风；在干热地区，朝东的斜坡的低洼地带能接受晚上的冷空气流，减少下午太阳的辐射，如果冬天较冷，就建在山南谷地，如果冬天比较温和，就建在山的北面或东面；在湿热地区，山的顶部有很好的自然通风，山顶的东侧可减少下午太阳的辐射，是较好的地方。

对于内部得热型建筑，热量主要来自建筑内部，例如大型办公楼等建筑，不太需要日照取暖，建在山的北坡或者东北坡也可以。冷空气聚积的山谷地带，特别是北面的山脚，有时也无大碍。

有关气候条件对基址选择的影响，除上述主要因素外，还有气压、雷击、积雪、雾和局地风系、逆温现象等。如果有特殊情况，需对其进行进一步了解。关于气候因素的更多知识，请参阅“5.1.1 建筑气候要素”。

3.2.3　生物多样性

任何一个自然基址内的地表形态、土壤状况以及河流、植物群落、野生动物的栖息地的分布都是自然长期演化的结果，是具有生态平衡和相对稳定性的生态系统。因此，对一个与动植物群落有关的基址进行选择，必须考虑这一地区的生物多样性，即生态系统的结构功能和物种的多样性，以及物种内的属类多样性。如果某个地域有稀有物种、濒危的植物或动物物种，在这种情况下，可以认为此地区不适合开发新的项目。

在许多情况下，生态系统中的动植物是长期适应进化的结果，它们之间相互制约、相互影响，形成了内部自调节的机制，在现状下生态系统运行得最好。因此基址选择应该尽可能减少对周边动植物生活环境的打扰，要维护这些大面积动植物生活区，尽最大可能避免破坏这些区域。可能的话，尽量为该地区动植物的生态系统进化提供条件，恢复受到损伤的生态平衡。

任何一个新开发项目的基址都需要认真地把它放在更大的生态系统中，尤其是把它放在邻近的生态系统中进行细致的评估。

3.2.4　地表土地性质

地表土地是否适合建设取决于它的形态和内在性质。一般情况下，头等农业用地以及海拔低于百年一遇洪水水位以上1.5 m的场地不适合选为建筑用地。当基址是未开垦的处女地时，这个问题显得尤为重要，因为这种自然区域应该尽可能地加以保留。从土地内在的性质来看，它有一定的适应性，只适于一种或几种用途。通常按自然形态将土地分为八类，即地表水区、沼泽区、泛洪区、地下含水层区、地下水回灌区、坡地、森林和林地、平地，它们的适应性和自然形态见表3-3及图3-5。

表3-3　土地的八种类型及其适宜性

土地类型	建筑或城市使用的适应性	说明
地表水区及河边	港口、码头、船坞、水处理厂，与水有关的工业、公共事业及居住用地的开放空间，农业、森林和游憩	①指江、河、湖泊、溪流占据的土地；②原则上，只允许必须占用临水位置且在目前和将来不会污染和降低地表水供应的建筑使用
沼泽区	游憩，某些农业，作为隔离城市建设用	原则上，要反映排洪蓄水、野生动物栖息和鱼虾产卵繁殖的场所等主要作用

续表

土地类型	建筑或城市使用的适应性	说　明
泛洪区	港口、码头、船坞、水处理厂、需水运交通和用水的工业、农业、森林、娱乐、公共事业的绿地和居住区的绿地等	①按50年一遇计；②应排除所有建设，留作不会受洪水泛滥之害的或不能与洪泛区分离的建设使用
地下含水层区、地下水回灌区	农业、森林、娱乐、工业(不产生有毒及破坏性污染物的)	①回灌区是地表水与地下水转换的地方；②应该保护好、管理好河道和溪流；③应禁止排放有毒的废物或生物粪便及污水的单位进行建设；④应该停止使用灌注井向含水层灌注污染物；⑤所有的土地利用要在规定的渗漏限度之内
陡坡地	森林、娱乐、带有林地的低密度宅区(<0.4 hm^2/户)	①控制泛滥和冲蚀；②坡度超过12°不适于耕作和建设，应造林
森林和林地	森林、娱乐、低密度住宅(<1 hm^2/户)	①调节水文，改善气候，减少冲蚀、沉积、泛滥和干旱；②美化环境，为飞禽走兽提供栖息场所；③作为游憩的潜力是所有土地类型中最高的；④维护费用低而其景观自生不灭；⑤可用作木材生产基地和空气库
价值高的平地和缓坡地(头等农业用地)	农业、森林、娱乐、公共事业机构内的开放空间、低密度住宅(<1.2 hm^2/户)	应确认为不能承受建筑或城市化的用地，有高度的社会价值
价值低的平地和缓坡地		适合于建筑和城市建设，可产生较高的价值

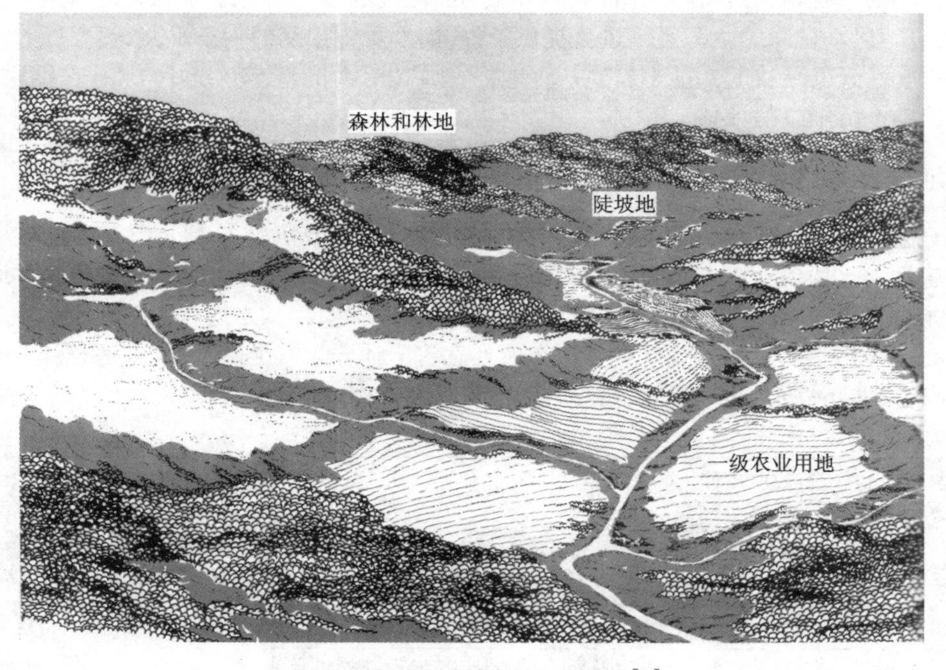

图3-5　各种土地的自然形态特征[44]

要从长远的角度认真考虑土地的内在性质和再生能力问题。周边地区的未来发展也要纳入前期计划的考虑之中，以免它们将来对当前开发的项目产生不良影响。

3.2.5 水文条件与水文地质

水文条件即江、河、湖、海与水库等地表水体的状况，这与较大区域的气候特点，流域的水系分布，区域的地质、地形条件等有密切关系。自然水体在供水水源、水运交通、改善气候、排除雨水及美化环境等方面发挥积极作用的同时，某些水文条件也可能带来不利影响，特别是洪水灾害。在进行基址选择时，须首先调查附近江、河、湖泊的洪水位、洪水频率及洪水淹没范围等。按一般要求，建设用地宜选择在洪水频率为1%～2%(即100年或50年一遇洪水)的洪水水位以上1.5 m的地段上；反之，常受洪水威胁的地段则不宜作为建设用地，若必须利用，则应根据土地使用性质的要求，采用相应的洪水设计标准，修筑堤防、泵站等防洪设施。图3-6示出了水文地质的自然特征，图3-7显示了地表水和沼泽地以及泛洪平原的自然状况。

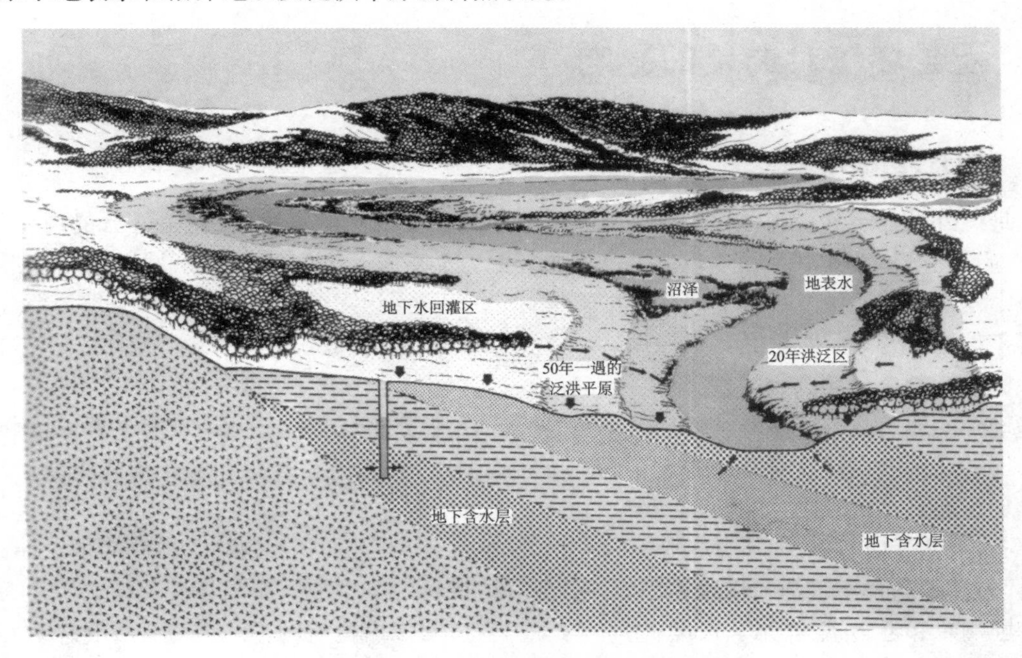

图3-6 各种水文地质的自然特征[44]

水文地质条件一般指地下水的存在形式、含水层厚度、矿化度、硬度、水温及动态等条件。地下水除作为城市生产和生活用水的重要水源外，对建筑物的稳定性影响很大，主要反映在基础埋藏深度和水量、水质等方面。当地下水位过高时，将严重影响到建筑物基础的稳定性；特别是当地表为湿性黄土、膨胀土等不良地基土时，危害更大，用地选择时应尽量避开，最好选择地下水位低于地下室或地下构筑物深度的用地。在某些必要情况下，也可采取降低地下水位的措施。地下水质对于基址选择也有影响，除作为饮用水对地下水有一定的卫生标准要求以外，地下水中氯离子和硫酸离子含量较多或过高，将长期对硅酸盐水泥产生侵蚀作用，甚至会影响到建筑基础的耐久性和稳固性。

地表的渗透性和排水能力也应该认真地加以分析考虑。因为，倘若新建小区地表不渗透水，可能会严重影响基址的水文特征。

(a) (b) (c)

图 3-7 地表水和沼泽地以及泛洪平原[44]

(a)地表水;(b)沼泽地;(c)泛洪平原

3.3 社会环境对选址的影响

3.3.1 现有建筑及设施

基址内外的建筑和设施是体现其现状利用与布局结构的决定因素,各功能部分的组合与构成是通过建筑与设施相互联系而实现的。基址内外原有的整体运营效率与和谐性以及结构形态,决定着该结构体系的延续发展或重新构建的可能性;原有交通组织结构及其与外部条件的衔接,同样制约着基址的再开发建设。其形成原因,无论是历史的或环境的因素都具有相当的恒定性,将继续持久地影响场地今后的利用与发展。

基址外的建筑与空间是基址使用的重要"背景",与基址的功能组织有着直接的联系,明确基址周围用地的使用性质及其对基址建设布局的可能影响,对于选址有重要意义。相邻用地对基址的空间界定可能有多种影响,如开敞的或封闭的、紧凑的或松散的、积极的或消极的。相邻建筑的尺度与分布,对基址内日照、通风、防寒等条件有影响。场地周围的景观条件,如城市中的公园、广场、街道、标志性的高大建筑物与构筑物等,对视野范围和视线、场地空间布局和景观朝向、主立面方向等都有影响。邻近建筑的形式、尺度、色彩等形态特征,对以后建筑的形态造型有影响。

基址内现有建筑物再利用的可用性与经济性,其朝向、形态、组合方式等特征及其与内外环境的关系,对以后的建设在继承和发展方面有重要影响。基址内现有建筑及设施的拆除与搬迁条件,包括相应的赔偿、重新安置等费用,这些虽不是基址选择阶段直接涉及的问题,它却会在以后构成直接或间接的影响。例如,居住区的重建改造能否就地安置拆迁居民,旧建筑拆除是否会引起工程地质条件的某些改变等。

与基址有关的设施包括公共服务设施和市政设施。公共服务设施包括商饮服务、文教、邮电等。市政设施是指道路、广场、桥涵和给水、排水、供暖、供电、电信、燃气等管线工程,特别是有关的泵站(房)、变电所、调压站、换热站等设施。公共服务设施常因人们的活动规律形成一定结构的社区中心,其分布、配套、质量状况不仅影响到场地使用的生活舒适度与出行活动规律,也是决定土地使用价值和利用方式的重要衡量条件。市政设施建设周期长、费用大,对以后的建设有很大影响。

基址在城市中的位置以及与周围的空间关系和经济社会联系，会影响基址的特色与发展潜力。区域交通运输条件是制约基址发展的重要因素，包括区域的交通网络结构、分布和容量，铁路、港口、公路、航空港等对外交通运输设施条件，以及场地与区域交通运输的联系与衔接等。这些条件都直接影响基址的利用。外部市政设施，例如，道路网及交通量、公共开放空间、社区中心等，对基址的人流、车流、货流的出入方向，确定基址出入口的位置及内外交通衔接等有影响。基址内现存设施的数量、质量、容量等以及改造利用的潜力同样影响用地再开发的可用性与经济性。

为了降低流动性的要求，并减少基础设施的投资成本，同时提高使用效率，基址与周围已经存在的和正在规划中的交通状况，是基址选择的重要因素之一。公共交通和基础设施的能源、供水系统、污水处理系统要适合建筑或城市的需要，有利于邻近的地区的发展，还要对环境产生最小的影响。

除此之外，居住建筑或居住区还要求与城市的一些设施，比如学校、运动场所、休闲场所和卫生设施，以及商业区之间，有便利的交通通道。

3.3.2 现有社会及经济条件

基址内人口分布密度、产业结构等，将在一定程度上影响基址以后的功能组合及其与居民需求的适应性。人口分布的疏密反映出土地利用的强度与效益，城市人口高密度地区的基址开发常常伴随着安置大量动迁居民、高额地价等问题，高投入、高风险与高回报并存。

由于建设开发和使用具有连续性和重复性的特点，以前的经验教训所形成的历史沿革，对现今的设计工作具有极大影响，其中凝结的生活习俗与文化内涵更是基址选择要注意的。基址内及其周围的文物古迹是重要的文化遗产，须特别重视，不仅要保护文物本身，更要保持其周围的空间环境与历史风貌，新建建筑或设施必须与之协调一致。

工业废地，既要对它们本身的利益进行分析，同时也要将其作为宏观地域的一部分来分析，它可能会因为成为被选择的发展对象而破坏其历史价值。

选择基址时还应该将它看作一个更大单位的组成部分，而这个更大单位本身也是城市的一部分。因此，基址的目标要符合包括城市均衡在内的整体战略目标。从这个角度上说，我们需要更多地注意城市级的城镇规划，尤其是对居住区的未来发展规划。

3.3.3 现有绿化与环境保护

舒适的环境总是离不开适宜的绿化配合，因此，基址中现存的植被应被视为一种有利的资源，尽可能地加以有机利用。所有植物都始终处于生长演化之中，当场地中人群活动量增大时，土壤的湿度、养分、酸碱度等都会有所改变，废弃污染物会增加，甚至小气候的变化，都影响树木的生长。并非所有的树种都具有良好的景观，如笔直、高耸的杨树既难有良好的遮阴效果又显得呆板，可通过适当的修剪加以改善。树木的去留与功能组织有关，例如，幼儿园中儿童室外活动场所及范围内不应有松、柏等针叶植物和黄刺玫等带刺植物；人群活动密集处更应替换飘絮的杨、柳等树种。此外，还应注意植物本身的生长规律，如生长速度的快慢、老幼树株的更替、不同季节的景观变化等。

环境保护包括环境生态保护和公害防治两方面。前者主要指绿地面积是否充分，以及由此引起的大气、土壤、水等方面的生态平衡问题；其问题严重时，可能会改变基址的自然条件而对基址形成直接的不利影响。环境公害一般包括“三废”和噪声等问题。“三废”指废水、废气、废渣，由此还会引发降尘、不良气味和大气有毒物等危害;基址附近若有这种污染源,将在气候(风、降雨、温湿度)、水文(地表水流)等因素作用下,对场地形成不同程度的污染,必须采取相应的防护措施。城市内的噪声主要来自于工业生产、交通、人群活动等,可以通过场地内合理的建筑布局、设置绿化防护带、利用地形高差及人工障壁(如防噪墙)等手段,减少其对场地的干扰。场地所在区域的环境状况对场地的利用影响很大,设计者虽无法解决场地以外的问题,但可以采取灵活的措施完善场地自身的条件,甚至可能通过场地内的处理诱导周围环境的改善。

受污染的基址或者基址位置接近污染源都会影响用地开发和建设。在市区内,尤其是那些靠近繁华而且交通量很大的街道的基址,原则上不适宜作为住宅项目用地,除非能够采用重要的设施保护此地区的居民免受噪声污染。

基址如果靠近当地的垃圾处理网络,比如垃圾的收集、存储、处理和再利用等,将毫无疑问是一个值得考虑的优势。如果基址附近缺少这样的垃圾处理网络,垃圾的处理将需要很大一笔额外费用。

3.4 生态规划的概念及特点

3.4.1 生态规划的概念

"规划"是对未来可能的状态所进行的一种设想或构想,是对客观事物和想象的未来发展进行超前性的调配和安排,以及为达到不同目标所采取的不同策略与途径。它既是一种方案结果,也是一个谋划过程,具有导向性、不确定性、时限性和动态性。

从不同的角度和性质,可以将规划分为不同的类型。按照规划的系统内容可分为自然环境与资源规划——国土规划、区域土地利用规划、生态环境建设规划、资源利用规划、自然保护区规划等;经济发展规划——国民经济规划、工业发展规划、农业发展规划、商业发展规划、第三产业发展规划等;社会发展规划——人口发展规划、公共服务设施规划、社会保障系统规划、科教文卫规划等。按照规划的空间层级可分为全球规划、城市规划、乡村规划、社区规划、局地规划等;按照规划的行政层级可分为国家规划、省级规划、市级规划、县级规划、镇级规划等。按照规划的时间长短可以分为近期规划(3~5年)、中期规划(5~10年)、远期规划(10年以上)。还可按照规划过程的层次深度分为概念性规划、总体规划、控制性详细规划和修建性详细规划。与建筑活动最为密切相关的是城乡规划。城乡规划是为确定城市和乡村性质、规模和空间发展方向,通过合理利用城乡土地和其他资源,协调城乡空间布局和各项建设,实现城乡经济和社会发展目标而进行的综合部署。

"生态规划"从不同角度有不同的理解。现代生态规划的奠基人麦克哈格从土地利用的角度认为,利用生态学理论而制定的符合生态学要求的土地利用规划即为生态规划。它是在没有任何有害的情况下或多数无害的情况下,对土地的可能用途进行分析,确定其最适宜功能并对其进行调配和安排。我国学者王松如从生态系统的角度认为,生态规划是运用生态学原理、方法和系统科学手段去辨识、模拟、设计生态系统内部各种生态关系,探讨改善生态系统功能、促进人与环境持续协调发展的可行的调控政策,其本质是一种系统辨识和重新安排人与环境关系的复合生态系统规划。欧阳志云从区域发展角度认为,生态规划是运用生态学原理以及相关科学知识,通过生态适宜性分析,寻求与自然协调、资源潜力相适应的资源开发方式与社会经济发展途径。

综而言之,"生态规划"是运用生态学原理、规划学原理、生态经济学及其他相关学科的知识与方法,从区域生态系统功能的完整性、资源环境特征以及社会经济条件出发,合理规划资源开发与利用途径以及社会经济发展方式,寓生态环境保护于区域开发与经济发展之中,以达到资源利用、环境保护与经济增长和谐发展的目的。

3.4.2 生态规划的特点

关于生态规划,有些学者认为它是一种思想和方法论,可以用来指导传统的不同规划,例如土地利用规划、区域规划、景观建设规划等;也有些学者认为它只是注重生态原理和方法应用的传统规划;还有些学者认为它是传统规划的组成部分,属于一种专题内容——"生态"的规划。尽管如此,生态规划在理论基础、方法论、目标等方面与统规划相比,都存在很大区别,见表3-4,且具有自身的一些特点。

表3-4 传统规划与生态规划的区别[45]

项　目	传统规划	生态规划
理论基础	传统的经济增长观	可持续发展、循环经济观
方法论	静态的理想构图和设计	多属性、多目标动态发展规划
规划目标	单纯的物质规划	自然、社会、经济综合发展规划
生态倾向	忽视发展与生态环境之间的关系	注重发展与生态环境之间的关系

生态规划的特点表现为:①规划时,注重考虑生态系统结构和功能的整体性;②注重应用生态的评价方法,尤其是对生态适宜性、生态敏感性、生态承载力、生态环境影响等方面进行评价;③综合考虑区域生态环境容量;④注重生物多样性与生态环境的保护模式及措施制定;⑤注重生态环境建设项目的安排;⑥同时考虑自然、社会、经济要素之间的相互关系及它们效益的协调。

3.5 生态选址与规划方法

3.5.1 形态分析法

形态分析法是最早使用的选址与规划分析方法,主要用于土地利用的适宜性分析。形态分析法的工作主要包括以下四个步骤。

(1)选取影响因子。可以通过解译遥感影像数据和野外实地调查获取地表的植被、土壤、地质、地貌等信息及区域内外土地利用的现状。然后经过地理信息系统(GIS)软件处理获得每一个分析因子的专题图。

(2)单因子分析。对单因子影响制定适宜性分值标准,逐一在单因子专题图中给图形单元打分,得到单因素适宜性分析图。适宜性分值用数字表示,分别表示某种因子对某种土地利用的适宜性高低。

(3)确定各因子权重。权重确定通常采用专家打分法、层次分析法、主成分分析法等。

(4)综合分析。根据选址要求或规划目标,将不同土地利用的适宜性图叠合为区域综合性适宜性图,再判断土地利用达到选址要求或规划目标的程度,从而确定选址或规划是否合适。

该分析方法主要有下列两方面的缺陷：一是要求选址或规划人员具有精深的专业素养和经验，因而限制了其广泛应用；二是做适宜性分析时，缺乏完整一致的方法体系，易使分析结果带有选址或规划人员的主观性。

3.5.2 图层叠加分析法

图层叠加分析方法又称为“千层饼”分析方法或麦克哈格分析方法，它是麦克哈格在20世纪70年代提出的一种生态主义选址和规划方法。它全面体现了自然环境、社会环境以及景观各种因素对生态选址和规划的影响(见图3-8)。麦克哈格认为，大自然是一个大网，包罗万象，它内部的各种成分是相互作用的，也是有规律地相互制约的，它组成一个价值体系，每一种生态因子具有供人类利用的可能性，但人类对大自然的利用应将对这一价值体系的伤害减至最低。在“千层饼”模型图中，麦克哈格将影响选址和规划的因子分为人、生物和非生物三个大类，每类都可根据需要再往下细分。图层叠加分析方法与形态分析法有些类似。首先，给每一种生态因子包括美学、自然资源和社会因素的价值加以评价和分级。然后，将不同价值的区域以深浅不同的颜色表示，就可得到相应单一生态因子的价值图。最后，将所考虑的每一种生态因子的价值图叠加，就会得出价值损失最小而利益最大的方案。

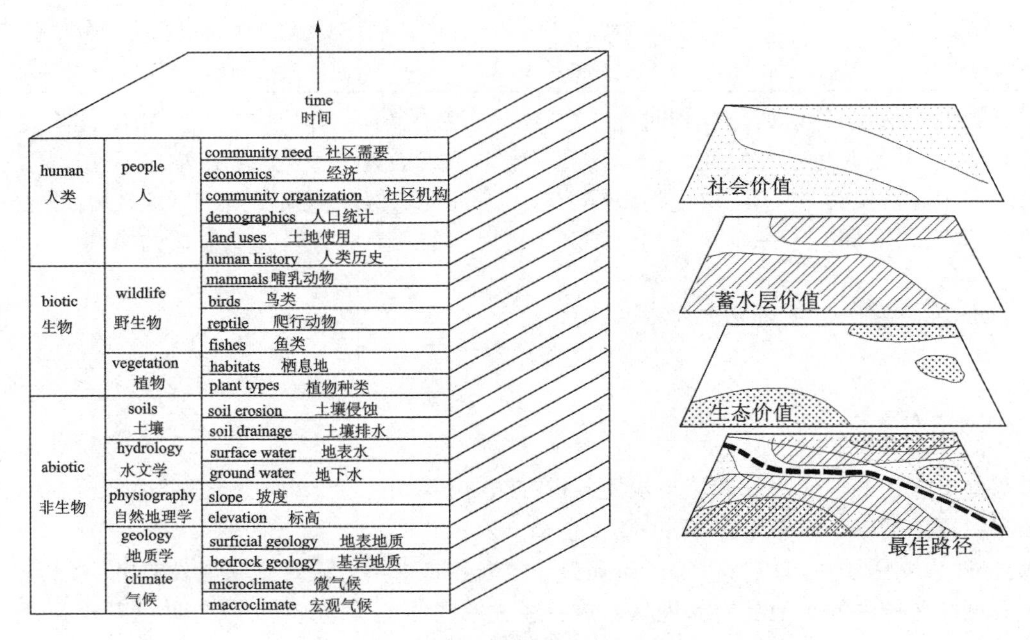

图3-8 麦克哈格千层饼图层叠加技术[9]

图层叠加分析法较形态分析法直观形象，可将社会、自然环境等不同量纲的因素进行综合分析，在生态选址和规划中得到了广泛应用。但这一分析方法也存在下列缺陷：一是图层叠加实质上是等权重相加，体现不出单因子的主次作用；二是当考虑的因子较多时，工作相当烦琐且难以辨别不同深浅颜色之间的细微差别。在Wallace等为阿尔及利亚民主人民共和国首都选址的适宜性分析中，增加了限制因子分析内容(见图3-9)，并将颜色深浅的表示方法改为用等级序号的表示方法。

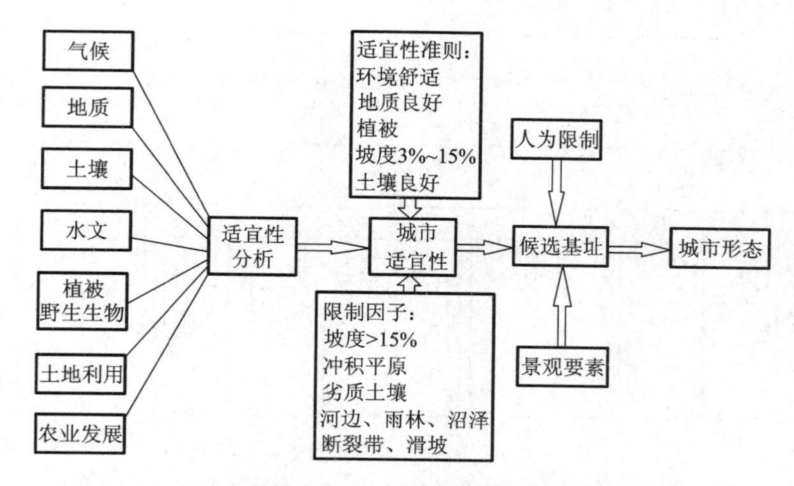

图 3-9　阿尔及利亚民主人民共和国首都选址适宜性分析流程图

（来源：编者根据文献[45]绘描）

阳光和风是影响基址选择的两个最重要的气候因素，它们不仅影响建筑在冬季的日照和采暖，也影响建筑在夏季的遮阳和降温。基址中阳光与风的状况，表征着可再生能源利用的潜在能力，还与室外热环境密切相关，因此，评估基址内阳光与风的状况十分重要，如何根据阳光与风的状况来选择基址，请参阅附录 E“基于阳光与风的生态选址分析”。

3.5.3　多层次权重分析法

多层次权重分析法又称为 AHP(the analytical hierarchy process)，该分析法是美国著名数学家 T. L. Saaty 于 20 世纪 70 年代初提出的用于分析复杂问题的一种方法。其原理是把要研究的复杂问题看作一个大系统，通过对系统的多个因素的分析，划分出各因素相互联系的有序层次，再请专家对每一层次各因素进行判断后，给出相对重要性的定量表示，通过建立或利用相关数学模型，计算出每一层次全部因子的权重并排序；最后通过排序结果进行分析决策。这种方法是把人的思维过程层次化、数量化，用数学分析为决策提供较为客观的依据，实质是一种定性与定量相结合的分析方法。新疆塔里木河中下游面临严重的生态危机，生态环境恶化已严重阻碍了当地经济发展，退耕还林、还草是其恢复生态的重要措施。对其退耕进行适宜性分析，可为其退耕规划和退耕规模提供相关依据。结合新疆塔里木河中下游退耕适宜性分析的实例，将多层次权重分析法的实施步骤说明如下。

(1)分析系统中各因素之间的关系，建立系统的递阶层次关系（见图 3-10）。其中，最高层也称为目标层，是问题的预定目标或理想状态；中间层是实现目标所涉及的中间环节考虑的准则，它可由若干准则和子准则组成；最底层指实现目标可供选择的各种措施、决策和方案，也是具体的影响因素。

(2)构造两两比较判断矩阵。当某层元素 u_i 对上一层元素的重要性可以定量时（如货币、重量、质量等），其权重就可以直接确定；当不能定量只能定性时，就要用两两比较方法，确定各元素的重要程度。两两比较时，一般按 1～9 比例标度对重要性程度进行赋值，表 3-5 示出了各数值的标度含义。

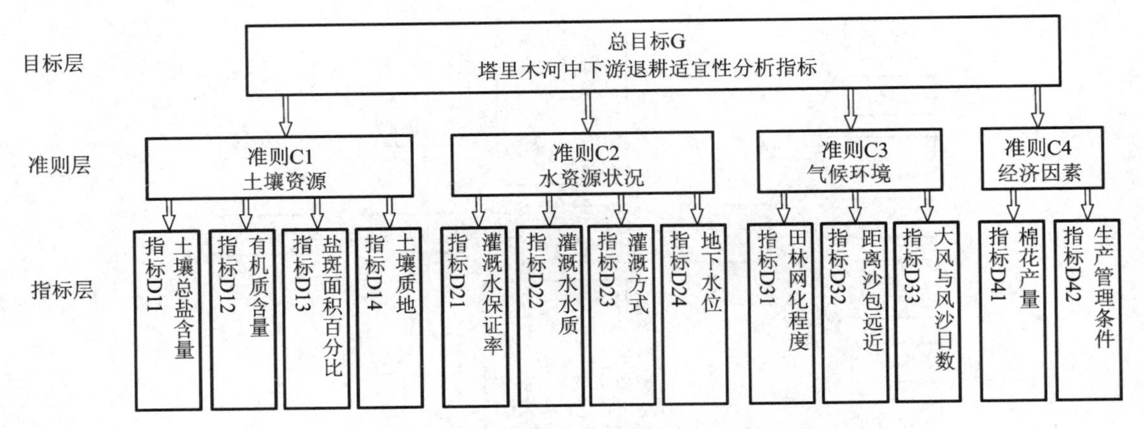

图 3-10 塔里木河中下游退耕层次分析结构图

(来源:编者根据文献[45]整理)

表 3-5 标度的含义

标度赋值	含 义
1	表示两个元素相比,有相同的重要性
3	表示两个元素相比,前者比后者稍重要
5	表示两个元素相比,前者比后者明显重要
7	表示两个元素相比,前者比后者强烈重要
9	表示两个元素相比,前者比后者极端重要
2、4、6、8	表示上述相邻判断的中间值
倒数	若元素 u_i 与 u_j 比较时标度为 a_{ij},那么元素 u_j 与 u_i 比较时标度为 $1/a_{ij}$

根据 n 个元素两两比较标度赋值 a_{ij},可以创建一个 n 阶判断矩阵 $\mathbf{A}=(a_{ij})_{n\times n}$。由于有 $a_{ij}>0$、$a_{ii}=1$、$a_{ji}=1/a_{ij}$ 三种情况,判断矩阵 $\mathbf{A}$ 只要知道上三角或下三角各元素即可,也就是只需作 $n(n-1)/2$ 次判断即可创建判断矩阵。对塔里木河中下游退耕适宜性分析建立的判断矩阵如下:

$$\mathbf{A}_{\mathrm{C1-D}}=\begin{bmatrix}1 & 5 & 3 & 3\\1/5 & 1 & 1/3 & 1/2\\1/3 & 3 & 1 & 1\\1/3 & 2 & 1 & 1\end{bmatrix},\quad \mathbf{A}_{\mathrm{C2-D}}=\begin{bmatrix}1 & 5 & 3 & 4\\1/5 & 1 & 1/3 & 1/2\\1/3 & 3 & 1 & 1\\1/4 & 2 & 1 & 1\end{bmatrix},$$

$$\mathbf{A}_{\mathrm{C3-D}}=\begin{bmatrix}1 & 5 & 3\\1/5 & 1 & 1/2\\1/3 & 2 & 1\end{bmatrix},\quad \mathbf{A}_{\mathrm{C4-D}}=\begin{bmatrix}1 & 3\\1/3 & 1\end{bmatrix},\quad \mathbf{A}_{\mathrm{G-C}}=\begin{bmatrix}1 & 1/3 & 3 & 3\\3 & 1 & 5 & 5\\1/3 & 1/5 & 1 & 1\\1/3 & 1/5 & 1 & 1\end{bmatrix}$$

(3)元素对上层指标的影响权重计算。元素 u_i 对上层指标的影响权重 ω_i 的计算主要有下列三种方法。

第一种方法称为和法,就是将判断矩阵 $\mathbf{A}$ 的 n 个行向量归一化后取算术平均值,作为权重值,即按式(3-1)进行计算。

$$\omega_i = \frac{1}{n}\sum_{j=1}^{n} a_{ij} \Big/ \sum_{k=1}^{n} a_{kj} \qquad i,j,k = 1,2,\cdots,n \tag{3-1}$$

第二种方法称为根法，就是将 **A** 的各行向量进行几何平均，然后归一化处理得到的行向量即为权重向量，即按式(3-2)进行计算。

$$\omega_i = \left(\prod_{j=1}^{n} a_{ij}\right)^{1/n} \Big/ \sum_{k=1}^{n}\left(\prod_{j=1}^{n} a_{kj}\right)^{1/n} \qquad i,j,k = 1,2,\cdots,n \tag{3-2}$$

第三种方法称为特征根法，就是求解矩阵 **A** 的 n 个特征根，即解方程 $|A-\lambda E|=0$，利用最大的特征根值 $\lambda_{\max}$ 按 $\boldsymbol{AW}=\lambda_{\max}\boldsymbol{W}$ 求出对应的特征向量 $\boldsymbol{W}(W_1,W_2,\cdots,W_n)$，然后将 **W** 进行归一化处理得到 ω_i，也就是按式(3-3)计算 ω_i。

$$\omega_i = W_i \Big/ \sum_{j=1}^{n} W_j \qquad i,j = 1,2,\cdots,n \tag{3-3}$$

对塔里木河中下游退耕适宜性进行分析，利用特征根法计算各元素对上层指标的影响权重，见表 3-6。

表 3-6　各层级判断矩阵最大特征值及各层元素权重值

<table>
<tr><td rowspan="4"></td><td colspan="8">G</td><td rowspan="4">组合权</td></tr>
<tr><td colspan="2">0.2517</td><td colspan="2">0.5550</td><td colspan="2">0.0967</td><td colspan="2">0.0967</td></tr>
<tr><td colspan="8">$\lambda_{\max}=0.0435$</td></tr>
<tr><td colspan="2">C1</td><td colspan="2">C2</td><td colspan="2">C3</td><td colspan="2">C4</td></tr>
<tr><td>D11</td><td rowspan="4">$\lambda_{\max}$ =4.0343</td><td>0.5246</td><td></td><td>0</td><td></td><td>0</td><td></td><td>0</td><td>0.132</td></tr>
<tr><td>D12</td><td>0.0879</td><td></td><td>0</td><td></td><td>0</td><td></td><td>0</td><td>0.022</td></tr>
<tr><td>D13</td><td>0.2052</td><td></td><td>0</td><td></td><td>0</td><td></td><td>0</td><td>0.052</td></tr>
<tr><td>D14</td><td>0.1824</td><td></td><td>0</td><td></td><td>0</td><td></td><td>0</td><td>0.046</td></tr>
<tr><td>D21</td><td></td><td>0</td><td rowspan="4">$\lambda_{\max}$ =4.0513</td><td>0.5423</td><td></td><td>0</td><td></td><td>0</td><td>0.301</td></tr>
<tr><td>D22</td><td></td><td>0</td><td>0.0847</td><td></td><td>0</td><td></td><td>0</td><td>0.047</td></tr>
<tr><td>D23</td><td></td><td>0</td><td>0.2333</td><td></td><td>0</td><td></td><td>0</td><td>0.129</td></tr>
<tr><td>D24</td><td></td><td>0</td><td>0.1397</td><td></td><td>0</td><td></td><td>0</td><td>0.077</td></tr>
<tr><td>D31</td><td></td><td>0</td><td></td><td>0</td><td rowspan="3">$\lambda_{\max}$ =2.00</td><td>0.6479</td><td></td><td>0</td><td>0.063</td></tr>
<tr><td>D32</td><td></td><td>0</td><td></td><td>0</td><td>0.1222</td><td></td><td>0</td><td>0.012</td></tr>
<tr><td>D33</td><td></td><td>0</td><td></td><td>0</td><td>0.2229</td><td></td><td>0</td><td>0.022</td></tr>
<tr><td>D41</td><td></td><td>0</td><td></td><td>0</td><td></td><td>0</td><td rowspan="2">$\lambda_{\max}$ =3.0038</td><td>0.75</td><td>0.073</td></tr>
<tr><td>D42</td><td></td><td>0</td><td></td><td>0</td><td></td><td>0</td><td>0.25</td><td>0.024</td></tr>
</table>

采用这种方法需要进行一致性验证。首先按照式(3-4)计算一致性指标 CI(consistency index)，然后按照表 3-7 查出对应的平均随机一致性指标 RI(random index)，最后按照式(3-5)计算一致性比例 CR(consistency ratio)。当 CR$<$0.1 时，认为一致性是可以接受的，当 CR$\geqslant$0.1 时，应该对判断矩阵进行适当修正。

$$\mathrm{CI}=\frac{\lambda_{\max}-n}{n-1} \tag{3-4}$$

$$\mathrm{CR}=\frac{\mathrm{CI}}{\mathrm{RI}} \tag{3-5}$$

表 3-7 平均随机一致性指标 RI

矩阵阶数	1	2	3	4	5	6	7	8
RI	0	0	0.52	0.89	1.12	1.26	1.36	1.41
矩阵阶数	9	10	11	12	13	14	15	
RI	1.46	1.49	1.52	1.54	1.56	1.58	1.59	

(4)计算各层元素对目标层的总排序权重值。总排序权重值的计算是自上而下地将单准则下的权重进行合成,并逐层进行一致性检验。设 $k-1$ 层上有 m 个元素,它们对总目标的排序权重向量为 $\boldsymbol{W}^{(k-1)}=(\omega_1^{(k-1)},\omega_2^{(k-1)},\cdots,\omega_i^{(k-1)},\cdots,\omega_m^{(k-1)})$;$k$ 层上有 n 个元素,它们对 $k-1$ 层上第 i 个准则的排序权重向量为 $\boldsymbol{P}_i^{(k)}=(p_{i,1}^{(k)},p_{i,2}^{(k)},\cdots,\omega_{i,j}^{(k)},\cdots,\omega_{i,n}^{(k)})$。在 $\boldsymbol{P}_i^k$ 中,当 j 元素不受 i 准则支配时,权重值赋 0,这样可以构造 k 层元素对 $k-1$ 层所有准则的权重向量矩阵 $\boldsymbol{P}^k=(P_1^k,P_2^k,\cdots,P_i^k,\cdots,P_m^k)$,它是一个 $m\times n$ 阶矩阵。最后,按照式(3-6)计算 k 层上元素对目标层的排序权重向量 $\boldsymbol{W}^k$。逐层下推,即可得到最底层各元素对目标层的排序权重值。

$$\boldsymbol{W}^{(k)}=(\omega_1^{(k)},\omega_2^{(k)},\cdots,\omega_j^{(k)},\cdots,\omega_n^{(k)})=\boldsymbol{P}^{(k)}\boldsymbol{W}^{(k-1)} \tag{3-6}$$

设 $k-1$ 层上元素 i 为准则的一致性指标为 $\mathrm{CI}_i^{(k)}$,平均随机一致性指标为 $\mathrm{RI}_i^{(k)}$,一致性比例为 $\mathrm{CR}_i^{(k)}$,按照式(3-7)和式(3-8)从上到下分别进行各层一致性验证。

$$\mathrm{CI}^{(k)}=(\mathrm{CI}_1^{(k)},\mathrm{CI}_2^{(k)},\cdots,\mathrm{CI}_i^{(k)},\cdots,\mathrm{CI}_m^{(k)})W^{(k-1)} \tag{3-7}$$

$$\mathrm{RI}^{(k)}=(\mathrm{RI}_1^{(k)},\mathrm{RI}_2^{(k)},\cdots,\mathrm{RI}_i^{(k)},\cdots,\mathrm{RI}_m^{(k)})W^{(k-1)} \tag{3-8}$$

表 3-6 中最后一列示出了所选因素对塔里木河中下游生态环境的影响权重。从适宜性分析的结果可以看出,灌水保证率是最重要的因素,其次是土壤总盐含量,再次是灌溉方式。

第4章　可持续场地设计

场地设计是紧接基址选择和规划后的建筑活动，它首先涉及的是如何对场地现有的条件和状况进行分析，然后实施整体布局计划，其后是对建筑进行具体设计和布局，并对外部空间包括交通道路和广场等进行总体设计。场地设计是具体建筑方案从无到有的过程，对于以后工程项目的建设以及可持续策略的选择有重要影响。本章从可持续发展角度出发，对场地状况的分析与评价、场地的整体布局及建筑布置等进行介绍，最后就场地设计阶段涉及的各方面内容，提出主要的可持续设计策略。

4.1　场地设计概述

4.1.1　场地的概念及其构成

"场地"一词在《新华字典》中的解释为"进行各种活动的一片地面"；在《金山词霸》中解释为"供活动、施工、试验等使用的地方"；在英文中，场地为"Site"，作名词用时指"（建造房屋等的）地点、地基、场所、现场、遗址"，作动词用时指"确定……的地点"。从建筑活动的角度，"场地"可解释为"供建筑活动或建设项目使用的一片地面或一块场所"。从理论上讲，一块场地应该有一种理想的用途，每一种用途都应有适合的场地来实现[46]。

任何一块场地，其构成都包含以下三个部分。自然环境：水、土地、气候、动植物、地形、地貌、环境地理等。人工环境：人为建成的环境，包括现成街道、人行通道、建筑物、构筑物、各种设施等。社会环境：历史环境、文化环境、社区环境、风俗习惯、小社会构成等。

4.1.2　场地类型及其特征

从不同的角度和性质，可以将场地分为多种类型。但从便于建筑活动的角度，按其坡度的大小，一般将场地分为平地与坡地两大类。表4-1示出了地形坡度的分级标准及建筑布置与设计的基本特征。表4-2列出了平地与陡坡地的特性及规划设计注意事项。

表4-1　地形坡度分级标准及相关设计基本特征[46]

场地类型		坡　度	建筑布置与设计的基本特征
平地	平坡地	0°～1°43′	基本上是平地，道路及建筑可自由布置，须注意排水
	缓坡地	1°43′～2°	车道可以纵横布置，不需要梯级；建筑群布置不受地形约束
坡地		2°～5°43′	
	中坡地	5°43′～14°02′	需要设梯级，车道不宜垂直等高线布置；建筑群布置受到一定限制
	陡坡地	14°02′～26°34′	必须设梯级，车道须与等高线成较小锐角布置；建筑群布置受到较大限制
	急坡地	26°34′～45°	梯级须与等高线成较小锐角设置；车道须曲折盘旋而上，建筑群布置应作特殊处理
	悬崖坡地	＞45°	车道及梯级布置困难，建筑工程费用大，一般不适合作为建筑用地

表 4-2 平地与陡坡地的特性及规划设计注意事项

平地		陡坡地	
特性	规划与设计注意事项	特性	规划与设计注意事项
(1)限制性因素最少	最利于形成单元、晶体或几何状规划设计格局	(1)地形限制作用大	等高线是设计重要因素，建筑布置采用栅栏或条带状，与等高线平行
(2)趣味性较少	趣味的产生依赖于空间或建筑物之间的相互关系	(2)趣味性较多	地形的明显变化，水平与垂直方向的空间或元素变化增强趣味性
(3)基面阔，无焦点	垂直要素和最显眼要素决定其景致	(3)缺乏大面积平地，外侧视线开阔，内侧视线收敛	可开挖、堆砌，可用挡土墙或支撑得到。采用梯田状方案。具有动态景观特性
(4)道路不受地形限制	任何立面设计都很重要	(4)道路受地形限制	踏步是合理设计因素；车道行进沿等高线曲折绕行是合理的
(5)景观要素较少	天空和光影是景观设计要素，可通过倒影、水池、天井、后退来体现天空，利用体形、颜色、材质、材料等体现光影	(5)景观要素较多	外侧视域范围大，天空和山峦本身可以作为背景；建筑外侧与天空融合，内侧与土地岩石接触；阶梯、眺台、瀑布、跌水、喷泉、涓流、水幕都可顺势创造
(6)缺乏私密性	通过组织空间焦点、内敛于庭院或外延于远处	(6)私密性较好	梯田状布置使垂直方向自然形成私密性；水平方向内外视线不同也可创造私密性
(7)缺少第三维	利用土地的凹凸或建筑的平台以及台阶等进行体现	(7)有丰富的三维表现	无需刻意创造三维表现。顺应地势建造即可形成三维效果
(8)地平线是醒目的界限	利用低平的建筑实体进行补充或强烈的垂直实体进行对比	(8)气候因素影响的单侧性	外侧暴露于太阳、风和雨中，考虑气候的影响，尤其是排水问题

4.1.3 场地设计及其内容

场地设计是依据场地现状条件和相关的法规、规范，组织场地中各构成要素之间的关系，使其成为一个有机整体，实现场地资源最佳利用，获得最佳效益的设计活动。它既是城镇规划的内向拓展，又是建筑设计的外向延伸。

场地设计具有很强的综合性，它既涉及场地的性质、规模、用途以及场地的地理特征和社会条件，与很多学科密切相关，又必须符合国家和地方的各种法律、法规、技术规范及现行的方针政策的规定，有很强的政策性，还应体现地域特色，具有科学的预见性。场地设计既要充分估计到社会经济发展、技术进步可能对场地未来使用的影响，保持一定的前瞻性和灵活性，为场地的发展留有余地，适应未来发展，又必须保证布局骨架等基本方面的相对稳定和连续完整。对于分期建设的场地，更要处理好近期与远期建设的关系。

场地设计内容涉及多方面，包括场地布局、交通组织、竖向设计、管线布置、技术经济分析等。场地布局主要包括总体布局、建筑组合和外环境布置三方面。总体布局，是指根据建设项目的性质、规模、组成和用地情况，对场地内各种使用活动进行功能分区与用地组织，对室外空间与城市整体、建筑艺术以及有关工程技术与设施做出合理安排，是场地内各种社会、经济、技术、环境等因素以及建筑空间组合要求的全面反映。场地总体布局是场地设计的关键环节，是方案从无到有的过程，必须综合考虑各方面的因素，并处理好建设项目各组成部分及其与周围的相互关系。总体布局受建设项目的性质、规模、使用对象及场地条件的限制，既要满足功能要求和使用者行为要求，又要满足人们室外休息、交通、活动等要求，还要满足有关工程设施及相应技术要求等。场地应形成卫生、安静的外部环境，满足建筑物有关日照、通风的要求，并防止噪声和“三废”(废水、废气、废渣)的干扰。总体布局还必须能够防范某些可能发生的灾害，如火灾、地震、敌人空袭等情况，以防止灾害的发生、蔓延或降低其危害程度。总体布局应结合场地的地形、地貌、地质等条件，力求土石方量最小，合理确定室外工程的建设标准和规模，恰当处理经济适用与美观的关系，有利于施工的组织与经营，从而降低场地建设的造价。节约用地也是场地布局时必须考虑的一个重要问题。场地布局应取得某种艺术效果，为使用者创造出优美的空间环境，满足人们的精神和审美要求。场地的总体布局关键在于对项目的各项要求和功能进行深入分析，从而确定合理的功能分区，进而结合场地现有条件和特点进行合理的布置。

建筑物是场地中最重要的组织要素，其组合与安排直接影响到场地内其他设施的布置，在场地布局中起着较为关键的作用。建筑的组合与安排，主要涉及建筑朝向、建筑间距、布置方式、建筑形态与外部空间组合等因素，以及与其周围地形、道路、管线相配合协调等问题。

场地的外环境布置主要包括空间形态、道路与广场布局以及绿化配置等内容。交通运输系统的布置对场地总体布局的影响很大，是决定其用地布局、建筑物和构筑物位置、距离、形态等的关键因素之一，直接与建设项目的经营管理质量、技术经济评价、基本建设投资等密切相关，是一项技术性、经济性很强的工作。合理布置场地内的道路和广场，是组织好场地内人流、车流交通的基础前提。因此，必须结合场地自然环境和具体建设项目的可持续发展需求进行规划与设计。由于场地自然条件、建设条件的差异，以及建设项目的不同，场地设计的工作内容因具体情况而各有侧重。地形变化大的场地须重点处理好竖向设计；滨水场地要解决防洪问题；处在城市建成区以外的场地，应着重处理好与自然环境相协调、便于对外交通联系、完善自身市政设施配套等问题；交通频繁且人流量大的场地，须妥善设置停车场、集散广场及交通流线等。可见，每个场地因客观条件的不同而存在不同的制约因素，妥善解决其主要矛盾是场地设计成功的关键。

场地分析是把需要保护的区域和系统分离出来，认清需要调节的地方及外部区域的因素。场地评价是利用所收集和确认的数据,制定场地因素重要性的级别,并在可能的情况下认清它们之间相互关系的过程。例如,可以通过确认特定的土壤及其特性、植被类型及其分布、不同的斜坡和斜坡朝向的情况来命名一些场地因素。场地评价可以比较不同场地对某个特定用途的适应性。可持续的场地设计应同时评估场地的自然特征和建设特征,以确定足以支持项目建设的场地容量,最大限度地保护生态环境。场地分析和评价的结果是一个表达了场地、建筑、文化、景观之间在生态和物质上最恰当配合的蓝图。

4.1.4 可持续场地设计原则

可持续场地设计就是以"可持续发展观"来指导场地设计,是结合场地内外自然条件和社会条件,充分利用现有的各种资源,实现对环境的最大保护和对生态的最小破坏,合理布置场地内的各种建筑物和交通道路等,使其本身成为一个有机的整体,并与周边环境协调一致,从而使项目取得最佳的经济效益、社会效益和环境效益。

可持续场地设计的内容与传统的场地设计内容大同小异,但在每一个环节上都要体现生态环境保护、资源有效利用、满足生态需要的意识和措施。可持续场地设计原则是要在建造过程以及后续的使用过程中尽量减少资源的消耗,在满足人类需要的同时尽量保护生态环境。具体表现在以下几个方面。

(1)通过详细的建筑定位和景观设计将建筑能耗最小化。

(2)利用可再生能源满足场地的照明要求。

(3)安装节能灯具照明。

(4)设计中应该建立或帮助建立社区共同参与的意识。

(5)设计中应该尽量减少对汽车交通的依赖。

(6)尽量保持和保护场地生态系统和生物多样性,维持场地的环境功能。

(7)选用低负面影响材料、当地材料、可循环再生利用材料。

(8)满足长期使用,保证耐久性要求。

(9)节约用水,回收利用雨水、中水,减少雨水径流。

(10)创造动植物栖息地,对场地生态进行修复或恢复。

4.2 场地调查与分析评价

4.2.1 基础资料及其调查

场地分析主要包括对场地现有自然条件、建设条件、政策限制性条件的分析。自然条件由地质、地貌、水文、气候、动植物、土壤六项基本要素组成。建设条件主要指现存的人工物质环境,包括场地内外现存的有关设施及其构成的相互关系,例如,各种建筑物和构筑物、绿化与环境状况、功能布局与使用要求等。政策限制性条件主要体现在场地建设的各种控制性指标方面。对场地可持续设计的主要因素列于表4-3，它们也是用于场地分析的基本资料。

表4-3　影响场地可持续设计的主要因素

序号	影响因素	说　　明	条　　件
1	地理纬度和太阳辐射	影响建筑布置与组合、形态与大小、朝向与间距、采暖与制冷、保温与防热；道路布置和走向；是评价室外人体舒适感及建筑的气候适应性设计的重要因素，与采暖、制冷负荷大小有关	自然条件
2	阳光通道	它决定建筑的位置，以便能最大限度地利用日光资源进行被动式采暖、采光和发电	
3	风速风向	影响建筑布置与组合、形态与大小、朝向与间距；影响采暖与制冷、保温与防热；影响道路布置和走向；要避免在冷季截留阴冷潮湿的空气并在过渡季节与热季促进通风；在设计室内空气处理系统或使用被动式太阳能制冷策略时，认真地测量风荷载和风压差是十分必要的；是评价室外人体热舒适感及建筑的气候适应性设计的重要因素，还与建筑的通风和防风设计以及绿化有关。	
4	空气温度和湿度	它影响建筑布置与组合、形态与大小、采暖与制冷、保温与防热、设备配置大小；有时会影响项目建设与施工；是评价室外人体热舒适感及建筑的气候适应性设计的重要依据	
5	降水	影响建筑朝向布置、形态与大小、防潮与防洪、雨水收集和给排水设计等	
6	地形和相邻土地形式	影响建筑物布置与组合、形态与大小、朝向与间距，与场地平整、土方计算、道路走向与管线布置、排水与防洪等有关	
7	土壤构造及承载力	它们影响建筑物的稳定性、层数、高度，与施工难易、造价高低、不良地质的整治与防范和抗震设计有关；可通过被风、水和机械干扰破坏的潜在可能性来辨别土壤的等级	
8	地下水与地表径流	决定建筑的位置以及转移暴雨径流的自然渠道和径流滞留池的位置，影响给排水设计，与绿化、防洪、基础的稳定性及饮用水标准有关	
9	小地块的形状和道路	影响场地容纳开发计划的能力，即使它的大小和环境因素是有利的，一般不应用于低密度的或与周围土地不相容的用途	
10	动植物与土壤特性	决定场地中哪些应选取保护，与生物多样性、生态系统、绿化布置和利用、耕地保护、土壤适应性有关	
11	空气质量	评价现有空气状况好坏，预测项目对空气质量的影响	

续表

序号	影响因素	说明	条件
12	邻里和未来开发	它影响计划项目未来的发展,并可能导致必要的设计变更	建设条件
13	现有交通与其他设施	影响场地的交通效率、建设的经济性,与环境舒适性及出行活动有关	
14	文物古迹与风俗习惯	历史性的场地和特征可以作为项目地段的一部分,从而增加与社区的联系并保存该地区的文化遗产。影响场地功能组织布局、建筑布置和风格	
15	场地内外各种建(构)筑物	场地内建(构)筑物再利用的可能性影响场地建设的经济性,与拆迁、重建有关,场地外建(构)筑物影响场地内建筑的布局、朝向、间距、保温、防热、视野、景观、立面取向,对建筑风格与形态的设计有启发作用,还影响道路布置与出入口选择	
16	环保状况	影响建筑的功能组织和布局,与朝向、间距、污染防范措施、绿化布置有关	
17	用地控制	用地边界线,道路红线,建筑控制线,用地面积,用地性质	政策限制性条件
18	密度控制	建筑密度,建筑系数,场地利用系数	
19	高度控制	建筑高度,建筑层数	
20	容量控制	容积率,建筑面积密度,人口密度	
21	绿化控制	绿化覆盖率,绿化用地,绿地率	
22	其他控制	建筑形态,停车位	

场地的可持续设计要求调查研究既系统全面,又深入细致,调研的内容和方法列于表4-4。

表4-4 场地调查的项目、内容与调查方式[43]

序号	调查项目	调查内容	调查方式
1	场地范围	场地方位、面积、朝向、道路红线与建筑控制线位置、是否有发展余地等,以及与现状地形、地物关系	现场实测并记录一些尺寸;注意地形图中表达不清或与实际有出入之处
2	规划要求	当地城市规划的要求,如用地性质、容积率、建筑密度、绿地率、后退红线、高度限制、景观控制、停车位数量、出入口	结合控制性详细规划设计条件,应到当地城市规划主管部门走访
3	场地环境	场地在城市中的区位、附近公共服务设施分布、空间及绿化情况、道路及停车等交通设施状况。附近有无水体、“三废”等污染源,军事或特殊目标等	应实地踏勘、访问、观察并记录、核对现状图,了解有无可利用或协作的设施与条件

续表

序号	调查项目	调查内容	调查方式
4	场地地形、地质及水文等	场地地形坡向、坡度，有无高坡、洼地、沟渠；场地岩脉走向、承载力情况，有无不良地质现象；附近水源、洪水位和地下水状况；有无文物古迹等	实地踏勘、访问、观察并记录、核对地形图；进行地质初勘；走访当地地质、水文部门
5	当地气候	当地雷电、雨雪、气温、风向、风力、日照及小气候变化情况等	实地调查、访问，必要时走访当地气象台(站)
6	场地建设现状	原有建(构)筑物、绿地、道路、沟渠、高压线或管线等情况，可否保留利用，场地建设是否占用耕地	实地勘查，核对建筑拆迁及赔偿情况，记录绿化及其他可利用现状
7	场地内外交通运输	相邻道路的等级、宽度及交通状况，场地对外交通、周围交通设施情况，人流、货流的流量、流向，有无过境交通穿越，有无铁路、水运设施及条件	现场调查、记录，必要时走访交通、公路、铁路、航运等部门
8	建筑材料及施工	有无建筑材料，距场地运距，施工技术力量情况等	实地调查、访问并记录，查阅有关资料
9	市政公用设施	周围给水、排水、电力、电信、燃气、供暖等设施的等级、容量及走向，场地接线方向、位置、高程、距离等情况	实地调查，走访有关部门，详细了解电源的电压、容量，水源的水量、水质
10	人防、消防要求	遵守当地人防、消防部门的有关规定与要求，现有设施是否可以利用	实地调查，走访当地有关人防、消防部门等
11	同类已建工程的调查	总体布局特点、建设规模、设计标准、用地位置、周围环境、用地面积和主要技术经济指标；建(构)筑物等设施的布置方式、使用功能、功能分区及其优缺点、地形利用；使用状况及优缺点、经验及教训等	实地调查，走访有关人事，查阅有关资料

4.2.2　基础资料的分析

可持续场地设计，主要在以下几方面进行系统细致的分析。

(1)分析气候特征。气候分区(湿热、干热、温热和寒冷)有各自具体的特征，需要分别对其进行缓和、加强和利用。每一个气候分区在历史上都有著名的宜人场地和建筑实践。不同的气候区对于场地和建筑的设计要求是不同的，场地和建筑设计必须适应气候特征。

(2)分析场地目前的空气质量。场地设计既要评价场地目前的空气质量，以确定有害化学物和悬浮颗粒的存在，又要预测开发项目对目前空气质量产生的负面作用。在主要用于商业和工业用途的地区,空气质量的好坏应该是决定场地适应性和用途的主要因素,特别是对于学校、公园或高级住宅等设施。应该研究预测季节性的或每日风的类型,以确定验证最不利的情况。应在合格的实验室里进行检测,以确定化学物质和颗粒物污染。

(3)进行土壤和地下水检测。进行土壤检测以鉴定来自以往的农业活动(砷、杀虫剂和铅)和工业活动(垃圾场、重金属、致癌物、化合物和矿物以及碳氢化合物)的化学残余物,以及在项目邻近地区任何可能的污染物。此外,在天然岩石和底层含有氡的地区,水污染的可能性值得特别关注。这些检测对于决定场地可行性,以及确定减轻或除去污染物所需采取的方法是十分重要的。

(4)检测土壤对于回填、斜坡结构和渗透的适宜性。应该检测当地的土壤以确定其承载力、可压缩性和渗透率,以及随之而来的结构适宜性和机械压实的最佳方法。

(5)为湿地的存在和保护濒临灭绝的物种而评价场地的生态特性。制定表层植被清除、土地平整、排水系统选择、建筑定位以及暴雨径流调节等湿地导则;制定濒临灭绝物种的管理条例,以保护特别的动植物物种。生态环境保护和恢复策略要建立在合理的资料分析上,这些资料可通过遥感和实地观测方法收集或从专家那里得到。

(6)检查现有的植被以便列出重要植物的种类和数量清单。这将使开发商或业主明确在建造过程中易受危害的具体植物,从而制定并采取保护措施。

(7)将所有潜在的自然危险标在地图上(如风、洪水和泥石流)。历史上的洪水资料、风暴灾害资料和下沉资料应该与目前每年的风和降水资料一起标在地图上。指出项目的开发在不久的将来是否存在必然的持续影响是十分重要的。

(8)用图表的方式列出目前行人和车辆的运动以及驻留情况,以便确定交通类型。应该考虑地段附近地区目前的交通和停车类型及其与项目中建筑设计和场地交通类型的关系。

(9)考察利用现有地方交通资源的可能性。探讨与其他机构共享现有交通设施和其他资源的可能性,如停车场和短程往返运输工具,这将带来更高的场地效率。

(10)明确建造的限制和要求。对当地土壤条件、地质、挖土的限制和其他特有因素及限制条件进行分析,明确是否需要特殊的建造方法。

(11)考察可能恢复的场地文化资源。历史性的场地和特征可以作为项目地段的一部分,从而增加与社区的联系并保存该地区的文化遗产。

(12)考察该地区的建筑风格,并将其融合到建筑设计中去。在一个地区历史上占统治地位的建筑风格可以在建筑和景观设计中借鉴和反映,以增加社区的整体性。

(13)力求采用与历史相协调的建筑类型。可能存在历史上与该区域相匹配的建筑类型。考虑将这些类型融入建筑开发中去。

(14)基础设施资料分析。对场地现有的公用事业和交通基础设施及其容量进行分析,明确现有基础设施的可利用性和不足,从而得出改进措施,并预测这些措施对周围地区可能造成的破坏,以及需要的费用,使现有各种设施、建筑物及构筑物与项目的建筑和设施结合在一起。

4.2.3 建设项目的评价

对建设项目的评价如下。

(1)确定项目中建筑的设计和使用对地形和水文方面的影响。衡量开挖和回填土地的可能性,同时评价侵蚀、淤积和地下水污染的可能性。

(2)使整个区域的排水及整个建筑覆盖区与场地协调一致。例如,测出整个场地不渗透地面的覆盖率,以确定径流污染可能性的临界值,当整个场地的不可渗透表面超过20%时,就需要在暴雨雨水进入场地以外的排水系统前,对其进行净化以减少污染。在现有的道路、市政设施和公共设施可达性方面,建筑覆盖区的处理也应使场地利用效率达到最大化。

(3)确定某种方法以尽量减少资源消耗和破坏。评价平整土地和砍伐树木的后果,以及由此引起的基础设施费用等,从而寻求最佳的建造模式。

(4)考察场地开发、建造、设计和维护费用。项目的总费用应考虑场地设计、开发和使用,以及与特殊材料有关的潜在能源费用。

4.3　场地的整体布局

4.3.1　空间的功能分类

场地布局的主要任务,就是合理确定建设项目各组成成分之间的相互关系和空间位置,而决定其相互关系和空间位置的基础是功能的分析与组合。场地内各种布置和安排总是与某种功能相关的,也就是与“供什么人使用?有什么要求?如何满足要求?”有关。由于任何功能都是依托于特定的空间场所而实现的,因此,有必要对使用空间进行归类。空间分析就是根据其使用功能、空间特点、交通联系、防火及卫生要求等,将性质相同、功能相近、联系密切、对环境要求相似、相互之间干扰影响不大的建筑物、构筑物及设施分别组合、归纳形成若干个功能区,得出空间组成图。这是场地整体布局过程中首先需要考虑的关键环节。空间按不同特性可分为多种类型,通常有以下几种。

(1)动态空间与静态空间:按照人群活动的动、静性质分类,动静之间有时又有中性空间。如中小学校的教学楼属于静态的,运动场属于动态的,而实验楼等教辅设施和食堂等服务设施则为中性空间。动静空间的布置要考虑场地噪声状况和分布。

(2)主要空间与次要空间:主要空间是指直接与主要功能有关的使用空间,次要空间与场地的次要功能相联系。绝大多数场地还有一部分同时为主要空间和次要空间提供服务的空间设施,称为辅助空间。主要空间与次要空间安排需要考虑使用便捷和方便,与场地状况相适应。

(3)对外空间与对内空间:对外空间是指服务对象使用的空间,如学校中的学生、医院中的病患、客运站中的乘客、图书馆中的读者等所使用的空间;内部空间是用于内部作业的空间设施,是主要供工作人员使用,一般情况下不对外来人员开放的空间。对外空间布置要便于外来人员或服务对象识别与便捷达到。

(4)私密空间与公共空间:私密空间仅供少数人或个人使用,相对封闭;公共空间供许多人共同使用,私密性要求不高。私密性要求介于前两者之间的则为半公共空间。如居住区内的住宅属私密空间,宅间庭院属半公共空间,商业服务与集中公共绿地属于公共空间。私密空间布置要避免外部的视线干扰与声音向外传播。

(5)少人空间与多人空间:少人空间是在某一特定时期,仅供少数特定的人使用的空间,如独立式住宅,首长办公室,其利用率低,用地不经济,空间体积较小,私密性强,要求较安静;多人空间能供许多人共同使用,如商店等,其效率不高、用地较经济,空间缺少私密性,较吵闹。多人空间还有一种合用空间。合用空间的使用可以是同时合用,也可以是交替合用,同时合用时,要求空间体积较大,交替合用时,可有较小的空间体积。

(6)多用途空间与单用途空间:多用途空间可提供多种使用功能,如同时并用、交替换用等。如多功能大厅、游憩绿地等,经济合理,有利于使用,在土地资源相对短缺的情况下尤其应予以提倡。单用途空间仅能作单一功能使用,如厕所、锅炉房等,一般具有较高的私密性,但大量采用会引起空间数量增加、交通流线过长、经济性降低。

空间按体量大小还可分为小型空间、中型空间、大型空间,按形状可分为矩形、正方形、圆形、椭圆形、扇形、钟形等,它们之间的组合对于建筑形态有很大影响。

4.3.2 场地的功能分析

除了极个别场地外,绝大多数场地的总体布局是由几栋或更多的建筑组成的,仅仅使每一栋建筑分别适合于各自的功能要求,还不能保证整个场地的功能合理以及与外部环境的协调。人在场地中活动的时候,不可能把自己的活动只限制在一栋建筑物内而不牵连其他的建筑物。事实上,建筑物与建筑物之间从功能上来讲,并不是彼此孤立的,而是互相联系、相互影响的。为此,必须处理好建筑与建筑之间的关系,只有按照功能联系的规律将各种建筑有机地联系起来,形成有机的统一整体,场地的功能布置才是合理的。

图 4-1 示出了典型文化馆的功能分析图,它反映了文化馆各空间使用功能的内在联系,而这种联系又与人们使用各种空间的活动有关。例如,集散广场总是和出入口联系在一起,而观演建筑总是与排练用房相邻,等等。

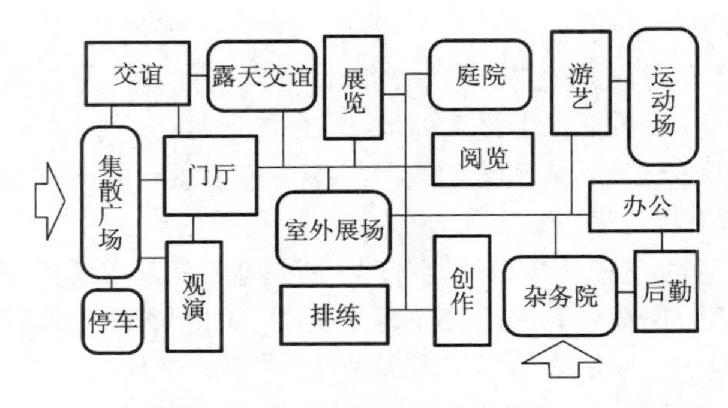

图 4-1 文化馆的功能分析图

场地的功能分析与表达常围绕“主体—行为—空间”这一思维取向进行,一般采用图解的方式,如场所分析图、行为流线图、空间组成图等。场所分析图是对较复杂功能的高度概括,宜于把握全局。一般从空间场所的使用主体或基本目的出发,按其主要功能或特点作适当归纳,有助于初步设计阶段从整体上分析相互关系,将复杂问题简单化。

行为流线图围绕场地内行为主体的移动过程,用以表达场地内的主要功能关系。行为主体以人或物为主,有时也包括相关交通工具及公共信息、能源等。其分析着眼于场地各主要部分之间的关联状况和互动密度,可采用不同线型,如实线、虚线、点画线、双线等,或用不同颜色表达不同行为主体的路径,也可采用线的宽度等特征表达移动轨迹的频繁程度或时间变化,使表达的功能关系更加明确。在工业场地中则多以工艺流程图表达产品的加工、生产过程。

空间组成图是以空间功能为基础抽象出来的,有利于与场地特性进行对比分析。例如,高等学校的布局,其中的办公楼、礼堂、图书馆、教学楼及实验室、研究室和信息中心等设施,是以教学功能为主，共同构成了校园内最主要的教学区；与学生生活密切相关的学生宿舍、食堂、浴室及其他商业服务等设施则形成学生生活区；其他设施的相应组合还可划分出科研产业区、生产后勤区、文体活动区及教职工生活区等。

根据各功能区的用地规模、使用特点、环境要求、交通联系与相互影响，结合场地条件确定各功能区的具体位置，使各功能区之间既相对独立又相互联系，共同构成一个有机的整体。

这一功能分区的过程，划定了场地内各用地的使用方式，也为建筑及其他设施的具体布置建立了一个总体框架。场地功能分区要充分结合场地条件，从场地的区域位置、气候（日照、风）、周围环境与景观特点、地形与植被、用地建设现状及用地的技术经济要求等方面，深入分析由此形成的各种有利条件和不利因素，例如，场地的用地形状与朝向、地面高差与坡度、出入口位置与内外交通的衔接、红线后退与高度限制等，分清主次，因地制宜地做出全面的综合布置。

4.3.3　场地的形式分析

场地的选择并不总是理想的，特别是在城市中进行项目建设，往往只能在周围环境已经形成的现实条件下来考虑问题，这样就必然会受到各种因素的限制与影响。

虽然功能对于空间组合和平面布局具有一定的规定性，但它并非是唯一的影响因素，只是问题的一个方面。除了功能因素外，建筑地段的大小、形状、道路交通状况、相邻建筑情况、朝向、日照、常年风向等各种因素，也都会对建筑物的布局和形式产生十分重要的影响。如果说功能是从内部机制来约束建筑形式的话，那么地形环境因素则从外部来影响建筑形式。一块场地之所以设计成为某种形式，追源溯流往往是内、外两方面因素作用的必然结果，遵循"从外到内"和"从内到外"的原则，设计就可扎根于基底特征，使方案具有生命力和个性，仿佛就是从基地"长"出来的有机体，不能随便"移植"。尤其是在特殊的地形条件下，这种来自外部的影响表现得更为明显。有许多场地平面呈三角形、梯形、星形、扇形或其他不规则的形状布局，往往是由于受到特殊的地形条件影响所造成的。在地形条件比较特殊的情况下设计建筑，固然要受到多方面的限制和约束，但是如果能够巧妙地利用这些制约条件，通常也可以赋予方案以鲜明特点。在有利的地形条件下进行布局，形式诚然有较大的回旋余地，可以有多种布局的可能性。但即使是这样，也必须严肃认真地从多种可能性中选择最佳方案。

在山区或坡地上盖房子，还应顺应地势的起伏变化来考虑建筑物的布局和形式。如果安排得巧妙，不仅可以节省大量土方工程，还可以取得高低错落的变化。建筑师应注意并善于利用地形的起伏来构思方案。有些建筑的剖面设计与地形配合得很巧妙，标高也极富变化，这种效果的取得往往和地形的变化有直接或密切的联系。当然，在利用地形的同时也不排除适当地予以加工、整理或改造，但这只限于更有利于发挥自然环境对建筑的烘托、陪衬作用。如果超出了这个限度，特别是破坏了环境所蕴含的自然美，那么这种"改造"只能起消极和破坏的作用。

不同的地形条件常常可以赋予建筑以不同的形式，由于特殊的地形条件而导致建筑形式的多样化，甚至诱发出一些独特的建筑布局和体形组合，这完全是合情合理和有根有据的。这种现象和毫无根据地为追求形式而盲目标新立异有本质不同。有许多建筑，如果脱离开特定的地形条件而孤立地看，确实会使人感到困惑不解，然而一旦把地形的因素考虑进去，人们便立即意识到建筑形式和地形之间的某种内在联系和制约性，从而认识到这种形式并不是依靠偶然性而凭空出现的。例如，巴黎的联合国科学教育文化组织总部和华盛顿的美国国家艺术博物馆东馆就属于这样的例子。

4.3.4 场地总体布局实例

图 4-2 所示为某小学场地状况图，东北面与城市交通道路和街道相邻，地势北高南低，西北有一小山丘，地形平面呈阶梯变化。要求在其中布置教学楼（含办公等）、多功能厅（附设厨房，兼作教工餐厅）、传达室、室外厕所、生物园地等。按上述分析首先将功能分为教学、辅助、运动场及生物园地四大功能，然后结合场地进行设计。

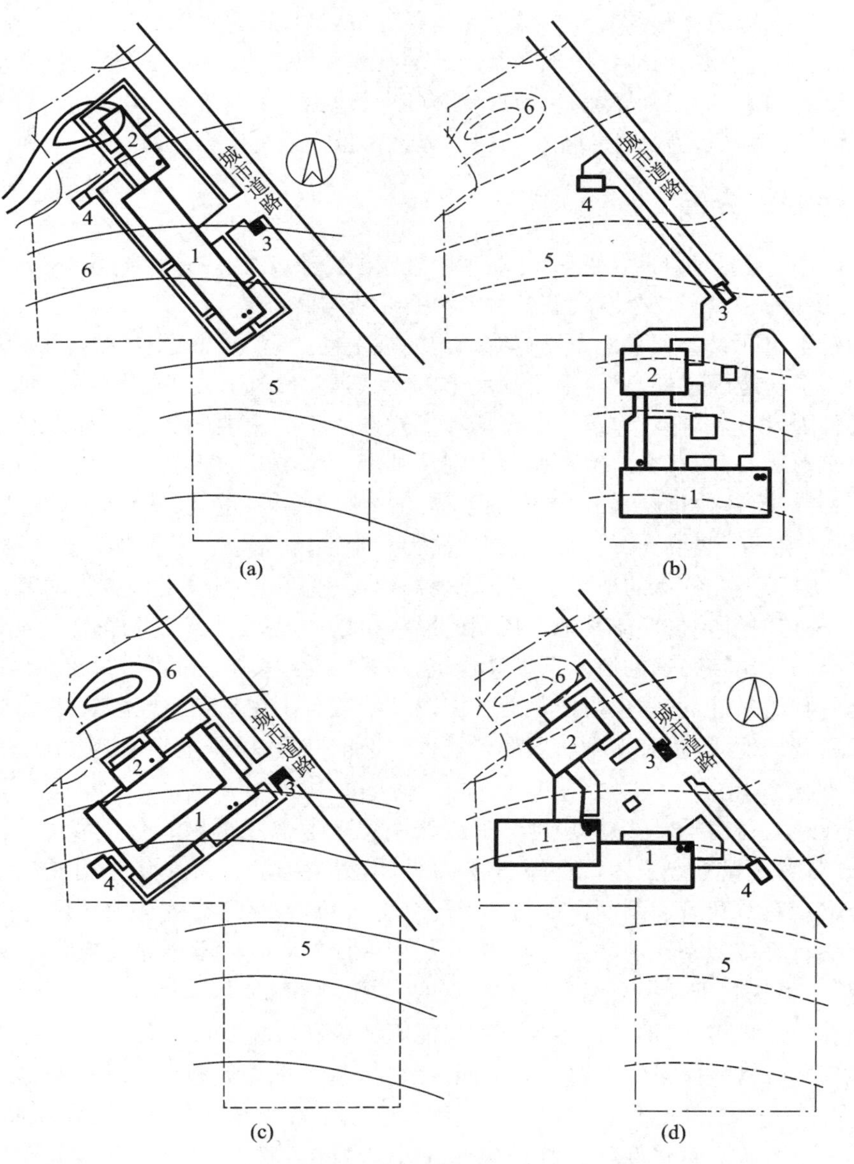

图 4-2 某小学场地布局的四种方案[43]

(a)方案一；(d)方案二；(c)方案三；(d)方案四；

1. 教学楼；2. 多功能厅；3. 传达室；4. 厕所；5. 运动场；6. 生物园地

方案一是将多功能厅、教学楼沿街一字排开，人行、货物流线短捷，并有利于街道景观；但建筑物朝向不佳、长度偏大，并因垂直于等高线布置而带来较大土方工程，教学活动也会受到街道噪声的干扰。方案二是将建筑集中在地势平坦的南部，平行等高线布置，避免了前一方案中的诸多问题；但东西向长轴布置的运动场造成早晚的眩光，并因远离教学楼而使二者联系松散。方案三是将建筑组合成“口”字形，部分建筑平行等高线布置，教学用房朝向较好；但场地入口处空间局促、没有疏散缓冲用地，邻街的房间会受到较大干扰，辅助用房的货物进出对教学区形成干扰。

比较上述三个方案，其用地布局各有长短，我们会发现：三个方案的出入口都是邻街布置，只是位置略有不同，这是交通便捷要求的必然结果，因此，出入口必须布置在邻街一侧，这是确定无疑的；在方案一中，运动场布置在南侧较平坦处，既使土方平整少，又避免早晚眩光，是可取的；在方案二中，生物园地利用西北的小山丘，结合地形起伏，又相对独立，也是可取的；第三个方案吸取上述两方案优点，并力图降低街道对教学的干扰，这一思想是可取的，缺点在于入口显得局促，建筑与等高线斜交。

在深入分析场地条件和各功能区使用要求的基础上，吸收各方案优点形成更为合理的第四种方案。其中，建筑物平行等高线布置，采用不同标高，造型灵活、自然；教学楼和多功能厅均有良好朝向，相互干扰少，教学环境安静；校园入口处空间开敞，相关功能区之间联系方便；南北向布置的运动场，使用合理。这一方案中场地的平面形状、疏密间距以及各功能的联系都是较合理的。

从以上方案的比较中可以看到，结合场地条件进行用地布局时往往存在许多矛盾，多方案比较和分析的过程，就是矛盾不断解决和转化的过程，只有反复比较分析，努力化不利为有利，才能最终形成合理的布局方案。

图 4-3 是陕西汉中文化馆场地图，地形基本方整，南北走向，要在其中布置多种用房。通过分析，可以将功能分为两大区：一是住宅区，要求环境安静和较好的日照；二是与观演相关的比较吵闹的用房。

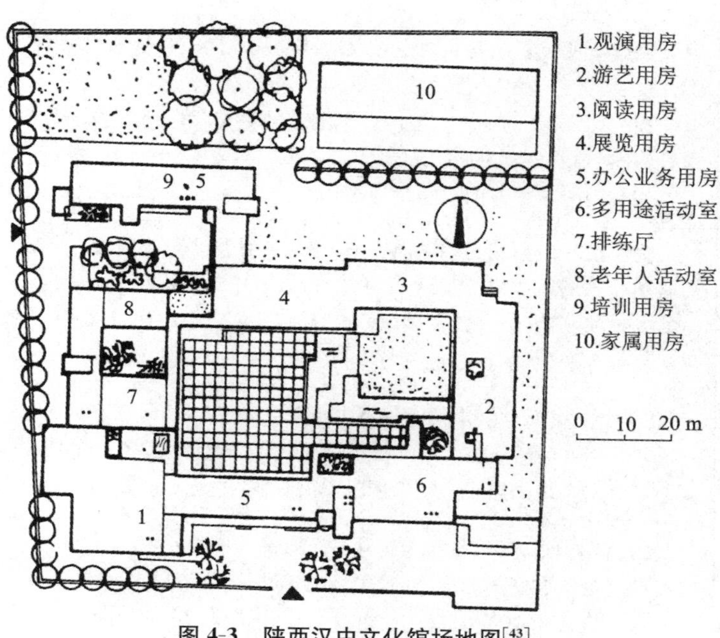

图 4-3　陕西汉中文化馆场地图[43]

设计时,根据周围的交通条件,将主入口放在南侧邻交通道路。由于住宅必须远离观演建筑,所以将它们对角布置,这样相隔距离最大,有利于声音衰减。考虑到观众买票后惯于左转,以及到达观演建筑便捷,所以,观演建筑位于左下角,而住宅建筑位于右上角。其他建筑与观演建筑联系紧密,靠近观演建筑布置,并在住宅与观演建筑间形成声音过渡空间,具有隔声屏障作用。当然,在布置其他建筑时,也考虑了各自的要求,排练厅最靠近观演建筑布置,阅读用房和展览用房布置在住宅对面,满足相对安静的要求,并与其他服务建筑共同围成围合空间,既与观演建筑有紧密联系,又构成有点独立性的整体。庭院空间有利于创造亲和环境、改善气候,对于冬季日照采光、避免寒冷的北风侵袭都是有利的。

4.4 场地的建筑布置

4.4.1 影响建筑布置的因素

建筑物布置主要需要处理好朝向和建筑之间的间距。影响建筑物朝向的因素主要有日照条件、夏季与冬季的风的大小和方向、用地形状和方位、道路走向、地形变化、周围景观;影响建筑间距的因素主要有日照间距、通风间距、消防间距。表 4-5 对这些影响因素进行了说明。

表 4-5 影响建筑布置的因素及其说明

布置内容	影响因素	说明
建筑朝向	日照条件	1. 东西向布置适于北纬 45°以北的亚寒带、寒带地区。 2. 东南向布置适于在北纬 40°一带,西北面不宜布置主要房间。 3. 南北向布置适于温带和亚热带地区
	风向条件	1. 夏季应使建筑迎向当地主导风向或局地风向;在风向日变化较大的地区,则应按建筑的性质及其使用要求选择合适的朝向。 2. 在我国淮河—秦岭以北地区,朝向选择更应考虑到冬季防寒、保温与防风沙侵袭的要求,避开冬季的主导风向。 3. 建筑围合布置有助于防风
	用地形状方位	1. 为保证场地空间的和谐与完整,建筑的布置须与场地边界形成一定的空间关系,其朝向必然受到场地方位的制约。 2. 方整的场地,建筑布置多规整有序而朝向趋于一致;形状不规整时,建筑的布置往往灵活而富于变化,其朝向也就各不相同
	道路走向	1. 对于东西向道路,沿街布置南北向的建筑是比较理想的。 2. 对于南北向的道路,可采用将建筑的侧面墙壁朝向街道,采用旗面布置(见图 4-4(a))。 3. 对于对角线道路,建筑物朝正南布置有不少优点(见图 4-4(b))
	地形变化	1. 为减少土石方工程量,建筑常平行等高线布置。 2. 有时为争取好的朝向,亦可采用与等高线斜交或混合布置。 3. 当建筑必须垂直等高线布置时,宜采用错层、跌落等手法与地形相结合

续表

<table>
<tr><th>布置内容</th><th>影响因素</th><th colspan="6">说　明</th></tr>
<tr><td>建筑朝向</td><td>周围空间景观</td><td colspan="6">1. 建筑朝向充分考虑风景景观，如重峦起伏、依山傍水、林木葱郁或人文古迹、亭台楼阁等。
2. 还必须与周围建筑空间取得良好协调</td></tr>
<tr><td rowspan="2">建筑间距</td><td>日照间距</td><td colspan="6">1. 必须满足有关日照标准。
2. 从日照考虑，一般较高的建筑布置在北侧，较低的建筑布置在南侧</td></tr>
<tr><td>通风间距</td><td colspan="6">1. 自然通风与建筑的间距、排列组合方式以及迎风方位有关。
2. 可按图 4-5 估计通风间距</td></tr>
<tr><td rowspan="9">防火间距</td><td rowspan="4">普通民用建筑</td><td>耐火等级 / 耐火等级</td><td colspan="2">一、二级</td><td colspan="2">三级</td><td>四级</td></tr>
<tr><td>一、二级</td><td colspan="2">6 m</td><td colspan="2">7 m</td><td>9 m</td></tr>
<tr><td>三级</td><td colspan="2">7 m</td><td colspan="2">8 m</td><td>10 m</td></tr>
<tr><td>四级</td><td colspan="2">9 m</td><td colspan="2">10 m</td><td>12 m</td></tr>
<tr><td rowspan="5">高层民用建筑</td><td rowspan="3">建筑类别</td><td rowspan="3">高层建筑</td><td rowspan="3">群房</td><td colspan="3">其他民用建筑</td></tr>
<tr><td colspan="3">耐火等级</td></tr>
<tr><td>一、二级</td><td>三级</td><td>四级</td></tr>
<tr><td>高层建筑</td><td>13 m</td><td>9 m</td><td>9 m</td><td>11 m</td><td>14 m</td></tr>
<tr><td>群房</td><td>9 m</td><td>6 m</td><td>6 m</td><td>7 m</td><td>9 m</td></tr>
</table>

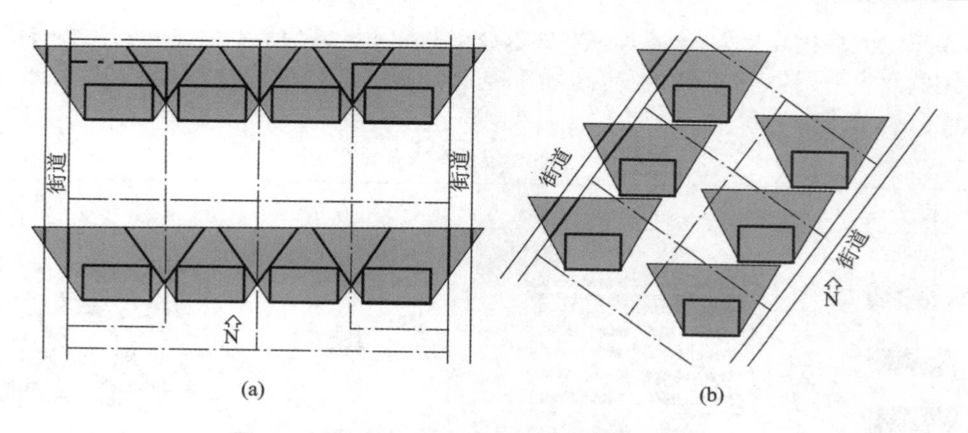

图 4-4　对角线及南北向街道走向的建筑布置[42]

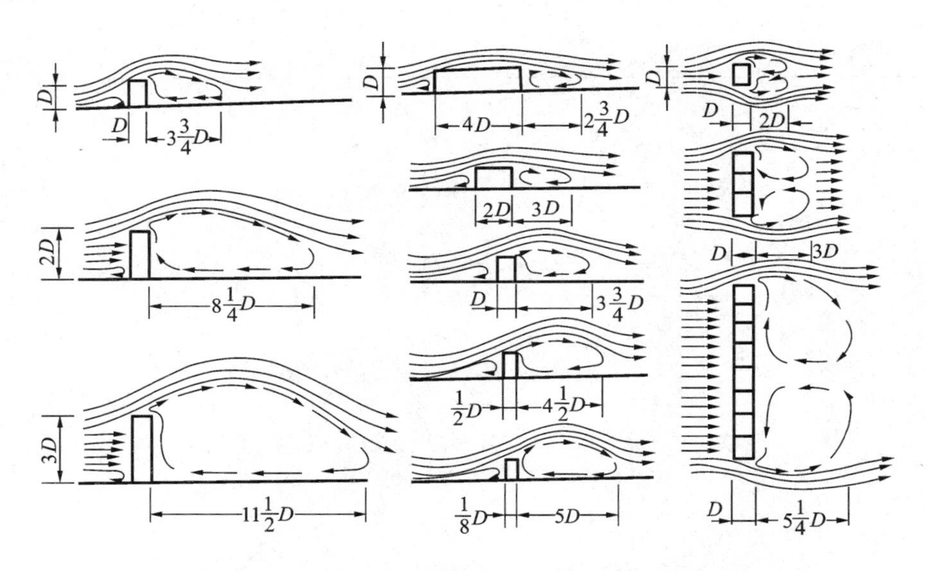

图 4-5 单栋建筑物对空气流动的影响范围

4.4.2 主要的布置方式

建筑物布置除了与上述因素有关外,还与其功能性质、规模大小及所处地的气候、地形有关。通常,规模小、使用功能相对简单的建设项目,如托幼、中小学等,其建筑布置较为集中、紧凑;而规模较大、功能复杂的建设项目,其各部分的使用功能和要求各不相同,为保持各部分的相对独立并避免相互干扰,建筑的分布往往比较分散。

建筑的使用功能及其联系的特点决定了建筑空间的组合方式,如影剧院、体育馆、大型菜市场等围绕一个大空间布置次要、辅助空间,为大空间式;博物馆、展览馆、商场等由一个连续统一、简捷明确的流程将各主要空间串通在一起,为序列式;学校、医院、办公建筑等各使用空间围绕狭长的交通空间布置,为走廊式;车站、会议中心、宾馆等多围绕交通广厅组织空间,为放射式;集合式住宅、托幼等由若干性质相同、内部关系紧密的单元空间组合而成,称为单元式……其中,大空间式和走廊式的建筑布置大多比较集中、紧凑;而序列式、放射式和单元式建筑布置则相对比较灵活,可根据规模和使用的要求采用集中、分散或混合形式。居住建筑一般分为行列式、周边式、点群式和混合式四种,如表 4-6 所示。

表 4-6 居住建筑的基本布置方式

	布置方式	实例	布置方式	实例
行列式	1. 正排列	天津长江道实验小区住宅组	3. 错接 不等长拼接	上海仙霞新村住宅组

续表

	布置方式	实　　例	布置方式	实　　例
行列式		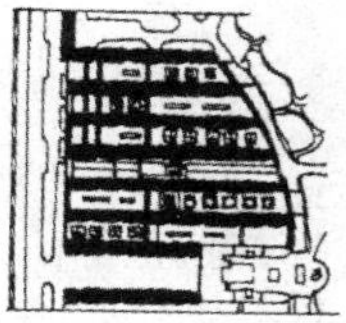 1996 年上海住宅设计国际竞赛金奖方案	等长拼接 	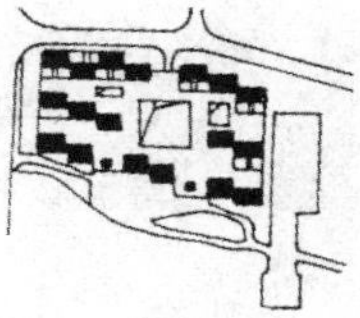 广州开发区光辉广场
行列式	2. 错排列 山墙前后交错 	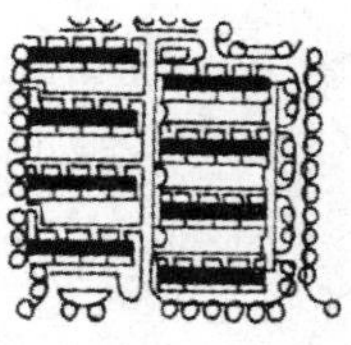 北京翠微小区住宅组	4. 成组改变方向	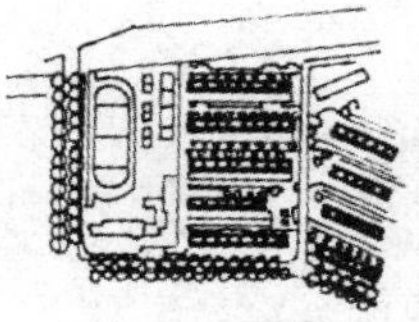 上海康健新村住宅组
行列式	山墙左右交错 	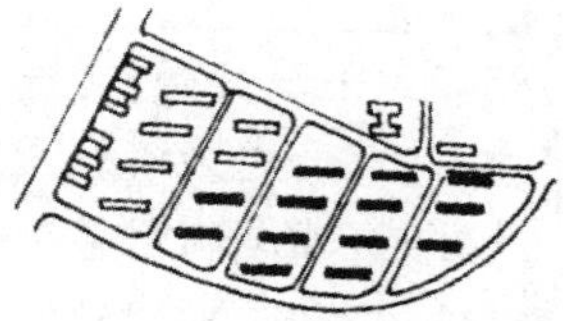 广州石油化工厂居住区住宅组	5. 扇形排列 直线	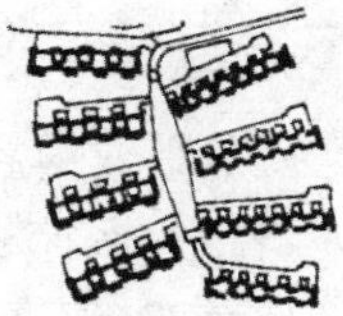 上海凉城新村居住区住宅组
行列式	前后左右交错	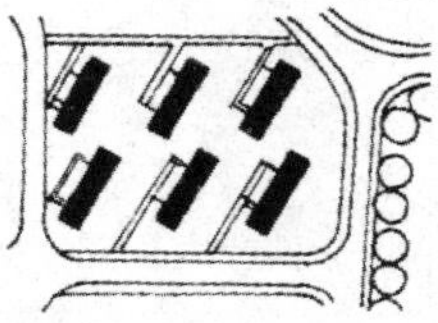 青岛市浮山所小区住宅组	 曲线	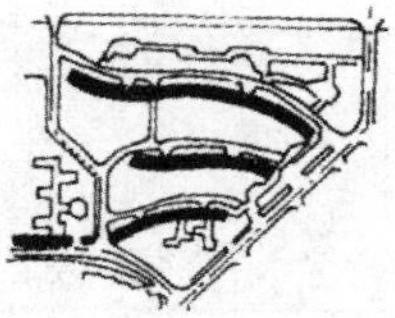 深圳白沙岭居住区住宅组
周边式	1. 单周边 	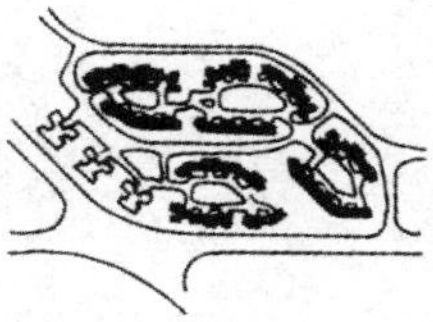 重庆市万县百安小区	3. 自由周边 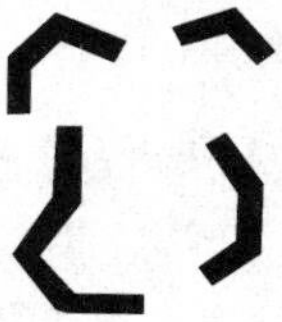	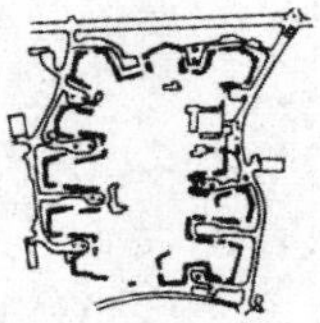 瑞典爱兰勃罗伯浪巴青居住小区
周边式	2. 双周边 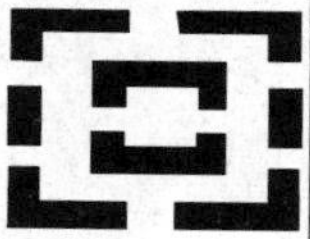	 北京市百万庄住宅组		

续表

	布置方式	实　例	布置方式	实　例
点群式	1. 规则布置	 桂林市漓江滨江住宅组	2. 自由布置	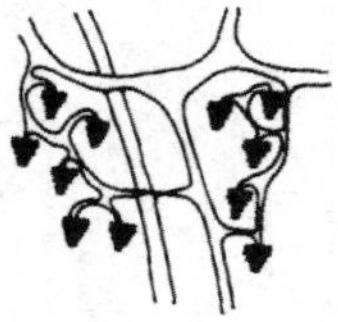 威海经济技术开发区海韵苑小区
混合式		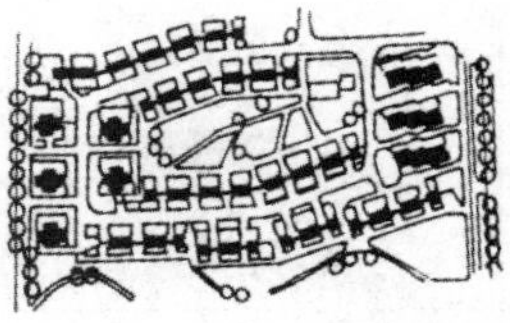 山东胜利油田孤岛新镇中华村	—	—

公共建筑的布置方式一般分为适当集中、适当分散、集中与分散相结合三种方式。适当集中即将建设项目各组成内容的主要部分集中布置在一幢建筑内，形成规模较大的主体建筑；其余的次要部分作为辅助建筑，围绕主体建筑配合布置。适当分散即将建设项目各组成内容按性质、功能区分开来，组成若干幢独立建筑分散布置的形式。集中与分散相结合是将建设项目各组成内容中性质、功能相近的部分分别集中组成若干组建筑群，再把各建筑组群协调有机地组成整体的布置形式。公共建筑视其功能、规模、场地、气候等情况不同，其布置方式差别较大，应针对具体情况作具体分析。

4.5　交通系统与室外用地

4.5.1　场地交通系统

交通系统作为场地人流、物流、能流的交通纽带，一方面起到连接场地内外的作用，另一方面可将场地内部各孤立部分连接起来形成一个有机的整体。场地的交通系统要素包括出入口、道路、停车场三部分。

(1) 场地的出入口设置。

出入口的大小一般是根据场地大小、建筑规模来确定的，其位置和方位应根据相关规划要求，从外围道路系统总体出发来考虑，往往是限定的。出入口设置要考虑与城市道路、公交站点、停车场等交通设施的连接，以争取便捷的对外联系，但同时应注意尽量减少对城市主干道上交通的干扰。对于规模较大的工程，一般应设两个以上的出入口，且位于不同人流来往的方向上。住宅小区出入口都设在次要干道上，以保证安全。公共建筑的场地如体育馆建筑、宾馆建筑、商业建筑等，至少设置两个出入口，一个为主出入口，其他为辅助出入口或服务性出入口；主出入口一般位于临靠主干道侧，但要避开城市道路交叉口相当的距离，以保证交通的安全与畅通。避开交叉口的距离在规划设计中都有明确的要求。主出入口要能方便地通达主体建筑的主要出入口。如果场地周围有几条干道，则主出入口应设置在人流多的方向，而在其他方向设置次出入口。它们的形式可以是开敞的，也可以是用大门封闭的形式[47]。

(2) 场地内道路设计。

场地内的道路可分为主干道、次干道、支路、引道、人行道，布置道路应考虑以下因素：满足各种交通运输要求，考虑安全与安静的需要，使建筑有好的朝向，充分利用地形，减少土方，节约用地和投资，考虑环境与景观要求，与绿化、工程技术设施协调。道路的布置形式有内环式、环通式、半环式、尽端式、混合式(见图 4-6)。各种道路设计应满足相关的标准规范和技术要求。

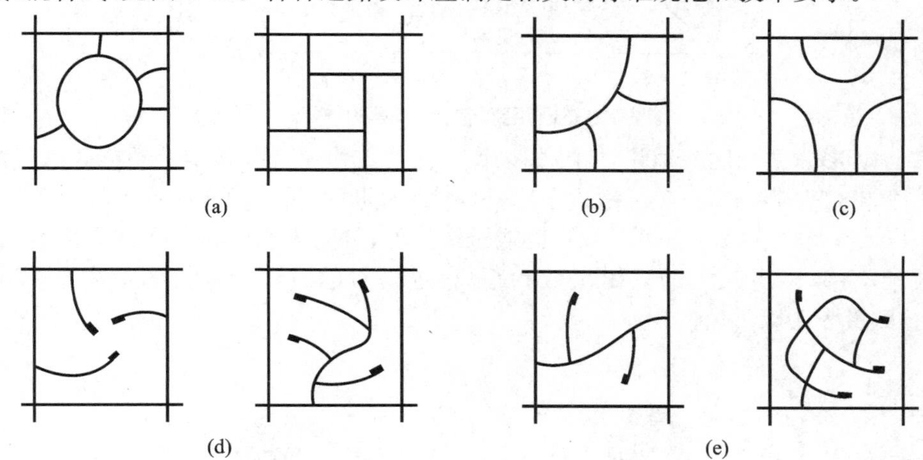

图 4-6 道路布置的几种方式

(a)内环式；(b)环通式；(c)半环式；(d)尽端式；(e)混合式

场地内主要的或大量的人流、车流等交通流线应清晰明确、易于识别；线路组织应通畅便捷，尽量避免迂回、折返。交通线路的安排应符合使用规律和生产、生活活动的特点。主要交通流线应避免相互干扰与冲突，必要时可设置缓冲空间疏解矛盾；应避免后勤服务性的交通对主要功能区的干扰，如锅炉房的进煤出渣宜设置次要出入口。交通流线的组织还须满足交通运输方式自身的技术要求，如道路宽度、坡度、转弯半径及视距等。

功能分区时，应将交通流量大的部分靠近主要交通道路或场地的主要出入口布置，以保证线路短捷、联系方便，同时应避免对其他区域正常活动的影响。

一般私密性要求越高或人群活动越密集的区域，其限制过境交通穿越的要求越严格，如居住用地、以休闲活动为主的广场或公园等，为防止区域以外的人流、车流的导入，这些区域的道路布置宜通而不畅。

在地势起伏较大的场地中组织交通时，应充分考虑地形高差的影响，使交通流量大的部分相对集中布置在与场地出入口高差相近的地段，避免过多垂直交通和联系不便。

可持续的交通设计，还要考虑交通方式的选择，如图 4-7 所示。通常在 200 m 的范围内，步行比骑自行车更快；在 450 m 的范围内，步行比坐小轿车更快；在4500 m的范围内，骑自行车比坐小轿车更快。因此，在交通道路的设计中，若能充分利用步行和自行车代替其他交通方式，不仅可减少交通量、交通设施和交通费用，而且可节省能源和减少污染。

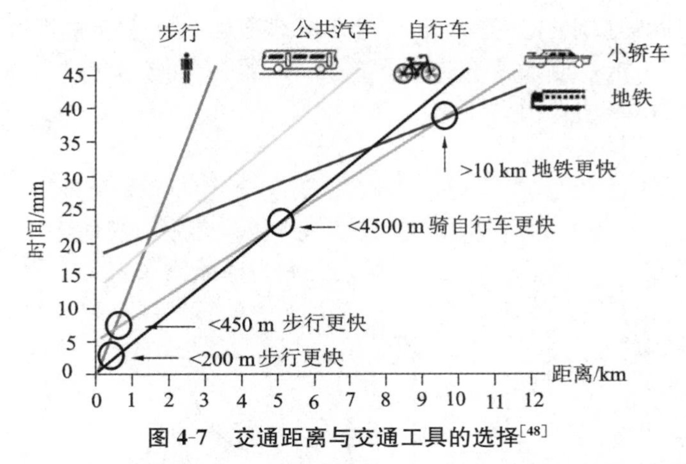

图 4-7　交通距离与交通工具的选择[48]

根据图 4-7 可知，在社区交通设计中，如果将社区的工作、生活、休闲等功能区进行紧凑布置，尽量缩短各功能区间的距离，避免分散式布置，可减少机动车辆的数量(见图 4-8)。采用紧凑的交通节点(见图 4-9)，可以大大节省城市或社区能源。另外，鼓励人们就地工作或采取本社区人员工作优先的政策，可以减少人员的外出次数和距离，这要考虑适用于步行的距离是 150 m 以内，300 m为步行的最大距离。

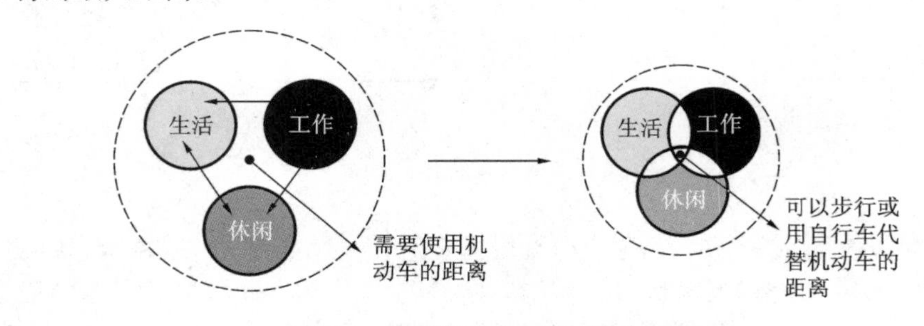

图 4-8　社区紧凑式布置可减少交通量

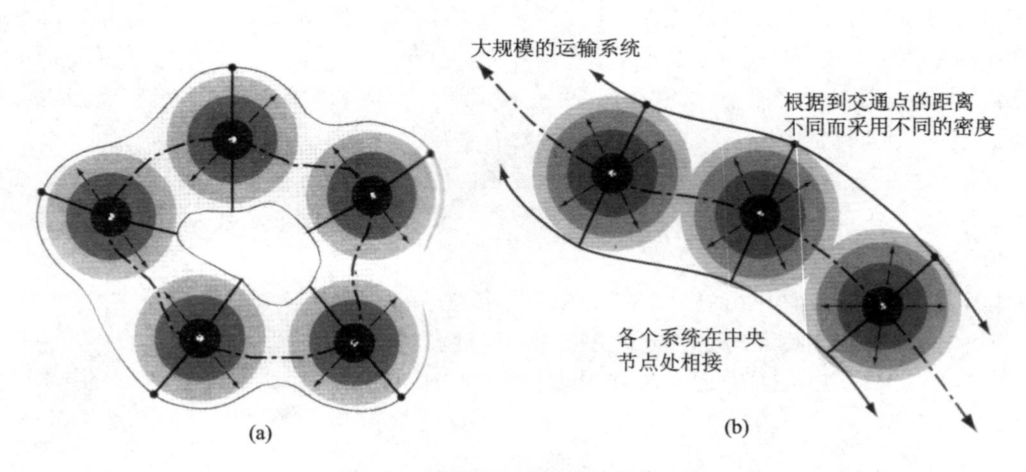

图 4-9　循环式和开放式交通节点

(a)循环式交通系统；(b)开放式交通系统

(3)场地的停车场布置。

停车场布置应遵循就近停靠、方便使用、节约土地、不占用和损害绿地的原则。停车场的面积大小根据建筑性质和建筑规模确定，一般可根据规划要点及相关法规决定。停车场布置一般有以下几种方式：半地下或地下——将停车场布置在建筑物或室外活动场地地下，这是常用的方式；屋顶——将停车场设置在屋顶上，要求停车的建筑屋顶离地不能太高；独立停车楼——为主楼专门设计附属的停车楼；路边停车——利用时间差，晚上交通量小，下班回家即将车停在路边，靠近家门口，使用方便，在住宅区用得较多；综合停车楼——楼层底层或下部用于停车，上部为主要功能空间。停车场布置还要考虑车辆进出方便、遮阳挡雨以及安全性等方面的问题。

4.5.2　室外用地系统布置

室外用地系统与建筑物和交通互相依存，按照室外用地的用途不同，可将室外用地分为集散用地、活动用地和服务性用地。

(1)室外集散用地主要供人流、车流的集中和疏散，可分为主入口集散用地和建筑物前集散用地。当建筑物沿城市道路建造时，需要后退一定距离，在主入口形成集散场所，作为人流、车流交通和疏散的缓冲地带。集散用地的大小视建筑规模、性质及地段而定，大型公共建筑物(如车站、体育馆、剧院、医院、图书馆、博物馆等)需要较大面积的集散用地，幼儿园和中小学主要出入口前必须留有足够大的集散用地，方便家长接送孩童。

建筑物前大的集散用地可称为广场，按其用途又可分为交通集散广场、游憩集会广场、文化广场、纪念性广场、杂物堆放广场等。广场设计应满足使用、观赏的要求，还要考虑场地自然条件和人们的生活习惯等。一般而言，广场设计时，尺度方面应满足：$1\leqslant$宽/高$(D/H)\leqslant 2$，长/宽$(L/H)<3$。广场面积一般应小于建筑面积的三分之一。广场长宽一般应控制在20～30 m较为合适，城市广场至少70%的面积位于同一高程上，并不得少于70 m^2。街坊内的广场应有足够的宽度，以保证冬季阳光能直接射入，产生舒适的热环境。

(2)室外活动用地是指满足人们室外活动需要的用地。根据建筑使用性质和目的不同，有些室外活动用地在数量、大小、朝向、方位和间距上有明确规定，比如体育建筑与学校建筑中的运动场和球场等，有些室外活动用地没有明确规定，例如住宅区的人际交往用地，公共建筑中的室外休息和社会交流用地等。室外活动用地往往与室内空间有密切的联系，设计人员必须予以充分考虑，以便做出精心安排，比如住宅区的室外儿童活动场所与住宅楼室内空间要有必要的照应关系；幼儿园每一个班的教室都要有一个朝南的、阳光充足的室外活动场所，以增进儿童的身心健康。

(3)服务性用地一般指供后勤服务建筑(锅炉房、冷冻机房、洗衣房、厨房和仓库等)使用的室外用地，比如提供物质运输，堆放燃料、杂物等。作为室内作业准备性场所，服务性用地一般布置在建筑物北部或其他较为隐蔽的地方。它一般需要设单独的出入口及服务性出入口，需考虑到避免烟灰、气味、噪声等因素对主体建筑空间及周围环境的影响，一般布置在主体建筑下风侧。

4.6　场地的热环境与绿化

4.6.1　场地的热环境

场地热环境对于人们的室外活动或休憩都有很大的影响。场地热环境受气候状况、地理纬度、建筑布局、材料使用、有无绿化等因素的影响。就建筑布局而言，冬天应遵循“争取日照，防避冷风”

的原则,而在夏天则应遵循"创造荫处,争取通风,积极利用天空辐射冷却"的原则。

在冬季,室外活动空间最好布置在南向,且不要有任何遮挡,让阳光直接射入,而北面可以依靠建筑物或树木等以避免冷风的渗透和侵袭。同时,地面采用蓄热能力大的材料铺设,可以起到调节温度的功效。在夏季白天,最好的室外活动空间是树荫下的开敞空间。树冠不仅遮挡白天太阳的直射辐射和散射辐射,使人体免受太阳暴晒,还能降低地面温度,从而减弱地面对人体的长波辐射。由于树叶蒸发、蒸腾作用降温,来自上部树叶的长波辐射也少,会使树下形成凉爽的微风。在夏季夜晚,最好的室外活动空间是露天空间。露天空间由于受天空辐射冷却,温度下降最快,更重要的是人体能直接以辐射的方式向天空辐射散热。因此,对于夏季室外活动空间而言,白天要求通风良好和遮阳,晚上要求对天开敞,充分利用天空长波辐射冷却,才是最理想的。

场地室外热环境与材料使用和有无遮阳有关。材料对太阳辐射的吸收率越大,会使建筑表面和空气温升越大,从而增加热岛效应。对于寒冷气候区,建筑外表与铺地材料采用太阳辐射吸收率大的材料,有利于改善场地在冬季的室外热环境;在炎热气候区,建筑外表与铺地材料采用太阳辐射吸收率小的材料,有利于改善场地在夏季的室外热环境;场地人行与活动区域有无遮阳极大地影响室外热环境。对于室外停车场、集散用地及广场设计,考虑采取适当的遮阳措施,以避免太阳直接暴晒,对于改善场地热环境有积极作用。

4.6.2 场地绿化与生物多样性

绿化是场地设计实现可持续性的重要措施之一。利用绿化可以加固坡堤和岸堤、稳定土壤、吸收放射性物质、防火防震、隐蔽、隔离和隔声,可以截断雨水,控制地表径流,减轻城市管道排水量。场地铺设植草透水砖,不仅可蓄存雨水,为植被提供水源,减少浇灌用水,而且还可以降低地表温度。研究表明,场地绿化覆盖率在25%～30%以上时,对雨水涵养和气候调节才有良好的作用。

场地绿化可以遮阳防风,改善场地室内外热环境,减小场地热岛效应。在冬季可以利用茂密的树木防风,在夏季可以通过组织建筑和树木来提供通风和遮阴。绿化还可以减少来自地表及周围界面的长波辐射,并降低空气温度。绿化和水的蒸发降温是改善室外热环境、减小热岛效应的主要措施。

场地绿化不仅可调节空气温湿度、促进通风和防尘、改善室外热环境,还有美化环境,释放氧气,吸收有害气体(如 Cl_2、NH_3 等),吸滞烟灰和粉尘,减少空气中的含菌量,净化空气、水体和土壤的作用。场地绿化可以大量吸收 CO_2,对于减少碳排放具有重要的意义。根据联合国政府间气候变化专门委员会 IPCC 的认定,森林中每立方米的木材量对于 CO_2 的固定量为 0.95 t。在中国台湾,人工林每公顷对 CO_2 的吸收量:7～8 年生柳杉林为 591.2 t,13～23 年生柳杉林为 281.6 t。表 4-7 示出了在 40 年间每平方米植物覆盖面积的 CO_2 的固定量。

表 4-7 每平方米植物覆盖面积的 CO_2 固定量[49]

植栽类型		CO_2 固定量/(kg/m^2)	覆土深度
生态复层	大小乔木、灌木、花草密植混种区(乔木间距 3 m 以下)	1200	1 m以上
乔木	阔叶大乔木	900	
	阔叶小乔木、针叶乔木、疏叶乔木	600	
	棕榈类	400	

续表

植栽类型	CO_2 固定量/(kg/m^2)	覆土深度
灌木(每平方米至少4株以上)	300	0.5 m以上
多年生蔓藤	100	
草花花圃、自然野草地、水生植物、草坪	20	0.3 m以上

场地生物多样性指植物的多样性和动物的多样性。动物多样性取决于植物的多样性。"植物歧异度"是可以用作衡量植物多样性的一种指标，其计算按式(4-1)进行。

$$\mathrm{SDI}t=\frac{\sum_{i=1}^{n}N_i\times\left(\sum_{i=1}^{n}N_i-1\right)}{\sum_{i=1}^{n}\left[N_i\times(N_i-1)\right]} \tag{4-1}$$

式中，n 为乔木种类数，N_i 为第 i 种乔木的棵数，SDIt 为乔木辛森歧异度指标，无单位。一般而言，2 hm^2 场地上，最低的乔木种类应在20种以上，最低的灌木种类应在15种以上，为符合植物多样性的最低理想状态。场地植物多样性设计，优先考虑本地植物，优先考虑诱蝶诱鸟植物，它们与本地气候和土壤相适应，能提供多样生物觅食的环境。

场地动物多样性设计，首先考虑生态绿网的构建。生态绿网是指由公园、绿地、溪流、池沼、树林、庭院、绿篱等区域串联起来的绿地生态系统。生态绿网可减少人类对动物的干扰及天敌对动物的伤害，为动物提供安全迁徙、觅食、筑巢、求偶、繁殖等的空间。生态学研究表明，城市环境绿化覆盖率在20%以上时，野生鸟类数量才有明显增加的趋势。在场地周边保留一些芦苇、甜子草及干燥木丛，可为雉鸡、竹鸡等陆行鸟类提供庇护地；池塘与周围杂树林或林地可为乌龟、青蛙等提供栖息地；在溪边挖掘回流浅滩并保留一段杂木林，可为爬虫类、两栖类生物提供繁殖场所。如果场地周边有绿带公园，最好沿绿带方向规划行道树林，以利于鸟类、昆虫的交流。

场地动物多样性设计还要考虑小生物栖息地的创造，包括水域生物栖息地、绿块生物栖息地、多孔隙生物栖息地。水域生物栖息地创建应尽量保留自然溪流、池塘之护岸以及水体中的多孔砂砾岩石，不用水泥作为水体底层和护岸；可在水底放置一些陶管或乱石等，水岸边种植水生或杂木林。绿块生物栖息地的创建可分为"混合密林"与"杂生灌木草原"。"混合密林"可为鸟类及动物筑巢、睡眠、繁殖提供隐蔽地；可在其四周混种荆棘植物以减少人畜的干扰。"杂生灌木草原"是原生杂草、野花、小灌木丛生的自然绿地，它是草原昆虫如蜈蚣、蚱蜢、螳螂、臭虫、金龟子、蜜蜂、蟋蟀等及路行小鸟兽的栖息地。多孔隙生物栖息地是小生物藏身、觅食、筑巢、繁殖的小生物世界。采用多孔隙的乱石、空心砖、砖瓦、木块干砌或用混凝土预制单元透空交错叠砌，作为围墙、透空绿篱或挡土边坡，可以创造浓缩的自然环境。

场地生物多样性设计，还应该注意表土保护、落叶堆肥、厨余堆肥和有机园艺。研究表明，形成1 cm厚的表土需100～400年，一般30～50 cm厚的自然表土至少经历了3000～20000年。只有表土才能为植物提供充足的水分和养分，它是构成生态系统的重要基盘。落叶堆肥、厨余堆肥可以提供无害有机肥料，对土壤生态大有帮助。有机园艺是指禁用农药、化肥、杀虫剂、除草剂等化学药剂，以免破坏土壤中生物的生存。

4.7 可持续场地设计策略

4.7.1 基础设施方面

(1)设计场地平面以尽量减小道路长度、建筑基底和预期改造所需的实际占地面积。这些规划减少了与市政设施的管线连接长度,需要参考地方规范中有关水、电、气管线的要求。

(2)尽可能采用重力排水系统。要尽量避免使用带泵的排水系统,因为这需要持续的电力消耗。

(3)再利用化学废物容器和管线。对现有的化学废物容器和管线进行检查、保护和再利用,以避免产生额外有害物质问题。

(4)在可行的情况下,将公用走廊集中在一起,或将公共的市政设施沿着已改造开发地区、新修道路和人行构筑物集中,这样既减少不必要的场地清理和挖沟,又为以后的维修提供方便。

(5)尽量减少交通路程。在适当情况下,鼓励使用交通工具以提高交通工具的使用效率,鼓励使用自行车以减少燃料消耗和空气污染,但要做好自行车的管理和安全放置工作。这些方法可以减少人们的停车费和交通费,同时有利于保护环境。

(6)鼓励使用现有公共交通网络,以尽量减少对新基础设施的需求。这样,能增加场地使用效率,同时还可减小场地覆盖率、停车需求和相应的费用。

(7)考虑增加电信的使用。电信和电话会议可以减少经常来往于工作场所的时间和费用。在场地和建筑设计中规划适当的电信和通信基础设施是可持续建筑的发展方向。

(8)集中公共设施、行人和汽车通道。为尽量减少铺装的费用,提高效率和集中径流,道路、人行道和停车场的模式应该紧凑。这不仅是一个更便宜的建造方法,还有助于减少不渗透表面在整个场地中所占的比例。

4.7.2 方案设计方面

(1)规划场地空地和绿化,以便利用太阳能和地形条件。太阳方位、天空云状以及地形对于利用太阳能是互相关联的。一个场地的纬度决定了一年的任一天任意时刻的太阳高度角和方位角,场地空地和绿化布置既要考虑冬季建筑日照,又要考虑夏季建筑遮阴。

(2)确定建筑的朝向,以便在被动式和主动式太阳能系统中利用太阳能。确定建筑朝向时应考虑能在夏天利用阴影和空气流动来纳凉,在冬天利用太阳能取暖和防风。如果计划使用太阳能集热器或太阳能发电系统,朝向的选取应有利于太阳能光热的最大化获得。

(3)在寒带和温带地区,尽量减少太阳阴影。景观地区、开敞空间、停车场和化粪池应集中起来,使其在建筑项目和邻近建筑朝南的方向造成的阴影最少。分析整个场地的阴影和风况,避免永久性阴影的产生,明确阻挡冷风的要求。

(4)将建筑和停车场与景观地貌合理地匹配,可以减少土地平整和场地清理量。在过度倾斜的斜坡上采用半地下室和错开的楼层。

(5)提供一个能使热量损失达到最小的北墙设计。提供有气闸的入口,同时在住人的地方减少玻璃的使用以防止热量损失。在寒带和温带地区的大型建筑内,需要换气系统作补偿,以平衡这种环境下建筑的室内压力。

(6)提供一个能最大限度地保证安全和通行方便的建筑入口。建筑在场地上的位置应保证其入口能最大限度地提供安全并保证通行方便，同时能对各种不利因素进行防范。

4.7.3　景观和自然资源的使用方面

(1)利用太阳能、空气流动、天然水资源和地形特性来控制建筑的温度。利用现有的水资源和地形，可以在寒冷的气候中创造冬天的热汇，在炎热的气候中创造温差以产生凉爽的空气流。现有的河流和其他水资源有助于为场地提供降温。建筑外表颜色和表面朝向可用来更好地吸收或反射太阳辐射。

(2)使用现有的植物来调节气候条件，并为当地野生动物提供保护。植物在夏天可提供阴影和蒸发降温，在冬天可防风。另外，植物还可为野生动物提供一个自然的联系通道。

(3)在炎热气候条件下，设计道路、景观和附属结构使风朝向主要建筑，以降低温度；或在寒冷气候条件下使主要建筑避开主导风向以减少热损失。

4.7.4　公共休闲场所方面

(1)调节微气候，如阳光和风，以最大限度地满足人的舒适感需求，如广场、座位区和休息区。在规划室外公共休闲场所时，设计者需要考虑季节性的天气类型和气候变化，如在湿热地区的水蒸气压力，干热地区的干燥风和每日的极端情况，以及在温带和寒带地区每年的极端温度情况。采用避害趋利的措施，树冠高度的调节以及喷泉和其他结构的使用，可以加大或降低场地的风力、投射阴影或由蒸发产生降温，从而很好地调节场地的外部环境。

(2)考虑在公共休闲场所使用可持续的场地材料。如果可能的话，材料应该可以循环使用，而且寿命周期成本低。在选择场地材料时也应考虑对太阳辐射的反射率。

4.7.5　建造方法方面

(1)制定可持续的场地施工方法。所使用的施工方法应该保证施工过程的每一个步骤都避免不必要的场地破坏(如过度的平整、爆炸和清理)和资源的退化(如河流的淤积、地下水的污染、空气质量的恶化)。利用通风、日照、降雨的有利因素，避免或减轻其不利因素的影响，如寒冷潮湿空气的排放、干燥的风和暴雨径流。

(2)制定有序的开发步骤以尽量减少场地破坏。应将建筑活动制成战略性和阶段性图表，以避免不必要的场地破坏，并获得一个从场地清理到竣工的有秩序的施工顺序。该策略降低了费用并减少了对场地的危害，这需要所有承包商之间的密切合作[50]。

第5章　气候适应性设计

从生态可持续发展的角度讲，气候适应性设计对于任何建筑都是十分重要的。这是因为建筑能否充分利用可再生气候资源——太阳光、风、雨水等，能否有效地防治气候危害——过热、过冷等，从而降低其自身资源消耗，直接体现建筑本身的生态性，并与可持续发展的核心内容——资源利用、环境保护、生态需要密切相关。本章除了介绍一些必要的与气候相关的基本知识外，主要介绍建筑群体和建筑单体气候适应性设计策略，它们对于生态建筑的设计具有重要的实际意义。

5.1　建筑气候及其分类

5.1.1　建筑气候因素

(1)太阳辐射。

太阳辐射是建筑气候中最主要的气候要素。它是造成其他气候要素的主要原因，直接关系到太阳能在建筑中的被动式和主动式应用，对建筑的朝向、间距、采暖、降温、日照、遮阳有决定性作用。到达地球表面的太阳辐射大致为大气层外太阳辐射强度的一半左右。太阳辐射由直接辐射和散射辐射两部分组成(见图5-1)。由于大气层中各种气体对太阳辐射的吸收，使其波谱分布在大气层外和在地表面是不同的(见图5-2)。

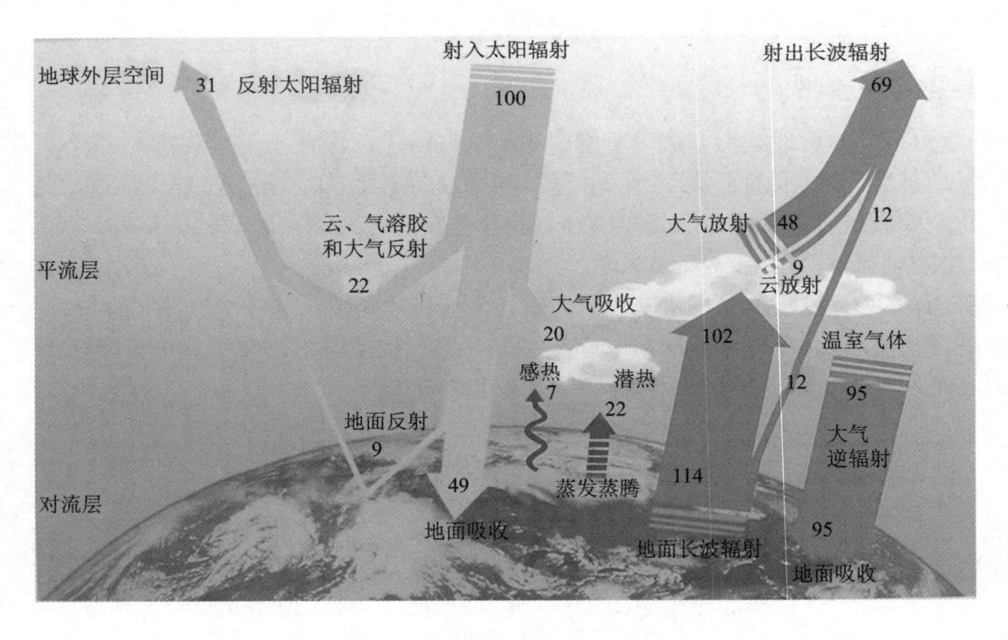

图5-1　太阳辐射在大气中的变化

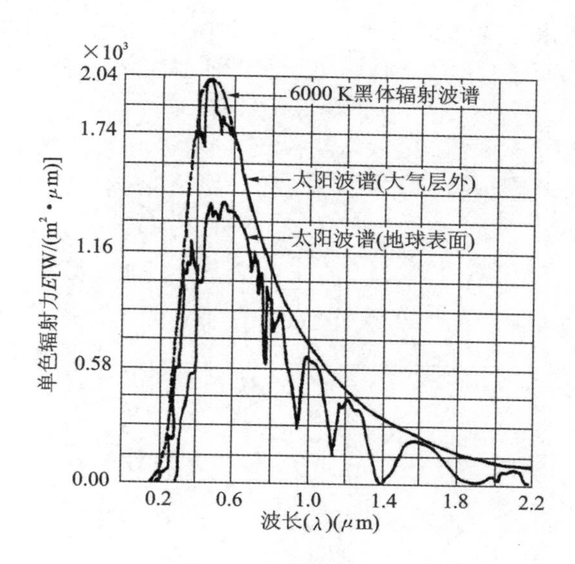

图 5-2　太阳辐射光谱组成

对于建筑的气候适应性设计而言，掌握太阳在天空中的运行规律是十分必要的。太阳在天空中相对于某地的位置是用太阳的高度角 h 和方位角 A 来确定的。关于某地某天某时太阳的高度角和方位角的确定，请参阅附录 A“棒影图与太阳轨迹图”。

(2)风速和风向。

风又分为全球性的大气环流和地方风，前者由地球自转以及地球表面受太阳辐射加热不均造成，后者由于局部地形或海陆分布造成。如果风随季节有明显规律变化称为季风，如果风主要从某一方向吹来，则称该方向的风为主导风。风速不仅决定风负荷大小，而且与通风的效果和人体热舒适有关。风向则影响建筑的位置、朝向、间距的确定。风速风向是用风玫瑰图来描述的。风玫瑰图有多种表示方法，一般以频率图表示，即以某一时段内各方位风向或风速累计次数占该时段总累计次数百分率表示。

图 5-3 示出了北京累年各向风向频率及其平均风速和最大风速玫瑰图。风玫瑰图也可以用某一时段内各方位风向或风速所占时间多少来表示，如图 5-8(b)所示。从某地风玫瑰图，我们可以知道该地在某一时段的风向风速情况。

(3)空气的温度和湿度。

空气的温度表征空气的冷暖程度，其值与空气受地表的加热或冷却有关。地表通常在白天吸收太阳辐射温度升高加热空气，而夜间则受天空辐射冷却温度下降冷却空气。气温的变化是有日周期、年周期的，与地球自转和公转有关。对于建筑的气候适应性设计而言，气温的年变化更为重要。图 5-4 是北京地区年标准温度曲线图，包括月平均温度曲线、最高与最低温度月平均曲线。其中最高温度与最低温度之间的差值代表了气温在该月份的温度波动状况，可以大致反映出日温度的变化幅度。

空气湿度有绝对湿度和相对湿度之分。绝对湿度是指每立方米空气中含有水分的质量，单位是 kg/m^3。当空气在某一温度下不能再容纳水分时，其绝对湿度称为饱和绝对湿度。相对湿度是指在同温同压下，空气本身的绝对湿度与其饱和绝对湿度之比值。一般情况下，一年之中，室外空气在夏季含水分多,冬季含水分少(见图 5-5)。一天之中,日出前绝对湿度最小,相对湿度最高;午后 2—3 时,绝对湿度最高,而相对湿度最低。

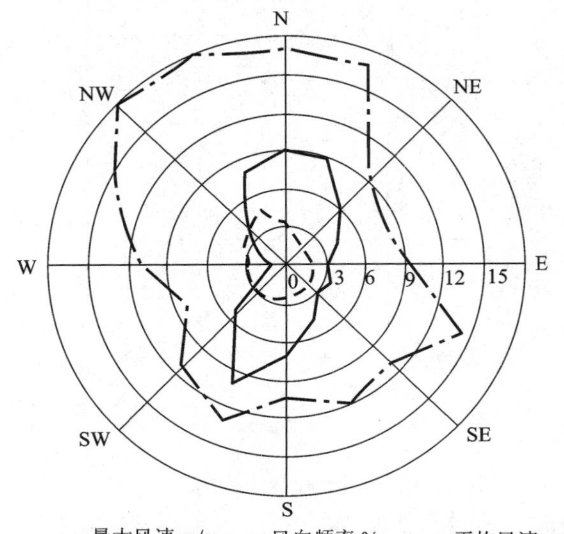

图 5-3　北京年风速风向玫瑰图

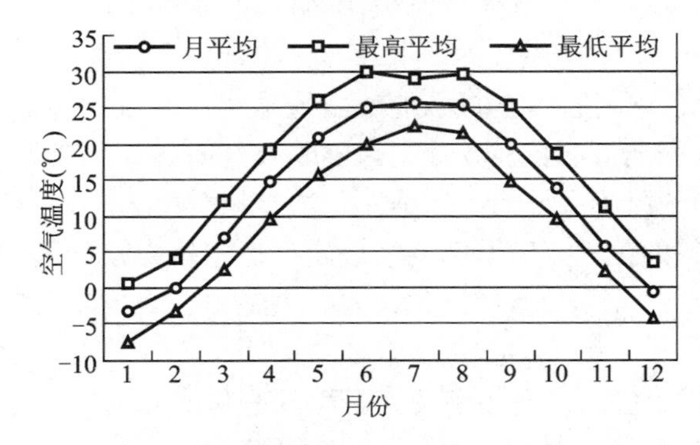

图 5-4　北京标准年空气温度曲线图

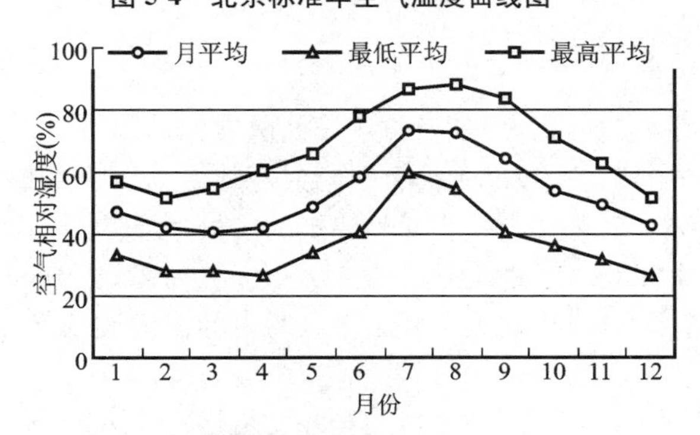

图 5-5　北京标准年空气相对湿度曲线图

(4)降水和地表温度。

降水包括下雨、下雪、冰雹等现象，描述降水的参数有降水强度和降水时间。对于建筑的气候适应性设计而言，需要注意的是降水时节和降水分布，并要考虑降水的收集、利用、排除，避免降水危害。地表温度与太阳的照射直接相关，被遮挡的阴处，例如北坡地，地表温度较低且变化不大；被日照的南坡地表温度较高且变化较大。地表温度的变化还与地表蓄热性能和含水程度有关，干燥、蓄热性低的地表，其温度变化较大。地表温度直接影响覆土建筑的设计建造，也直接影响冻土的深度等。

5.1.2　建筑气候分类

气候按照不同的性质有多种分类方法，对于建筑的气候适应性设计而言，斯欧克莱气候分类法是比较好的方法。表5-1示出了斯欧克莱气候分类法。

表5-1　斯欧克莱气候分类法[51]

气候类型	气候特征及气候因素	建筑适应性表现	建筑举例
湿热气候区	温度高(15～35 ℃)，年均气温在18 ℃左右或更高，年较差小。 年降水≥750 mm，潮湿闷热，相对湿度>80%，太阳辐射强烈，有眩光	遮阳； 自然通风降温； 低蓄热的围护结构	中国云南西双版纳的干栏民居[52]
干热气候区	太阳辐射强烈，有眩光，温度高(20～40 ℃)，年较差、日较差大。 降水稀少、空气干燥、湿度低，多风沙	最大限度地相互遮阳； 开较小的通风口； 厚重的蓄热墙体增强热稳定性； 利用水体调节微气候； 内向型院落式格局	哈桑·法赛设计的Dariya住宅[18]
温和气候区	有明显的季节性温度变化(有较寒冷的冬季和较炎热的夏季)，月平均气温的波动范围大，最冷月可低至−15 ℃，最热月则可高达25 ℃，气温的年变幅可从30 ℃到37 ℃	夏季：遮阳、通风； 冬季：日照、保温	中国云南纳西族民居[53]

续表

气候类型	气候特征及气候因素	建筑适应性表现	建 筑 举 例
寒冷气候区	大部分时间月平均温度低于 15 ℃,日夜温差变化较大,风大,严寒,雪荷载大	减小建筑的体型系数; 最大限度地保温,尽量争取日照; 紧凑式布置或围合以避风; 坡屋面减少雪荷载	加拿大 Penhallam 住宅[53]

5.2 建筑与气候的关系

5.2.1 气候对建筑的影响

建筑的产生,原本是人类为了抵御自然和气候的侵袭,以获得安全、舒适、健康的生活环境而创建的"遮蔽所",遮风、挡雨、安全、健康是建筑最原始、最基本的功能。因此,建筑从一开始就与气候息息相关。从世界不同国家、不同种族和不同气候区来看,传统民居都有一定程度的气候适应性。寒冷地区的建筑显得封闭厚重,且建筑之间常以围合连接、布置紧凑,这是与寒冷地区的日照需要、避风保温要求相适应的。干热地区的建筑也显得厚重,但布置就不像寒冷地区那样紧凑,这是与气温昼夜变化大,需要遮阳、通风散热相适应的。湿热地区的建筑,常显得轻巧、通透、开放,这是与通风降温、降湿要求相适应的。高寒地带的建筑常做成坡屋面,且坡度很大,这是与方便除雪相适应的。在台风活动频繁地区,建筑常用石头建成,屋面挑檐很短或不做挑檐,这是与防台风危害相适应的。

气候是否成为影响建筑设计的主导因素,取决于建筑的性质和其所在地气候的严酷程度。应该承认,并非所有传统建筑都注重气候因素的影响,那些浸透了高度象征内容的大型建筑,并不把利用气候资源获得健康舒适看得很重。通常,纪念性建筑的目标是加强精神上的而不是物质上的体验,宫殿建筑最强调的是体现所有者与统治者的威信和身份,而购物中心和机场通常更注重的是技术的力量而不是气候,但这并不说明建筑的设计建造与气候毫不相干。随着全球环境、能源问题的加剧,人们已经越来越多地意识到建筑适应气候与环境的重要性。事实上,建筑师完全可以在处理好文化和技术因素的基础上,使建筑积极地适应气候和环境,只有这样的建筑才算得上是生态的、可持续发展的建筑。这是因为,在建筑设计中如果能充分利用气候资源,就能够在创造舒适健康的室内环境的同时,减少机械设备的用电量,从而减少对煤、石油等化石燃料的燃烧,进而减少二氧化碳等有害气体的排放,最终对全球生态环境起保护作用。因此,建筑的气候适应性设计是生态建筑设计的重要内容之一。

建筑的气候适应性设计,就是要在建筑设计中充分利用气候资源、发挥气候的有利作用、避免气候的不利影响，达到不用或少用人工机械设备，创造健康舒适环境的目的，最终实现减少不可再生资源消耗和保护生态环境的目标，是实现建筑节能的根本保证和前提。

结合气候进行建筑设计，历史悠久。现代建筑大师勒·柯布西耶、阿尔瓦·阿尔托以其设计结合气候著称；当代埃及建筑大师哈桑·法赛是干热性气候下创作气候适应性建筑的代表；印度建筑师查尔斯·柯里亚是湿热性气候区设计建造气候适应性建筑的代表；瑞典建筑师拉尔夫·厄斯金是高寒气候条件下创造气候适应性建筑的代表；马来西亚的杨经文是高层生物气候设计建造的代表；德国的托马斯·赫尔佐格是既注重气候适应又强调结构特征的代表。杨经文和赫尔佐格都注重气候分析以及新技术应用。但是，从总的情况看，由于近现代科学技术的发展，使人类对抗自然的力量大大加强，可以利用机械设备来维持室内所需的舒适环境，人们对于气候适应性设计的意识减弱了。大量国际式风格在全世界盛行，致使有的建筑师认为考虑气候适应性设计是不必要的，以形式需要为借口，把本该属于自己的责任推卸给了机械工程师们。

气候适应性设计在过去为人们所忽视，一是建筑的气候适应性设计相对于一般建筑的设计程序而言需要详细深入地分析气候资料，这种繁杂的理性分析非一般建筑师能及或为其所喜好；二是气候资料的缺乏阻碍了气候适应性设计的普及。如今专门介绍建筑的气候适应性设计，对于生态可持续发展建筑设计是十分必要的，一是因为气候适应性设计是实现生态建筑的重要途径；二是由于气候适应性设计知识不断丰富发展，建筑设计需要跟上时代的步伐；三是计算机技术的发展以及气候资料的健全都为现在和以后的气候适应性设计提供了技术支持和方便。

5.2.2　建筑对气候的适应

(1)湿热气候区。

该地区夏季降水量大、空气湿度高，太阳辐射强烈，气温较高且昼夜温差较小，冬季较为暖和。气候特征使该地区容易滋生蚊虫，又使该地区建筑具有自身的特征，主要表现在三个方面。一是通风适应性。建筑布局较为分散，建筑底层通常架空，建筑立面较为通透，这样不仅有利于通风，排出室内热湿，改善室内热湿环境，而且有利于去除虫害。二是遮阳遮雨适应性。大坡屋顶形式不仅在夏季提供遮阳，而且有利于雨水排放。三是轻质多孔材料运用。轻质材料用于屋面与墙身，热惰性小，在太阳辐射下温度升高较快，有利于白天通风散热；多孔材料用于屋面与墙身，具有一定的雨水蓄存能力，可发挥建筑表层的被动蒸发冷却效应，同时不影响建筑的通风效果。典型案例有我国云南西双版纳的干栏民居(见表5-1)及我国胶东半岛与马来群岛的草屋民居。

(2)干热气候区。

该地区终年降水量极少、空气干燥，夏季太阳辐射强烈，气温很高且昼夜温差及年较差都很大。气候特征既使该地区容易产生风沙，又使该地区建筑具有自身的特征，主要表现在三个方面。一是遮阳适应性。建筑布局力求提供最大限度的相互遮阳，围合布置成内向型庭院，以调节气候。二是风沙适应性。建筑立面较为封闭，常开小窗以采光透气，并避免风沙进入，利用烟囱效应促进室内空气流动。三是重质与多孔材料运用。重质材料用于屋面与墙身，热惰性大，可极大地衰减室外温度波，维持室内温度昼夜稳定；采用多孔材料遮阳进行防热并过滤风沙。典型案例有哈桑·法赛设计的Dariya住宅(见表5-1)。该气候区可以直接利用水在空气中蒸发加湿改善室内热环境。

(3)寒冷气候区。

该地区冬季气候寒冷，日夜温差较大，雪荷载大且寒风大，夏季不炎热。气候特征既使该地区容易产生风雪,又使该地区建筑具有自身的特征,主要表现在三个方面。一是风光适应性。建筑布局力求紧凑或围合形成内向型庭院,以减小外表暴露面积,避免寒风袭击;北向开较小的窗以减弱冬季冷风渗漏,南向有较大窗以利于冬季日照与夏季通风。二是雨雪适应性。较大的坡屋顶不仅起到排水作用,同时考虑到雪载荷及雪的自动滑落。三是较厚或保温围护结构。利用较厚或保温的围护结构,使屋面与墙身有较大热阻,阻止室内向室外散热,从而最大限度改善室内热环境。典型案例有加拿大 Penhallam 住宅(见表 5-1)。

(4)温和气候区。

该地区有明显的季节性温度变化,冬季较为寒冷,夏季较为炎热。虽然年平均温度较为舒适,但月平均温度和温度日较差较大。气候特征使该地区建筑既要考虑夏季防热,又要考虑冬季保温。建筑的气候适应性表现间于炎热与寒冷气候之间,主要表现在三个方面。一是夏季遮阳,适当通风。坡屋顶有遮阳、排水功能,建筑布局力求适当分散、半围合形成南向开放庭院,利于夏季自然通风。二是冬季避免冷风,争取日照。半围合形成南向开敞空间,冬季可争取日照和减弱冷风侵袭。三是围护结构兼顾保温与隔热。使用可调节遮阳、保温、导风与挡风是该地区最为常用和有效的措施。典型案例有中国云南纳西族民居(见表 5-1),在夏季居民以上层空间活动为主,以下层空间为辅;在冬季居民以下层空间活动为主,以上层空间为辅。

5.3 建筑群体气候适应性设计

5.3.1 利用通风廊道对建筑群降温

将街道或室外空间顺风安排成通风廊道,有利于建筑群降温和空气污染物排走。城市大量人为热和下垫面蓄热是引起城市热岛效应的两大主要原因。由于城市区空气温度较城郊区空气温度高,热空气从城市区上升,冷空气从城郊区向城市区中心流动。这种流动在夏季无风的夜晚尤为明显。如果城市周围郊区有带状的植被或水域,可以通过将城市街道或室外空间安排成通风廊道,为空气从周围郊区流动到城区提供一条通道,这样就可以起到冷却城市的作用,同时带走城市产生的气体污染物。这种安排对于城市在无风的夜晚降温有重要作用。

通风廊道的布置,可以是辐射式的,以冷却城市的一个中心或几个中心(见图5-6),也可以顺着夏季主导风方向布置。如果建筑群是在坡地上,还可以在建筑群的上坡向绿化,利用冷空气下沉流动的原理来降温。

1791 年由罗埃尔 · L. 爱芬特(Pierre L. Enfant)设计的华盛顿特区,就是一个辐射式安排的例子(见图 5-6)。在这个例子中,林荫道规划成通向那些被作为发展节点的广场;夏季,风被波托马克河(Potomac River)冷却后流入城市。与华盛顿特区规划相似的例子还有美国南卡罗莱纳州的查尔斯顿市(Charleston)、澳大利亚的堪培拉(Canberra)和巴西的贝洛奥里藏特(Belo Horizonte)(见图 5-7)。在贝洛奥里藏特,全年风向变化很小,夏季主导风向为东风(见图 5-8(b)),因此,辐射状大道安排有利于风从周围流向城市中心区(见图 5-8(a)),而东西向小道布置有利于夏季引导主导风冷却城市。

通风廊道可以是宽阔的林荫道,也可以是不小于 100 m 宽的开敞的直线形公园。利用通风廊道连接郊区绿化带和市中心时,绿化带的面积应占被降温城市面积的 40%～60%。为了尽量不降低风速，一般使建筑与街道相邻，且垂直于夏季主导风向，并用不小于 400 m×400 m 的开放空间间隔其间，这些空间能让风速恢复到它受阻碍之前的大小。

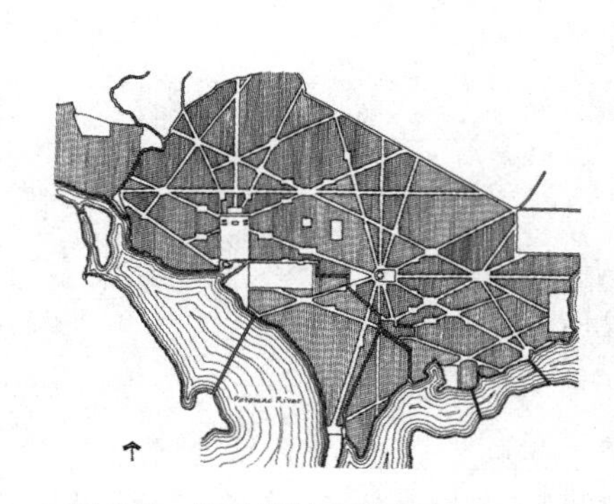

图 5-6　华盛顿特区的辐射式街道

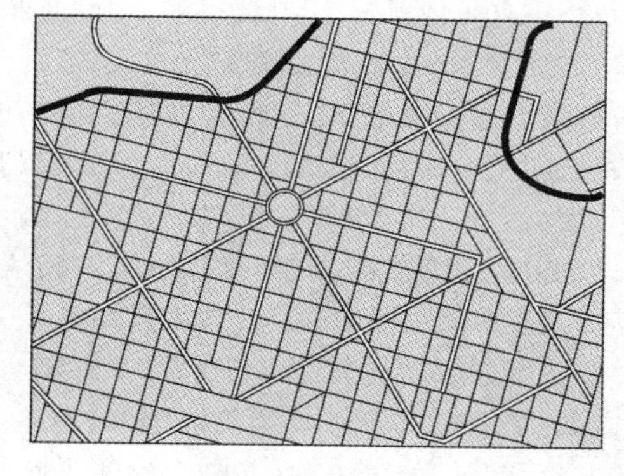

图 5-7　贝洛奥里藏特城市街道布置

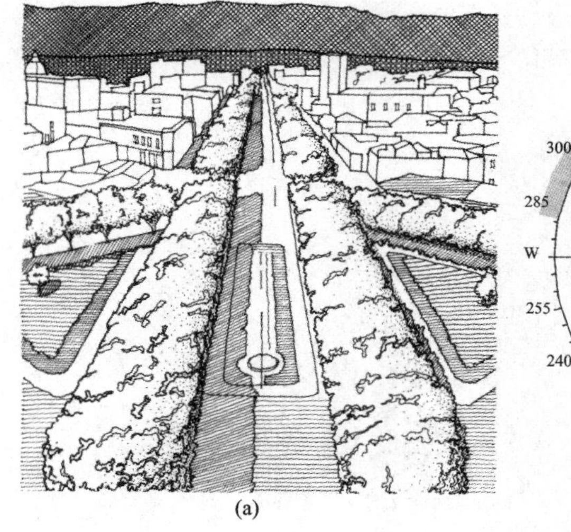

(a)

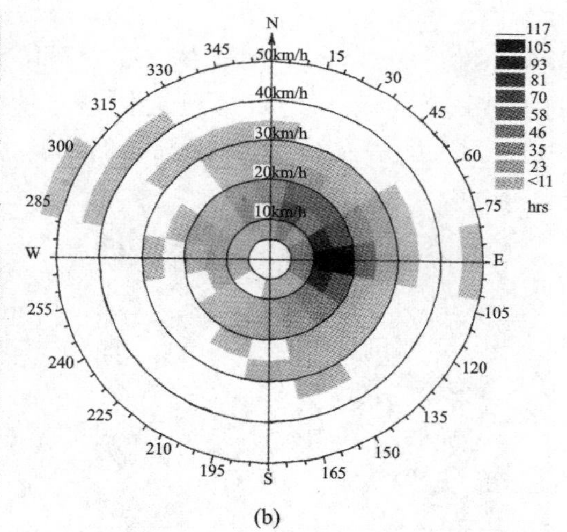

(b)

图 5-8　贝洛奥里藏特城市通风廊道和夏季主导风

5.3.2　利用建筑群相互遮阴降温

将建筑物安排成相互遮阴或对相邻的外部空间提供遮阴，可以起到很好的降温作用。在干热地区，人们较少依靠对流降温，狭窄的南北向街道，有利于建筑东西立面的遮阴。当立面得到遮阴时，其表面温度会降低，建筑将获得较少的热量，从而可以减少人工制冷能耗。如果街道和人行道在夏天得到遮阴，白天的平均辐射温度就会降低，从而为行人提供较好的热舒适环境。

由于夏季正午的太阳高度角较大，因此，建筑物南立面相互遮挡是很困难的。用建筑形成南北走向街道，东西立面分别在下午和上午受到遮阴，尽管中午前后东西立面也会受到一定程度的照射，但由于太阳光线与墙面的夹角小，墙面获得的热量也不多。在白天，沿街立面的上部受太阳辐射的时间长，致使其比街道底部热；在晚上，由于天空的辐射冷却，街道下部比上部降温慢，冷空气从上部流向街道，对街道起到冷却作用。当建筑高度相同时，宽的街道较窄的街道引起更大的表面温度和空气温度波动。

相互遮阴起到的冷却效果与街道朝向、宽度、建筑高度和太阳高度角有关(见图 5-9)。阴影越多、时间越长,冷却效果越好。建筑投射到街道及其他建筑上的阴影可以通过太阳光线分析确定。在炎热地区,狭窄而遮阴好的南北街道更适合人们散步、休闲和购物。由于东西向的街道很难被两侧的建筑遮阴,因此它们可以更宽一些,以适合于车辆交通,而遮阴方面可以利用连柱拱廊、雨篷或其他尺度的遮阴设施。由于南北向街道至少有一侧受到遮阴,因此可不设置用于遮阴的连柱拱廊。如果要减弱夏季中午前后的太阳辐射,可用遮阳构件、蔓藤、浓密树叶等进行水平遮阳,这也适于炎热潮湿气候区的夏季降温。狭窄的街道由于夜间天空辐射的降温效果甚微,因此有必要确保充足的夜间通风,还要注意冬季的日照。

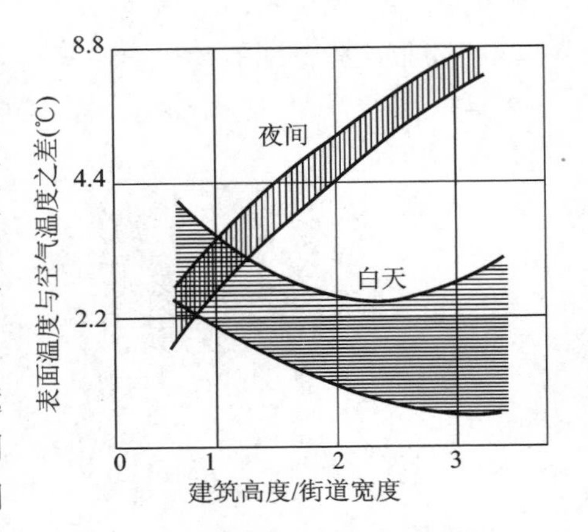

图 5-9　街道高宽比与温度差关系

在我国岭南地区,气候湿热,建筑之间常相互遮阴,这种狭窄街道被称为冷巷(见图 5-10)。哈桑·法赛在埃及的 New Bariz 的规划中,为了使上午和下午的遮阴最大化,将街道南北向布置(见图 5-11),只在一些为了适应地形需要的地方才例外。

图 5-10　岭南冷巷(林文润提供)

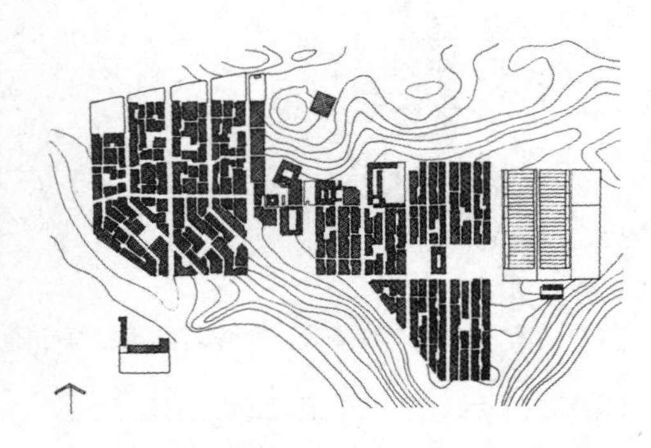

图 5-11　埃及 New Bariz 的街道规划图[54]

5.3.3　利用太阳罩保证邻近建筑日照

太阳罩是指场地可建空间的限制界面,在这个限制的空间内布置建筑,将不会影响邻近建筑的日照,从而确保太阳辐射进入邻近建筑。太阳罩的大小和形状与基地的大小、朝向、纬度、日照时间,以及邻近街道和建筑所允许的遮挡有关。一旦确定了基地的形状和朝向,太阳罩的几何形状就可以由邻近建筑所需的日照时间段来确定。一般以冬至日(12 月 21 日)早上 9:00 和下午 3:00 的太阳位置确定太阳罩西北和东北的限制界面,以夏至日(6 月 21 日)早上 9:00 和下午 3:00 的太阳位置确定太阳罩西南和东南的限制界面(见图 5-12)。如果相邻的场地为公共空间,为了保证植物的生长日照时间,也可以用太阳罩对建筑进行限制。

图 5-13 示出了用太阳罩控制加拿大多伦多市的建筑规划。在这一规划中,3 种不同的日照标准被用于城市的不同部分:3 小时的日照用于中心地区的商业性街道,5 小时的日照用于购物街道和旅游地区,7 小时的日照用于市区边缘的居住区;它们能确保所有街道一侧在 9 月 21 日有至少 3 小时日照,时间段从上午 10:30 到下午 1:30。

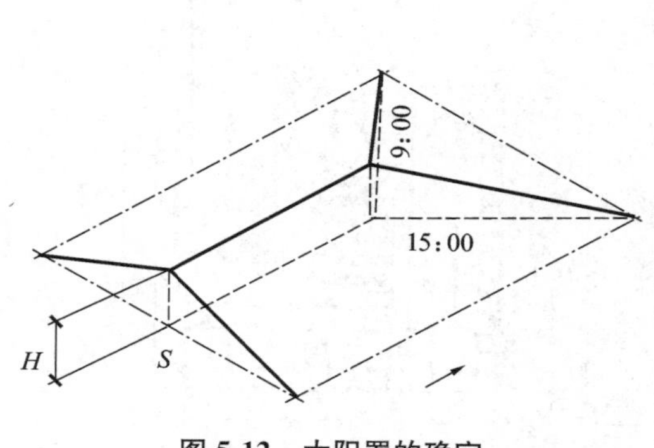

图 5-12 太阳罩的确定

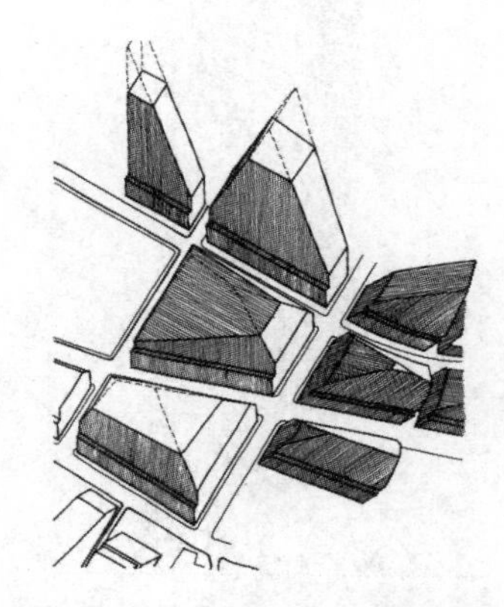

图 5-13 建筑体量的太阳罩控制[54]

5.3.4 注意高层建筑引起的风效应

风吹向高层建筑时,会引起下冲涡效应、转角效应、尾流效应和峡口效应。下冲涡效应(见图 5-14)是由于高处风速大,被阻滞时产生较高的风压,而低处被其他建筑阻挡,风速、风压较低,气流沿着建筑的迎风面向下流动产生涡漩的现象。下冲涡效应在寒冷地区使街道变得更加寒冷,在炎热潮湿地区可使街道变得舒适凉爽。下冲涡效应可能会使街道上的风速增大三倍。建筑迎风面越宽,下冲涡效应越强。如果迎风面是外凸的弧形,则可减弱下冲涡效应,例如,由 Kohn Pedersen Fox 设计的德国法兰克福的 DG 银行大楼(见图 5-15),在主体塔楼的周围,环绕着较低的裙房和一个有顶的中庭,以此呼应外围的城市环境。这种效果既缓和了尺度的过渡,又用较低的裙房阻止了任何潜在的下冲涡效应。只有塔楼的东立面一直向下延伸到街道高度,但该立面避开了夏季的东南风和冬季的北风(见图 5-16)。

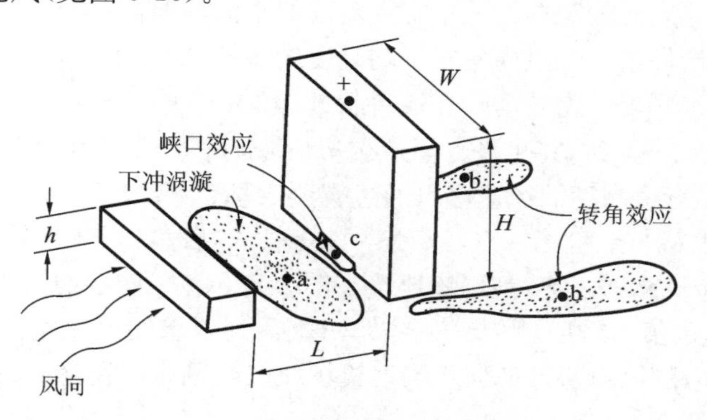

图 5-14 高层建筑引起的几种风效应

图 5-15　DG 银行透视[54]

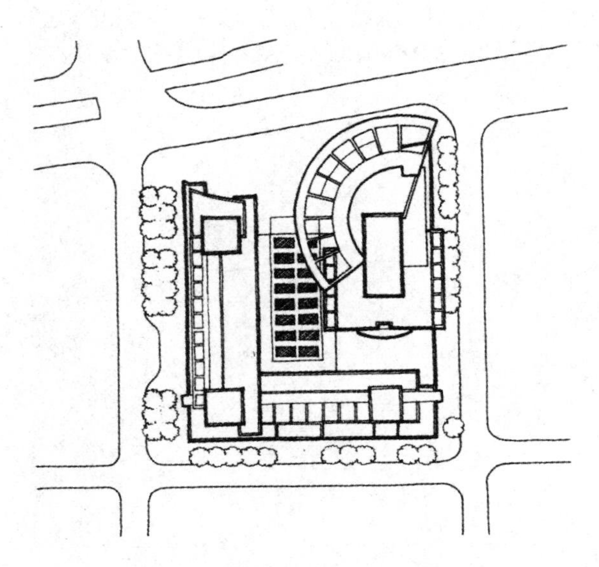

图 5-16　DG 银行平面[54]

转角效应是由于建筑正面的空气流向侧面所引起的加速现象。越高越宽的建筑导致越多的气流从侧面流过,转角效应越强烈。

尾流效应是指在建筑的背风面引起强大的回流现象。这种回流是一种螺旋的不稳定的向上气流,其影响范围是建筑背风面与建筑宽度相等的一大片区域。当高层建筑与周围建筑之间有很大的高差时,这些效应达到最大。

峡口效应是在板块状建筑的迎风面上开有洞口,洞口和其下风侧风速会大大加强的现象。峡口效应的强度主要取决于迎风建筑的高度。

为了减弱高层建筑在寒冷季节造成的不适气流,改善街道和开放空间的气候环境,设计高层建筑时应注意:①高层建筑应有较圆形的适于空气流动的平面外形,并使其窄面朝向主导风向或与风向成斜角;②建筑高度最好小于上风向建筑平均高度的 2 倍;③如果建筑比其上风向的相邻建筑高很多,其迎风面就应设水平突出物并呈阶梯退台状,以减弱下冲涡效应。阶梯或退台在垂直方向应从高于街道6～10 m的地方开始,在水平方向从裙房街墙到塔楼外墙至少应为 6 m。

各种效应引起的人行道高度的风速可以通过查图表估算(见图 5-17)。首先,查到高层建筑高度的风速大小 V_+,可以从当地机场或气象资料中得到。然后,对于转角效应和峡口效应,计算出建筑高度与上风向的建筑高度之比,利用该比值在图 5-17(a)中找到对应的横坐标,垂直向上与相应线相交,找到纵坐标 R 值。最后,用 R 值乘以 V_+ 就得到要求的风速值。对于下冲涡效应,利用图5-17(b)可以求出对应的风速值。如何从当地机场或气象风速得到建筑高度的风速,请参阅附录 G“不同高度风速的确定”。

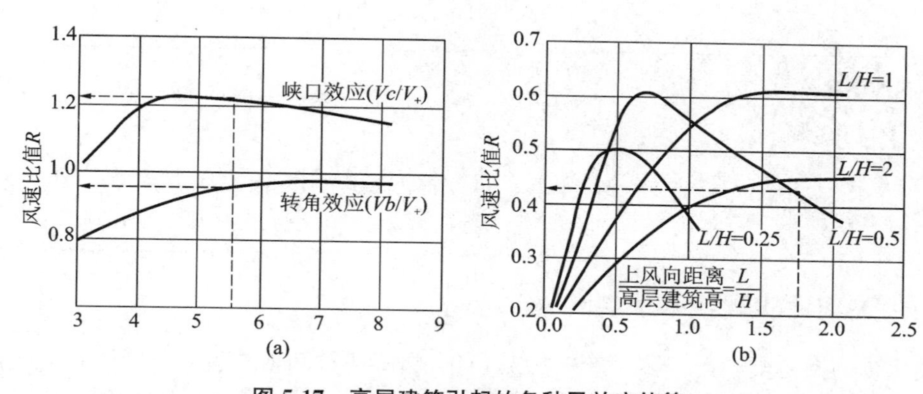

图 5-17　高层建筑引起的各种风效应估算

(a)高层建筑高 H/上风向建筑高 h;(b)高层建筑高宽比(W/H)

5.3.5　根据气候类型权衡街道方向

街道的朝向和布局对建筑群体的采暖、降温和采光有重要的影响。宽的东西向街道有利于建筑和街道空间的冬季日照,而沿着主导风方向布置的街道能促使风在整个建筑群中更好地流动。在北半球高纬度地区,太阳的方位更多的是南向占主导,而在温带地区,太阳能采暖的朝向就不那么严格,一定程度的偏东或偏西不会造成太阳辐射量的严重损失。狭窄的南北向街道能使相邻建筑之间产生相互遮阴。那么在一个地方到底采用哪种街道布置方式或怎样的组合模式较为合适,这与气候类型和具体情况有关。进行建筑群体布置时可参考表 5-2 推荐的顺序选择。

表 5-2　气候类型与街道安排的优先性

室外气候与建筑类型		优先性		说明
内部得热型	外部得热型	首选	次选	
寒冷气候	寒冷	避风	日照	①严格按主要朝向安排,争取日照;②在冬季风向上,街道不连续布置;③布置东西向街道,以获得过渡季节的日照
	凉冷	日照	避风	①严格按主要朝向安排,争取日照;②在冬季风向上,街道不连续布置;③布置东西向街道,以获得春秋分日照
凉冷气候	温和	冬季日照,夏季通风	冬季避风,夏季遮阴	①朝向安排在南偏±30°以争取日照;②可调节朝向使夏季风向入射角为 20°～30°;③布置东西向街道,并尽量延长
干燥温和	干燥温热	夏季遮阴	夏季通风,冬季日照	①安排狭窄南北向街道,以遮阴;②与主要朝向成一定倾角,增加街道的遮阴;③如需要可布置东西向街道,并尽量延长
潮湿温和	潮湿温热	夏季通风	夏季遮阴,冬季日照	①朝向使夏季风向入射角为 20°～30°;②与主要朝向成一定倾角,增加街道的遮阴;③布置东西向街道,并尽量延长;④增加街道宽度,以使通风顺畅
干热	干燥炎热	所有季节遮阴	夜晚通风,白天避风	①安排狭窄南北向街道,以遮阴;②如东西立面被遮阴,可在南北方向延长;③东西向布置宽大的交通道路

续表

室外气候与建筑类型		优先性		说明
内部得热型	外部得热型	首选	次选	
湿热	潮湿炎热	所有季节通风	所有季节遮阳	①安排朝向使主导风向入射角为20°～30°；②也可考虑第二个主导风向；③让空气流动最大化，但地面不要硬铺

5.3.6 利用玻璃顶实现空间保温和采光

带有玻璃顶的街道类似于一个封闭的中庭，它由两侧建筑和顶部透光材料围合而成，且可在某一方向无限延伸。它既可以避风挡雨，又可为街道上各种植物和活动以及两侧的房间提供采光。在冬季，玻璃顶在白天可让太阳辐射进入，夜间起到保温作用、减少建筑群的向外散热。在夏季，为了避免过热，可将玻璃顶做成遮阳通风式，最好是做成活动的遮阳通风式，白天起到遮阳通风作用，夜间接受天空辐射冷却。

玻璃顶街道加强了建筑群的整体性，是单栋建筑的外部空间，又是建筑群体的内部空间，为邻里社区活动提供了良好的交流场所(见图5-18)。玻璃顶街道设计原则与中庭的设计原则相似。如果以采光要求来设计其高宽比，那么既可根据街道中心的采光要求来估算其最小宽高比(见图5-19)，也可以根据房间的采光要求来估算其最小宽高比(见图5-20)。设计时，先明确街道或房间的活动用途，按采光标准找到相应的采光系数，然后从相应图的纵坐标开始，引水平线与相应的曲线相交，再从交点向下找到对应的横坐标，即是要求的街道宽高比。值得注意的是，图5-19和图5-20是假设街道两侧的建筑相互平行，玻璃顶倾角为35°，天空状况为全云天，沿街窗户面积所占百分比从顶层的50%到底层的100%依次增加。事实上，屋顶结构和玻璃的类型对照度水平可以产生很大影响，设计时，应采用尽可能开放的结构和高透光率的玻璃。如何根据房间用途找到相应的采光系数，请参阅附录F“采光系数的确定方法”。

图5-18 巴黎的玻璃顶购物廊道[55]

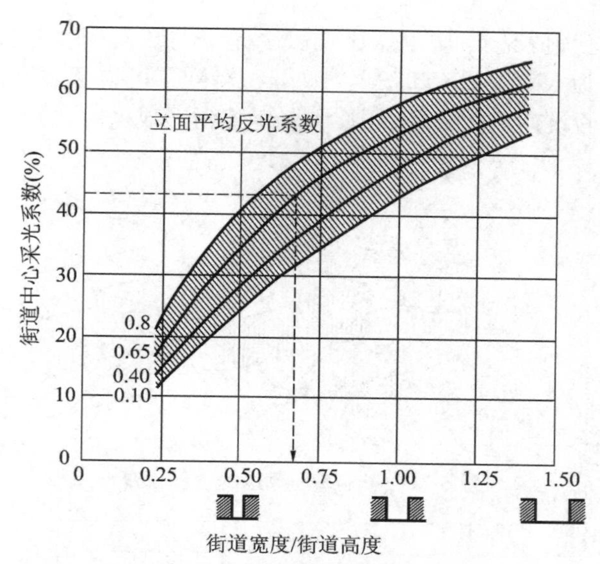

图 5-19　根据街道中心采光要求确定街道宽高比

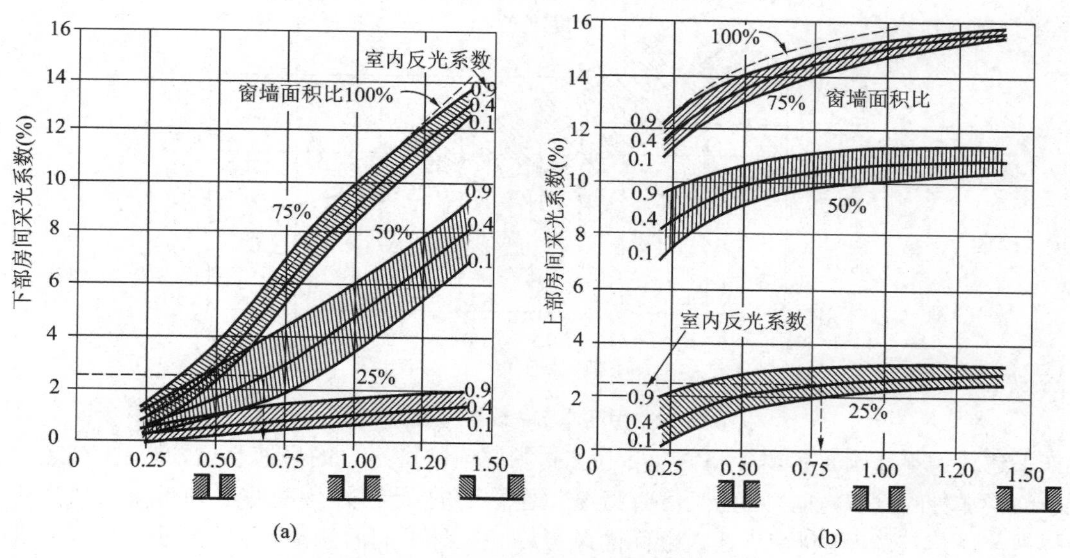

图 5-20　利用房间采光要求确定街道高宽比

(a)街道宽度/街道高度；(b)街道宽度/街道高度

5.3.7　安排建筑疏密控制空气流动

在炎热地区，街道上的风使人们感到凉爽，同时带走街道上散发的热量，是建筑降温的潜在资源。对于湿热地区的所有时段及干热地区的夜晚，促进空气流动都是很重要的。但街道上的风在寒冷季节会使行人感到更冷，并增加建筑的冷风渗透热损失。可以通过建筑的松散或紧密安排，促进空气流动进行夏季降温，亦或是阻滞空气流动以利于冬季保温。

一般来讲，狭窄街道上的高大建筑对风的阻滞作用大，而宽阔街道上的低矮建筑对空气流动阻碍就小。当主要街道的朝向和风向平行时，影响街道风速的主要因素是街道的宽度和建筑迎风面的面积(见图 5-21)。在这种情况下,用阻滞比来表示建筑的疏密程度,它是单位迎风面积上被建筑占据面积的多少,定义为 $R_b=(W\times H)/(W+L)^2$,设计时,可以通过阻滞比估算街道上的风速(见图 5-22)。图 5-22 是假设建筑群布局规则、沿街建筑物形成连续的街墙、风向垂直入射与主要街道走向平行而得到的。

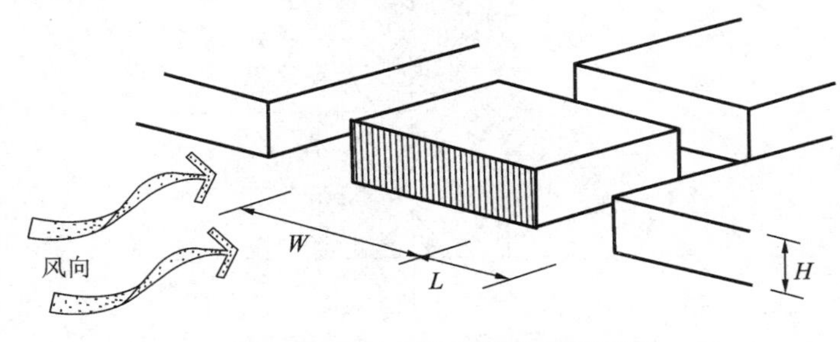

图 5-21 影响街道风速的主要因素

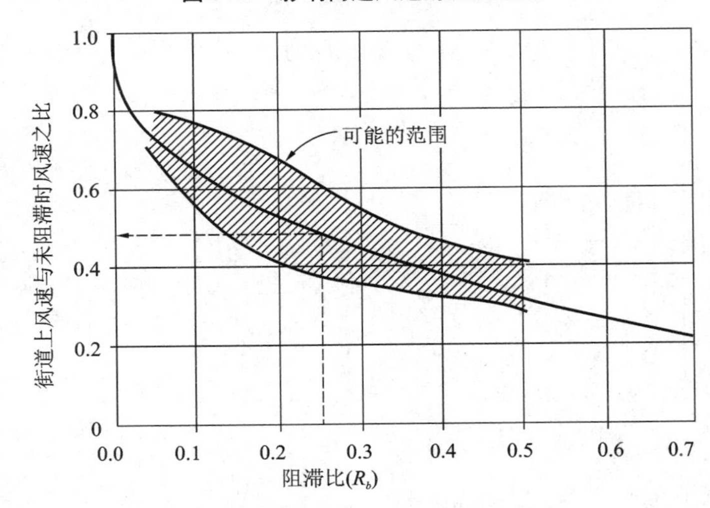

图 5-22 用阻滞比估计街道上的风速

如果建筑物不连续布置,其间有空间间隔时,则横向次街道上的风速会增加,而主街道上的风速减小。当这种间隔较宽时,则会使横向街道和建筑上的风更强,而对主要街道上的风速影响不大。根据前后建筑的间隔状况,建筑之间的风可以有三种不同的流动方式,如图 5-23 所示。当建筑间距离较小时,正面吹来的风会直接掠过建筑物,在建筑之间产生稳定的漩涡。当建筑间间隔增大但小于风影区尺寸时,会产生尾迹流动。当建筑间间隔再增加时,会产生独立流动,这种状况有益于后面建筑的通风。因此,建筑之间间隔大或建筑高度小将使风速损失最小化。建筑错排,其四周的风有助于邻近建筑的通风,且前后排建筑间的距离就可缩小。可以通过建筑高度与间隔距离之比确定后面建筑的通风效果,如图 5-24 所示。该图是假定风正面吹向建筑,其纵轴的百分数是与孤立建筑的通风效果相比得到的。

在寒冷气候下,主要街道的朝向应与冬季风方向垂直,街道布置应采用不连续的方式,这种方式可用许多 T 形交叉来减缓和阻止风在街道上的流动。

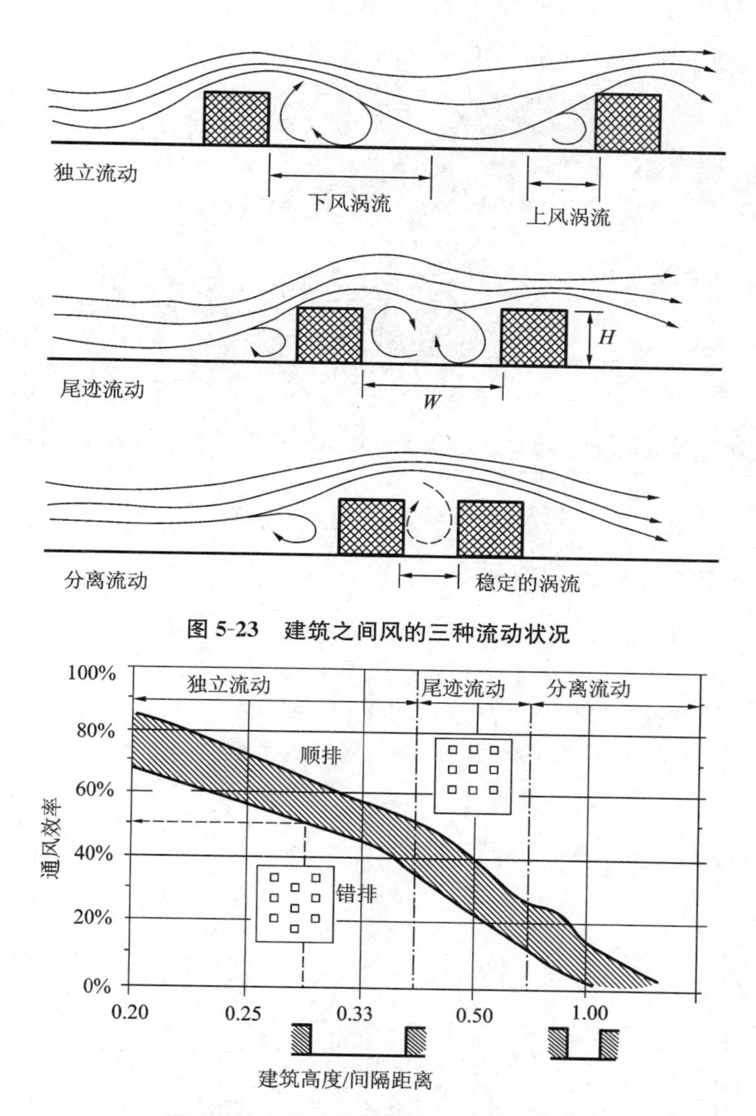

图 5-23　建筑之间风的三种流动状况

图 5-24　建筑排距和高度对通风的影响

5.3.8　顺着寒风渐高布置减少热损失

在寒冷季节，减小室外街道上的风速能提高户外空间行人的热舒适度，还可以减少建筑的热量损失。建筑高度的突变会引起街道和开放空间的各种风效应，高度渐变会使绝大部分冷风越过建筑的顶部。

渐变布置建筑群时，前后建筑之间的高度渐变或两个区域之间的高度渐变不应超过 100%。例如，如果上风向建筑的高度限制为 15 m，那么，它后面建筑应不大于 30 m。应用上述规则建设高度不同的街区时，各街区之间的边界应选在其中心处。如果建筑高度转变发生在街道，街道上的风会更大、更强烈。街区迎风的第一排高层建筑以及高出周围物体的建筑，设计时应考虑缓减和避免风的措施。在宋晔皓进行的张家港市双山岛生态农宅的设计中，将使用频率低、空间尺寸小的建筑放在北侧,实现渐高布置,从而起到了避风导风的作用(见图 5-25)。

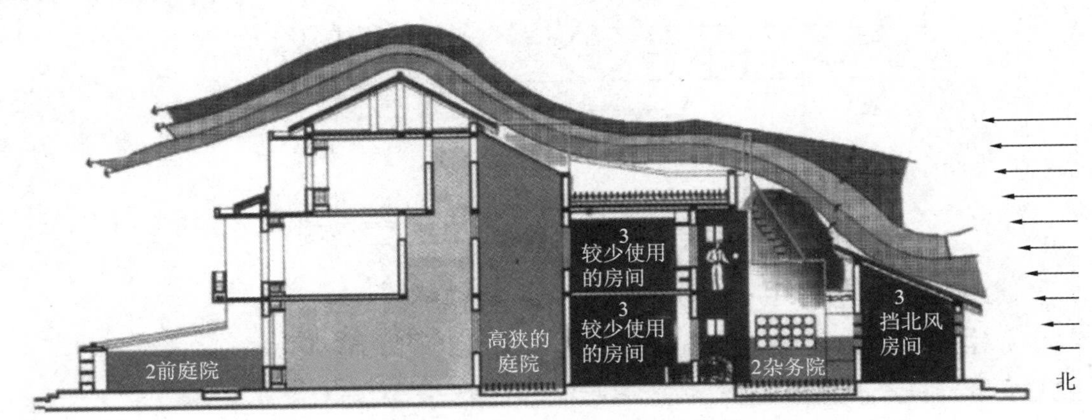

图 5-25　生态农宅中的渐高布置[56]

5.3.9　利用采光罩保证邻近建筑采光

建筑的天然采光通常利用的是天空的散射光,采光好坏直接取决于对天空的视角大小。采光罩与太阳罩类似,是保证满足邻近建筑采光要求所做出的对给定基地可建最大容积的限制,只不过天然采光罩是以空间视角(见图 5-26)为依据得出的限制界面,而不是以太阳的直射光线为依据得出的限制界面。作为一种设计工具,采光罩可以用来确定街道的高宽比或确定建筑的阶梯形状。

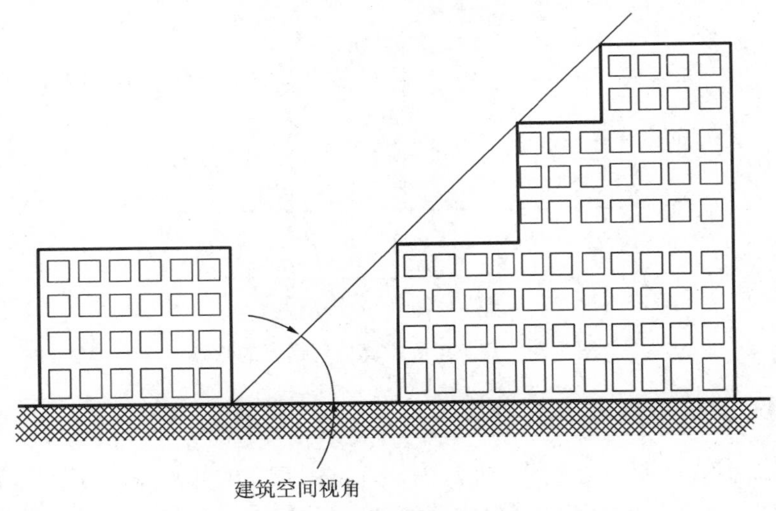

图 5-26　建筑的空间视角

可以用图 5-27 来粗略地确定采光罩。在图的横轴上找到建筑所在的纬度,向上与采光要求曲线相交,从交点向左找到对应的建筑空间视角,然后按照空间视角确定相应的采光罩。图 5-26 是由经验得出的空间视角,是在建筑联排、阴天条件下得到的。它可以为底层建筑提供 215 lx 的照度,这种照度能满足读书或绘画等活动的需要。应用时,如果房间只能开小窗或室外表面反光系数小,按图中“采光要求高”曲线查找;如果房间可开大窗或室外表面反光系数较高,按图中“采光要求低”曲线查找。

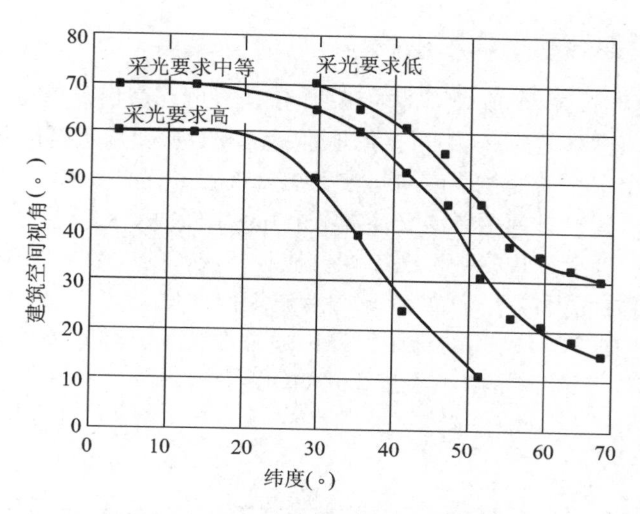

图 5-27　建筑空间视角与纬度之间的关系

如果要准确地确定采光罩，则可用图 5-28 中采光系数与街道高宽比的关系确定临街一侧的建筑高度，然后得到建筑的空间视角。从纵坐标上找到底层房间所需的采光系数，水平向右与窗墙面积比曲线相交，由交点向下可得出街道空间的高宽比，再通过街道高宽比得到所求的空间视角。关于如何确定采光系数，请参阅附录 F"采光系数的确定方法"。图 5-29 是 1916 年 Hugh Ferriss 对纽约市采光规范进行研究时基于采光罩所塑造的建筑形象。

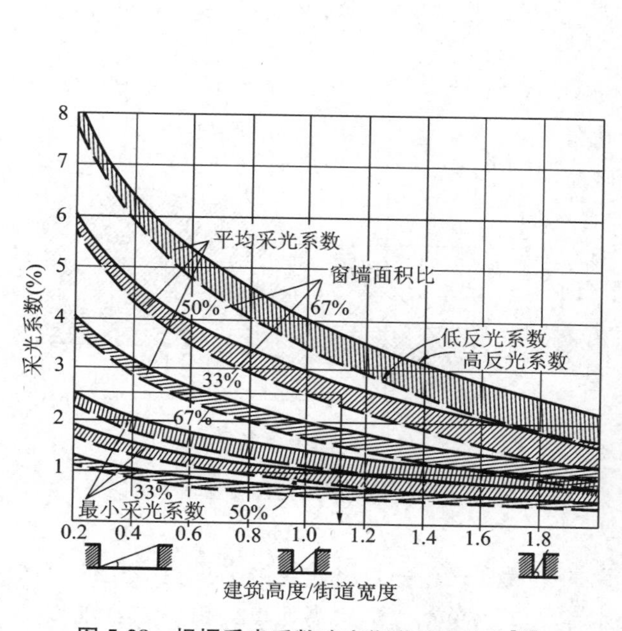

图 5-28　根据采光系数确定街道的高宽比[54]

图 5-29　由采光罩塑造的建筑外形[57]

5.3.10 沿东西向延伸有利于建筑采暖

建筑群沿东西向延伸布置,形成长而薄的东西向组团,可以留出足够的空间作为南北间距,以保证每栋建筑冬天都有日照。这一间距可根据地理纬度和日照要求进行准确确定。如果场地有坡度,建筑的间隔就会发生很大的变化。南向斜坡上的建筑满足日照要求时,所需行与行之间的距离就比平坦场地上的要小,建筑排列更紧凑又能充分利用太阳辐射。

建筑师诺曼·福斯特、赫尔佐格和罗杰斯在奥地利林茨市的一个"太阳城"新城区规划中,将东区的建筑布置成行与行之间大致平行(见图 5-30),建筑南面底层有 18°的空间视角,以利用 12 月 21 日在上午 10:00 到下午 2:00 之间的日照;另外,通过设置地下停车库提高了首层地面标高,并通过削掉建筑顶部北侧一部分体量减小了建筑间的间距。

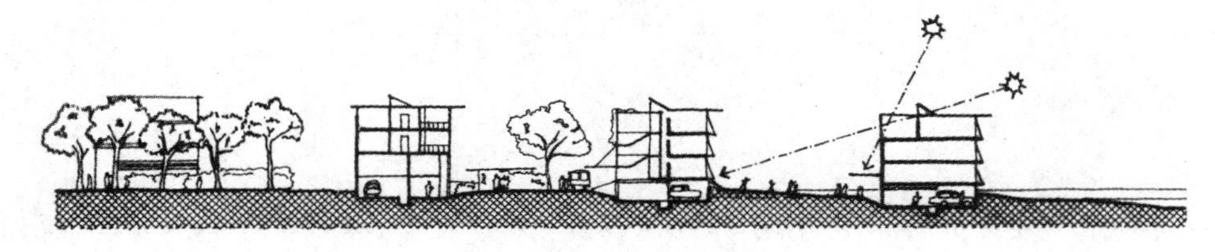

图 5-30 奥地利"太阳城"规划断面示意图[58]

5.3.11 利用绿化或水体冷却室外空气

绿化降温是由于水分的蒸发和蒸腾、对阳光的反射和遮挡以及蓄冷等综合作用引起的。水体降温是由于水体表面水分蒸发时吸收空气的显热而引起的。绿化降温与绿化面积直接相关,有研究显示,一个一百万人口的城市,当其绿化面积从 20%增长到 50%时,产生的降温最小幅度为 3.3~3.9 ℃,而最大幅度达 5~5.6 ℃。

图 5-31 是对加拿大蒙特利尔市的绿化降温研究得到的结果,但它也适用于其他温和气候区。绿化降温的效果用于开敞空间的街区最为明显。将开敞空间进行绿化,其冷却范围可延伸到周边区域 200~400 m。在干热气候下,植物降温主要来源于蒸腾,但在湿热气候下,植物遮阳降温更为明显。研究表明,用树木遮阳可节能 15%~35%;如果树木的遮阳与蒸腾共同起作用,可节能 17%~57%,比单独遮阳节能率最大值提高约 25%。对于水资源较丰富的地区,可以结合景观用水,采用喷泉、水流等形式对空气进行降温。围合的开敞空间中的水体蒸发速率取决于水体的面积、空气的相对湿度和水温。

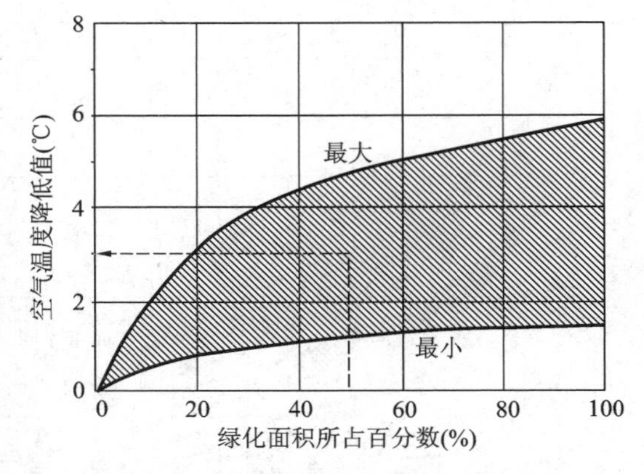

图 5-31 绿化降温与绿化覆盖率的关系

利用绿化或水体来冷却空气,有两种比较常用的布置方式。一是将建筑区与周边绿化区或水体区以通风廊道连接;二是将建筑区与绿化区或水体区交织布置。由詹姆斯·奥格尔索普规划的乔治亚州萨凡纳市区,是上述两种布置方式的应用典型(见图 5-32)。他将社区街道延伸至北侧河道,这样,凉爽的河风通过街道流入市区。这种布置方式对于减弱城市热岛效应是十分有用的,它在市区与郊区之间建立了空气循环流动。同样，如果将绿化区和水体区与建筑交织布置，便会在高密度建设地区内形成多处冷汇，产生空气的局部循环。詹姆斯·奥格尔索普在规划乔治亚州萨凡纳市区时，还将建筑与绿化区交织布置，每个小社区围绕一个绿化公园形成一个单元，整个平面就是这些单元的重复：每个小区由 8 栋建筑(4 栋住宅楼朝向东西走向街道，4 栋服务性公共建筑朝向南北走向街道)组成。Migual Romero Sotelo 在规划秘鲁首都利马边缘的社区时，也采用了类似的方式(见图 5-33)，只不过他在太平洋和社区之间布置了一个绿化带，这样，太平洋上凉爽的海风通过绿化区进一步降温加湿后，被导入宽阔的街道进入市区。由于利马地区非常干燥，降雨很少，因此，海风比陆地上的风更湿润，经过人工绿地加湿冷却后吹向建筑和开敞空间更为合适。通常，将一大块绿化区分为几块合适的小绿化区交织布置在建筑群中，对空气的冷却效果更好。

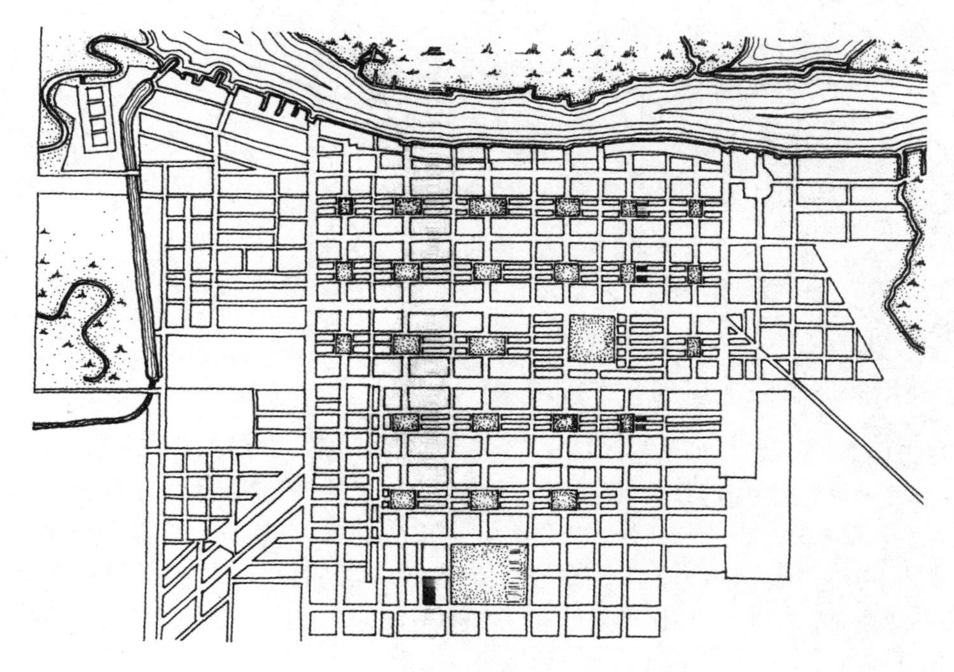

图 5-32　乔治亚州萨凡纳市区规划平面[54]

当用水体冷却空气时，为了使蒸发更有效，被冷却的空气最好与周围的空气隔断，以防止空气混合。当水体被围墙环绕或被引进开敞的亭阁之中时，它会通过辐射冷却四周的壁面，特别是顶棚，因为辐射的致冷量取决于冷源相对于被冷点的立体角。

如果水能够顺着墙面垂直或斜着流下，它的冷辐射效果会更好。我国安徽的宏村是一座聚族而居、历史悠久的“牛”形仿生古村落。村里“月塘”为“牛胃”，九曲十八弯的水系是“牛肠”，径流“大肠”流经主街，支流“小肠”经小街流向各家各户[59]。这种安排，不仅使用水方便，可以养鱼形成景观等，更重要的是水流经各家各户，能改善整个村落和室内的热环境。与此类似，位于伊朗扇形冲积地区的 Muhiabad 村和 Kousar Riz 村，也是沿着水流布置的，水流从房屋和庭院的地面和地下的沟渠进出。

值得一提的是，有遮阴的水池，其平均温度与空气平均湿球温度接近，比没有遮阴的水池冷却效果要好。在水资源紧张的城市，推荐用植树降温而不用草坪和水体，因为植树用较少的水就可产

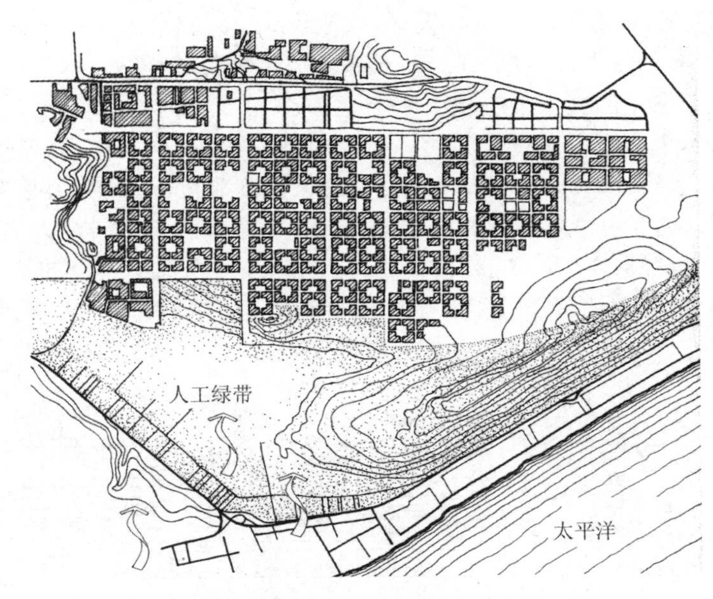

图 5-33 利马边缘的自建社区的规划平面[54]

生比草坪和水体更好的降温效果，而且有遮阴作用。植树降温是一种立体降温方法，而草坪或水体多是平面降温。

5.3.12 利用防风物或建筑围合抵御寒风

在寒冷气候下，防风设计可创造良好的室外热环境，同时减少建筑的对流和渗透热损失。有研究表明，在寒冷地区，如果能避开冷风的侵袭，同时争取充足的日照，那么，即使气温降到 4 ℃，着装中等的人也会觉得户外空间是舒适的。如果将单排密实的防风物布置在住宅上风向离住宅 4 倍防风物高的地方，可以将住宅的渗透热损失减少 60%，这意味着可节省 15%的能耗。在干热地区，空气温度较高，风中常含细小尘沙，防风设计既可抵御热风，还起到降尘除沙的作用。因此，防风设计对于创造良好的室外空间和减少建筑物能耗都十分重要。

防风设计通常有两种方式，一是利用建筑物来挡风，将高的建筑物或受风影响关系不大的建筑物布置在迎风面，阻挡寒风对低矮建筑物或重要建筑物的侵袭。另一种是布置专门的防风物，例如，树木、围墙、篱笆等，对单栋建筑物或建筑群进行避风。拉尔夫·厄斯金在设计加拿大 Resolute 海湾的城镇项目时采用了前一种布置方式(见图 5-34)，他将最高的建筑物安置在南坡基地的北侧以阻挡西北向的寒风，其他建筑如住宅、学校和交通路线安排在避风处，同时争取了最大日照。而他在设计英格兰泰恩河上游纽卡斯尔的 Byker 区再开发项目时，采取了后一种策略(见图 5-35)——在北部周边用连续的条状构筑物把西南坡上的建筑群围合起来以阻挡北部海上的来风，并起到防噪隔声的作用。两种防风方式都要考虑风向，当风向比较一致时，可以利用半围合的 L 形(见图 5-36)进行阻挡；当风向变化很大时，就要进行多方位围合。

用篱笆作为防风物时，风速的减少取决于篱笆的孔隙率和高度(见图 5-37)。当风向垂直于篱笆时，风速最小区域出现在篱笆后 2～7 倍于篱笆高的范围内。当透过率为 36%时，4 倍于篱笆高度的区域内，风速减小 90%；8 倍时，风速减小 70%；16 倍时，风速减小 30%；32 倍时，风速减小 5%。

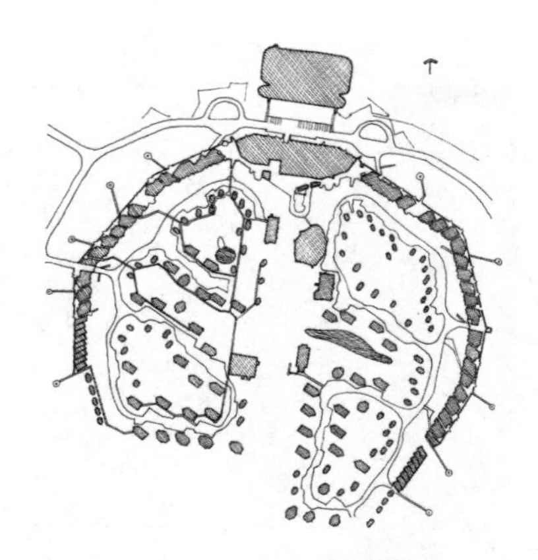

图 5-34　海湾城镇平面[54]

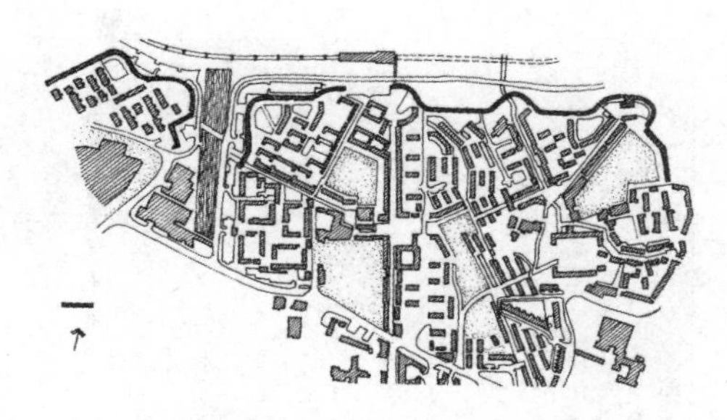

图 5-35　英格兰纽卡斯尔 Byker 区平面[54]

图 5-36　日本西部 Shimane 区农场建筑群[54]

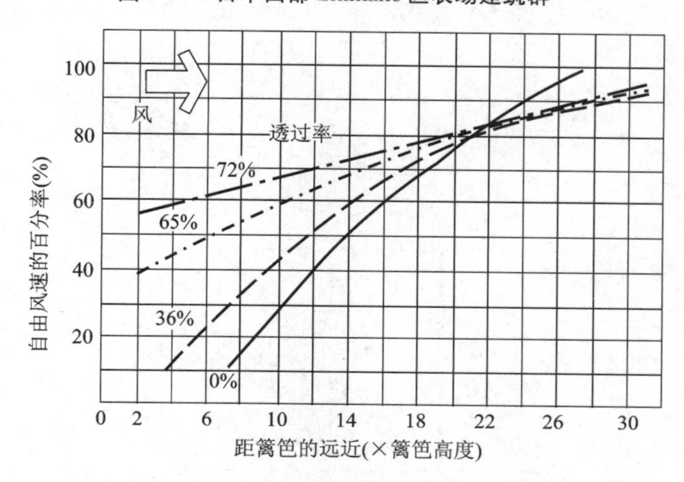

图 5-37　风速减小与距篱笆距离的关系[54]

用树木作为防风物时，风速的减小取决于树的高度、密度、树形、宽度和长度，其中高度和密度是最重要的因素(见图 5-38)。对于中等茂密的树木，树后 5 倍于树高的区域内风速会减小 62%～78%；5～10 倍时，减小 24%～61%；10～15 倍时，减小 13%～23%。

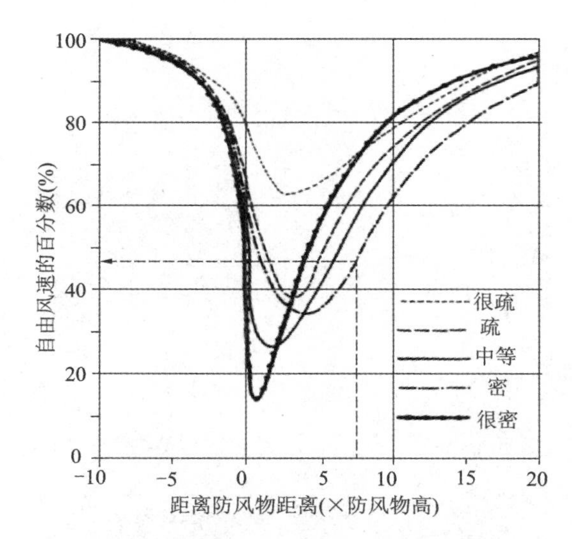

图 5-38　平均风速与距防风物距离的关系

但对于特别密实的防风物，其防风效果在紧邻其后的区域内很好，但在稍远的区域不及较稀疏的防风物，这是因为气流流过防风物时会在背风面产生抽吸，形成回流。

如果风向不垂直于防风物，风影的区域将会减少。由于建筑的风渗透量与风压成正比，所以进行防风设计时，减小风速比增大防风的范围更为有效。

在布置建筑的防风时，如果没有确切的数据，我们可以按这样的经验来对防风区域进行估算，即建筑群下风侧的风速减少区域在建筑高度的 3～4 倍范围内，而在紧靠其后达到最小，减少了 75%～80%，并沿着下风向逐渐增加。

在干热气候区，防风物除了阻挡热风，还可以阻挡灰尘和风沙。由于灰尘很轻，其颗粒会夹杂在气流中流动，当风速减小时，其沉降较快，因此，庭院和墙可以减少空气的含尘量。当设计庭院避风时，庭院长度最好是建筑高度 2 倍以上，从而提供降尘防护带。用墙来避风时，墙的高度最好与建筑等高，并与建筑保持不大于 6 m 较为合适。如果是风沙较重的地区，沙会被较低的墙阻挡，在这种情况下，墙的高度可以降至 1.7 m。防风物的宽度对风速的分布是有影响的，取决于要防风的区域宽度(见图 5-39)。

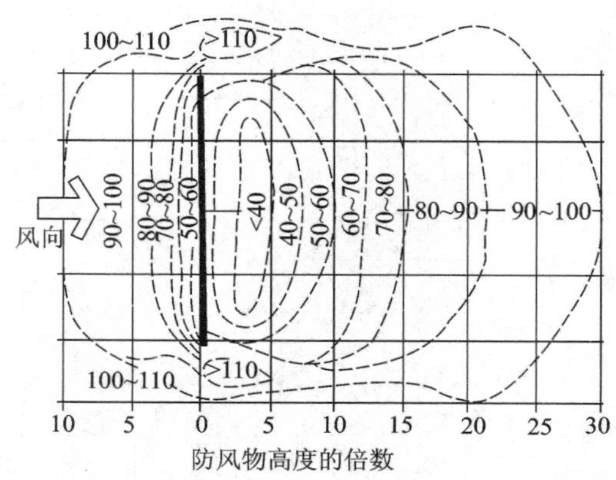

图 5-39　中等密实防风物的周围风速分布

5.3.13　利用顶部遮阳抵御夏季太阳暴晒

在干热或湿热的气候区，由于夏季太阳高度角大、辐射强，室外人行道路常被太阳暴晒，造成极不舒适的室外热环境，同时导致道路铺地和建筑立面吸热，增加了建筑区域的蓄热和人体受周围壁面的长波辐射。因此，在夏季防止室外人行空间被太阳直接辐射是十分重要的。

利用顶部遮阳抵御夏季太阳暴晒的方式之一是做成遮阳廊道。这种廊道既可以采用百叶遮阳，也可以采用植物遮阳，还可以采用其他形式遮阳。遮阳百叶既可以是固定的，也可以是活动的。植物遮阳可以是遮阳藤架，也可以是树冠遮盖范围大的树木。植物遮阳的效果通常较遮阳构件要好，最好采用夏季叶茂冬季脱叶的植物，以便让人行空间在冬季白天受到日照。这种布置方式，在干热地区，由于要考虑防热风和尘沙，建筑群有可能布置得比较封闭，遮阳廊道可以形成良好的循环路线。在湿热地区，遮阳廊道走向最好与夏季主导风向一致，以创造更好的冷却效果。图 5-40 是我国福建省泉州市中山路骑楼街道；街道南北走向，与该地区南向主导风一致。当太阳的高度角较低时，两侧的建筑物为街道和骑楼廊道提供遮阴；当太阳高度角变高时，骑楼二层为底层廊道提供遮阴；当太阳的高度角很高时，廊道内全为阴影，两侧树冠也为街道提供阴影。骑楼除了为人行空间提供遮阴外，还在雨季提供挡雨，从而创造了适宜的休憩、购物以及娱乐环境。

图 5-40　福建泉州中山路骑楼街道的遮阳廊道

利用顶部遮阳抵御夏季太阳暴晒的方式之二是在室外或建筑之间形成专门的顶部遮阳空间。例如道路的停靠站、广场的休憩空间等，由于夏季白天需要遮挡太阳暴晒，晚上又需要有足够的天空辐射冷却，因此，对于这些白天和晚上都使用的室外空间，最好采用可调节的活动装置。图 5-41 是设计师 Bodo Rasch 为沙特阿拉伯麦加某清真寺广场设计的可调遮阳伞。遮阳伞在夏季白天依靠太阳能电池驱动自动打开以提供遮阳，而在夜晚自动收起以利于天空辐射冷却。

东西向足够长的南向百叶，除靠近赤道的地区外，可提供全天遮阳，因为太阳有时会出现在此地的北面天空。如果百叶为东西朝向，将提供半天的遮阳。如果百叶可调节，东西向的百叶将是最有效的。有很多种固定遮阳的形式可以使用，包括水平的方格屋顶、多层百叶、不透明屋顶和穿孔滤光等，但固定遮阳有时不能满足季节变化需要并对采光有一定的影响。

图 5-41　麦加某清真寺广场遮阳伞[18]

5.4　建筑单体气候适应性设计

5.4.1　利用"移动"适应不同气候

这里的"移动"隐含两层意义：一是指人本身从一个地方移动到另一个地方以适应气候变化；二是指用可移动的构件调节气候。因此，在建筑设计时，有两种体现方式：一是对房间和庭院等进行分区，当气候炎热时，人在较凉爽区活动，当气候寒冷时，人在较温暖区活动。通常，建筑的室内室外、上层下层、地下地上、南侧北侧、朝东朝西，其气候是不同的，例如，夏季夜间室外较室内凉爽，而白天室外较室内炎热。因此，人可以在建筑的室内与室外、下层与上层、地下与地上、南侧与北侧、朝东与朝西的房间之间迁移，以适应不同的气候。二是设计可移动的构件，当气候炎热时，移动构件使建筑通透散热，而当气候寒冷时，移动构件使建筑封闭保温。

邻近美国新墨西哥州阿尔伯克基(Albuquerque)的印第安人村庄 Acoma，人们在炎热季节的夜间使用南向室外平台，而在白天使用室内空间。在寒冷的季节里，人们使用空间的情况正好相反。这是因为南向室外平台在冬季白天能避风且有充足的日照，在夏季夜间受天空辐射降温。室内房间在冬季白天吸收太阳热量蓄热而夜间放热，在夏季夜间受通风和辐射冷却而白天保持凉爽(见图 5-42)。

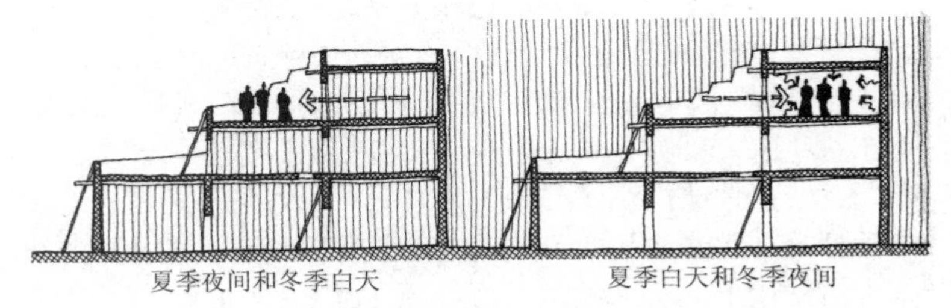

图 5-42　美国新墨西哥州阿尔伯克基印第安人的迁徙[54]

由 Equinox 设计公司设计的俄勒冈州 Grants Pass 的住宅，使用了可移动式墙体。住者可根据时节需要打开或关闭墙体，收放可开启面积，并由此来保证建筑物采暖和降温时的耗能最小化(见图 5-43)。

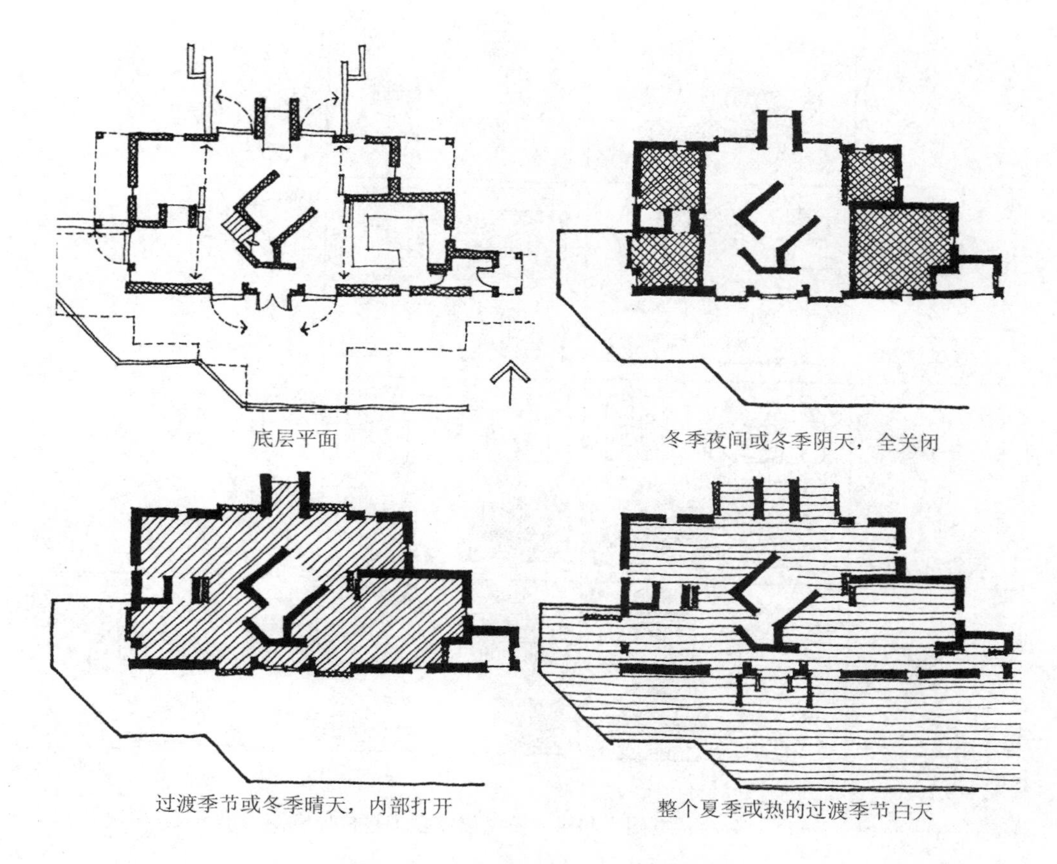

图 5-43　可"开关"的俄勒冈州 Grants Pass 的住宅[54]

5.4.2　利用阳光和风向安排户外空间

由于建筑物能阻挡阳光和风，因而在它们周边形成了一系列不同的小气候。其实，风和阳光的方向已经暗示出户外空间应该安排在何处较为合适。根据气候类型，户外空间的安排主要考虑日照、遮阳、避风、通风。在寒冷的气候区，应把户外空间设置在阳光充足的避风处（北半球南面或南半球北面），当风与阳光同向或成角度时，可另设防风物避风。在温带气候区，户外空间在冬天需要阳光取暖，而在夏季需要遮阳，因此，户外空间设计应较好地兼顾采暖和降温，或者设计多个户外空间以供使用者根据时节"移动"。在潮湿的气候区，户外空间通风是最重要的，应设置在风可以吹到的地方，同时可通过建筑物或顶部提供遮阳。在干热的气候下应优先考虑遮阳，而风有时可能会太热或含尘过多，但夜晚里的风是必需的。图 5-44 示出了依据阳光与风向以及气候类型的户外空间安排策略。例如，在湿热的夏季，当阳光和风彼此成角度时，户外空间应设置在建筑物的北侧（南半球则设置在南侧）以获得更好的遮阳和通风。

在气候温和的美国马萨诸塞州林肯市，格罗皮乌斯在设计自己的住宅时，于南面设置了一段遮阴走廊，于西面设置了一挡风墙。夏季，住宅迎西南风而由不透明的屋顶和卷帘遮阳；冬季，住宅用西面挡风墙挡风，向南的二楼平台有充足的日照（见图 5-45）。

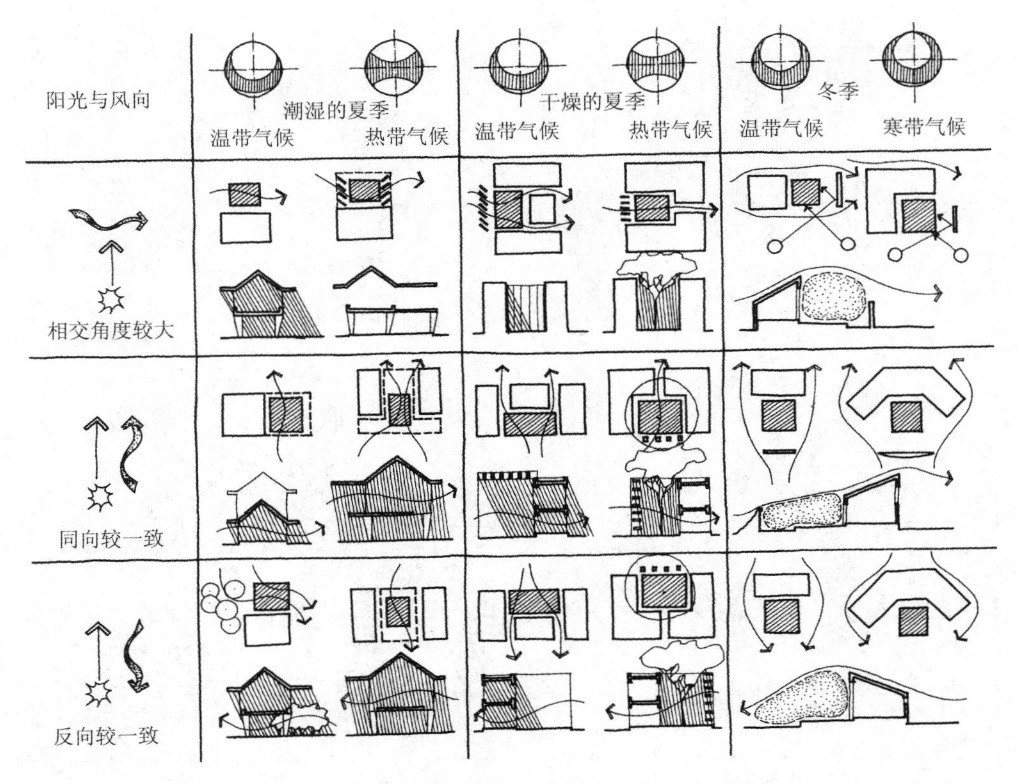

图 5-44 根据阳光和风以及气候类型安排户外空间

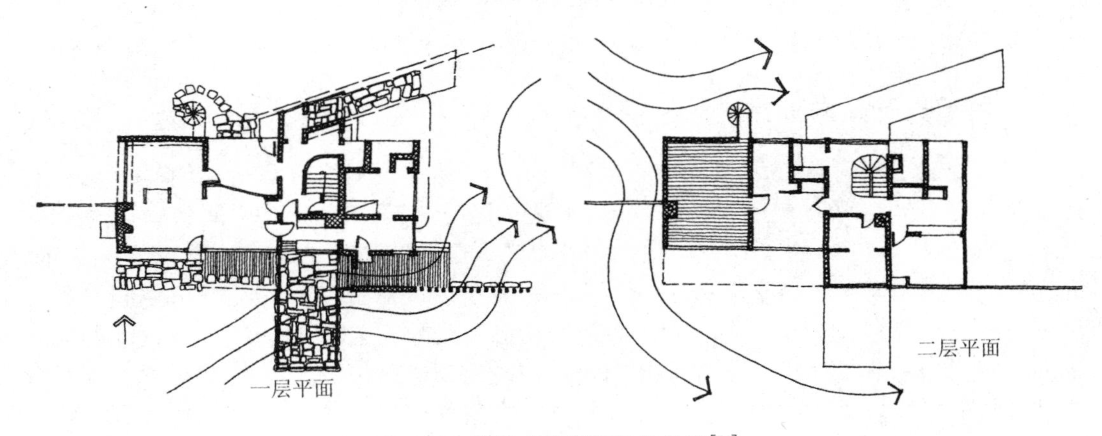

图 5-45 格罗皮乌斯的自建住宅[54]

由 Bernard Maydeck 设计的 Wallen Maydeck 住宅坐落在加利福尼亚伯克利市附近的一座凉爽多风的小山顶上。面向西南向的户外空间，其东北和西北向由房屋包围，东南向由车库围合，西南是一道矮墙。这种组织方式使住户在拥有开阔视野的同时，能免受从北向或西北向吹来的冬季冷风侵袭(见图 5-46)。

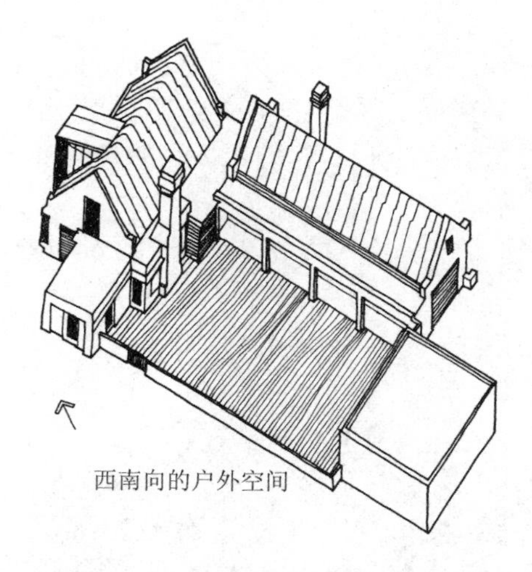

图5-46 Wallen Maydeck 住宅[54]

在气候干热的埃及开罗，由 Abdel Wahed EI-Wakil 设计的 Hamdy 住宅，其中作为户外空间的庭院几乎占了建筑用地面积的一半。庭院三面由带木棂窗的墙围合，而另一面则由房屋的一面围合(见图5-47)。庭院大部分露天，中间设有下沉喷泉，一侧是较深的可坐式拱顶凉亭。高耸的墙面在夏季的上午、下午都能为庭院遮阳，而在中午时，住户可在凉亭或室内躲避阳光。墙上的窗口使得夜间有足够的通风量来为室内降温，同时，窗棂有助于产生紊流并能滤去空气中的尘埃。

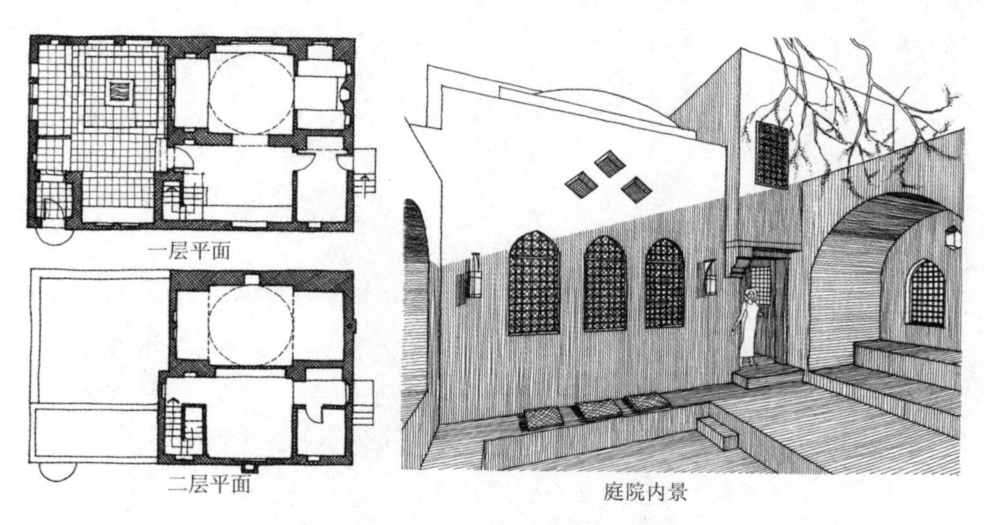

图5-47 埃及 Hamdy 住宅及其庭院[54]

5.4.3 利用遮阳层为建筑提供遮阴

在温带地区夏季和热带地区全年，一天中大部分时间里太阳角度较高，顶部水平遮阳比垂直遮阳以及建筑间的相互遮阴更为重要。然而，对于上午和下午低角度阳光而言，垂直遮阳较水平遮阳更为有效。水平与垂直遮阳通常用于防止太阳直接辐射通过窗口进入室内。但如果直接利用水平或垂直遮阳层为庭院或建筑围护结构提供遮阴，就可以创造更好的致凉环境，同时减少建筑的空调能耗。

遮阳层应该是不透明的或百叶型的。为了在天气寒冷时可以让阳光进入室内,并在天气炎热时遮挡阳光,遮阳层可以是活动的或固定的,但固定的遮阳层对于春季的日照和秋季的遮阳多是不能同时满足的。遮阳还可用落叶性藤蔓植物,它们在炎热的几个月里叶子茂密,而在春分及其后一个月里仍处于无叶状态并相对通透。

保罗·鲁道夫设计的佛罗里达州萨拉索塔(Sarasota)的希斯伞宅(见图 5-48),百叶式的遮阳层覆盖了整个住宅及其户外空间。在水池上方留出了开口以供部分日照。在水池的西侧悬挂了一块不透明平板,当太阳西下时,遮挡阳光形成全阴影区。

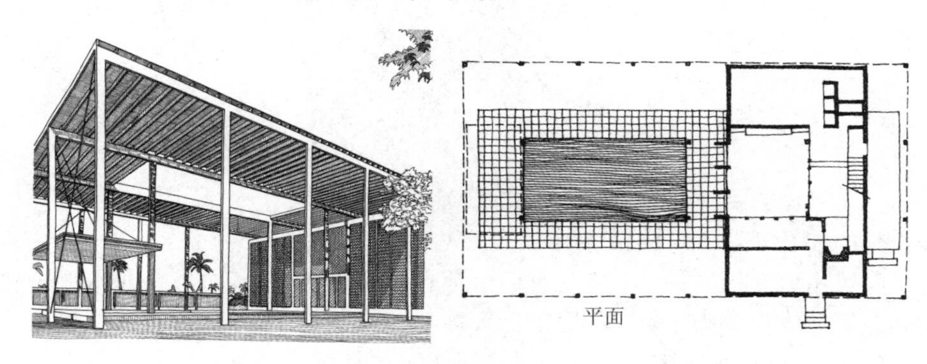

图 5-48 希斯伞宅平面及户外空间遮阳[54]

杨经文在马来西亚设计的格思里高尔夫俱乐部,其巨大的顶棚形成良好的遮阳和自然通风,估计每年可省电能 66283 kW·h(见图 5-49),而他在自己的办公楼顶部也充分利用了遮阳层。

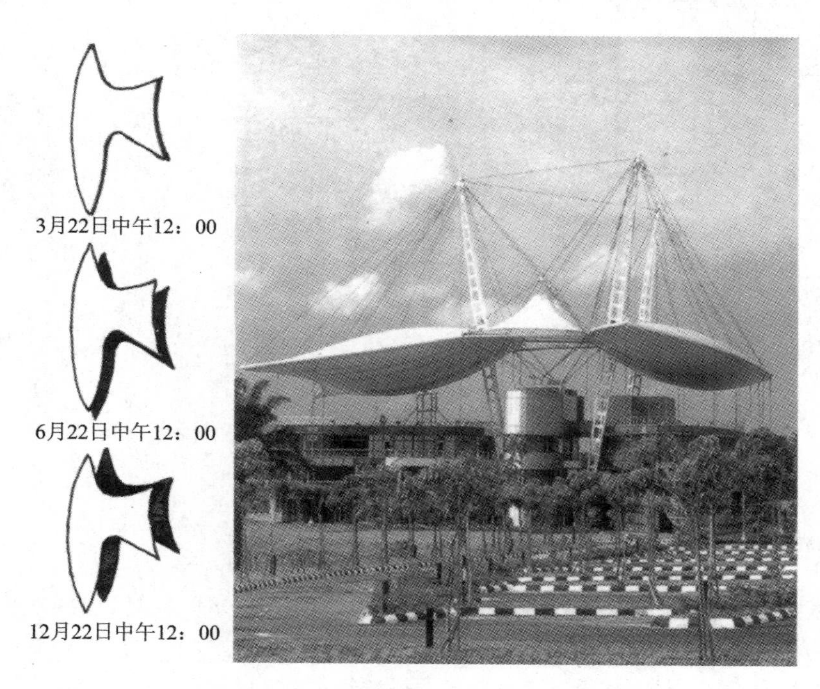

图 5-49 格思里高尔夫俱乐部顶部遮阳[60]

5.4.4 紧凑或集合布置减少建筑能耗

当围合体从球体或立方体向其他形式如长方体或多面体变化时，在围合体积相同的情况下，其外表暴露面积增加，因此，通过长条形建筑外表的散热比紧凑形式的更多。在单体建筑中，对房间进行集合式布置意味着建筑层数增加或向大型建筑发展。在对建筑群进行集合式布置时，意味着其紧凑围合或毗邻连接。建筑的体形系数被定义为建筑外露面积与其围合体积之比。高层建筑较低层建筑有小的体形系数，大型建筑较小型建筑有小的体形系数。体形系数大的建筑会有更多的太阳辐射落到其墙体、窗和屋顶上。图 5-50 示出了建筑物层数、联排建造与建筑能耗的关系。图 5-51 示出了希腊雅典 Pefki-Lykovryssi 的太阳村，在那里，住宅东西联排建造既争取了冬季日照，又减少了冬季的热损失。

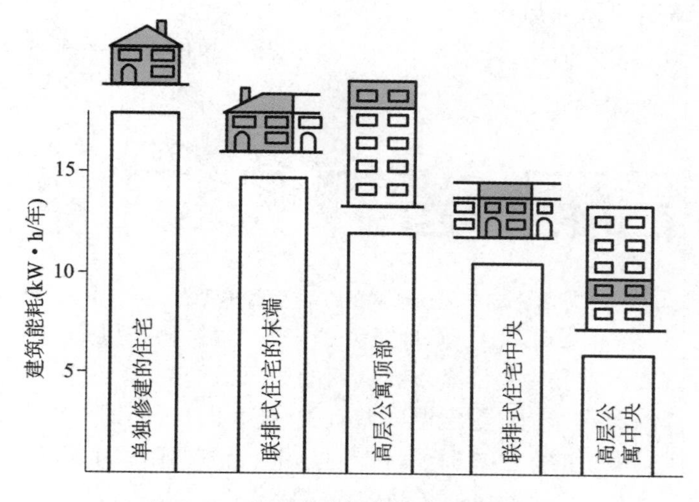

图 5-50 住宅形式与能源消耗间的关系

图 5-51 希腊雅典 Pefki-Lykovryssi 的太阳村

5.4.5 利用风压或热压通风冷却建筑

风压通风在炎热时节是一种特别有效的冷却方式，因为它不仅带走房间中的热量，而且通过增加人体的蒸发散热从而增强人体的凉爽感觉。设计风压通风时，首先要注意的是室外风向。当风向入射角为0°～45°时，可得到有效的通风。其次要注意的是建筑平面布置要通透，减少风在流动路途中受到的阻力。理想的风压通风最好是一个间房的进深，且在平面上稀疏地布置房间或家具，但实际上在大多数建筑中，这是不容易做到的。如果在进深方向上有两个房间或交通走廊，则迎风的房间会阻挡气流进入背风的房间。再次要注意的是通风口位置和大小。将进出风口分别布置在正压和负压区，可形成有效通风。当开口不能朝向主导风方向或房间只能有一面墙可开窗时，可用翼墙或景观地形的设计来改变风的流向，从而调整建筑物周围的正压区和负压区。翼墙出挑的深度至少应为窗户宽度的0.5～1.0倍，翼墙之间的距离至少应为窗户宽度的2倍。当进出风口的面积大而且风向垂直入射时，通风的速度大；进风口设计成比出风口大，有利于提高风压通风。另外，房间内的风速不应太大，因为它会影响办公等。

风压通风的冷却效果与气流速度、进出风口的面积、室外风速大小、风的入射方向、室内外的温度差都有关系。如何确定风压通风中进出风口面积的大小或通风带走的热量，请参阅附录I“风压、热压、混合通风冷却能力的估算”。图5-52示出了风压通风的几种平面布置方式。

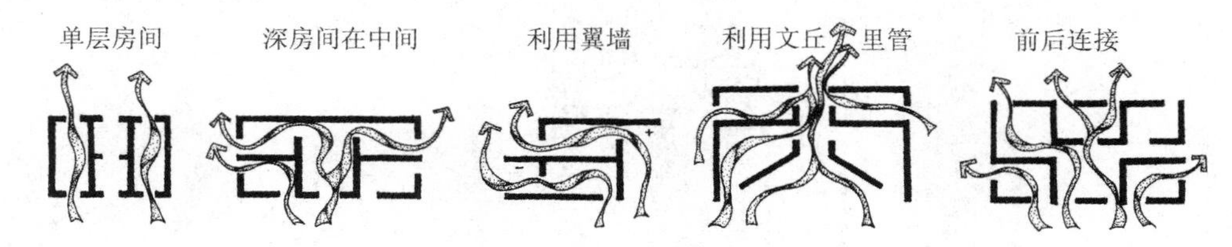

图5-52 风压通风的几种平面布置方式

在炎热气候条件下，当无风或者由于基地条件的限制，建筑物难以形成风压通风时，热压通风则是一种重要的降温方式。它是一种依靠重力作用的通风系统，与建筑朝向的关系不大。热压通风冷却效果与进出风口的面积、高差、空气温度差有关，高大的房间和烟囱可以强化热压通风。如何确定热压通风进出风口面积的大小或通风带走的热量，请参阅附录I“风压、热压、混合通风冷却能力的估算”。图5-53示出了热压通风的几种剖面布置方式。

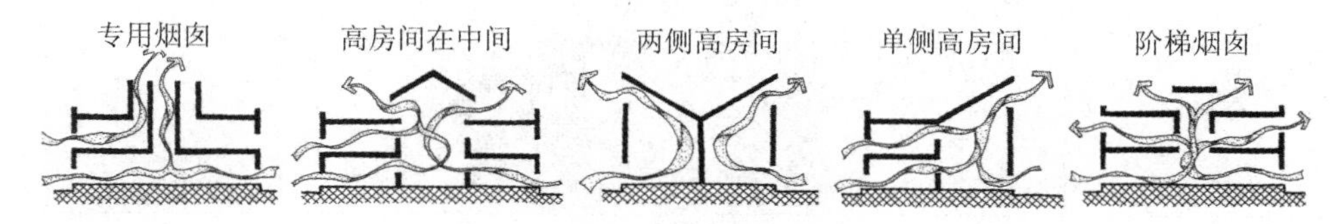

图5-53 热压通风的几种剖面布置方式

风压与热压通风，既可以在同一建筑的不同房间中使用，例如，风压通风可在迎风面的建筑及上层房间中使用，而热压通风可在背风面和无风的下层房间中使用，也可以在建筑中混合使用。当为这两种通风设计方案时，平面和剖面相应部分必须为空气流动提供进出开口。风压和热压一起作用的混合通风，其冷却效果归因于二者气流压差的总和。因为压力随风速平方的变化而变化，所以其组合的冷却效果是非线性的，组合的流速等于单项流速平方和的开平方。如何确定混合通风的冷却效果，请参阅附录I“风压、热压、混合通风冷却能力的估算”。

由Feilden-Clegg公司设计的位于英国Garston的建筑研究机构办公楼(building research establishment office building)是使用热压通风和风压通风的代表(见图5-54)。它在利用风压方面，使用了三种策略：一是对大楼进行分区，使得气流从建筑的一侧进入开放式办公室平面；二是在开放办公室北侧，单元式办公室并没有沿着建筑外周连续布置；三是在办公室顶棚上使用了中空的混凝土板，当单元式办公室被关闭或租户将它们连续地沿北面布置时，也可用单元式办公室天花上的风扇驱使空气流通。中空的混凝土板还可在白天蓄热、夜间蓄冷。在利用热压通风方面，该建筑南侧设置了5个通风烟囱供较低的一、二层使用，烟囱向上延伸了两层的高度，扩大了进出口之间的距离。大楼南侧装有玻璃窗，从而使上升的空气进一步加热，增加了与入口空气的温差。当热压通风不足时，可利用烟囱中的风扇进行辅助通风。在该大楼的顶层，背风侧布置了高侧窗，以形成烟囱效应进行热压通风。

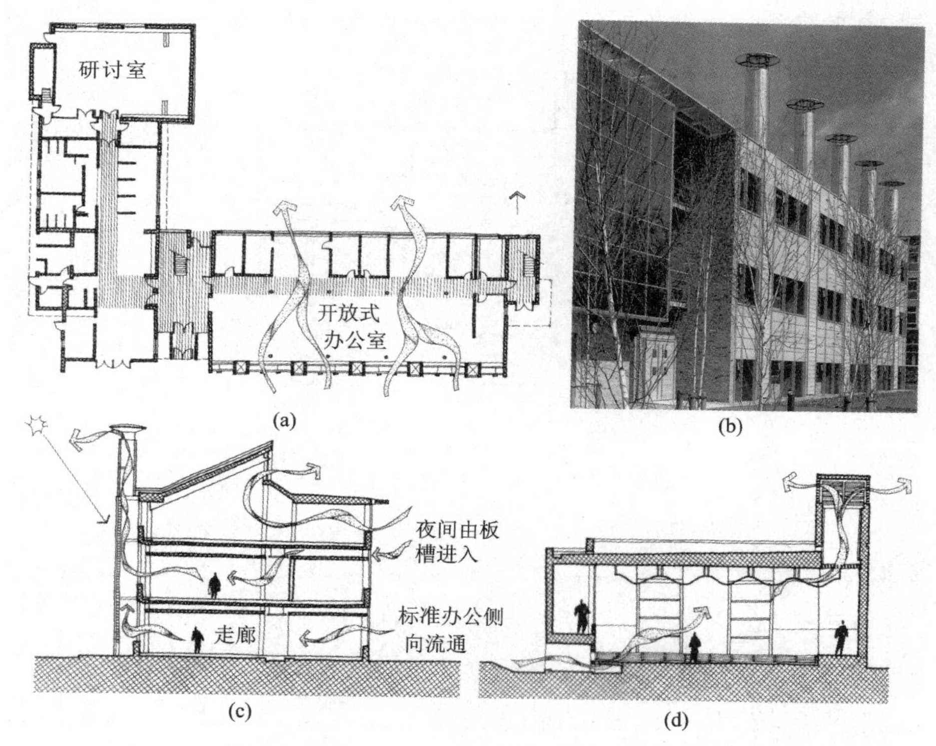

图5-54　英国 Garston 的建筑研究机构办公楼[61]

自然通风除了可以引入新鲜的冷空气外，也会引起采光和噪声问题。这些问题在BRE大楼的研讨室内得到了解决。在那里，室外空气从走廊下面的辅助空间引入，通过地板下消声后抵达墙体底部的进风口，再进入房间。

在英国莱斯特德蒙福特大学工程学院皇后大楼，Short＋Ford的建筑师们采用了一种独立的烟囱来形成通风隔声区，解决了噪声的隔绝问题。由于观众厅需要维持平稳的通风，他们在座位下安装了具有吸声作用的进风口，空气由座位下方的调节器进入室内，再从两个高出屋顶的专用烟囱排出，这样，采光和通风都得到了控制。

带有走道的建筑尤其需要注意通风，因为气流会被房间或走道阻挡。在这种情况下，有三种基本的解决方式：一是使用顶部气窗或通风孔；二是通过在小空间处降低天花来形成兜风；三是将地板或天花结构做成空心使用。可以每两层或每三层设一条走道使房间有良好的风压通风，或者采用错层布置，为热压通风提供机会。在湿热地区，流动的空间可以暴露在外面且可不加限制。通风可与遮阳设计相结合，既可抵挡阳光又可有最大的通风面积。

查尔斯·柯里亚在设计位于印度孟买的 Kanchanjunga 公寓时，考虑了垂直空间作为交通空间，从而避免了走廊挡风的问题(见图 5-55)。交通空间为每层两户所共用，这样的设计能让空气围绕交通空间从建筑的一侧流到另一侧。因为空气必须从迎风的房间流向其他背风的房间，所以该公寓的平面和剖面都被处理成松散、开放的形式，而私人的卧室都设于上部夹层中以求私密性。错层布置为热压通风创造了条件，同时，层高上的众多变化有助于用最少的分隔墙形成明确的空间界限。由于海风从西面吹来，公寓的主要立面向东和向西，并且通过一个两层高的花园平台来形成缓冲区，从而阻挡风雨和阳光(见图 5-56)。这种用一个或更多的交通空间为每层两户所共用的做法，也可用在较低矮的建筑中。

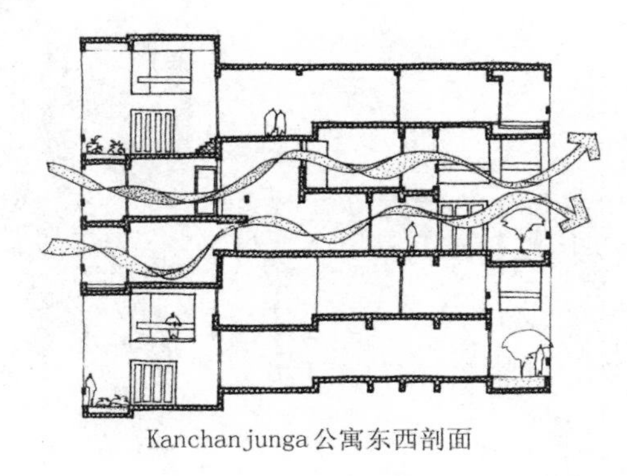

图 5-55 Kanchanjunga **公寓剖面通风**[54]

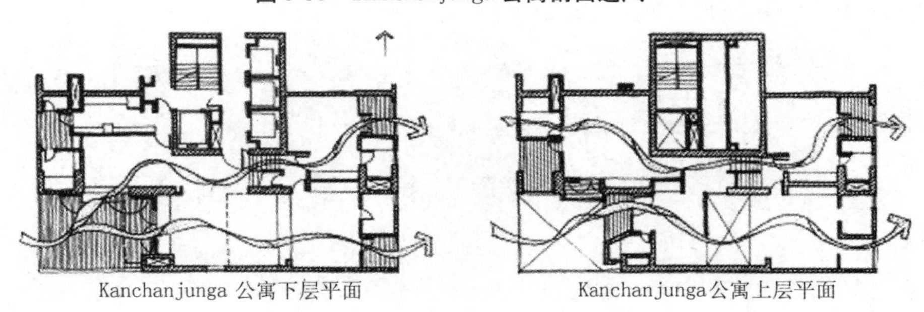

图 5-56 Kanchanjunga **公寓平面通风**[54]

5.4.6 利用短进深房间保证侧面采光

侧窗采光与窗的高度和大小、房间内表面反光系数、玻璃透光率、室外遮挡状况有关，其效果随进深增加而降低，因此，对于自然采光的建筑而言，房间的进深是一个重要参数。在全阴天的条件下，当房间进深大于窗户高度的 2.5 倍时，室内最亮处与最暗处的亮度对比将超过 5∶1。亮度对比度过大，对视觉不利。当进深超过 3 倍窗高时，房间内最暗处的采光系数一般小于 1%，不能满足某些工作的视觉需要。因此，对于双侧采光的建筑，进深不应超过窗高的 5 倍。

由路易斯·沙利文设计的位于美国密苏里州圣路易斯的温赖特(Wainwright)大楼(见图 5-57)，为了适应转角基地地形，将其设计成 U 形。在该大楼中，办公室布置在走廊的两侧以保证采光。在面向庭院一侧，考虑到遮挡和光线被吸收，庭院侧办公室的进深较短，相反，面向街道侧的办公室进深较大。

如果已知房间内采光系数的要求，可用图 5-58 粗略地估算房间进深。图 5-58 是在窗玻璃透明无污染，室外无遮挡，室内表面反光系数天花 0.7、墙面 0.5、地面 0.15，窗台高 0.9 m，窗过梁高 0.3 m 的情况下得到的。关于如何确定采光系数，请参阅附录 F“采光系数的确定方法”。

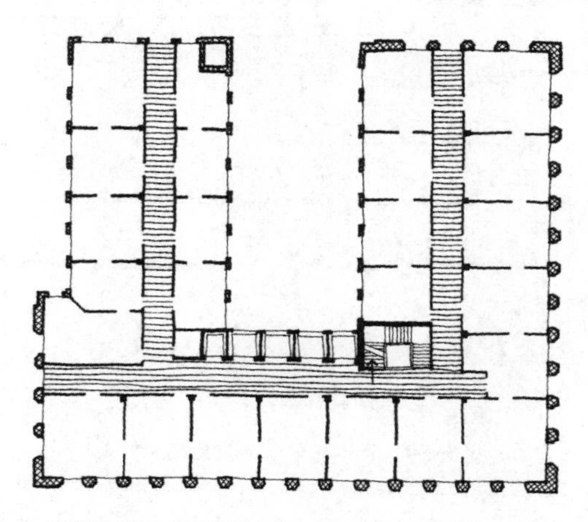

图 5-57　温赖特(Wainwright)大楼采光

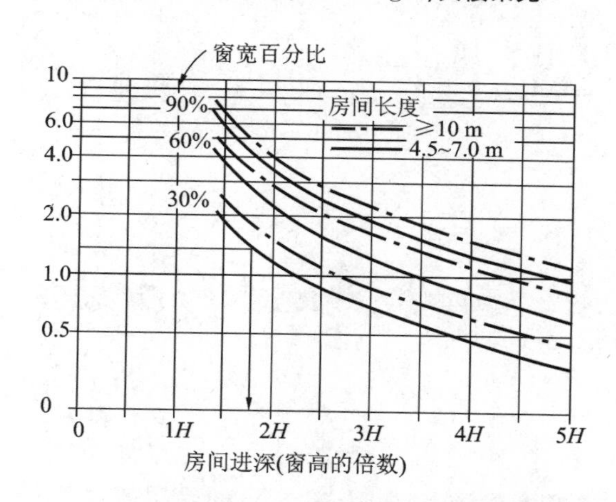

图 5-58　利用采光系数估算房间的进深

在德国 Gelsenkirchen 的科技公园的设计中，Kiessel 及其合伙人用一条线形的单廊将 9 栋短进深的办公楼连在一起，办公楼的办公室朝北或朝南布置，保证了很好的采光效果。另外，单廊旁边的办公室朝向东边也有充足的自然光。

5.4.7　利用错层或东西向延伸争取日照

长的东西向平面，可以增加建筑朝南的面积，从而增加得到太阳辐射热的机会。弗兰克・劳埃德・莱特设计的美国伊利诺斯州利柏蒂维尔(Libertyville)的劳埃德・刘易斯住宅(见图 5-59)，交通走廊位于北面，所有房间朝南面向阳光和河流，并沿东西轴向布置。由于该住宅将房间沿东西向延伸布置，因此，缩小了东西立面尺寸，这样，在夏季还可降低建筑物的东西向太阳得热，但并非所有的基地都容许东西向延伸布置，在这种情况下，房间的进深往往会增加，这时可采用平面或剖面错层布置促进房间深处的采光与日照(见图 5-60)。

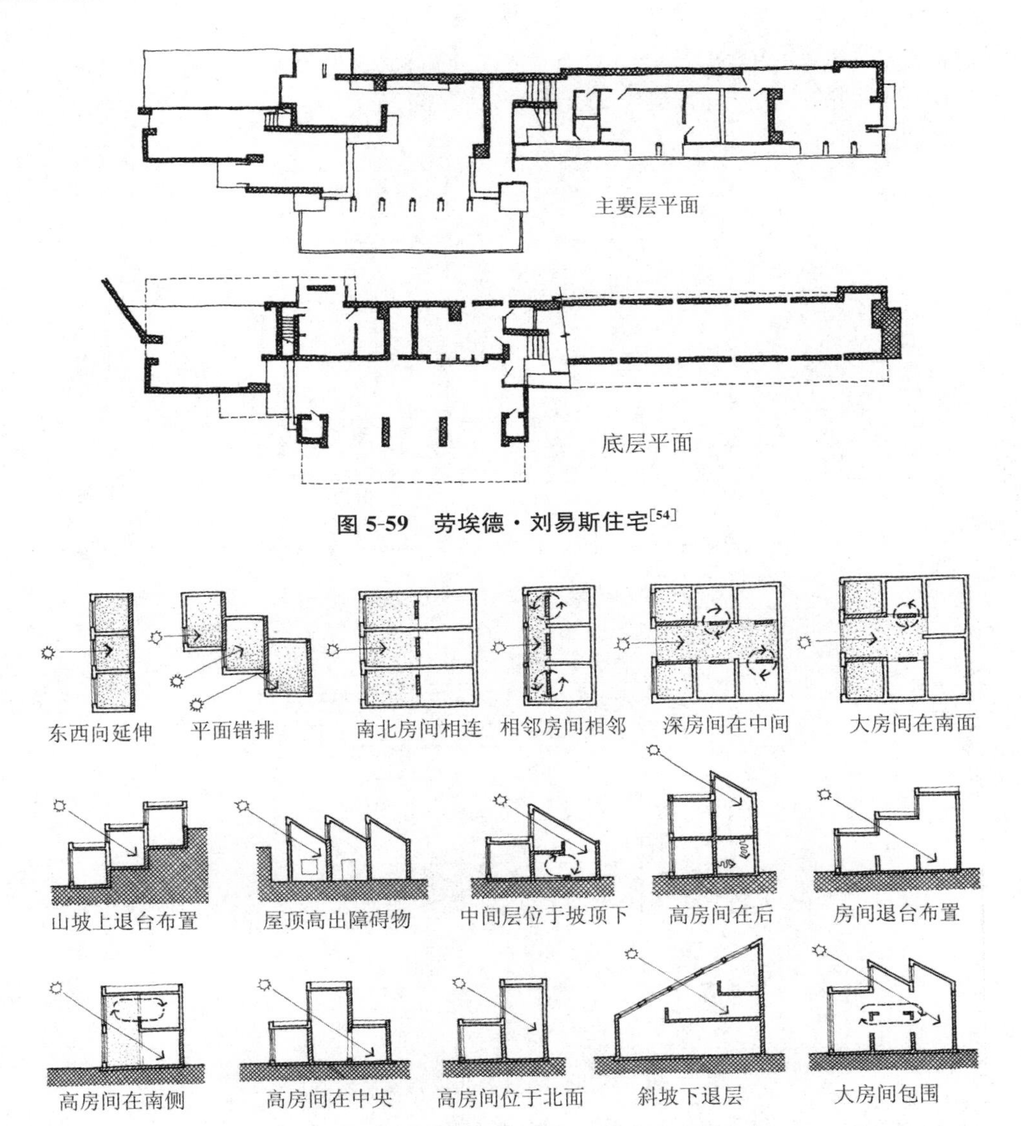

图 5-59 劳埃德·刘易斯住宅[54]

图 5-60 促进建筑采光与日照的几种布置方式

为了让北侧房间也有太阳能采暖,可以利用北侧房间北面的墙将阳光反射入房间中,也可将北侧房间与日照较好的房间相连。当南北房间中间有东西向走道时,可利用走道来收集太阳热。另外,夹在小房间中的深房间或天井同样可以用来收集太阳热,并将热量分配给小房间。屋面做成阶梯状、斜面的或装上天窗有利于阳光进入建筑中心和北侧。如果太阳热是由高的房间收集的,则共用墙上应开口以利于空气对流,或利用风扇将热量散发到邻近的房间中。如果在集热空间中没有足够的蓄热体,可用管道将热空气输送到远处的岩床,将热量蓄存在岩床中。

由 Jean Wilfart 设计的位于比利时的 Tournai 小学,南侧有一个没有空调的中庭,其上是倾斜的玻璃屋面,将阳光透射到建筑物的深处,每一楼层都是敞开式布置。其北侧的图书馆仅通过日光间和从邻近的采暖空间得热而采暖(见图5-61)。

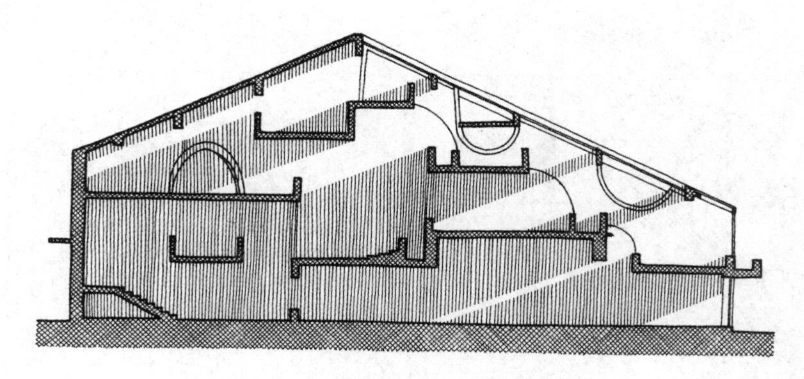

图5-61 比利时的Tournai小学南北剖面

5.4.8 利用中庭、天井或反光檐提供采光

当建筑物的进深较大并超过侧窗采光所及的尺寸时,可用无玻璃顶的天井或有玻璃顶的中庭进行采光。中庭或天井既可为房间、植物、各种活动提供采光,又可形成气候缓冲区。中庭在冬季可起到日光间的作用,收集太阳能得热,在夏季还可起到热压通风的作用。

与双侧采光房间类似,一侧依靠中庭或天井采光另一侧依靠室外采光的房间,进深也不应超过5倍窗高度,但这样有时会减少基地的利用潜力并造成过多的交通空间。因此进深有时会被适当增加,当进深为6倍窗户高度时,可采光部分的面积占总地板面积的90%~100%,当为7倍窗户高度时,占80%~90%,这一经验结论对于所有的纬度地区和不同的中庭大小均是适用的。

影响中庭或天井采光的因素很多,其中最重要的是其比例尺寸,矮而宽的天井比高而窄的天井有更大的天空视角。由于室外自然光量不同,高纬度地区的天井通常相对较宽大,而低纬度地区的天井相对较狭小。高层建筑比低层建筑需要更大的中庭或天井。对于高宽比1∶1的天井,正方形平面的采光效果与长方形类似。当高宽比为2∶1时,正方形平面比2∶1的长方形多提供7%~10%的自然光量。

可以根据室内采光系数的要求,用图5-62(a)估算天井的大小。图5-62(a)是基于正方形天井上空无遮挡,房间为9 m×9 m×3 m的中等办公室,室内墙的反光系数为0.6、地板为0.25、天花为0.7,窗口尺寸为1.5 m×9 m,窗台高为0.85 m,在全阴天和外表面为白色的条件下,试验得到的。无窗户时,庭院内表面平均反光系数为70%;有50%玻璃窗和50%窗间白墙时,平均反光系数为40%。

也可以根据中庭中的植物采光或活动需要,利用图5-62(b)来确定中庭的大小。室内小型植物所需日照一般为250 lx,树和热带植物需要2000 lx或更多。其中,大多数植物每天需要最小日照700~1000 lx的时间为10~12 h。对于室外照度水平为5400 lx的全云天,天井中供植物生长所需的采光系数为5%~40%。

对于大多数建筑物而言,使用图5-62中区域的下限曲线是较为合适的。另外,屋面的构造框架会降低至少10%的采光量,窗玻璃透光性能也会影响天然光的透过量,降低采光效果。因此,采光系数设计值应为实际采光系数与屋面和窗玻璃的透过率之比值。关于如何确定采光系数,请参阅附录F“采光系数的确定方法”。

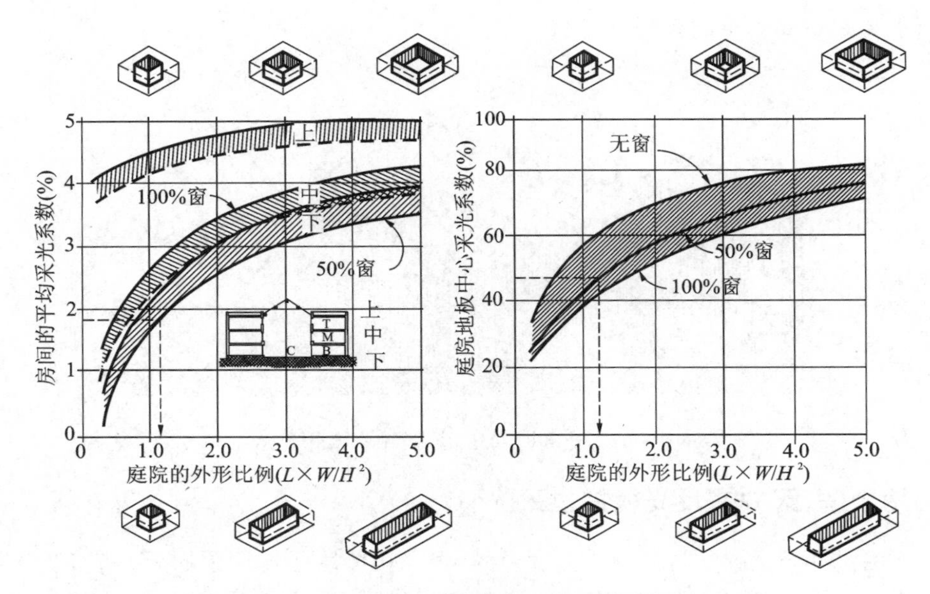

图 5-62 利用房间或中庭采光系数估算中庭的大小

另一种中庭是只在两侧布置房间，而在两端布置玻璃墙，这种中庭称为线性中庭。利用图 5-63可确定已有线性中庭的房间平均采光系数，或利用房间平均采光系数确定中庭的高宽比。值得说明的是，图 5-63 中的采光系数是在离地高 0.85 m 工作面上，基于窗户面积占立面面积 60%，室内墙面反光系数为 0.5、地面反光系数 0.15、天花反光系数 0.7，房间进深 4.8 m，天花高 2.7 m，窗高 1.8 m，窗台高 0.9 m 得到的。

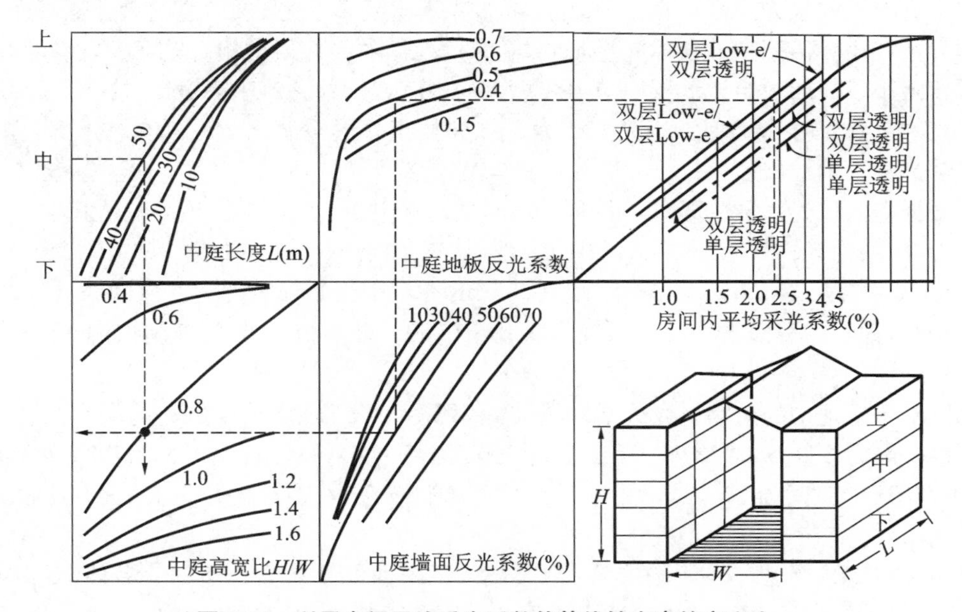

图 5-63 利用房间平均采光系数估算线性中庭的高宽比

利用中庭采光的例子很多，由 Architekten gruppe Klinikum Ⅱ设计的德国纽伦堡(Klinikum Nurnberg)医院，建筑平面为凹齿状并围绕中间的天井布置，为每间病房提供了自然光(见

图 5-64）。在中庭设计中，值得注意的问题是冬季日照和夏季防止温室效应以及可能出现的眩光。当冬季既要日照又要采光时，可以将中庭或大房间布置在南侧（南半球为北侧），一方面接受日照，蓄存太阳热，并依靠空气对流加热邻近的房间；另一方面，将可见光散射到邻近的房间中。有时称这种可见光散射策略为向中庭或大房间借光。当一个房间从另一房间借光时，两房间内表面都应尽可能做成反光表面，室内墙体上的窗户应尽可能大，最好有一定的天空视角。可以通过在中庭顶部设置可开关的通风口以避免夏季温室效应和冬季的烟囱效应。

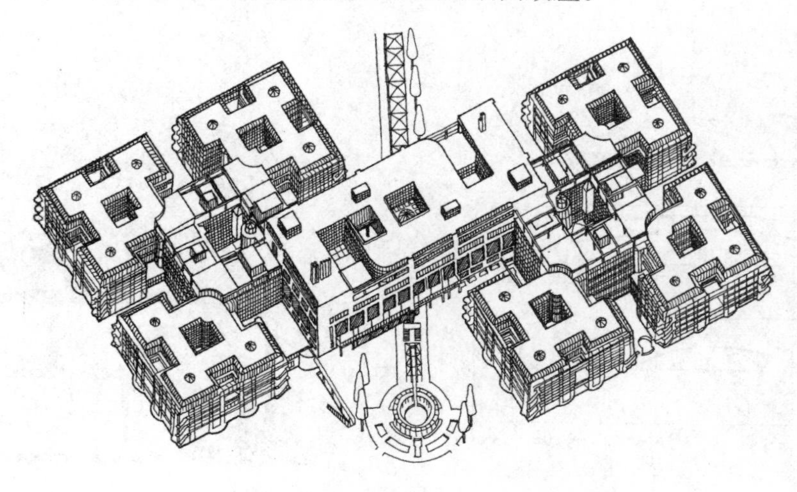

图 5-64　德国纽伦堡医院[54]

在大进深平面的建筑中，还可以利用反光檐等引入太阳直射光进行采光。由 Anderson DeBartolo Plan 设计的位于美国科罗拉多州戈尔登（Golden）的国家能源再生实验室太阳能研究所（national renewable energy laboratory solar energy research facility），将朝南的屋面做成阶梯式反光檐，既能遮阳和避免眩光，又充分利用了直射光进行采光（见图 5-65）。

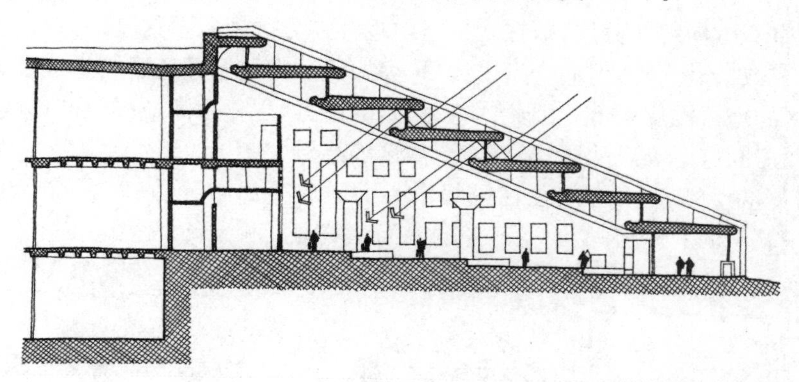

图 5-65　美国国家能源再生实验室太阳能研究所顶棚采光

5.4.9　利用热分层或热分区布置房间

一般情况下，热的空气较轻会上浮，而冷的空气较重会下沉，这使得建筑物的较高部分温度较高，而较低部分温度较低，这就是温度垂直分层现象。有研究表明，在两层的被动式采暖建筑中，由于空气自然对流,上下层的温差至少为2.2～2.8 ℃。这种温度分层现象早为加拿大北部爱斯基摩人所利用,在他们建造的圆顶雪屋中,入口处较低的地方作为储藏区,阻挡冷空气,较高的地方用来居住;顶棚空气温度与地面空气温度差可达7 ℃(见图5-66)。在拉尔夫·厄斯金设计的位于瑞典Borjafjall的滑雪旅馆中,流动空间被放在剖面最低处,起居室和烹饪被放在中间层,而睡眠的地方则放在最上层(见图5-67),充分利用了温度垂直分层这一现象。

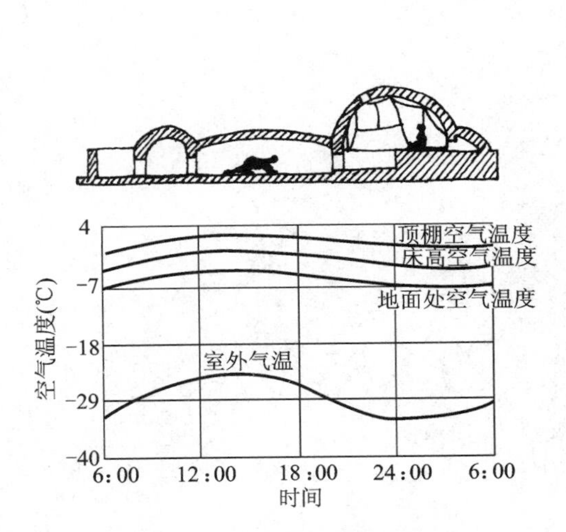

图5-66 爱斯基摩人圆顶雪屋剖面及其中的温度分层现象[17]

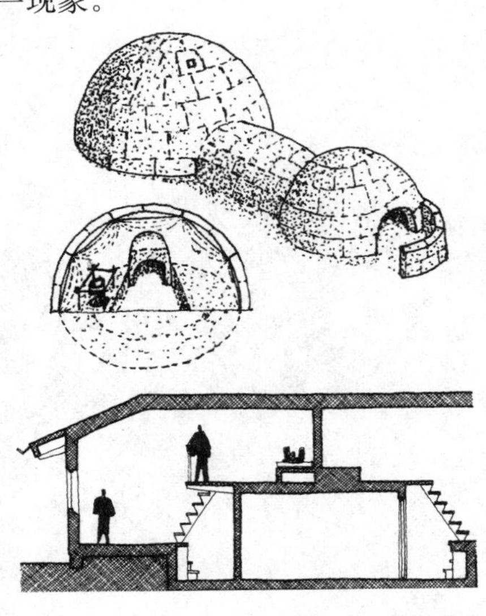

图5-67 Borjafjall滑雪旅馆典型剖面[54]

在气候寒冷的地方,当房间较高或上部热空气不能得到利用时,可用风扇使空气循环。在气候炎热的地方,可将白天活动的房间放在较凉的低层,而将卧室放在靠近地板处,并利用高窗通风排出高处热量。

温度除了在垂直方向存在分层外,在水平方向也存在分区现象。这是因为,很多建筑物内含有高密度的运行设备或活动人员,他们会发出大量热量,这种发热源导致了产热区及其附近区域温度高,而远离产热区的地方温度较低。因此,需要采暖的地方,主要房间应围绕产热区布置,而在需要降温的地方,主要房间应远离产热区,最好与产热区隔绝。

在传统的新英格兰住宅中,房间往往围绕中心的厨房壁炉布置,以便房间采暖和防止热量散失;壁炉的产热主要流向北侧房间,与受日照的南面区域温度相平衡(见图5-68)。

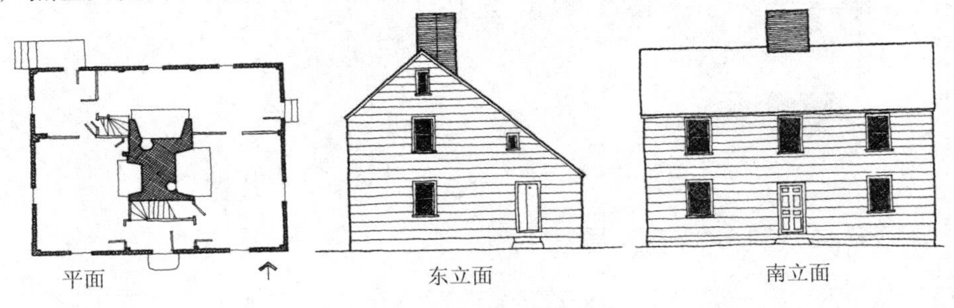

图5-68 新英格兰传统盒式住宅的房间布置[54]

5.4.10　利用气候缓冲区布置房间

建筑物围护结构的存在，一方面对室内空间起到保温隔热作用，另一方面对室外气候因素的急剧变化起到衰减作用。同样，在一栋建筑物中，外层房间对内层房间有保温隔热作用，同时缓减室外气候急剧变化对内层房间的影响。因此，在建筑设计中，如果将那些使用频率不高或对温度稳定性要求不高的房间，如贮藏室、停车库、交通空间等布置在建筑的外层或与室外气候相邻，那么就可对内层房间起到保温隔热和气候缓冲作用。

在拉尔夫·厄斯金设计的位于瑞典 Lindingo 的 Gadelius 别墅中，将车库和贮藏室放在北侧，阻挡寒冷的北风形成缓冲区，而南侧房间向东西方向伸展且高度增加，争取到了更多的冬季日照（见图 5-69）。

在气候炎热的美国亚利桑那州费城，有一栋由 F. L. 赖特设计的 Pauson 住宅，其中未装玻璃的交通空间和贮藏室被放在西北侧作为缓冲区，以保护起居室免受夏日下午的阳光暴晒（见图5-70）。

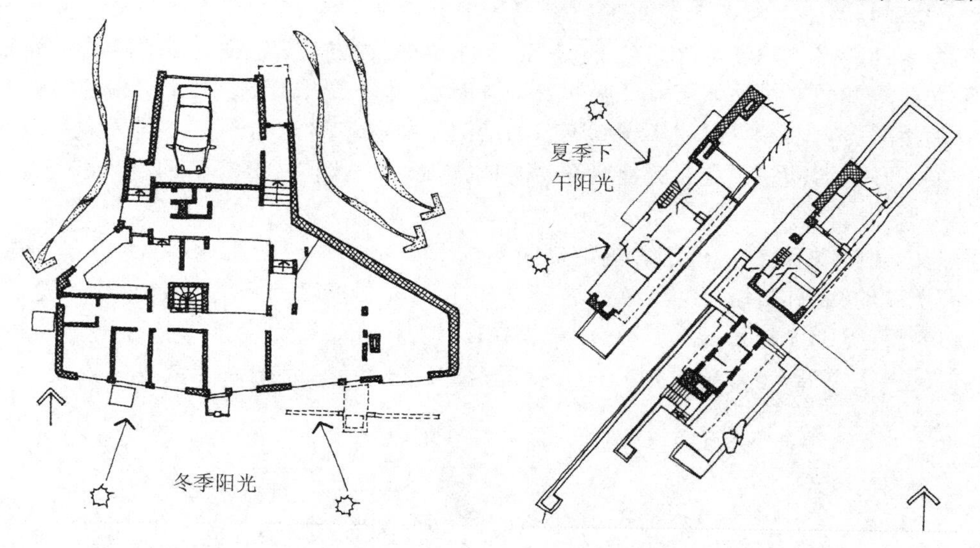

图 5-69　瑞典 Gadelius 别墅[54]

图 5-70　美国 Pauson 住宅[54]

值得一提的是，凡是间于室内和室外的过渡空间都可称为气候缓冲区，它们或多或少对室外气候有缓冲作用，例如，建筑中的庭院、建筑自遮阴或相互遮阴的空间、带有玻璃的南向日光间等。缓冲区可能会降低房间的采光，所以，一般面向缓冲区的房间窗户都比较大。

当用天井或庭院作为缓冲区时，如果其功能主要是通风，宜与夏季主导风向成 45°角安排，且形状低矮宽阔、具有通透性；但这样又会减小庭院的遮阴作用，在这种情况下，必须用其他方案例如树荫、凉廊、遮阳篷等对建筑外围护结构进行遮阴。如果其功能主要是避风，宜封闭且足够高以挡风，足够宽以采光。如果其功能主要是争取日照，其南北向尺寸必须足够大；在这种情况下，将庭院开口向南（南半球朝北）或将朝南的房屋尽量低矮，可以获得更多的日照。如果其功能主要是自身遮阴，适合用高而窄的庭院，尤其是东西向狭窄的庭院，可起到很好的相互遮阴作用。由于南向太阳的高度角较高（南半球为北向），因此，延长庭院南北方向尺寸对遮阴的影响不大。在较高的庭院中，风从建筑物上方吹过，不会干扰庭院内的空气，而含有尘埃的近地面空气将被阻隔在建筑物之外。用遮阴庭院可汇集冷空气,将遮阴的庭院与开敞的庭院相组合,可以将空气从一个庭院引导到另一个庭院[55]。

夜间,建筑物的屋顶和庭院尤其是庭院的地面,将直接向夜空辐射热量,从而冷却接近这些表面的空气。被冷却的空气下沉到庭院的底部,使白天储有热量的周围表面降温。由于庭院的内表面温度和空气温度在白天相对于室外来说较低,因此,庭院可维持较好的热舒适度。关于以防沙尘为主的庭院,请参阅 5.3.12“利用防风物或建筑围合抵御寒风”。

5.4.11　利用光分层或光分区布置房间

与热分层和热分区类似,自然光在建筑中也存在分层和分区现象。这主要体现在以下两方面:一是房间的自然采光量随着层高的增加而增加,形成垂直方向上采光的差别;二是在同一楼层中或同一房间中,离外窗近处比离外窗远处采光要好,由此形成了水平方向上的采光差别。造成建筑垂直方向采光差别的主要原因是下层房间较上层房间容易被外界物遮挡、天空视角相对小。造成水平方向采光差别的主要原因是离窗口近处看到的天空面积越大;反之,看到的天空面积越小。因此,可以根据活动所需的照度水平来安排房间。在楼层布置方面,将采光要求高的房间安排在上层,而将采光要求低的安排在下层。在房间安排方面,将采光要求高、使用频率高的房间安排在建筑的外周,而将采光要求不高或使用频率不高的房间安排在较暗的内侧。在同一房间内安排活动时,将采光要求高的活动安排在靠近外墙开窗的地方,而那些不需要高照度的活动可安排在远离外窗处。

由阿尔瓦·阿尔托设计的位于美国俄勒冈州的 Mount Angel 图书馆,将活动分为两个部分:一是需要高照度的阅览区,沿着靠近外墙的窗口布置;二是低照度的藏书区,在两个阅览区之间,远离外墙窗口布置(见图 5-71)。路易斯·沙利文在设计美国芝加哥大会堂(auditorium building)时,采用了相似的做法,将需要采光的办公室沿着建筑的外围布置,而把大礼堂放在较暗的中心部分(见图 5-72)。

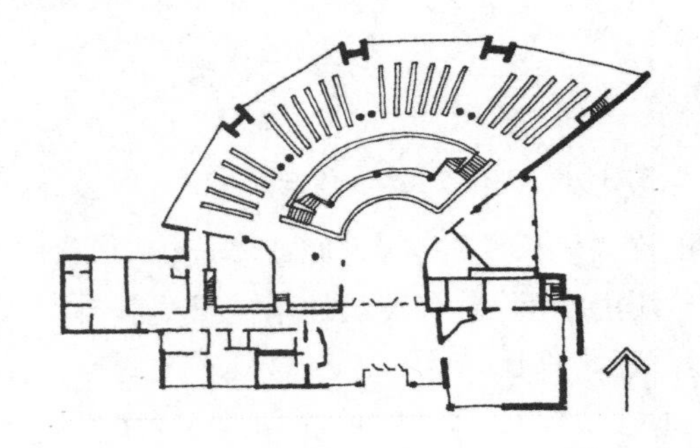

图 5-71　美国 Mount Angel 图书馆[54]

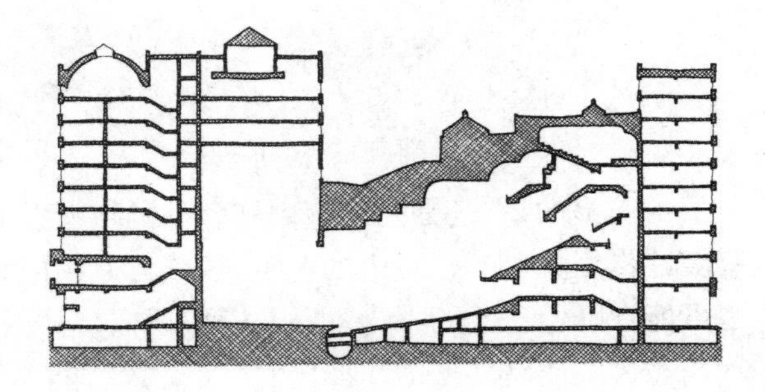

图 5-72　美国芝加哥大会堂[54]

5.4.12　利用直接受益或附加日光间采暖

直接受益式采暖是让太阳光直接进入室内的一种采暖方式。它的特点是房间南向玻璃窗较大,从而使冬天大量的阳光直接照射到室内地面、墙壁和家具上,一部分热量加热空气,另一部分热量被蓄存后逐渐释放,使房间在晚上和阴天也能保持一定的温度。设计直接受益式采暖时,要求外围结构有较高的保温能力,室内有足够的蓄热体,窗扇的密封性能要好,最好配有活动可控的夜间保温装置，例如保温窗帘，以减少夜间热量损失。蓄热体有砖石、混凝土和土坯等，它们既可单独使用，也可混合使用。一般来说，至少要有 1/2 或 2/3 的房间内表面采用蓄热体建造，以确保太阳光热被充分吸收和贮存。图 5-73 示出了直接受益式采暖在白天和夜间的运行原理。

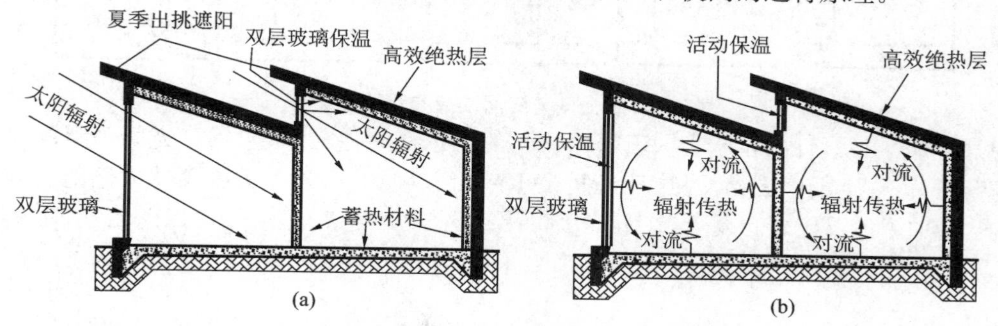

图 5-73　直接受益式采暖系统的运行原理

(a)白天；(b)夜晚

通常，地板和墙为蓄热体时用深色较好，但当阳光只照到小部分蓄热体面积时，则该部分蓄热体有适当的反射性较好，这样可将部分太阳辐射反射到其他蓄热面。如果房间中超过一半的墙体为蓄热体，则蓄热体颜色可为浅色；如果仅有一面墙是蓄热体，则蓄热墙体最好为深色。

典型的直接受益式采暖案例是英格兰 · 乔治街的学校太阳房(见图 5-74)。该太阳房建筑长 20 m，高 8 m，全年不用人工采暖，仅依靠太阳能(70%)、灯光照明散热(22%)和人体散热(8%)就可达到采暖要求。

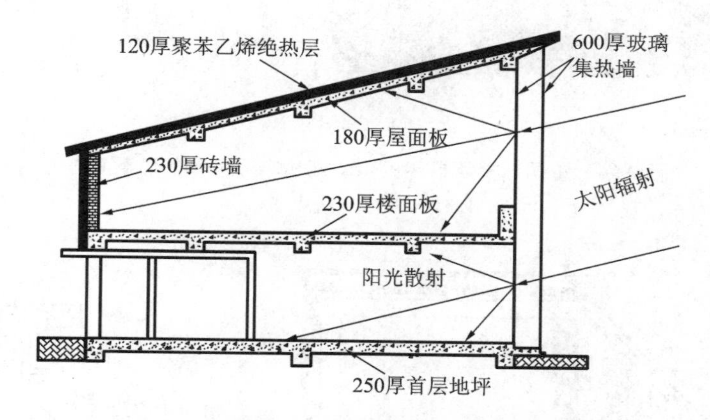

图 5-74　英格兰 · 乔治街学校太阳房剖面[63]

与直接受益式采暖不同，附加日光间是在建筑的南面(南半球北面)附加专用房间以吸收白天太阳辐射热，并加热与其相邻的主体房间的空气。日光间可与主体房间共用一面墙或共用三面墙。由于日光间的目的是为其他房间提供热量，它经历的昼夜温度变化很大，本身并不总是热舒适的，在晴天白天时它可能会太热而夜间则可能太冷。通常认为日光间的温度在 7～35 ℃之间变化是合适的。

在日光间与被加热房间之间的共用墙，本身可以是蓄热体，其上需设门、窗或专门的通风口以供空气对流换热。日光间是一种特殊的直接受益式采暖房间，它在白天吸热蓄热，夜间又是热缓冲区，从而减少房间的热损失。图 5-75 示出了附加日光间与房间毗邻连接的几种形式。

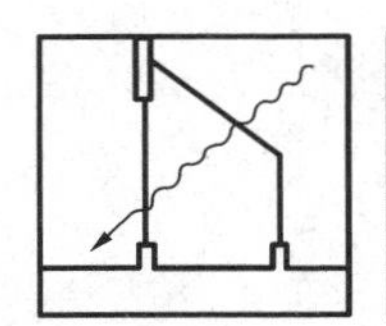
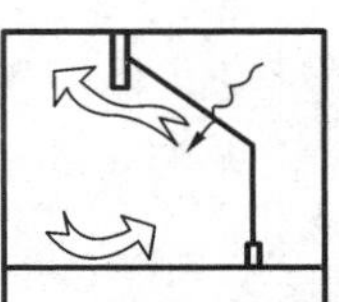
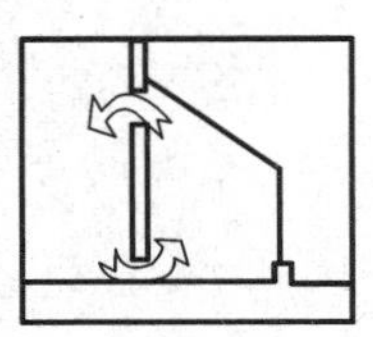
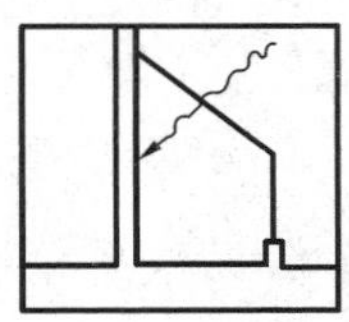
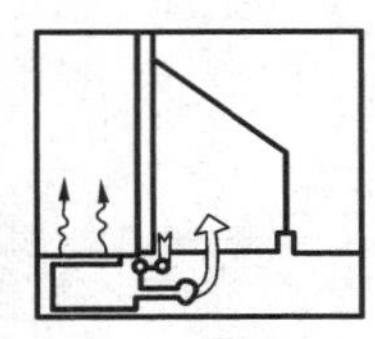

图 5-75 日光间与房间连接的几种形式[64]

由 E. A. 摩尔根设计的位于美国新墨西哥州的巴尔科姆住宅，是附加日光间采暖的典型实例(见图 5-76)。该住宅朝南围合，附加日光间设于南向，以便最大限度吸收冬季太阳能。墙体采用夹套形式，增加了保温能力。夏天，在日光间的上部开有出气口，热空气可以从出气口排出(见图 5-77)。

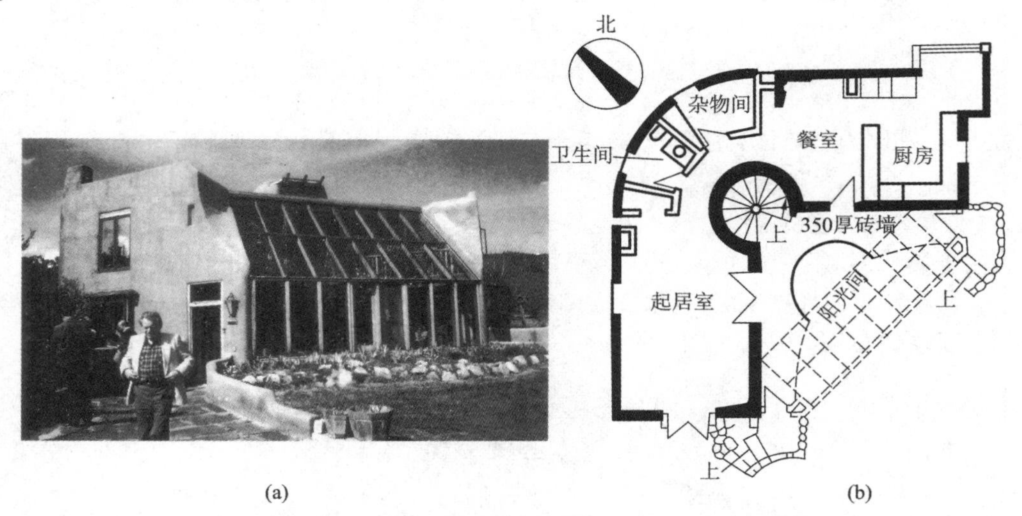

图 5-76 美国新墨西哥州巴尔科姆住宅外景和首层平面[65]

(a)外景；(b)首层平面

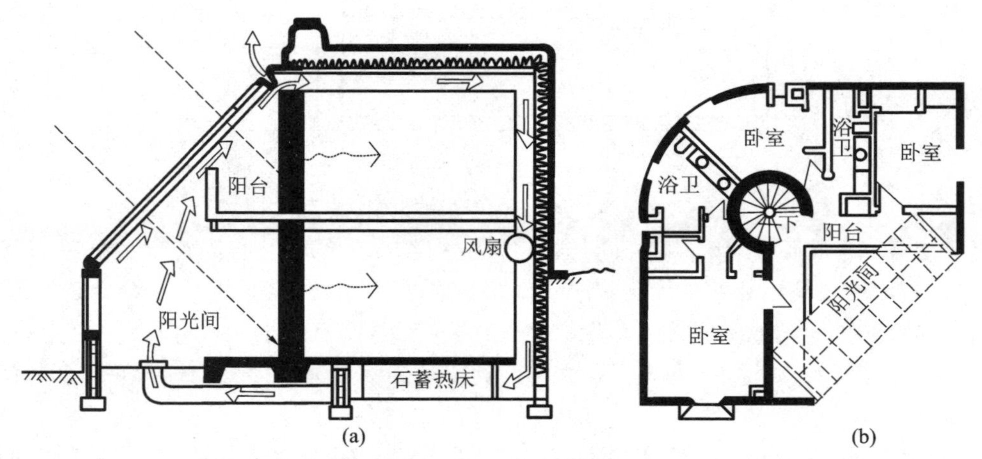

图 5-77 美国新墨西哥州巴尔科姆住宅剖面和二层平面

(a)剖面；(b)二层平面

设计日光间采暖时,要注意以下几个方面。一是要注意蓄热体的材料与面积。材料的蓄热系数小,房间中的空气温度波动就大,蓄热体多会减少日光间的温度波动。蓄热体的面积与窗玻璃的面积比至少应是 3∶1。如果蓄热体是水,那么每平方米窗玻璃的面积要有 155 L 水。二是要注意蓄热体颜色。在日光间中,蓄热体通常为深色较好。三是要注意共用墙上通风口的大小。如果用门作为通风口,其面积一般为日光间玻璃面积的 10%;如果用窗作为通风口,窗面积一般为日光间玻璃面积的 15%;如果是在墙上成对设置高低不同的通风孔,它们的面积应为日光间玻璃面积的 6%。另外,日光间玻璃朝向在南向偏东或偏西 30°以内,采暖性能较南向减少不到 10%。夏季要求日光间有很好的遮阳和通风。

5.4.13　利用对流环路和蓄热墙(体)采暖

如果将建筑物的围护结构设计成双层构造,在两层之间会形成封闭的空气间层,将各封闭的空气间层连接起来形成通路,那么空气在太阳辐射或其他热源加热作用下,就会在通路中循环流动,热空气上升,冷空气下降,这就是对流环路。对流环路将热量传入室内或蓄存在围护结构中。

对流环路可以在墙体、楼板、屋面、地面上应用。事实上,双层玻璃形成的"空气集热器"也是一种对流环路。设计对流环路时,空气层厚度一般取 10～20 cm,垂直高度至少大于 1.8 m,以获得良好的"热虹吸"效果。可以在对流环路中,设置通风口利用被加热了的空气,设置逆流装置或塑料薄膜防止夜间气流倒流,并利用风口的开合来控制室温(见图 5-78)。当需要保温或隔热时,可隔断对流环路形成静止的空气封闭间层。

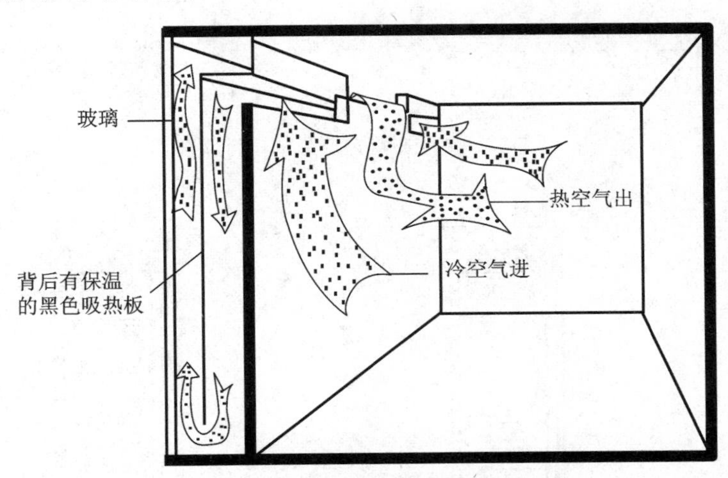

图 5-78　U 形通道防止气流倒流

蓄热墙是直接受益和对流环路两种采暖方式在墙体中的综合应用。蓄热墙主要有特隆布墙(Tromble Wall,见图 5-79、图 5-80)、对流环路集热墙、花格子蓄热墙(见图 5-81)、水墙(见图5-82)、相变墙。特隆布墙是在南向实体墙外覆盖玻璃罩,通常还在墙体的上、下部开设通风孔。对流环路集热墙是在南墙设置空气集热器或在玻璃罩与墙体之间的墙体外表敷设隔热层,利用墙体上下通风口实现空气对流循环。水墙是将水装在容器中,例如塑料罐或金属桶,用其作为蓄热材料。花格子蓄热墙是砌墙时在墙上留出孔洞形成花格,其用于居室采暖是我国清华大学研究人员的一项发明。相变墙是将相变材料封装作为垂直集热墙,目前正处于研究和试用阶段。

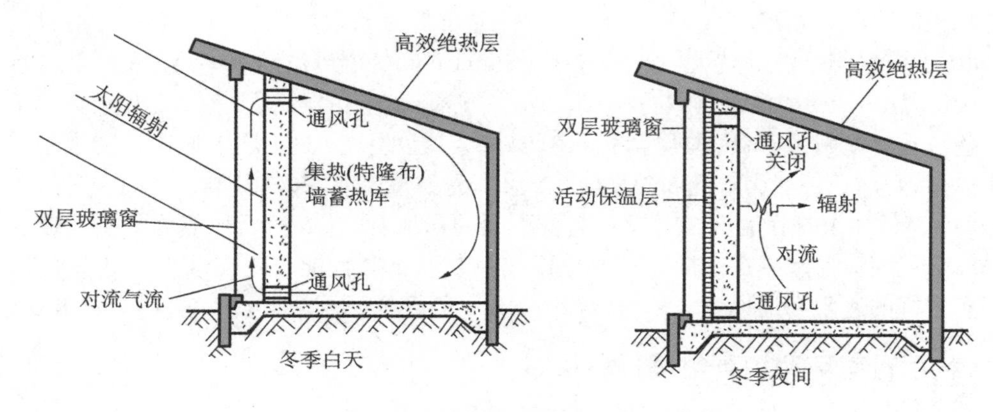

图 5-79 特隆布墙在冬季的运行原理[66]

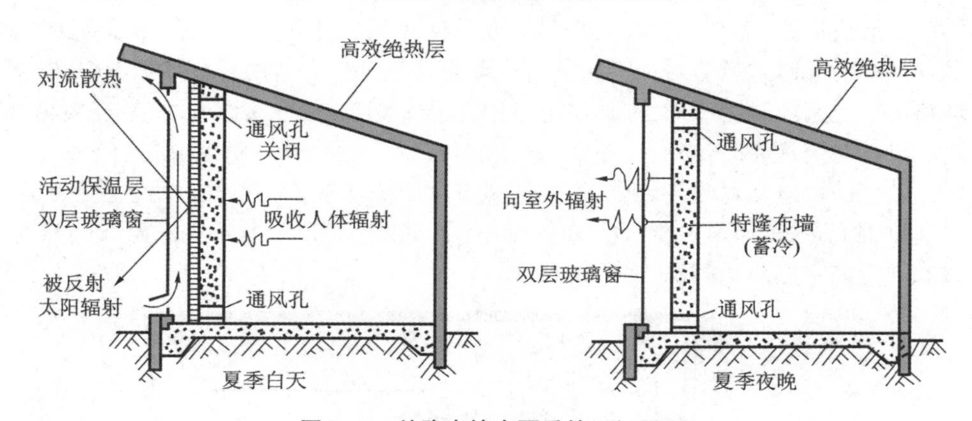

图 5-80 特隆布墙在夏季的运行原理

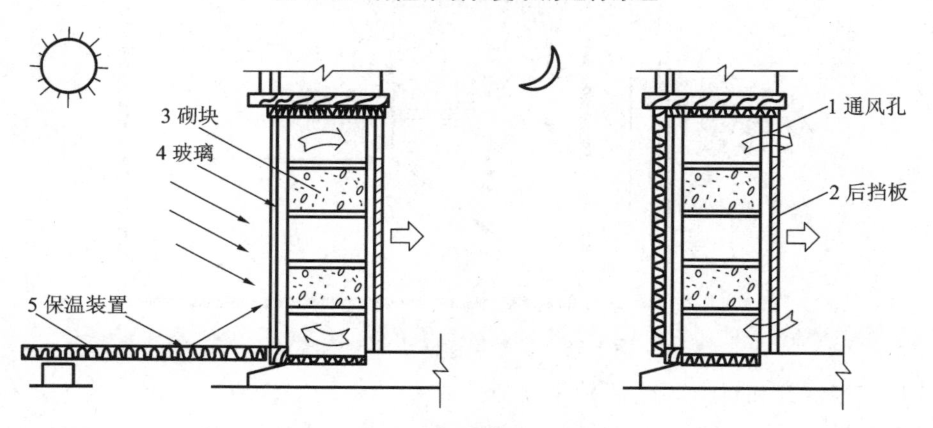

图 5-81 花格子蓄热墙运行原理

当用蓄热墙进行被动式太阳能采暖时，白天大部分太阳辐射热被蓄热墙吸收，一部分热量通过墙体导热传入室内，另一部分热量加热夹层空气，通过墙体上、下通风口与室内空气对流循环。对于不设通风口的蓄热墙，就不存在房间空气与夹层空气的对流循环。夏季可以利用蓄热墙来产生“烟囱”效应，对室内进行通风降温。目前，用得最多的蓄热墙是特隆布墙，它可承重、隔声，对温度的延迟时间长，其运行原理如图 5-79 和图 5-80 所示。特隆布墙的材料通常采用混凝土、砖、夯土等；当设通风口时，厚度为 30～40 cm 较为合适；不设通风口时，厚度为25～30 cm较为合适。特隆布墙外表面粗糙并为黑色或某种暗色吸热效果较好。除特隆布墙外，水墙也在很多建筑中得到了利用，因其体积小、延迟时间相对短，故要求设在一天中大部分时间有阳光照射的地方。图 5-82 为用废弃油桶装满水作为水墙的应用实例。

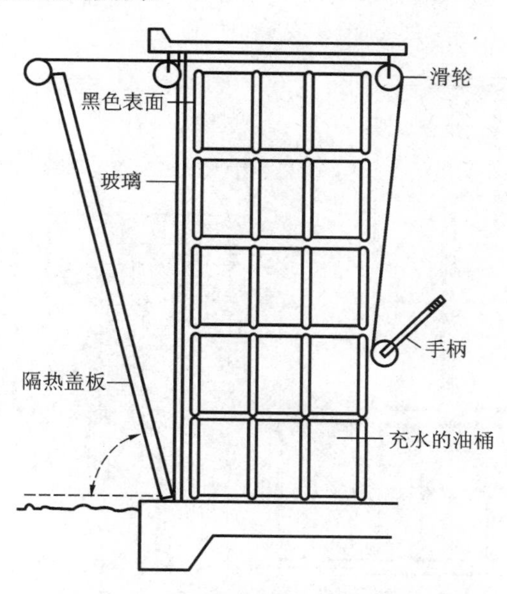

图 5-82　带有活动保温装置的水墙[65]

5.4.14　利用屋顶水池采暖或降温

屋顶水池兼具采暖和制冷的能力。对于多晴天的低纬度地区特别有用。屋顶水池通常由 10～25 cm 深的水袋放在平坦的金属板上形成，其下侧形成天花表面，而顶面覆盖可移动的保温隔热层。在采暖的季节里，白天移开保温隔热层，水袋吸收太阳辐射热蓄热，夜间覆盖上保温隔热层，水和金属板向房间辐射热量。在制冷季节里，保温隔热层在白天关上，避免水袋受到太阳的照射，而在夜间打开，以便于水池将白天的得热辐射到夜空中。室内多余的热量通过辐射和对流传递到顶棚被水袋储存起来，再在夜间向天空辐射释放(见图 5-83)。

图 5-83　屋顶水池在采暖和降温季节的运行原理[66]

由于冬季太阳的高度角低，在高纬度地区(纬度高于 32°)可用反射板来提高屋顶水池对太阳辐射的吸收。在制冷的季节，可以将水袋外表润湿，使夜间辐射制冷的同时辅以蒸发冷却降温。在冬季还可借助吊扇造成空气对流循环，加强顶棚热量向下传递。如果水袋是放在面南的斜屋顶上，则吸收太阳能效果更好。

如果需要大面积降温，屋顶水池的面积就与地板面积差不多，因此，如何放置可移动的保温隔热层就成了很重要的问题。Daniel Aiello 在设计位于美国亚利桑那州凤凰城的太阳石(Sunstone)住宅时，在房子的东部和北部的末端各设置了一个露台，露台的屋顶用于放置滑动保温隔热盖板(见图 5-84)。采用折叠的保温隔热层是解决该问题措施之一。

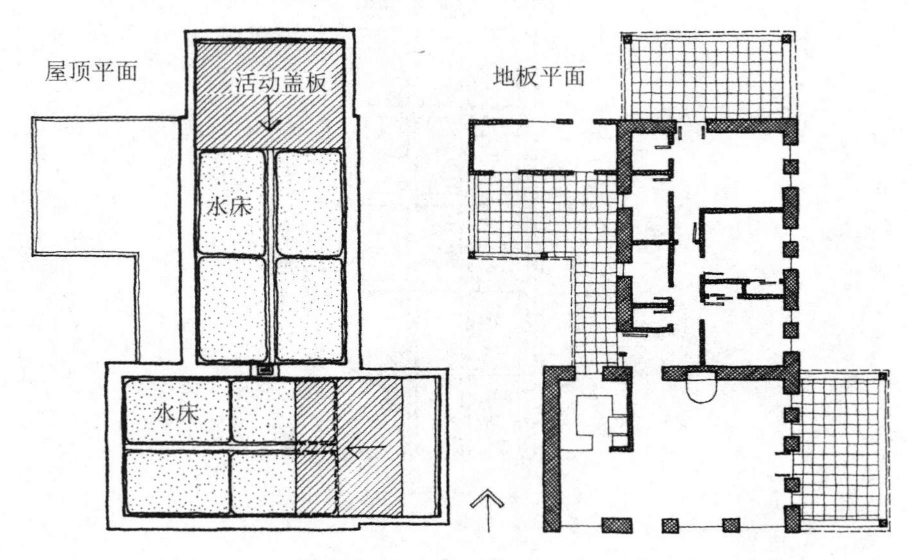

图 5-84　太阳石(Sunstone)住宅的屋顶和地板平面[54]

对于夏季制冷用的无蒸发屋顶水池，可从图 5-85 估算其面积大小。首先，根据气候条件，找到夏季夜间室外最低空气温度 T_{min}，一般为日出前的空气温度；然后选取舒适温度 T_{com}，求出温差 $\Delta T = T_{com} - T_{min}$，$T_{com}$ 通常取 27 ℃，也可以规定为其他舒适值；最后，将 ΔT 代入图 5-85 的横轴，向上对应到水深线，从交点水平向右可得到水池的冷却能力，水平线与建筑物的日得热量曲线的交点向下对应到水平轴的值即为屋顶水池面积与地板面积之比。

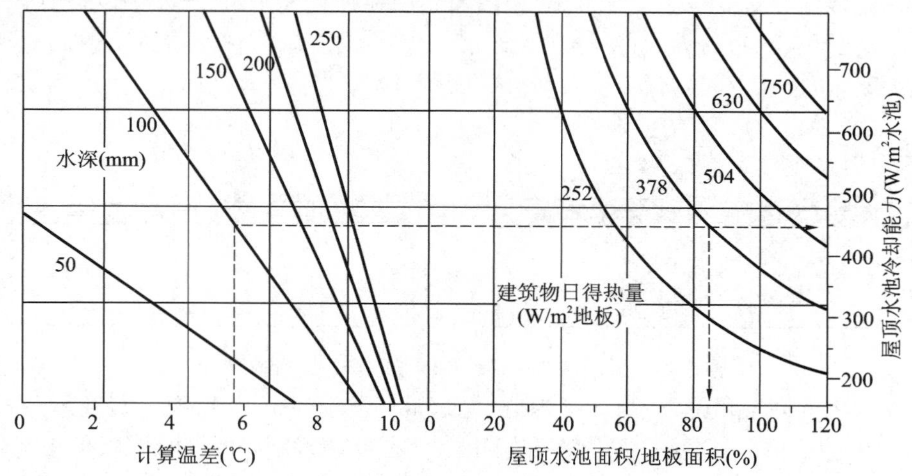

图 5-85　降温屋顶水池大小的确定

对于采暖用的屋顶水池，可从图5-86估算其面积大小。从当地气象资料找到冬季的室外平均温度，从水平轴向上对应到所采取的措施，再水平对应到垂直轴，所得值乘以地板面积就是屋顶水池面积。关于建筑物得失热量的估算，请参阅附录H"建筑物得失热量的估算"。

值得说明的是，屋顶水池在昼夜温差大、夜间晴朗的地区，降温效果更好。如果没有准确的设计依据，对于像住宅之类内部产热少的建筑，可采用下列推荐值：在热湿气候地区，水池面积/地板面积=1.0，有蒸发冷却时，此比值取0.75～1.0；在干热地区，水池面积与地板面积的比值为0.75～1.0，有蒸发冷却时，此比值取0.33～0.50。

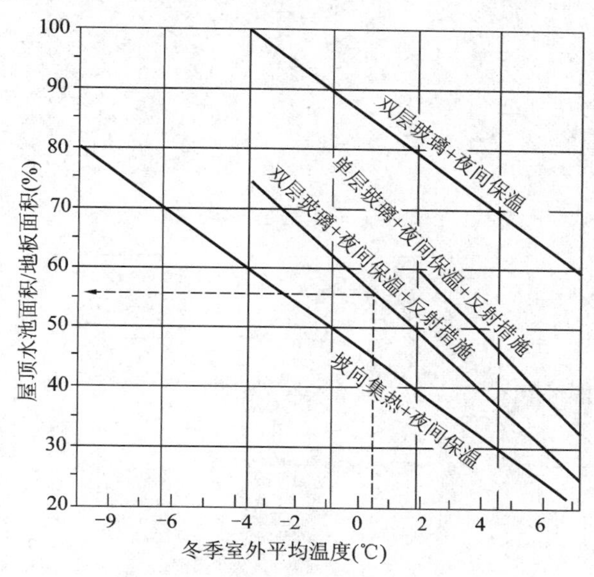

图5-86 采暖屋顶水池大小的确定

5.4.15 利用捕风器或夜间通风蓄冷降温

在低层高密度建筑区，由于建筑物对风的阻挡，很难使每栋建筑都有良好的通风，在这种情况，可利用捕风器。捕风器常置于屋顶上将空气从高处引入室内。利用捕风器有以下优点：一是因其位置高、面对的风速较大，获得相同通风量时，捕风口面积可比通风窗面积小；二是可捕捉任何方向的风，对建筑朝向没有严格要求。

在卡塔尔多哈城的卡塔尔大学，很多建筑物采用了八角形的形式(见图5-87)，其顶部装有一个正方形捕风器，可四面捕风(见图5-88)。哈桑·法塞在设计埃及New Bariz的露天市场时，考虑到庭院迎风一侧的商店对后面商店的通风有阻挡，他借鉴了传统建筑中的捕风器，设计了一系列高耸且不定向的捕风器，将风直接导入后面的商店下面两层；出风口上还装有倾斜的金属百叶风帽，以形成文丘里抽吸效应(见图5-89)。

设计捕风器时，首先，要注意的是降温月份的风向，可从当地风玫瑰图得到。然后，选择合适的捕风器，各种捕风器的形式和效率见图5-90。当风向恒定时，用埃及型捕风器较为合适；当风向在90°角的扇形范围内变化时，用巴基斯坦型捕风器较为合适；当风向变化为180°时，用伊朗型两面捕风器较为合适；当风从各向吹来的频率近乎相等时，用伊朗型四面捕风器较为合适。捕风器的捕风效率是指实际捕风量与理想捕风量之比值，理想捕风量为迎风口断面与风速之乘积。

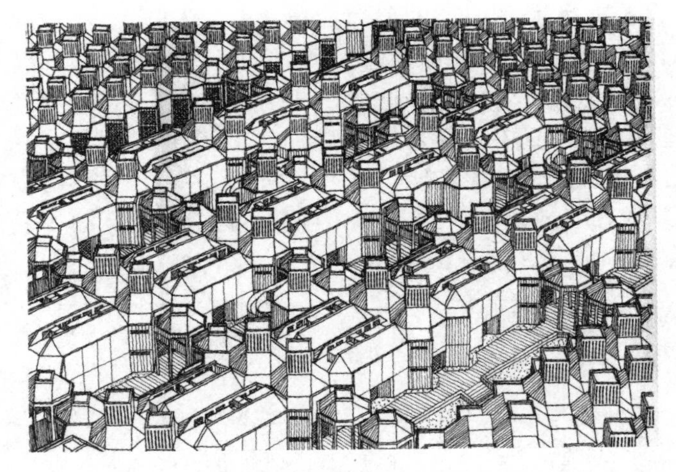

图 5-87　密集排列的卡塔尔大学八角形建筑[54]

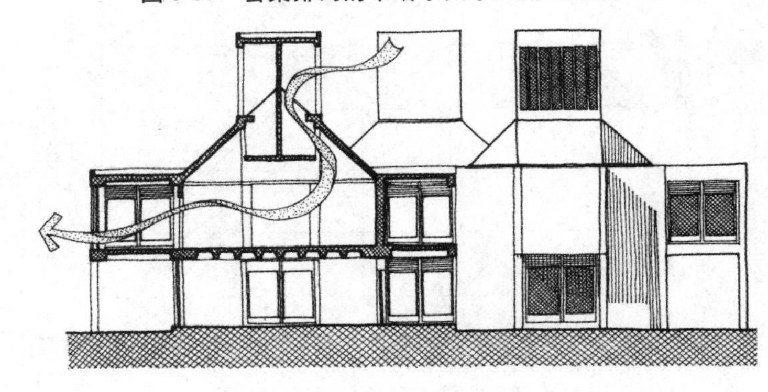

图 5-88　卡塔尔大学八角形建筑上的捕风器[54]

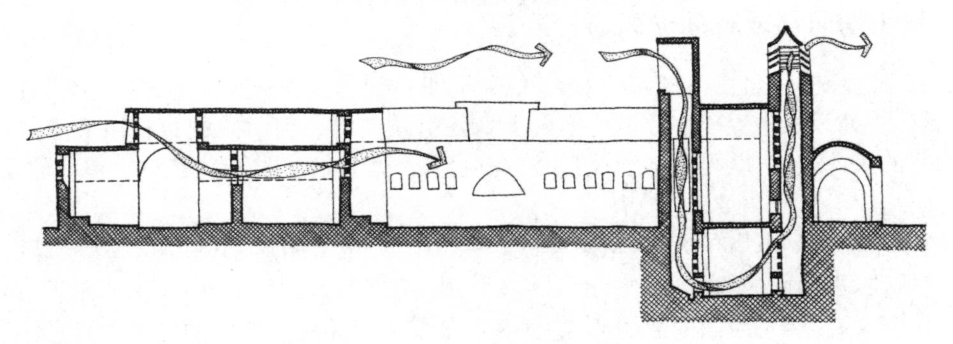

图 5-89　埃及 New Bariz 的露天市场剖面[54]

再次，是要注意捕风口的大小。可根据设计风速和建筑物得热量用图 5-91 来估计捕风器开口大小。该图是基于假设室内外温差为 1.7 ℃、风向入射角在 0°到 40°之间而得到的。如果室内外温差比 1.7 ℃小或大，开口按温差比例增大或减小，即乘以比值 $1.7/\Delta T$，ΔT 为实际室内外温差值。关于建筑物日得热量的估算，请参阅附录 H“建筑物热量得失的估算”。对于多向开口的捕风器设计，每个方向的开口面积都应足以带走建筑物的热负荷。单一方向的捕风口面积不应大于捕风塔的断面面积，而作为出风口的可开关窗户，其面积一般为进风口面积的两倍。

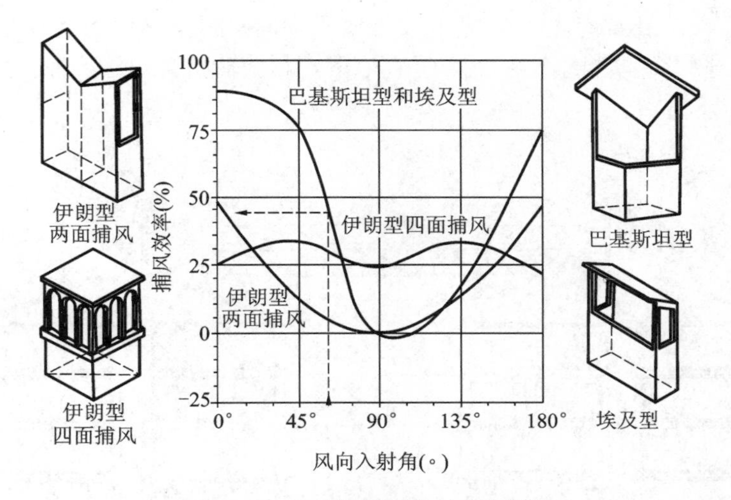

图 5-90　各种捕风器的形式和效率

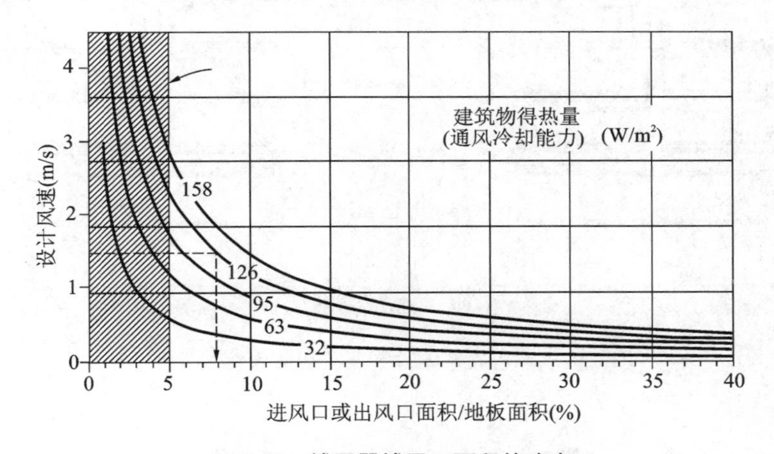

图 5-91　捕风器捕风口面积的确定

利用夜间通风蓄冷来冷却建筑物的典型实例，是津巴布韦的哈拉雷(Harare)Eastgate 大楼(见图 5-92、图 5-93)。在该楼中，只有一、二层商店使用了机械空调，而上层狭窄的办公区，全部用夜间通风蓄冷来降温。蓄冷体主要是地板和天花，其形状设计成凹凸形以增加与空气的接触面积。空气在风机的作用下首先进入中心庭院，然后向上经由 32 根垂直送风管水平分散到各层地板下面的间隙。夜晚，通风换气次数为 7 次/h，空气流经地板间隙冷却蓄冷体，然后从房间下部靠窗位置进入室内，沿对角线流过房间进入中心的汇集风管，最后由屋顶风塔排出。白天，风量减至能满足人们对室内新鲜空气的要求即可。图 5-93 是哈拉雷 Eastgate 大楼典型办公室的剖面图。

利用夜间通风和蓄冷体进行降温时，首先要注意的是蓄冷体的表面积、厚度、密度及其比热，因为它们是蓄冷能力的主要限制条件。蓄冷体的表面积与地板面积比值通常在 1∶1 和 3∶1 之间。

可以用图 5-94 和图 5-95 来估算蓄冷体的蓄冷能力，或根据所需要的冷却能力估算蓄冷体的面积。首先，根据气候条件，找到夏季夜间室外空气的最低温度 T_{min}，一般为日出前的温度值；然后选取舒适温度 T_{com}，求出温差 $\Delta T = T_{com} - T_{min} - 3$，$T_{com}$ 通常取 27 ℃，也可以规定为其他舒适值(27 ℃是舒适温度最高值，而蓄冷体的最低温度大约比室外最低气温高 3 ℃)；最后，将 ΔT 代入图

5-95 的左横轴，向上对应到蓄冷体材料线，从交点水平向右可得单位面积蓄冷体的冷却能力；如果已知蓄冷体面积与地板面积之比，则从交点垂直向下与右横轴相交，即得到相对于地板面积的总蓄冷能力。

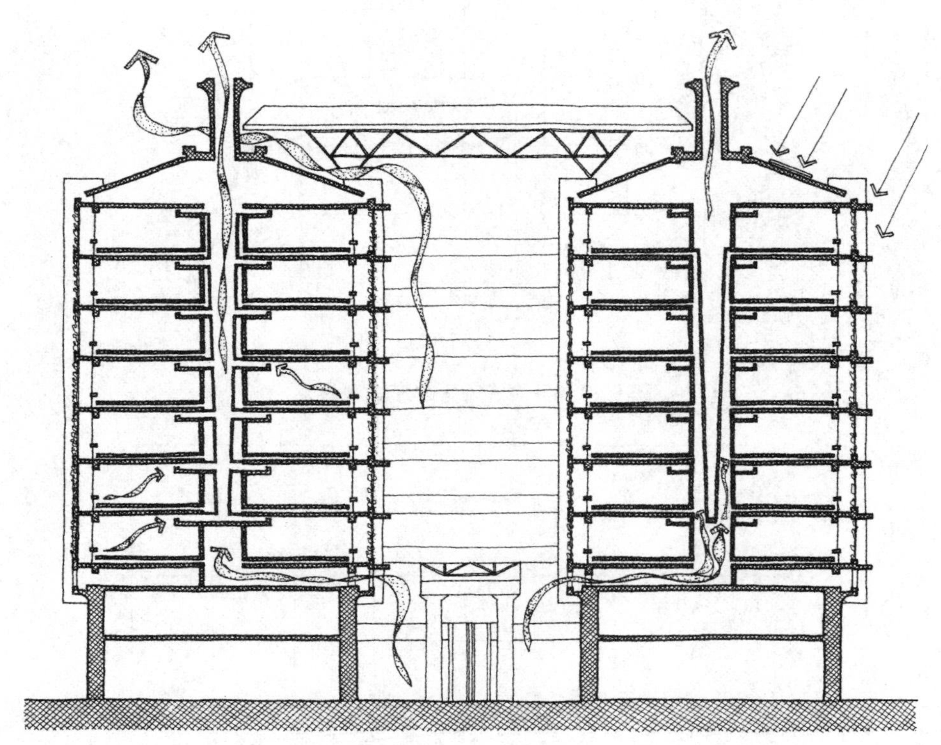

图 5-92　津巴布韦哈拉雷 Eastgate 大楼剖面[54]

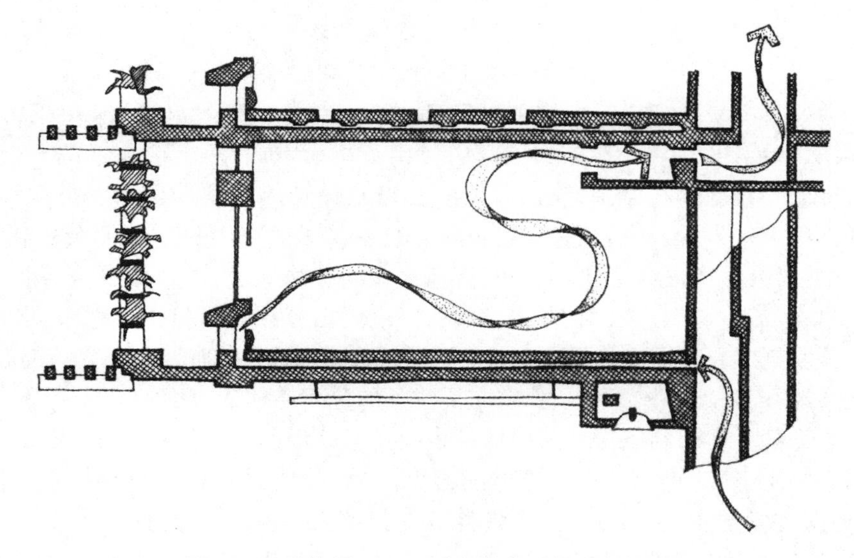

图 5-93　哈拉雷 Eastgate 大楼典型办公室剖面

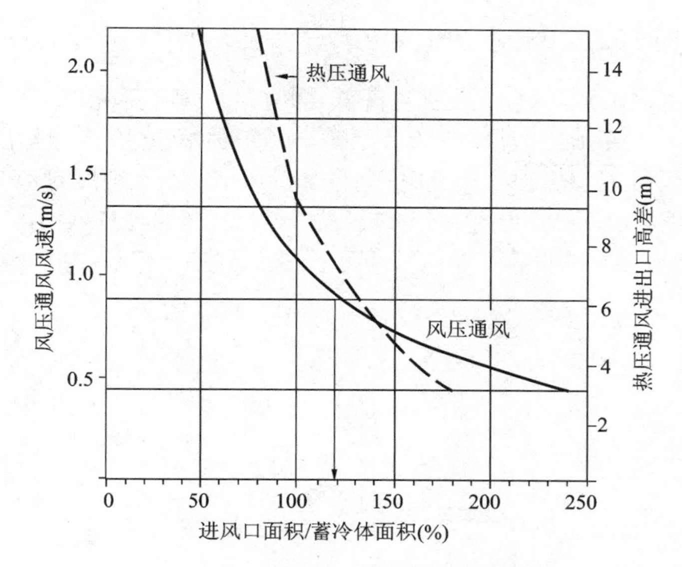

图 5-94　通风蓄冷进风口面积确定

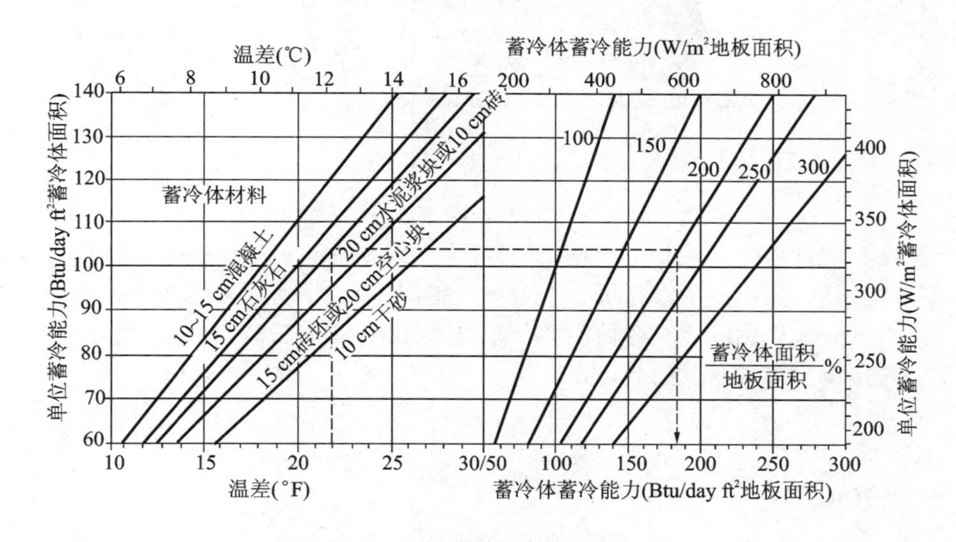

图 5-95　蓄冷体蓄冷能力估算

其次，要注意通风口的大小和通风量的多少。可以用图 5-94 来估算进风口面积。在纵轴上找到对应的风压通风风速或热压进出口高差，水平对应与相应的曲线相交，从交点向下可得进风口面积与蓄冷体面积之比值。

图 5-95 是基于室内外温差为 1.7 ℃、风压通风风向入射角为 0°～45°得到的。温差大于或小于 1.7 ℃时，进风口面积大小需调整，请参阅附录 I“风压、热压、混合通风冷却能力的估算”。

值得说明的是，由于暖空气上升，天花板和墙壁比地板容易吸收热量，所以用天花板和墙体作为蓄冷体效果更好。如果蓄冷体被置于人们看得见的地方，人体还会向其辐射而散热。值得一提的是，蓄冷体必须置于阴凉处，避免夏季阳光直射；另外，蓄冷体也可用作承重结构，从而发挥双重功效。

5.4.16 利用蒸发冷却或水域对空气降温

水在干燥的空气中蒸发时，会使空气温度降低，同时使空气湿度增加。利用这一原理可在干热气候区实现空气降温。中东地区的传统民宅(见图 5-96)是利用蒸发冷却降温的典型范例。在那里，室外空气非常干燥，相对湿度往往低于 30%；西北热风被屋顶上斜度为 45°的捕风器导入，经通风井中一排陶质水罐的滴水冷却，再由润湿木炭过滤，最后掠过水池进入室内。通风井宽度一般为 0.9～1.2 m，进深为0.6 m。在没有主导风的情况下，通风井中空气被蒸发冷却，密度增大，自动下沉，从而形成热压通风。

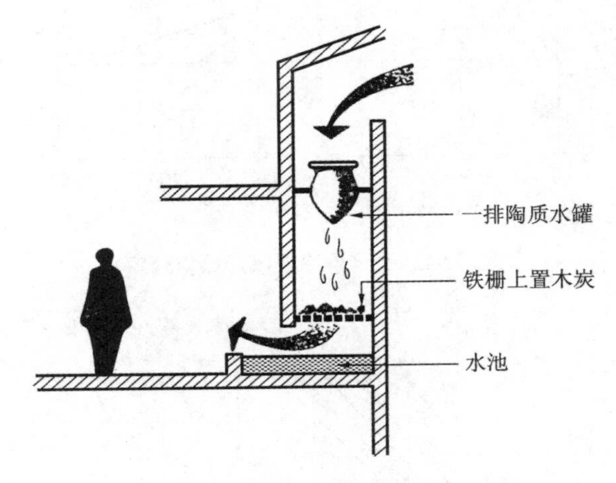

图 5-96 中东传统民宅中蒸发冷却技术[62]

哈桑·法塞在设计埃及 Kalabash 的总统别苑(the president rest housing)时，借鉴了这种传统的蒸发冷却技术。他在通风井中设计了一个喷淋系统，并提高了通风井进出口高度。空气在通风井中经过一系列多孔金属网状湿炭盘被加湿冷却，从通风井的下部流出，经过娱乐房间后，最后从拱状的高窗或热压排风口排出(见图 5-97)。

图 5-97 埃及 Kalabash 的总统别苑剖面[54]

影响蒸发冷却塔设计的因素很多，主要有室外干湿球温度、进出风口高差、进风口大小、建筑物的得热量。可用图 5-98 估算蒸发冷却塔的高度或进风口大小。当估算蒸发冷却塔的高度时，首先从当地气象资料找到夏季室外设计干球温度 T_d 和湿球温度 T_w，得出干湿球温差 T_d-T_w。然后根据该温差和干球温度可在左下图中得出一交点，再由该交点水平向右与要求的冷却量曲线相交，在右下图中得一交点。最后在知道进风口面积的情况下，由右下交点垂直向上可在右上图中得出一交点，再由此交点向左与对应的向下虚线相交，交点对应的高度值即为要确定的冷却塔高度。当估算进风口大小时，从干湿球温差值和蒸发冷却塔高度，就可在左上图中确定一交点，由该交点水平向右与对应的向上虚直线相交，交点可确定进风口面积。也可以用图 5-98 估算现有冷却塔的冷却能力，在这种情况下，就要已知冷却塔和气候的相关参数。关于建筑物得失热量的估算，请参阅附录 H“建筑物得失热量的估算”。

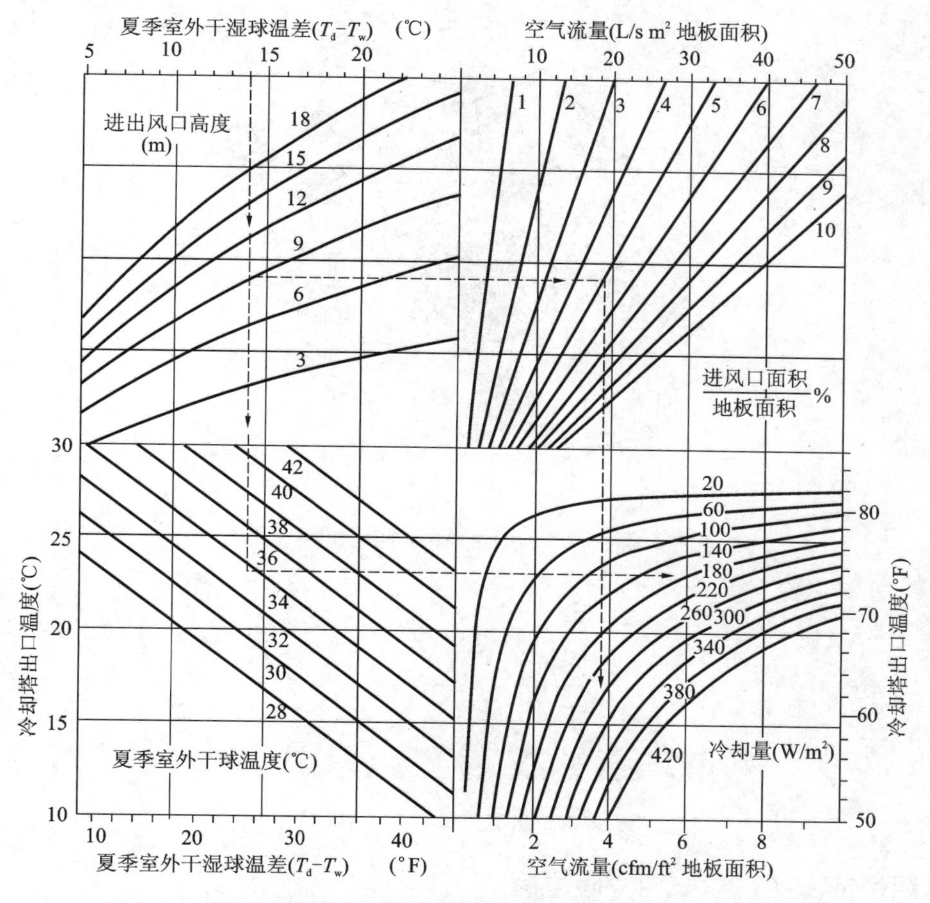

图 5-98　蒸发冷却塔高度或进风口面积的确定

值得说明的是，图 5-98 是基于蒸发效率为 75％且冷却塔隔热良好而得到的，如果不采取隔热措施，热量会经由塔壁而加热被冷却的空气，从而降低系统的冷却效率。另外，蒸发冷却耗水量很少，可用光伏电池驱动功率很小的电水泵供水。空气下沉自动提供空气流动动力，不需风扇。只要有供空气流动的出口，房间可布置在塔的两侧或四周。由于冷却塔是从高于屋面的地方吸入空气，这与干热气候条件下典型的紧凑式、庭院式组织房屋的布局非常匹配，因为紧凑式、庭院式布置的房屋比分散式布置的房屋有较少的机会获得风压通风。另外，出口空气也可用于相邻的庭院制冷。

当空气掠过水池时，其表面的水分会蒸发到空气中，从而对空气有降温作用。水面对空气的降温效果取决于水的表面积大小、室外风速大小、空气的相对湿度以及水体的温度。在设计水体降温时，要注意风的方向和水体的表面积大小。一般情况下，1 m² 的水面其降温能力为 200 W 左右，这表明空气与水面的热交换很少。因此,要增加水对空气的降温能力,采用喷洒和喷雾形成很细的水滴,增加水和空气的有效接触面积是一种很有效的方法。

由伊朗建筑师萨巴(Fariburz Sahba)设计的位于印度首都新德里的母亲寺庙,用了9个下沉式水池(见图5-99)。由于寺内温度高而周围水池温度低,所以周围空气受水池冷却后,自动从地下室导入中央大厅,最后由寺顶的排气口排出。建筑中还设置了辅助风扇,必要时可进行辅助通风(见图5-100)。关于母亲寺庙的外形图,请参阅图6-15。

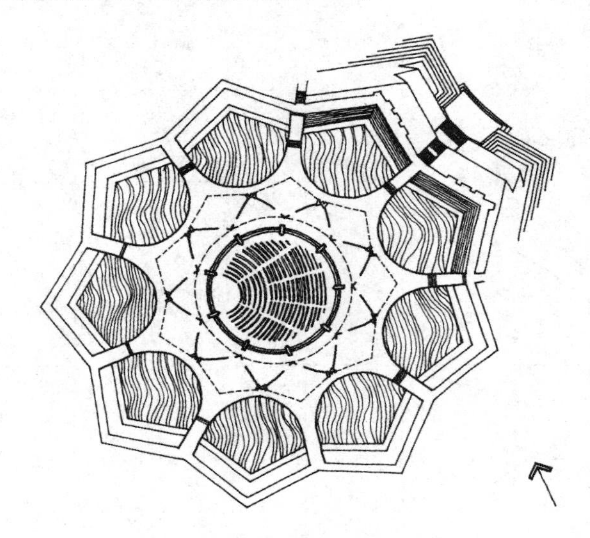

图5-99 新德里母亲寺庙平面[54]

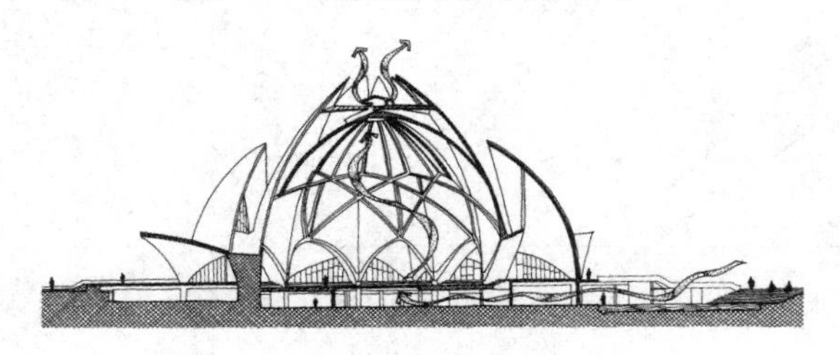

图5-100 新德里母亲寺庙剖面[54]

5.4.17 利用覆土实现建筑内冬暖夏凉

众所周知,较厚的土层不仅有良好的保温隔热能力,而且有相当好的热稳定性,对日温度波动和年温度波动都有衰减作用。土层温度在冬季高于外界温度,而在夏季又低于外界温度。通常地表以下0.6 m处,温度几乎不受日温度波动影响。1 m以下,年温度波衰减1.5倍;2 m以下,年温度波衰减2.3倍;3 m以下,年温度波衰减3.5倍;10 m以下,地层温度受年温度波影响就很小了。利用覆土实现室内冬暖夏凉的典型实例是遍布于我国黄土高原的窑洞民居。图5-101是日本学者在我国河南省洛阳市冢头村测得的窑洞内夏季温度变化。

覆土建筑有三种基本形式:一是将建筑物全部埋在地下;二是将建筑物周边用土围合;三是将建筑物一部分埋入坡地中。由F. L. 赖特设计的简·考斯特住宅Ⅱ使用了上述第二种形式(见图10-9),将建造下沉式花园而挖出的土用于覆盖住宅的北面,既起到保温隔热的作用,又保护住

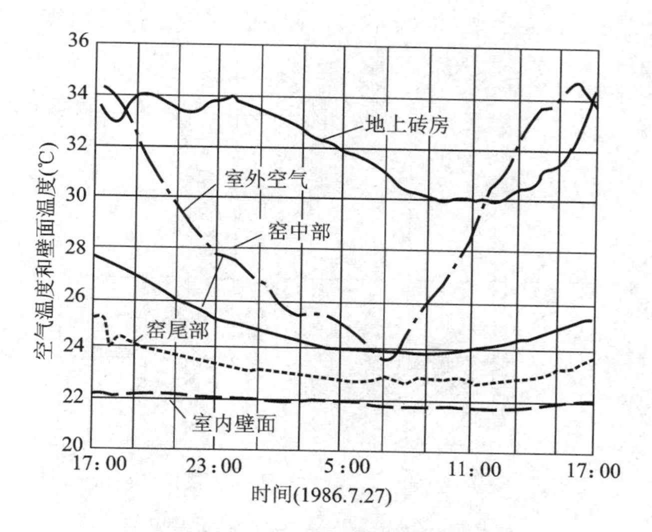

图 5-101　窑洞民居夏季室内温度变化

宅免受冬季的冷风侵袭。南面的墙和花园都为开放式，充分利用了冬季太阳日照。这种布置形式与美国威斯康星州寒冷气候是相适应的，它遵循了“冬季避风，争取日照”的设计原则。

值得说明的是，设计覆土建筑时，除了要综合考虑结构、防水、维护、节能等问题外，通风和采光也是必须重点考虑的问题，特别是对于全覆土建筑，采光、通风较难处理。图 5-102 示出了几种覆土建筑的通风、采光处理办法。可通过设计天窗或庭院采光，也可以通过单侧或多侧采光。通风不仅提供新鲜空气，还要带走室内热量和湿气，如果不能直接利用室外风，可利用捕风器或烟囱效应来实现通风。

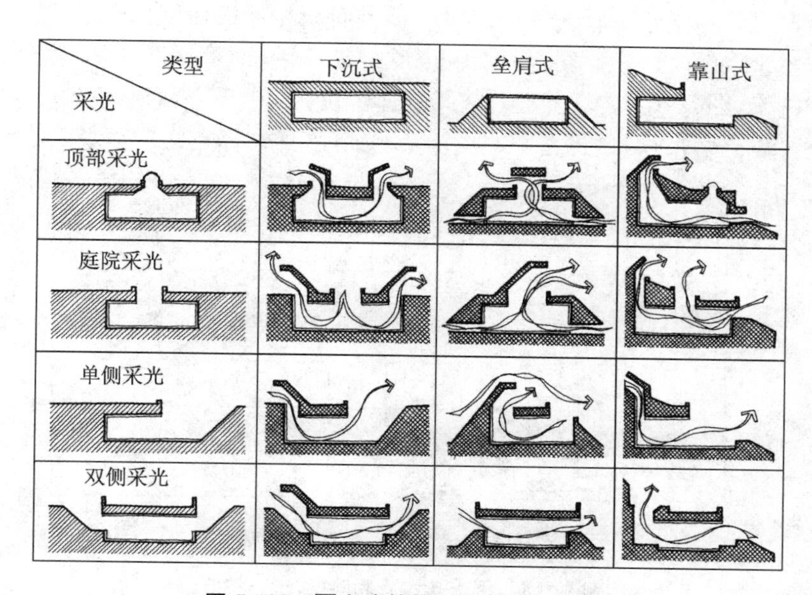

图 5-102　覆土建筑的采光、通风示意图

冬季，由于覆土建筑室内气温与地层温度差别很小，底层地板的热损失往往可忽略不计。覆土建筑的热损失可以通过覆土的热阻 R 值计算出来，从图 5-103 的横坐标找出覆土顶部与底部下沉深度引垂线向上与覆土形式线相交，再水平向右找到相应的覆土特性可得一交点，由交点向下对应右图水平轴线所得的值即为下沉深度处的热阻。

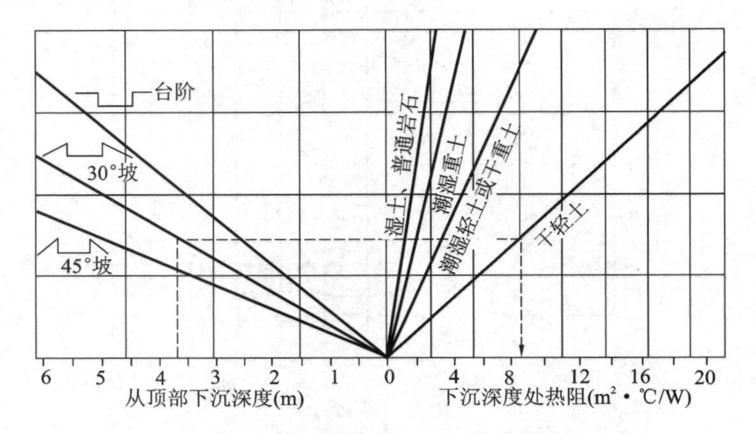

图 5-103　覆土建筑冬季保温能力估算

用这一方法得到顶部与底部热阻后，用其平均值代表覆土的热阻，由平均热阻加上围护结构本身热阻和内外表面热转移阻就可得到总热阻。最后，用室内外空气温差除以总热阻即可得平均的散热热流。用平均散热热流乘以覆土内壁面积即得出覆土散热量。关于建筑物得失热量的估算，请参阅附录 H“建筑物得失热量的估算”。

夏季，覆土具有一定的降温能力，可以用图 5-104 确定满足降温要求的覆土内壁面积。首先，找出覆土的平均深度并确定对应的地下温度；然后，在图 5-104 左边横坐标中代入地层的温度，垂直向上移动与代表地板或墙的平均热阻的斜线相交，由交点向右移动到右图中与代表建筑物得热速率的曲线相交；最后，由交点垂直向下得出覆土接触面积与地板面积的比值，用该比值乘以地板面积即为所求的覆土接触表面积。图 5-104 也可反过来使用，即可从已知的覆土面积估算其冷却能力。值得说明的是，图 5-104 是基于室内空气舒适温度为 26.7 ℃而得到的。另外，不同的地板和墙体的表面积可以分别估算，再将它们的冷却量相加，这样估算更为准确。

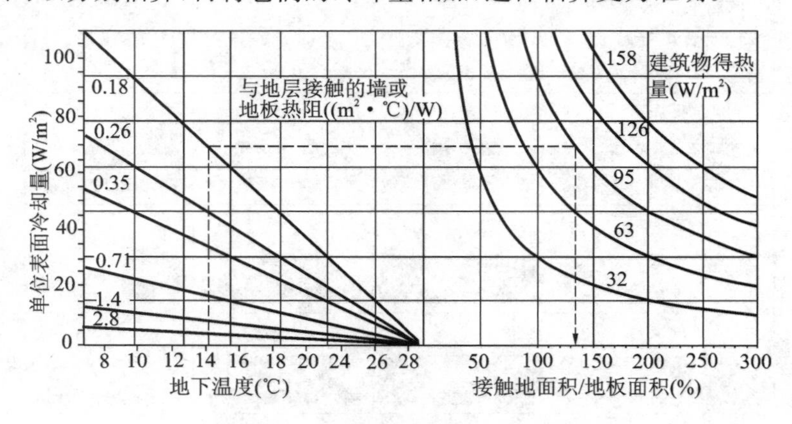

图 5-104　覆土建筑夏季隔热能力估算

第 6 章　建筑的仿生设计

“物竞天择，适者生存”，提示了自然界中存在的生物体其机能的合理性，具有“自然的结构”能最好地满足功能和最佳地适应其存在的环境。在人类认识水平和智慧尚有限的情况下，模仿自然、效法自然，不仅是解决问题的一种有效的途径，而且无意之中契合了自然的某些法则。模仿是生物的天性，是人与动物活动的基本特征，可以说，人类发展过程中充分发挥了模仿的本能，这其中就包括仿生设计。建筑仿生设计古已有之，时至今日仍然是高效的创新途径之一。仿生设计作为生态建筑设计的方法之一，不仅是建筑师创作的灵感源泉，成就新颖别致的建筑造型，而且因其模仿了生物的自然属性，凸现建筑的人性化，为建筑与环境的共生融合添砖加瓦，促进建筑环境的可持续发展。

6.1　建筑仿生设计的产生与分类

6.1.1　建筑仿生设计的产生

建筑仿生是建筑学与仿生学的交叉学科。随着生产的需要和科学技术的发展，20 世纪 50—60 年代，生物学跨入各行各业技术革新和技术革命的行列，而且首先在自动控制、航空、航海等军事部门取得了成功，生物学和工程技术学科结合渗透从而孕育出一门新生的科学——仿生学。1960 年 9 月美国空军航空局在俄亥俄州的戴通召开的第一次仿生学会议标志着仿生学作为一门独立的学科诞生。随着仿生学的诞生，在建筑领域里，建筑师和规划师们开始以仿生学理论为指导，系统地探索生物体的功能、结构和形象，使之在建筑方面得以更好地利用，由此产生了建筑仿生学这门学科，它包含了众多子学科，如材料仿生学、仿生技术学、都市仿生学、建筑仿生细胞学和建筑仿生生态学等。建筑仿生学将建筑与人看成统一的生物体系——建筑生态系统。在此体系中，生物和非生物的因素相互作用，并以共同功能为目的而达到统一。它以生物界某些生物体的功能组织和形象构成规律为研究对象，探寻自然界中科学合理的建造规律，并通过这些研究成果的运用来丰富和完善建筑的处理手法，促进建筑形体结构以及建筑功能布局等的高效设计和合理形成。

建筑仿生设计是建筑仿生学的重要内容，是指模仿自然界中生物的形状、颜色、结构、功能、材料以及对自然资源的利用等而进行的建筑设计。它以建筑仿生学理论为指导，目的在于提高建筑的环境亲和性、适应性及对资源的有效利用性，从而促进人类和其生存环境间的和谐。在建筑仿生设计中，结合生物形态的设计思想来源深远，与建筑史有着紧密的联系，它为建筑师提供了一种形式语言，使建筑能与大众沟通良好，更易于接受，满足人们追求文化极大丰富性的潜能。建筑仿生设计还暗示建筑对自然环境应尽的义务和责任，一栋造型像自然界生物或是外观经过柔和处理的建筑要比普通的高楼大厦或是方盒子建筑更能体现对环境的亲和，提醒人们对自然的关心和爱护。

6.1.2 建筑仿生设计的分类

建筑仿生设计一般可分为造型仿生设计、功能仿生设计、结构仿生设计、能源利用和材料仿生设计四种类型。造型仿生设计主要是模拟生物体的形状、颜色等，是属于比较初级和感性的仿生设计。功能仿生设计要求将建筑的各种功能及功能的各个层面进行有机协调与组合，是较高级的仿生设计，要求我们在有限的空间内高效低耗地组织好各部分的关系以适应复合功能的需求，就像生物体无论其个体大小或进化等级高低，都有一套内在复杂机制维持其生命活动过程。建筑功能仿生设计又可分为平面及空间功能静态仿生设计、构造及结构功能动态仿生设计、簇群城市及新陈代谢仿生设计等。结构仿生设计是模拟自然界中固有的形态结构，例如生物体内部或局部的结构关系。结构仿生设计是发展得最为成熟的建筑仿生分支学科，也是迄今为止最为广泛运用的。目前已经利用现代技术创造了一系列崭新的仿生结构体系。例如，一滴水珠和蛋壳的启发成就了自由抛物线形的张力和薄壁的高强性能，柱子和苇草的中空圆筒形断面启发形成了筒状壳体的运用，蜘蛛网的结构体系运用到索网结构中。结构仿生可分为纤维结构仿生、壳体结构仿生、空间骨架仿生和模仿织物干茎的高层建筑结构仿生四种。能源利用和材料仿生是建筑仿生设计的新方向，由于生态建筑特别强调能源的有效利用和材料的可循环再生利用，它是建筑仿生设计未来的方向。

6.2 建筑仿生设计原则和方法

6.2.1 建筑仿生设计原则

(1)整体优化原则。

许多在仿生建筑设计上取得卓越成就的建筑师非常强调整体性和内部的优化配置。巴克敏斯特·富勒集科学家、建筑师于一身，很早就提出：“世界上存在能以最小结构提供最大强度的系统，整体表现大于部分之和。”他创造了许多高效、经济的轻型结构；在其思想指引下的福斯特和格雷姆肖通过优化资源配置成就了许多高科技建筑名作。

(2)适应性原则。

适应性是生物对自然环境的积极共生策略，良好的适应性保证了生物在恶劣环境下的生存能力。北极熊为适应天寒地冻的极地气候，毛发浓密且中空，高效吸收有限的太阳辐射，并通过皮毛的空气间层有效阻隔了体表的热散失。仿造北极熊皮毛研制的特隆布墙被广泛地运用于寒冷地区的向阳房间，提升室内温度，取得了良好的效果。

(3)多功能原则。

建筑被称为人的第三层皮肤，因此它的功能应当是多样的，除了被动保温，还要主动利用太阳能；冬季防寒保温，夏季则争取通风散热。生物气候缓冲层就是一项典型的多功能策略，指的是通过建筑群体之间的组合、建筑实体的组织和建筑内部各功能空间的分布，在建筑与周围生态环境间建立一个缓冲区域，在一定程度上缓冲极端气候条件变化对室内的影响，起到微气候调节效果。

6.2.2 建筑仿生设计方法

(1)系统分析。

在进行仿生构思时，首先要考虑自然环境和建筑环境之间的差别。自然界的生物体是启发建筑灵感的来源，却不能简单地照搬照抄，应当采用系统分析的方法来指导对灵感的进一步研究和落实。系统分析的方法来源于现代科学三大论之一——系统论，系统论的三个观点：第一，系统观点，就是有机整体性原则；第二，动态观点，认为生命是自组织开放系统；第三，组织等级观点，认为事物间存在着不同的等级和层次，各自的组织能力不同。元素、结构和层次是系统论的三要素。系统分析的方法不仅使我们对生物体本身的特性进行了解，同时使我们从建筑和生物纷繁多变的形态下抓住其共同的本质特征，以及结构的、功能的、造型的共通之处。

(2)类比类推。

类比方法是基于形式、力学和功能相似基础上的一种认识方法，利用类比不仅可在有联系的同族有机体中得出它们的相似处，也可在完全不同的系统中发现它们具有形式构成的相似之处。一栋普通的建筑可以看成生命体，有着内在的循环系统和神经系统，这样类比可得出人类建造活动与生物有机体间的相似性原理。

(3)模型试验。

模型试验是在对仿生设计有一定定性了解的基础上，通过定量的试验手段将理论与实践相结合的方式。建立行之有效的仿生模型，可以帮助我们进一步了解生物的结构，并且在综合建筑与生物界某些共通规律的基础上，开发一种新的创作思维模式。

6.3　建筑造型仿生设计

6.3.1　建筑象形仿生设计

生物体具有象征意义，既有全人类共同的认识，也有在各国文化体系中所形成的各自不同的观点，例如动物中鸽子意味着和平、圣洁和活力，蝎子意味着邪恶、憎恨，而植物中我国以牡丹、竹子等为贵，日本又以樱花为重。正是生物具有的象征意义，使得建筑师可以运用象征性的模仿来表达其想法和体现共同的价值观。另外，大自然是经济的，经过数百万年进化的生物以最低消耗的方法来满足其生存需要，建筑可以通过仿生设计求得对各类资源的最小消耗。象形仿生建筑的例子涉及了生物大家庭的大多数门类，对生物象征的模仿运用显示出我们生命中所期盼的，并非是生物的外在特征，而是其共有的内在品质——生命本能。弗兰克·盖里、尤金·崔和迈克尔·索金等人的建筑工作室擅长于将生物象形同建筑功能及时代风格相结合，许多作品都有象形仿生的构思，形成一系列具有标志性、新潮前沿的建筑实例。

解构派大师弗兰克·盖里的作品当中鱼和蛇是重要的并且经常出现的象形仿生对象。在斐欧娜·拉基普(Fiona Ragheb)分析盖里的书中谈到："鱼的频繁出现是功能对形式、结构灵活性的需要。"同时，钛作为其常用的建材能营造流动的曲面和生物体般的光泽。正如查尔斯·詹克斯所形容的："一个新的交叠的弯曲表面，像鱼鳞或者犰狳皮。"他取材于美国本土，辅以新颖的创造和灵巧的构思，使用相近地区的风格来处理钛这种有光泽感的建筑外贴面材，成为具有凝聚力和标志性的个人风格的体现。刘易斯住宅(见图 6-1)是他的重要作品之一，以巨大的像鲸一样造型的建筑物形成一组建筑阵列，包括配套设施(一个饭店标准的

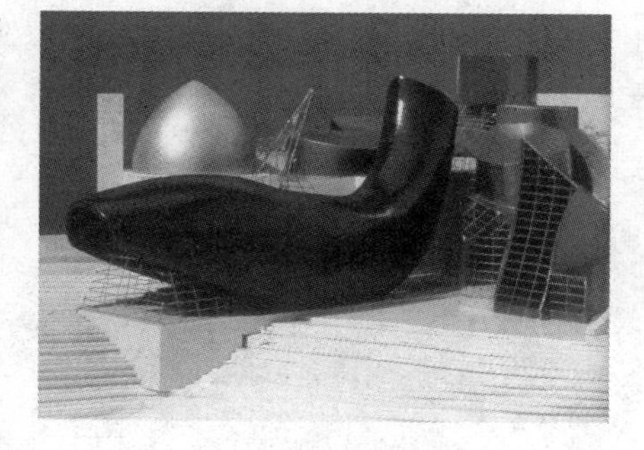

图 6-1　刘易斯住宅[68]

厨房、一个室内游泳池、一些客房),采用了大胆的雕塑般的处理。

迈克尔·索金认为建筑的实质是为人类的存在而服务的,如汽车和望远镜是人类的脚和眼睛的延伸那样,建筑也是人类器官如眼睛、耳朵、大而新奇的鼻子、长而有力的脚及叶脉状的肺部等的延伸。他主张模仿是最基本的形式来源,而对自然的模仿又是其中的根本方式。他设计的海滩住宅(Beached Houses)(未建)将鲤鱼(见图 6-2)形态引用到建筑外观设计中,架空形式的"鲤鱼"的鱼鳍是浴室,采用拥抱大地的方式,上层开设长条形天窗。

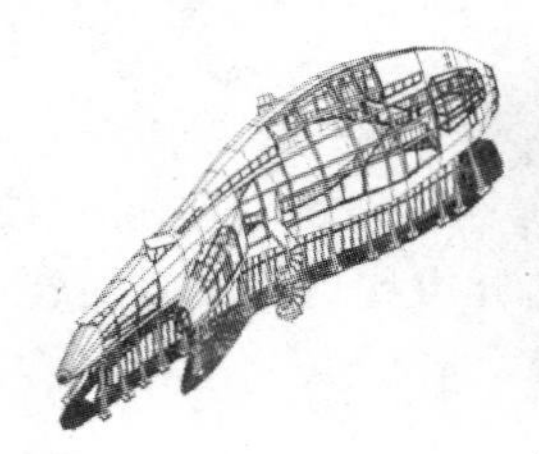

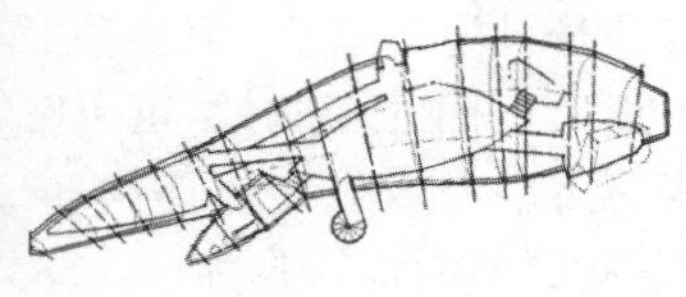

图 6-2 海滩住宅"鲤鱼"轴测、模型和平面图[69]

美籍华人建筑师尤金·崔致力于"进化式建筑"的表达方法,且从事着本土化探索,采用廉价的、现成的建筑材料,加入自己特殊的自然语汇,创造出既有几何形态,又有有机形式且具有精美结构的建筑,具有明显的动物象征主义的风格。他认为自然的形态是最为合理和优美的。他经常以色彩和材质对动物体进行模拟,包括贝壳形式、臭虫的眼睛、鳞片和鱼鳍等。美国加利福尼亚的雷耶蜻蜓住宅(见图 6-3),是崔氏第一个建成的"进化式建筑"的实例。他通过对蜻蜓样本翅膀运动的观察,确定了住宅的结构和功能细部,用有机透明材料将客厅屋顶造型设计成一只蜻蜓,加固屋顶翼板主次拉索的方向,6 m 长的透明玻璃纤维蜻蜓翅膀可以根据通风采光要求开启和关闭。蜻蜓的眼睛就是屋顶的采光天窗,满足形态美的同时优化了室内环境。

图 6-3 美国加利福尼亚的雷耶蜻蜓住宅图[67]

伯兹·波特莫斯·拉萨姆参与了欧洲海滨小镇莫克姆的濒海区城镇重建方案竞赛,虽然政府未把这个没落小镇的重建最终执行,但设计师提供了一个令人惊奇的、鲜亮的想法:受到光、当地集市上厚重的钢结构以及维多利亚海滨极度铺张印象的影响和启发,由钢结构和玻璃等构成的四只光亮的彩色大虾建在滨海防浪堤的地基上(见图 6-4),代表着从前这里未合并前的四个村落,目前的功能分别为娱乐中心、音乐厅、码头和救生艇站。四只大虾如发光的宝石点缀着带有休息亭和娱乐小摊的海边林荫道。

约翰·威尔金森设计的赌城拉斯维加斯的米高梅旅馆(见图 6-5)。该旅馆模仿卧狮的造型,主入口位于狮子的嘴巴。象形的模仿运用于旅馆建筑起到了很好的识别作用。类似的有澳大利亚的鳄鱼旅馆,该旅馆位于达尔文附近 250 km 处的卡卡杜国家公园内,建筑模仿凶恶的鳄鱼形态,将 150 间客房集中布置在鳄鱼的腹部,腹部的中央是露天的酒店庭院,附设游泳池和餐厅,尾部是厨房等清洁后勤场所,中央空调系统位于鳄鱼的眼睛,门柱仿照鳄鱼狰狞的牙齿,旅客穿过牙缝进入大堂,鳄鱼的四肢是楼梯。

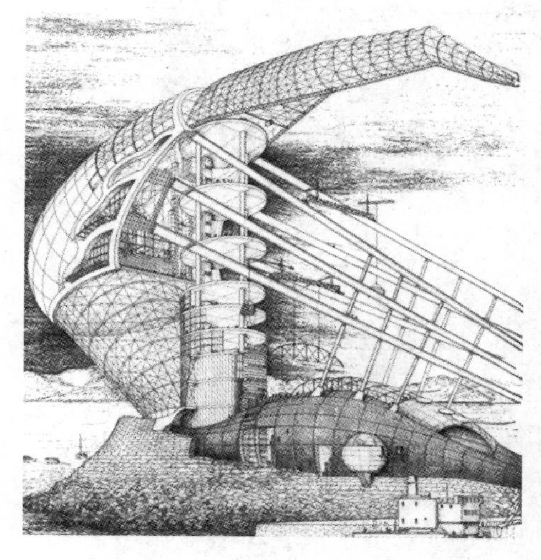

图 6-4　伯兹·波特莫斯·拉萨姆的海滨大虾[67]

图 6-5　米高梅酒店卧狮造型[70]

6.3.2　抽象仿生设计

通过对自然生物形态的抽象而得来的建筑造型是建筑特有的有机造型,与象形仿生相比,抽象仿生更为深刻有内涵,更具有建筑意味,是大量象形仿生建筑更应当采用的手法。抽象仿生的手法由来已久,古希腊柱式的人体模拟,多立克柱式模仿男性比例,体现粗壮刚劲之美;爱奥尼克柱式模仿女性特征,体现柔美典雅之美。现代建筑当中也有许多建筑师追求创新,营造建筑与自然的和谐,结合当时其他艺术领域对建筑的启发,设计出的建筑造型与自然形态有众多相似之处,受表现主义和有机建筑理论影响的建筑师创造了很多抽象仿生建筑造型的范例。

安东尼奥·高迪(Antonio Gaudi)是建筑领域当中表现主义的一位大师。表现主义的指导思想是反叛传统教条、拯救机械时代沦落的人性和艺术,受此影响,高迪的建筑融合了各种自然的形态和色彩,具有动感和韵律。1883 年的巴塞罗那神圣家族教堂具有钟乳般高耸的塔身,是哥特建筑的另类解释(见图 6-6、图 6-7)。高迪用生物界共有的粗犷而富有动势的曲线营造了梦境般的宗教境界,螺旋状的支柱源于树干的启迪,屋顶的起伏是对地中海波浪的模拟。之后在 1910 年的米拉公寓中(见图 6-8),高迪对于自然的抽象仿生手法得到了更为集中和充分的表现,自由浮动如波浪般的檐线,明显如动物骨骼的墙身,整座建筑具有野性的张力和生命的律动,隐喻着这座海滨城市战胜蛟龙的古老传说。

图 6-6　神圣家族教堂外景[71]

图 6-7　神圣家族教堂内景[71]

图 6-8　巴塞罗那米拉公寓[71]

门德尔松(Eric Mendelsohn)受到高迪和画家雨果·巴尔等人的启发,开始探索将建筑与环境糅合的塑性建筑。爱因斯坦天文台是门德尔松最有影响力的建筑,如雕塑般的外表下被注入了更多富有哲理的隐喻内容和纪念性因素(见图 6-9)。建筑的主体大量采用弧形的墙身模拟生物曲线,开凿的门窗形状模仿生物窝居的洞口形式,使人们联想这个建筑如同一个伸长脖子、行动笨拙的动物,底层是夸张的巨大的爪子。

勒·柯布西耶的作品体现了有机主义的句法。朗香教堂的有机造型在当时受几何学思维惯性影响的建筑界引起了极大的震动(见图 6-10)。

朗香教堂的隐喻给人丰富的联想,合拢的双手、浮水的鸭子、航空母舰、修女的帽子或是攀肩站立的两个修士等,这种联想见仁见智、模糊不清、层出不穷(见图 6-11)。有学者认为,柯布西耶的朗香教堂前承高迪、门德尔松的表现主义,后启 50 年以后的隐喻主义和形态上的有机主义,是现代主义向后现代主义转化的顶级力作。

图 6-9　爱因斯坦天文台[72]

图 6-10　朗香教堂外景

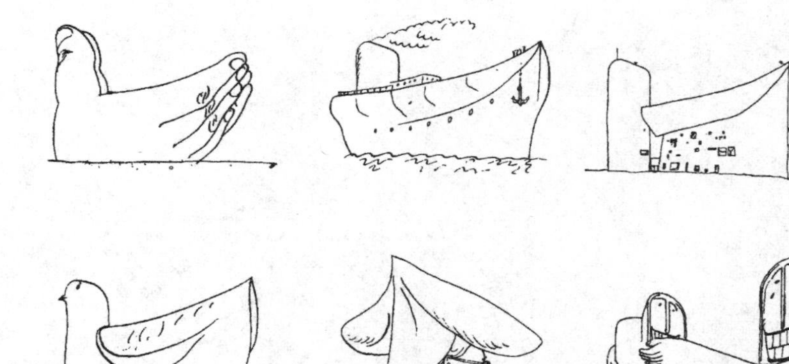

图 6-11　朗香教堂的隐喻[72]

圣地亚哥・卡拉特拉瓦是一位将结构美和建筑美紧密结合的设计师，他的作品把艺术、科学、技术融为一体，不仅从自然生物的外部形态中获取建筑的形式表现灵感，也善于从人和动物的运动方式和内部结构形式中，寻找一种最能体现生命规律和自然法则的结构方法，他认为“运动就是美，古典主义在过去就了解这一点……奔驰的高速列车的美和 21 世纪未来派探索的美具有相同的性质”。卡氏的建筑往往处于一种模拟生命运动而呈现出“跃跃欲动”的态势，使人们对之产生一种期待感和联想。

法国里昂赛特拉斯火车站是卡氏的作品之一，它模拟了展翅欲飞的大鸟形态，与埃罗・沙里宁的纽约环球航空公司候机楼(TWA)颇为类似，隐喻了对行驶速度的期盼。高翘的屋檐结合了翅膀的造型，侧面看可联想到食蚁兽，内部玻璃窗棱又有动物肋骨的张弛感(见图 6-12)。美国威斯康星州的密尔沃基艺术博物馆，位于主要街道威斯康星大街的轴线上。从大街经由人行天桥进入建筑，建筑顶部翘起的脊骨两边对称地链接了悬臂结构，72 根由 8 m 渐变至 32 m 的肋，是鸟翼骨骼的模拟，形成展翅起飞的动感翼形百叶窗，这一百叶窗也成为宣告展览开放的标志(见图 6-13)。

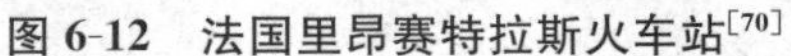

图 6-12 法国里昂赛特拉斯火车站[70]

图 6-13 密尔沃基艺术博物馆[73]

伍重设计的广为人知的悉尼歌剧院也是抽象仿生的实例，海边选取与海有关的元素贝壳，形式美的外表下引发人的联想。类似的还有位于阿联酋迪拜的伯瓷酒店（见图 6-14），海边的酒店抽象了船帆的造型；设计师萨巴的印度母亲寺庙仿生荷花的造型寓意圣洁和优美（见图 6-15）。

图 6-14 阿联酋伯瓷酒店[74]

图 6-15 印度新德里母亲寺庙[75]

6.4 功能仿生设计

6.4.1 平面及空间功能静态仿生

平面及空间功能静态仿生是在平面形态上或空间架构上模仿生物体的自由曲线或保护壳体空间，如在蜗牛壳般的螺旋形内部空间布置大小不等的使用房间、条形平面结合虫子般的节状空间等。目的在于合理安排建筑功能，丰富建筑造型，探索和实现新的建筑思维。许多知名建筑师纷纷采用了平面和空间功能的仿生手法，以一种含蓄的、更有深度的方式对仿生这一新的建筑文化进行尝试。

维尔金森·埃尔在英国伯明翰郊区设计的综合电影院（见图 6-16）内置了共 20 个大小不同的电影厅，共处于一个有斐波纳契数列逻辑关系的鹦鹉螺壳状螺旋形空间中，组成的 8 个大小递减的单元围绕中庭依次分布，产生了共享大厅和通往各影厅的交通坡道。平面螺旋放射状的影厅组被光滑的外墙包围，外观难以看出其内部平面关系，却可在空间的游历中感受到自然生长的状态（见

图 6-17)。另外,在他设计的奥迪英国公司总部方案中,平面模拟了鳐鱼的形态,具有不对称翼形平直曲线,单曲的斜面铝板屋顶中央巧妙地突起,屋顶一侧的巨大锯齿耙形是鳐鱼水翼的模仿。虽然具体的生物模仿对象在建筑造型上无法明确感受,却能体会到汽车制造理念中的生物流线形(见图 6-18)。

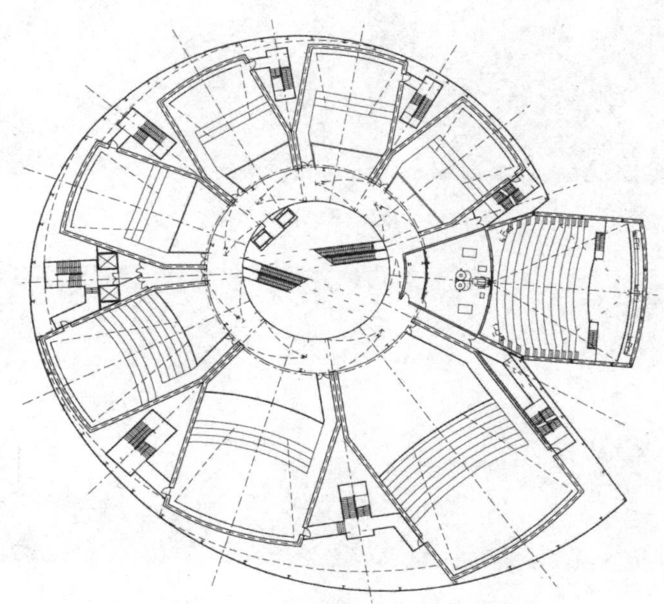

图 6-16　综合电影院平面[67]

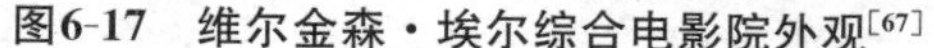

图6-17　维尔金森·埃尔综合电影院外观[67]

图 6-18　奥迪英国公司总部方案[67]

皮阿诺擅长通过强化对地方材料和细部的处理来软化他的高技术机器美学,运用本土材料而采用先进的细部处理使得建筑体现宝贵的地方文脉,形成了感人的自然主义。皮阿诺在一些新设计作品中采用不确切的仿生形象来进一步表现他的动物隐喻意图。在皮奥神父朝圣教堂的设计中,平面上结构呈螺旋状,从中心点发射出来 20 个不等的细长石拱,就像蜘蛛的腿或虫的触角,一个单层的低矮圆形屋顶覆盖于这个复杂却富于表现力的结构之上,采用古香古色的铜板发展了上述交叠板屋面形式(见图 6-19)。

山姆及其合伙人事务所集建筑师与结构工程师于一体,致力于形态学结构研究,对工程采用纯净的手法通常增加了作品与自然形态的相似性。山姆设计的围护 M&G 研究实验室采用巨大的帐篷围护体,薄膜结构并非拉成简单的袖筒形,而是由一系列略有高差的拱形空间结构箍拉紧,拱底部的膜结构收紧,断面变窄,拱形凸起形成毛毛虫般的节状外形(见图 6-20)。

图 6-19 皮奥神父朝圣教堂[76]

图 6-20 M&G 研究实验室及其细部[67]

芬兰著名建筑师阿尔托设计的德国布莱梅高层公寓的平面是较为突出的平面功能仿生。它仿自蝴蝶的形态,建筑的服务部分比作蝶身、客房是翅膀部分,不仅形成新颖的内部空间,同样也丰富了造型(见图 6-21)。

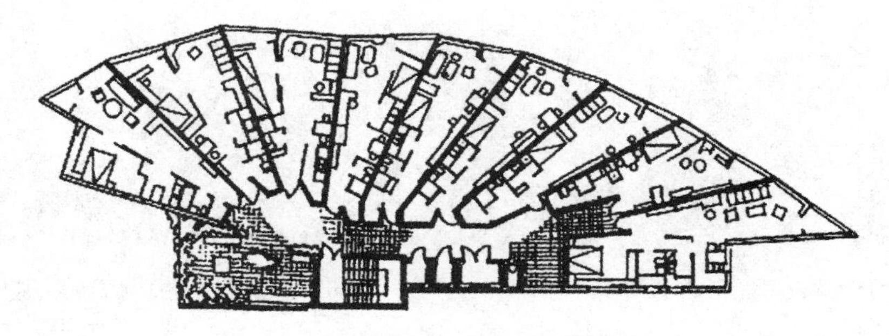

图 6-21 德国布莱梅高层公寓的平面[72]

6.4.2 构件及结构功能动态仿生

建筑物和动物的区别之一,就是前者是固定的,而后者是可移动的,但正是这种移动性的思想促成了动态仿生功能的产生,而更多可移动构件的使用可增加对环境的可操控性。

尼古拉斯·格雷姆肖设计的滑铁卢国际火车站获得巨大成功,提升了设计师的建筑成就,使火车站顺应了时代的发展。该火车站是英吉利海峡到法国的中转站,每年客运量达 1500 万人次。格雷姆肖将五个运行高速欧洲之星火车的轨道置于同一个长长的曲拱之下,并重新布置了设于月台下的传统车站中央广场，将原来的一切紧凑地安排于较小的地块内。西侧的钢架突出屋顶光洁的曲面，上方架设鳞状搭接的玻璃板，每一块玻璃一边都通过可调节的支架悬挂在钢结构上，另一边自由移动，玻璃下边缘由一个可折叠的垫圈垂直封口，附加的风挡刮水器则形成水平封条，这一构件的视觉及工作原理与穿山甲及披甲蜥蜴等动物鳞片结构类似(见图6-22)。车站内由钢架和玻璃构成的可活动构件形成固定的风雨棚，热应力、风载、雪载等带来的移动出现一系列调节反应，灵活搭接的玻璃在三个向度上都能活动，虽然同生物的活动相比如此微小，实际效果却是显著的(见图 6-23)。

图 6-22　滑铁卢国际火车站外景[70]

图 6-23　滑铁卢国际火车站内景[67]

在废弃黏土坑原址上建成的伊甸植物园。格雷姆肖采用轻型穹顶用以模仿放射虫的硅酸网眼状骨骼，这是一种排列得令人眼花缭乱的多面体结构，在无重力的水下环境中，精巧的结构足以保护生物内部的软体部分。设计师在植物园采用的外包穹顶面层由扁豆状的聚四氟乙烯气泡组成，该薄膜的重量仅为同等强度玻璃板的百分之一，植物园的穹顶重量因此变得极轻，甚至比其中的空气还要轻，有效地抵抗了重力作用，成为在陆地上真正能模拟放射虫硅酸网眼状骨骼的结构，并且该穹顶的薄膜吸收自然光的性能比玻璃强，非常利于内部植物的生长(见图 6-24)。

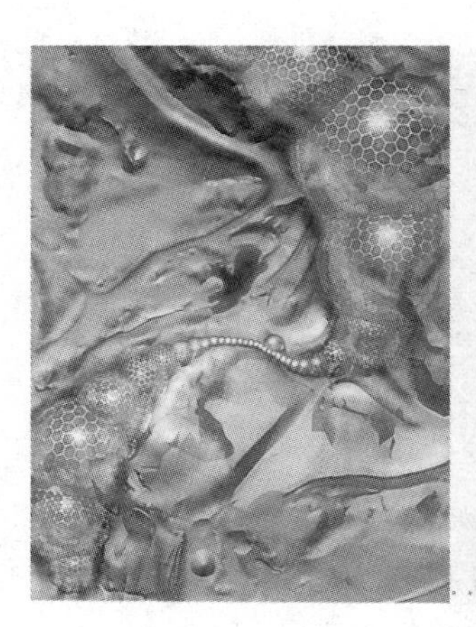

图 6-24　伊甸植物园俯视及内景[70]

费斯托公司的临时展厅是一栋充气建筑，设计所采用的受力方式使建筑不可避免地与自然形态非常相像。充气结构与动物局部形似，由 20 个充气房梁组成。这些房梁由 Y 字形独立式充气柱子支撑。充气悬浮壁呈受压状态以抵抗建筑自重,被称为"流体肌肉"的细长的充气制动器既垂直又以一定角度同柱子相交,产生反方向的张力保证结构的牢固(见图 6-25)。

图 6-25 费斯托公司充气建筑[67]

朱丽亚·马克斯和大卫·巴费尔德设计的未来之桥长 200 m,不是一个有支架的传统拱桥,它像动物骨骼断面一样,是一个单纯的悬臂结构,由 23 个 Y 字形的脊骨单元构件组成,其中最大的约 15 m 宽,其大小和高度都由该点的弯矩确定(见图 6-26)。这些四面体的传动装置实际上是以某种鱼的脊椎为原型,它们承受建筑的压力荷载,而钢缆"腱"则承受相应的拉力。每一个脊骨都是一个铰接杠杆,顺次悬于上一个杠杆之下,这座桥就是这样一端牢固安置在岩石上,另一端自由伸展开未加固定,这座脊骨般的桥形成了可活动的人行通道。对于人的荷载、风压或热膨胀等,这一活动的桥都会进行相应的动态调节。

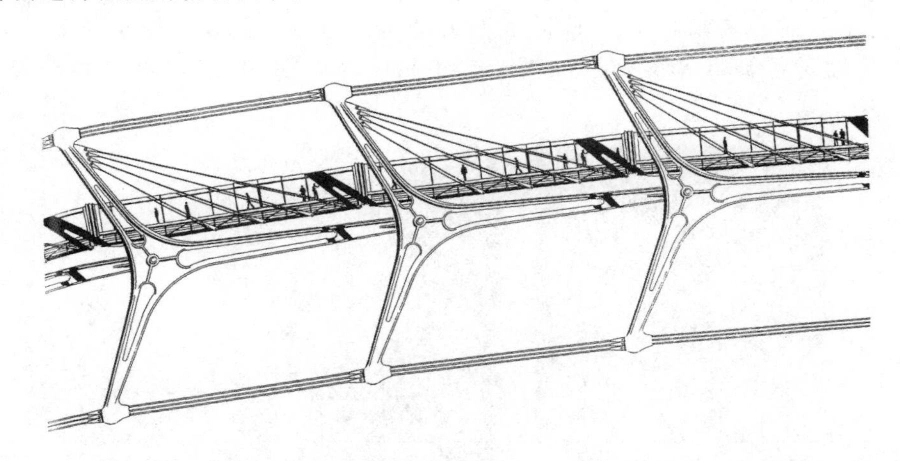

图 6-26 马克斯·巴费尔德事务所设计的未来之桥[67]

诺曼·福斯特及其合伙人设计的英国伦敦瑞士再保险总部大楼,180 m 高的建筑呈雪茄状,外墙上的斜格矩阵使得建筑师得以插入螺旋上升的采光井,借助于建筑的气动外壳,采光井实现了自然通风作用(见图 6-27)。这一通风设计被理解成在模仿海绵纲海生动物的消化方式(包括进食和排泄)。海绵纲动物是通过基膜从水里吸入养分并通过上面的气孔或其他排水孔排泄(见图 6-28)。

图 6-27　瑞士再保险总部大楼剖面、外观及节点[67]

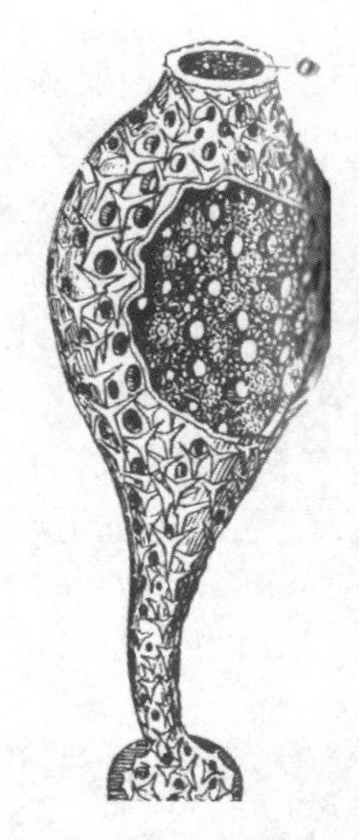

图 6-28　海绵纲动物[67]

6.4.3　簇群城市及新陈代谢仿生

簇群城市理论由英国建筑师史密森在 1954 年欧洲“第十小组”荷兰预备会上提出，是根据植物生长变化的规律提出的城市布局思想，也是仿生思维的成果。簇群城市是以多层人行道系统伴以城市公共服务设施和基础设施为骨架，呈线形多触角地向外发展蔓延，犹如树枝的分叉生长，兼有蜘蛛网状的连接。建筑与步道结合的体系称为干茎，围绕干茎展开的是称为巢的居住单元。茎是城市骨架，虽根据时空变化但周期长且慢，巢则周期短，随经济发展社会生活变化而不断变化更新(见图 6-29)。

新陈代谢学派 1960 年成立于日本东京，以菊竹清训和黑川纪章为代表，强调事物的生长、变化和衰亡的规律，主张用最新技术来解决问题。他们的一些共同设想与簇群城市的“茎”“巢”有相似之处。菊竹清训设计的空中住宅体现了新陈代谢派的基本设计原则。他把住宅用四片混凝土承重墙悬空支撑起来，建筑中其他部分都是标准化的工业制品，客厅、卧室是固定的起居空间，厨房和浴室是可移动元素，是可根据生活方式或技术发展来更换和调整的服务元素(见图 6-30)。

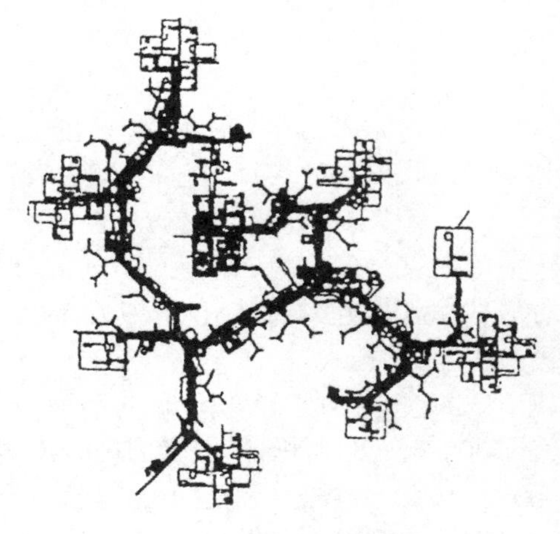

图 6-29　簇群城市的干和茎[72]

图 6-30　菊竹清训空中住宅[72]

黑川纪章设计的中银舱体楼是他较有代表性的新陈代谢作品，这是一栋以时间序列变化观点构思的装配式建筑。独特之处在于以居室空间单元作为主要功能空间，设备与储藏空间单元化，以此为前提进行不同的平面组合，中心筒容纳一部电梯与楼梯，围绕中心筒用两个高强螺栓以悬挑的方式固定类似舱体的房间单元，灵活的节点固定了悬露的机械系统。整栋建筑由 140 个外壳为正六面体的舱体组成，可根据使用者的愿望增减(见图 6-31)。

丹下健三虽没有被归为新陈代谢派，但对该派的形成有重大影响。他设计的山梨县文化会馆被后人看成一座新陈代谢的著名作品(见图 6-32)。该项目参照植物代谢功能，设计了一个个垂直的圆筒交通塔，使用房间如同桥一样，或者像抽屉那样架在距离 25 m 从圆塔出挑的大托架上，这些房间可根据功能需要扩建或减少，圆塔在建成后也可根据需要增高或者改矮，而不影响房屋原有结构。

图 6-31　中银舱体楼[77]

图 6-32　山梨县文化会馆[78]

6.5　结构仿生设计

6.5.1　纤维结构仿生

不同种类的生物个体中的纤维结构名称各异，存在于植物体内的称为纤维素，存在于动物体内的称为胶原体，存在于昆虫和海洋壳体生物体内的被称为壳质，但它们都具有独特的受拉特征，根据这种特征人类创造了独特的索网结构和帐篷结构。

蜘蛛通过一种独特的织网方式将纤维结构的受拉特征充分发挥，使整个网呈现巨大的张力。蜘蛛网的建造原理被运用到建筑结构设计中形成索网结构，德国建筑师奥托(Frei Otto)是该领域的佼佼者，因为善于使用类似于蜘蛛网的索网结构而被称为“蜘蛛人”。

例如，1967 年蒙特利尔世界博览会西德馆(见图 6-33)，这个网直径 12 cm 的钢缆，网眼尺寸 50 cm×50 cm，整个结构有 8 个高点、3 个低点，覆盖了 8000 m^2 的面积，索网受力由脊索传递给各桅杆，PVC 塑料涂层的纤维织物作蒙布挂于网下，每 50 cm 设一个支点。这项工程从设计到施工结束仅 13 个月，简易的索网预制、灵活方便的安装和可靠的装配引起了世界瞩目，这一索网的寿命比预期多了 6 年。另外，奥托还完成了慕尼黑奥林匹克场馆工程的屋顶部分(见图 6-34)的设计，索网屋盖镶嵌浅灰棕色丙烯塑料玻璃，通过 135000 个柔性缓冲装置接头保证屋顶自由伸缩。

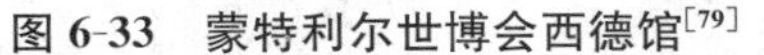

图 6-33 蒙特利尔世博会西德馆[79]

图 6-34 慕尼黑奥林匹克场馆屋顶部分[70]

自然中很多形态与帐篷结构类似，奥托曾经从肥皂泡的形态中研究最小面积对帐篷式结构设计的重要性。帐篷结构自古沿用至今，形式不断优化，成为经典的轻质结构形式，由撑杆或撑架，加上钢索、篷布和拉固点共同构成。现代化学工业的发展，使得篷布在轻质高强、耐高低温、防火、防尘、防紫外线和透明度方面有很大改进。帐篷结构主要运用在建筑的屋顶，用料最省且引人注目，造型能力突出，可单独设置也可成组配合、可规则可随意、可正放可反置，结构和形式美高度统一。实例有面积达 14 km^2 的美国丹佛机场(图 6-35)、英国格林尼治千年穹顶(见图 6-36)、意大利 Venafor 研究实验室、日本广岛巨浪大厦等。1985 年沙特阿拉伯的利雅得古文学俱乐部设计中，奥托采用了建筑实体与帐篷结合的形式，实体的墙身采用当地沙石建造，帐篷由玻璃纤维织物构成，传统与现代新技术和谐共存(见图 6-37)。

图 6-35 美国丹佛机场[70]

图 6-36 英国格林尼治千年穹顶[80]

图 6-37 沙特利雅得古文学俱乐部[72]

6.5.2 壳体结构仿生

壳体所引起的生物联想众多,如蛋壳、坚果、贝壳、昆虫护身壳及树叶的形态等。最早致力于壳体研究的工程师都以同样的自然现象来描述他们的研究成果,这绝非偶然。壳体的结构效应归功于其曲面的曲率和几何特征,它是一种薄得不至于产生明显的弯曲应力,但曲面高度足以承受压力、拉力和剪力的结构。按照曲面的形态,我们将其分为单曲面壳体和双曲面壳体两种。

圆筒壳是最常见的单曲面壳体,其原型是中空的草茎和竹子,圆筒壳的受力如同由许多窄而薄的条板组成的折板构造,荷载一方面沿着曲面往下导,另一方面不断分解为与相邻条板相切的分力,被汇合于两端支撑处。圆筒壳又可分为长筒壳和短筒壳,长筒壳受力类似于梁,短筒壳受力类似于拱。

图 6-38　多伦多市政厅[81]

由芬兰建筑师勒维尔设计的多伦多新市政厅就是运用圆筒壳受力原理而做的经典设计,该设计首次应用垂直设立的圆筒片断作为高层建筑的构架(见图 6-38)。横向刚性的设计用来抵御高层建筑的主要荷载——水平风力,该建筑横向上是按薄壳设计的,一方面连续的圆筒壳体有一定的刚性,另一方面形体本身的固有曲率也使其更能抵抗水平荷载的袭击。36 层的楼板以悬臂的方式伸出墙面,在此起到使其不变形的加强构件的作用。

双曲面壳体造型丰富,更多运用于大跨度建筑。双曲面壳体由于其壳面有纵向和横向两个向度的弯曲,形成了自然刚性很强的薄壳,一般分为旋转壳体、双曲抛物线壳体、自由形态壳体等。旋转壳体多为球体、球体的近似形或者其一部分,整体强度好,如同乒乓球不易产生整体变形的损坏,损坏多由于表皮某处的破陷引起。奈尔维在罗马小体育宫设计中应用了部分球面形薄壳,依据受力分析,壳体荷载沿着壳边缘的切线传递,因而 Y 形的支座沿切线方向伸展开以承受荷载,保持了稳定性,同时符合力学和视觉的逻辑(见图 6-39)。自然界中许多花瓣是双曲抛物线壳体的形态。1958 年比利时布鲁塞尔国际博览会通信大厅采用的就是典型的双曲抛物面壳(见图 6-40)。壳顶采用了钉板式木结构,材料厚度 3.1 cm×2 cm,壳体水平投影 18.3 m×14 m,壳体通过上凸的抛物线将压力传递到支座,下凹的抛物线传递了材料的拉力。

图 6-39　罗马小体育宫[82]

图 6-40　布鲁塞尔国际博览会通信大厅[72]

同年建于墨西哥索其米奥科的洛斯·马纳第利斯饭店的屋顶由 4 个双曲抛物面相交组成(见图 6-41),其水平投影为正八边形,边长 12.5 m。壳体内力沿谷线传递到壳趾的 8 个受力点。自然界当中更大量存在的是那些具有自由形态的壳体,它们是由自然环境当中各种因素综合决定的,如风力、引力、潮汐能、湿度、内部功能演进等。人的头颅骨就是一例自由形态的壳体，呈现扁球体状，曲率均匀，由不同形态的大小骨板彼此以折线形小齿咬合而成，这个结合形态又与龟甲有相似之处，它可以在本身受到重大撞击时使撞击力沿着裂缝传递而内部消解不至于产生更大的裂缝或损坏(见图 6-42)。

图 6-41　洛斯・马纳第利斯饭店[72]

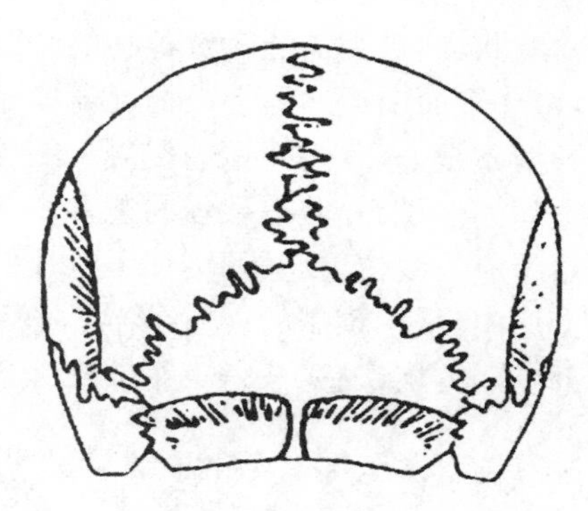

图 6-42　人的头颅骨[72]

埃罗・沙里宁设计的纽约环球航空公司航空站(TWA)的屋顶就是这样一种自由形态的壳体，设计根据薄壳的构造本质而定，没有一处受几何形态的束缚，但每一条曲线和细部都表现了该遵循的秩序。它引发人联想起飞翔的雄鹰，但每一根线条与雄鹰相比又似是而非，更多是力度感和技术感的表现(见图 6-43)。

图 6-43　纽约环球航空公司航空站[83]

6.5.3　空间骨架结构仿生

(1)空间网架结构。

骨骼系统是能够承受各类荷载的自然形态的空间网架结构，根据身体的不同姿势和移动情况而适应和抵抗来自空间各方向的力量，各单独的骨头以杆形结构彼此相互贯通，彼此加强且吸收其余部分荷载和受力，整个系统的强度很高。空间网架结构常模仿分子或晶格的立体网格从而达到力学要求也满足审美需要。富勒是空间网架结构的重要贡献者，1967 年加拿大蒙特利尔世界博览会美国馆就是他设计的。该建筑采用一个多面体的张力杆件穹窿，直径 76 m，高 60 m，成为美国独创性的象征(见图 6-44)。这种穹窿没有尺度上的限制，现在世界上最大的是富勒 1961 年在密苏里州植物园设计的大温室,净跨达 117 m。他的“少费多用”原则(more with less)意味着对有限的物质资源进行最充分和最合适的设计以满足人类长远发展需要。富勒发明的多面体张力杆件穹窿,其构架的总强度随着大小按照对数比增加,材料省、重量轻。

(2)肋骨架结构。

动物的肋骨、鸟类的翅骨及植物的叶脉都是肋骨架结构的生物原型,肋有承担荷载和转移荷载的作用,可在平面上或曲面上按情况需要布置在主要的应力线上。意大利建筑大师奈尔维很好地运用肋骨架系统,充分发挥钢筋混凝土的性能,在施工便利、用料最少、自重最轻的前提下建造具有大跨度空间的建筑,并获得很强的艺术表现力。例如他在罗马迦蒂羊毛厂的设计中使楼板的板肋沿主弯矩等应力线位置布置,增加了楼板的刚性且产生了特殊的韵律(见图 6-45)。都灵展览馆的阿勒利大厅中,采用预制的 V 字形构件在现场组合予以加固,形成统一的肋拱结构,肋间的光带增加了内部空间的层次感,获得丰富的视觉效果和轻巧感。

图 6-44 蒙特利尔世博会美国馆[84]

图 6-45 罗马迦蒂羊毛厂平面[72]

2000 年的西班牙巴伦西亚科学城则完全应用动物肋架的结构原理,材料省,造型新颖,动态感和现代感强烈(见图 6-46)。

图 6-46 巴伦西亚科学城[73]

6.5.4　高层建筑结构仿生

高层建筑因提供了高效的容积率无疑成为城市发展的一种趋势，优化或者说发展高层建筑的结构体系是高层建筑首要解决的问题之一。自然界当中的一些形态如双螺旋结构和植物体茎干等提供给建筑师和结构工程师们许多启示。两个螺旋结构交叉形成双螺旋结构时能使生物体抵抗外力的能力得到增强。鲨鱼的生理特性导致其体内压力大小随其运动速度变化而变化，差值很大，鲨鱼皮就是双螺旋结构，用以抵抗随时变化的体压和弯曲。海虾窝也是双螺旋结构，十分轻巧却足以抵抗巨大的洋流和压力。福斯特设计的日本东京千年塔和瑞士再保险总部大楼就是双螺旋结构的范例（见图6-47）。

图6-47　日本东京千年塔[80]

在节约底盘面积的前提下，具有纺锤形的植物茎干能高效抵抗风荷载，这一形式出现在建筑上犹如柱身的卷杀，符合受力需要及具有视觉稳固感。竹子的结节具有不同的生长长度，靠近根部的结节短，越往上越长，这种结节使植物减轻弯曲，提升水平抗风能力。苏联建筑师拉扎列夫1980年提出的垂直居住环境的构想将上述纺锤形造型和植物结节原理运用其中，纺锤形楼高300层，楼体中央根据荷载的变化设置模仿植物结节的减摆装置，减少力矩，这对于地震多发地区也十分具有现实意义（见图6-48）。

植物茎干的中空支撑受力特点、特有的弹性和高效的抗风荷载能力是可供结构设计模仿之处。植物茎干的中空支撑受力表示的是纵长形的蛋白细胞与管壁共同承受荷载，提供高层建筑整体结构设计的思路；由于髓细胞生长的速度高于外部细胞产生的植物茎干特有的弹性，是混凝土预应力原理的植物模拟；具有巨大根部的树干抗风荷载能力强，赋予树干最大的稳固性，对于高层建筑结构，加大与地面基座的结合同样能增强稳固性和水平抗风能力。哈尔滨电视塔在建筑造型上采用了此原理，增大站立范围，抵抗底部最大的挠曲，模仿树根扎入土壤的方式设计支座（见图6-49）。

图6-48　纺锤形塔楼[72]

图6-49　哈尔滨电视塔[72]

建筑结构仿生设计充分显示了人类对自然界的受力结构的了解和运用，使得建筑结构高效而稳固，结构美和建筑美合而为一。

6.6 能源利用和材料仿生设计

6.6.1 能源利用仿生设计

植物的光合作用是最显著的太阳能运用范例，产生植物所需的营养成分，吸收 CO_2、释放 O_2，优化了环境质量。太阳能是地球生物生存能量的最重要来源，并且这一能量储量充沛、绿色环保。太阳能在建筑上的利用是可持续发展研究的重要篇章。除了直接利用太阳能外，风能、潮汐能均是太阳能的不同表现形式和转化，也应当扩大研究范围而认真考虑加以运用。

(1)直接利用太阳能。

植物对太阳能的高效吸收体现了它是一种利用太阳能的优势结构，植物茎干与叶冠部分结合形成哑铃形态，利用最小的占地面积获得了适度体积的地上部分，得到大面积阳光。我们可以模仿植物这种结构特征进行建筑思维和设计。采用哑铃结构，建筑占地少，获得大面积有阳光的屋顶，可供太阳能电池收集转化为其他能量形式，这一形式适用于低层建筑。夹竹桃的"叶镶嵌"生长形态则提供了高层太阳能建筑的参考方式。所谓"叶镶嵌"指的是夹竹桃同一枝干上的叶片互相错位生长，彼此不互相遮盖，使得所有的地上部分都能接受阳光(见图 6-50)。

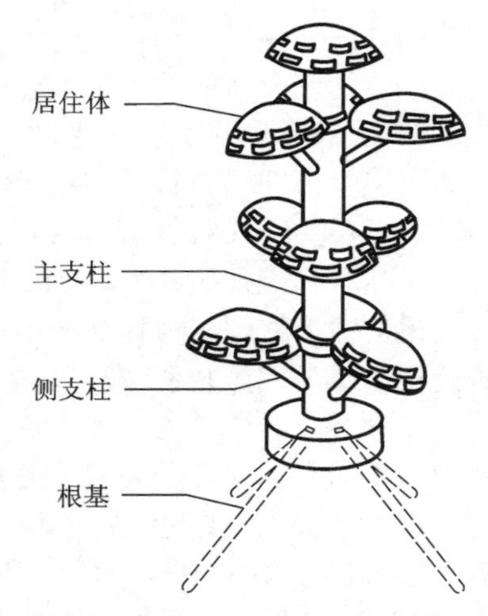

图 6-50 叶镶嵌太阳能居住模式[72]

"叶镶嵌"式建筑就是模拟这一形态的建筑思维，太阳光可穿过上层居住体之间的空隙照射下层居住体的地面，使各户的太阳能家庭发电成为可能，与底层的太阳能建筑相比，具有更高的太阳能利用率和土地利用率。

(2)间接利用太阳能。

动物没有植物的光合作用作为直接利用太阳能的方式，却通过筑巢等特有的方式间接利用太阳能，这又可称为被动式太阳能利用，白蚁巢就是很典型的例子。澳大利亚和非洲白蚁建造了一米多高的蚁巢而成为最大的非人工构筑物，蚁巢具有坚固厚重的外墙抵御外部潮气和热空气侵袭，且还具有冷却系统，管道遍布整个蚁巢，蚁巢墙遍布通气小孔与外界进行热交换，其内部结构如图 6-51所示，白蚁实际上居住在蚁巢的底部，此处离地表有一定深度，有较为稳定的温度。上方高耸的蚁巢塔是实现被动式通风降温的主要部分，称为驱走热气的"肺"1，其中有很多竖向的通风道2。在白蚁窝的中央有空气流动管道 3。"肺"的作用除了维持一定的空气进出口高差外，产生热压作用，实现巢内外空气的交换。在炎热的气候条件下，外面的空气由于受"肺"的抽吸作用，从地表通道口 6 进入，经地层冷却后进入白蚁居住处，带走蚁巢内的热量和废气，然后从"肺"的顶部排出。另外，地下室 4 的地方始终储有冷空气，其下有供白蚁饮用和降温的地下水。

澳大利亚白蚁巢中"肺"的主要立面朝向东西，无论是上午还是下午都能受到太阳辐射的加热作用，从而使"肺"部维持较高温度，加大进出风口温差。白蚁常在晚上外出觅食，非常干热时会挖井 30～40 m 寻找水源。除了生存饮用外，井水对蚁巢的空气起到冷却作用。正是有这样一套运行良好的被动式系统，才使多达 300 万的白蚁共居一巢。

由伦敦 Short & Associates 设计的马耳他啤酒厂是一个模仿非洲白蚁巢间接利用太阳能的实

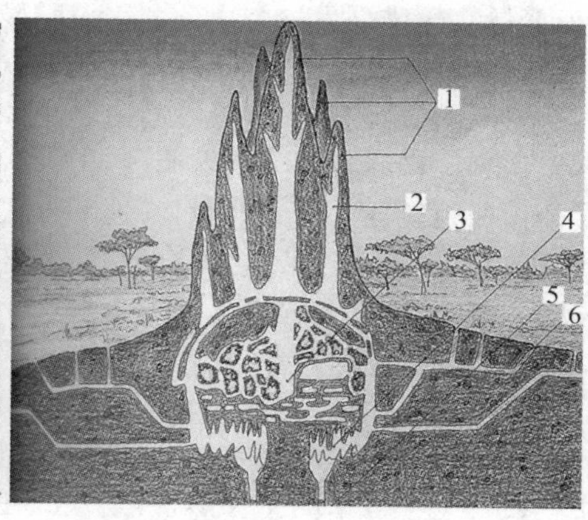

图 6-51　白蚁巢及其剖面示意[85]

例。当地 8 月气温高达 38～40 ℃，啤酒厂需要空调系统 24 h 运作，全人工采光防止室外热空气通过洞口传热，降低室温以满足啤酒 7 ℃发酵的要求，但因为酒厂冷却系统开启的巨大能耗而导致整座城市的灯光非常黯淡，设计师通过设置双层墙解决这个问题，利用内外墙之间的夹层空隙来调节自然光及气流，并在室内外温差大时形成热压通风，将热气由屋顶排出，外墙和内墙间的空气层形成缓冲区，保持内部空气温度的相对恒定。

美籍华人建筑师尤金·崔综合他多年对自然界的研究成果提出的终极塔楼的构思也来源于对白蚁巢的模仿(见图 6-52)。根据他的设想，该塔楼高达 3.2 km，宽 1.6 km，喇叭形的建筑造型模仿某种能够根据天气选择朝向的白蚁巢。设计师认为具有张力的喇叭形高层建筑结构最稳定并且最符合空气动力学原理。如同白蚁巢，该高层建筑坐落于一个大湖中，湖水是楼内空气的冷却剂；另一部分湖水用大型的无源太阳能板进行加热并通过重力让热水自顶楼往下供应。该结构本身就是一个活的有机体，带有风和大气能量转化系统、室外光电覆盖物、室外空气能自由出入的通风窗户。南立面多开口，以引入阳光；北立面少开口，以减弱北风侵袭和阳光辐射；中心核是一个张力/压力脊柱式结构，高 3.2km，由最轻的合金和不锈钢构成。在脊柱式结构中，有一垂直的火车隧道及设备井和给排水管道。

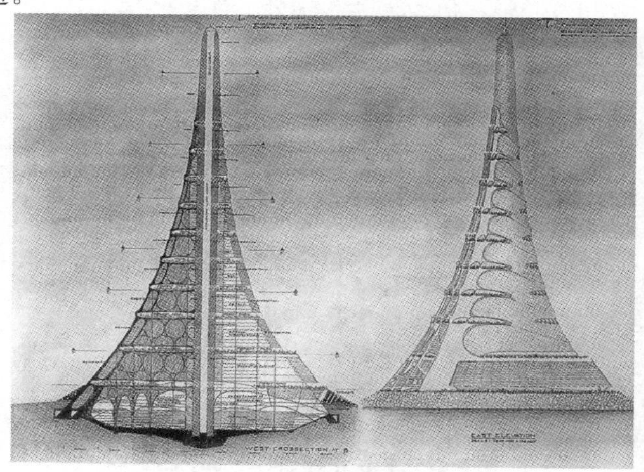

图 6-52　尤金·崔的终极塔楼[85]

土拨鼠的地下巢穴通风是另一个被动利用太阳能的例子。巢穴出入口做成火山口状的土堆，遍布于开阔的草原，自然通风就由这些洞口完成。根据帕努里定律，水平移动的流体的压力随速度的减少而降低，草原上的空气运动时，近地面由于摩擦力的存在，风速减小而低于稍高处的空气速度，产生的压力差遇到洞口时将空气压入洞内，再由另一个出入口出来，完成巢穴内的气流交换，即使是 0.46 m/s 的微风也能在 10 min 内对其地下巢穴完成换气过程。这提供给我们一种思路：地下建筑设置 2 个以上出入口，利用建筑本身的高差产生的风压差实现地下建筑通风，改善目前通风不利、空气不佳的状况。

6.6.2 材料仿生设计

自然界的生物提供了丰富多彩的自然材料，经过长时期的进化，这些材料具有卓越的物理和化学性能，各种生物发挥与生俱来的生存本领，高效低耗地发挥着这些材料的特性。对生物体用材的模仿，包括了材料形式上的模仿和材料性能上的模仿，能够减少建筑经济消耗、降低建材使用量、提升建筑性能和环境亲和力、塑造新颖的建筑形象。

(1)材料形式仿生。

蜂巢具有非常明确的几何形态，单格巢房平面呈正六边形，整体却并非正六棱柱体，而是底部为等边三菱锥体，体积均为 0.25 m^3，巢房彼此间紧密排列，组合平面见图 6-53，两面巢房的三棱锥底部正好吻合而重叠，用以增大承受力。六边形的蜂巢既保证了平面组织的紧凑，便于组合，没有多余死角的浪费，又比正方形、三角形等的边长更为经济，在保证相同面积的前提下，六边形的面积是三者中最大的。可以说蜜蜂采用了最经济、高效的方式制造蜂房。同样，六边形平面运用于建筑，在相同面积的前提下，六边形建筑的外墙少，减少墙体的热交换，室内温度相对平稳，节约了能耗，且产生不同于平常四边形的空间形态。

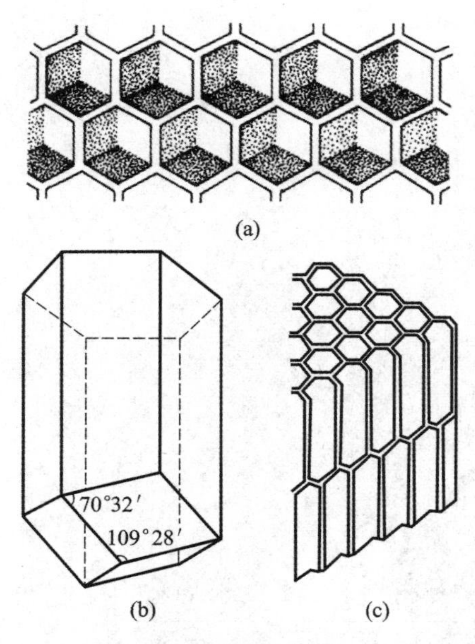

图 6-53 蜂巢平面、轴测及透视图

(a)正面图；(b)蜂巢六棱柱单元示意；(c)剖面图

我国唐璞先生早在20世纪80年代初期就开始对六边形结构在住宅中的运用进行研究，称之为“工业化的蜂窝原件的组合体”，图6-54为住宅平面的几种组合方式，该建筑呈现严整的蜂窝状六边形组合平面形态。它存在下列几个优点：①隔声方面，由于该体系的相邻房间为六边形的一边，较普通四边形房减少1/3～2/3，需要相对较少的隔声材料；②采光方面，六面体多面采光，可开设多个采光口，反光次数多，提高了住宅的采光效果；③通风方面，六边形房间夹角为120°钝角，气流轨迹平直通畅，相较于四边形房间的90°角，不易产生涡流；④朝向方面，六边形的平面提供了更灵活的朝向选择。可见蜂窝形住宅具有多种高效的作用，尤其在可持续发展建筑观相当受重视的今天，蜂窝住宅基于六边形的设计理念十分有参考意义。

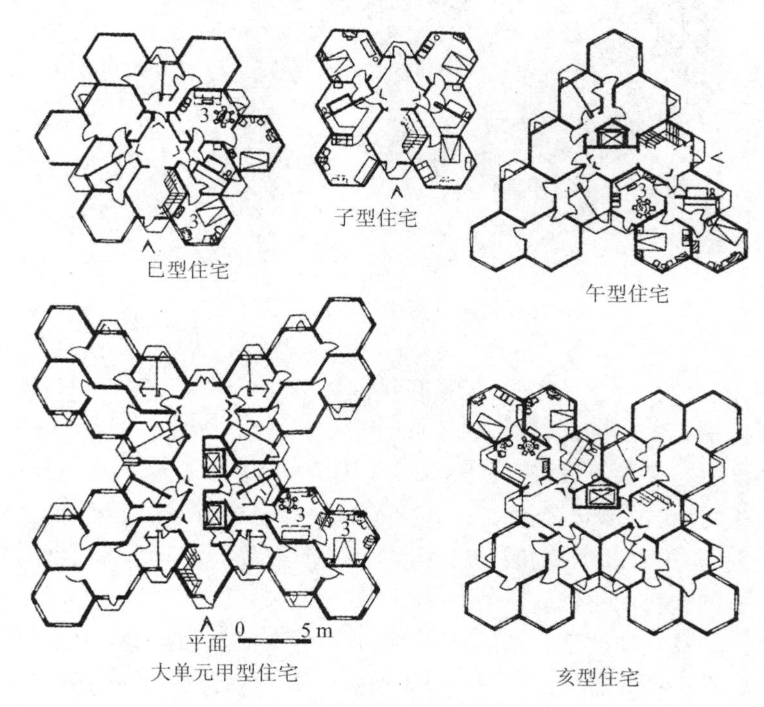

图6-54　蜂窝住宅平面[72]

球形是自然界另一种大量出现的形式，许多鸟类和昆虫都采用球形巢穴，不仅在相同居住空间的情况下，较为节约材料，而且符合以动物体为中心，环绕四周进行活动的建造过程，节约了时间，以最少的材料、最短的时间打造最大的栖身之所。

建筑师尤金·崔设计的沃塑中心国际学校模仿球形巢穴，学校由5个木质的8.5～10 m的球形由大到小环形排列，外面覆盖灰浆水泥和防水乙烯合成物，设计合理，恰当运用材料，建筑效果良好，在无隔热材料的情况下，外部气温42 ℃时，内部空气依然凉爽（见图6-55）。

（2）材料性能仿生。

一方面由于各种生物体自身生存需要，体内存在特殊的化学物质，另一方面生物体通过自身的体液或特殊的加工方式，对自然界的原始材料进行改造和创新，使其性状有所变化，物理和化学性能得到改善。材料性能仿生指仿照生物体构成材料（包括生物体及其巢穴等）的物理特征和化学成分，研究其性能特点，模仿创造有效的或多功能的新型材料，满足人类对建材性能和品种日益多样

图 6-55 沃塑中心国际学校[85]

和增长的需要。

蜂巢轻巧美观、光泽度好、经济实用、轻质高强,这正是建筑材料和结构的发展方向。蜂窝泡沫混凝土就是从蜂巢获得启发研制的,类似的还有泡沫塑料、泡沫橡胶、泡沫玻璃等。实践证明具有气泡状的蜂窝材料既隔热又保温,结构轻巧美观,应用十分广泛。尤金·崔设计的沃塑中心国际学校采用的就是蜂窝板材料,由 100%的回收木材制成,内部是钻石形单元板材,外侧由木屑加高压粘合而成,整个材料具有很大的强度和韧性,可塑性强,能被裁成任何形状,良好的热工效果和室内凉爽环境证明该工程的材料使用非常成功。

木材因为其特殊的纹理和便于改造的特点,使用非常广泛。内部的纤维素是木材优良性能的缔造者,轻质高强、弹性韧性好、抗冲击和振动能力强。受木材纤维素启发而创造的石棉水泥瓦,其中加入了石棉纤维,波形瓦内掺了木质纤维。美国正进行玻璃纤维瓦的研究,其核心由有机纤维玻璃薄垫物构成,具有较好的耐久和耐火性。澳大利亚为保护森林,采用竹子替代木材掺入水泥中,增加其抗折性和断裂韧性。印度用稻谷壳制成轻质高强纤维板。日本在普通水泥中加入模仿蜘蛛网形状的长纤维,纤维分子黏度增加,使混凝土在水中也能凝结,便于水下工程的施工。

人们根据仿生学原理,在高层建筑上应用装饰材料有效减小风、光对建筑物产生的负面影响,并化害为利,转化为高层建筑环境所需能量的一部分,环保且节能。比利时首都布鲁塞尔马蒂尼大厦模仿变色蜥蜴的皮肤对环境的反应,在建筑外界面装置一层遮阳百叶作双层皮,其间设通风管道,夏天遮挡阳光减少制冷能耗;冬天作温室效应的日光采集器,加热室内空气。

为了让建筑外表面在冬季有效地吸收太阳辐射能量,并减少热量向外散失,德国著名建筑大师托马斯·赫尔佐格发明了一种半透明保温隔热材料(见图6-56)[86]、[87],称为 TWD(transluzente wärme dämmung)材料,是模仿北极熊的皮毛保温原理而发明的。生活在冰天雪地的北极熊,其皮黑、毛密且中空,能高效地吸收北极有限的太阳辐射,同时,体表长波辐射热不易逸出;再加上浓密的体毛能有效地阻止向外对流散热，因此在－20 ℃的室外气温下，北极熊仍能保持 35 ℃的体温。

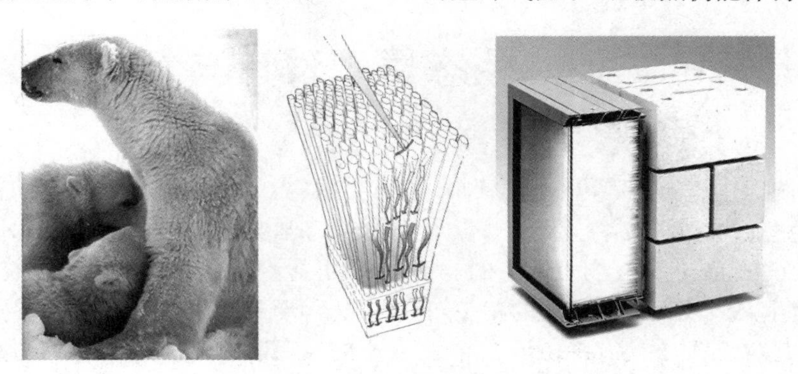

图 6-56　北极熊及半透明保温隔热材料(TWD)

TWD 材料由德国 Okalux Kapillarglas GmbH 公司开发，它由很多细小的空心透明管组成。托马斯・赫尔佐格将这种材料用于德国温德堡青年旅社中，当室外气温仅 8 ℃时，室内在没有暖气的情况下仍维持 20 ℃。类似于半透明保温隔热材料的工作原理，德国 Schott-Rohrglas GmbH 公司研制开发了透明的保温隔热材料，这种材料由细小玻璃管组成，利用玻璃管壁对太阳光线的反射功能，具有隔热和透明双重功效，能同时采集光线和收集太阳能。

第7章　生态景观设计与规划

景观设计与规划是建筑环境创造不可缺少的重要内容。在进行景观设计与规划过程中，将景观看作是自然生态系统与人工生态系统复合体，借助生态学的原理和方法来进行处理，使其在满足人类的生态需要的同时，也满足自然生态的需要，并尽可能恢复已破坏的生态系统，成为注重生态的景观。本章就生态景观设计与规划的相关知识做简要介绍，其目的是让读者对生态景观设计与规划的概念、原则、内容与方法有一初步了解，进一步的知识请参阅相关资料和书籍。

7.1　景观的概念与含义

景观是自然景物和人造景物的综合体，具有多重含义，不同学科有不同的理解。一般公众将其与“风景”等同，表达人与自然的关系；建筑学强调其美学特征，将其理解为建筑物或建筑群体及其周围环境的空间视觉效果；地理学强调区域特性，将其定义为地域综合体；生态规划则将景观理解为一个有机的生态系统[88]。事实上，景观既可以作为视觉审美对象，表达人对外界环境的态度和人的理想及欲望；又可以作为生活栖息地，表达人对空间的体验和对场所的认同；还可以作为符号，表达人类与自然相互作用在大地上留下的烙印[89]；或作为自然系统，成为科学的研究对象。当景观被看作自然生态系统（例如森林生态系统、水域生态系统、农田生态系统等）和人工生态系统（体现为人类与环境之间的复杂关系）相叠加的复合生态系统时，就成为生态景观设计、规划和研究的对象。

7.2　生态景观设计

7.2.1　景观设计在西方的发展背景

西方传统景观设计主要源自于文艺复兴时期的设计原则和模式，其特点是将人置于所有景观元素的中心和统治地位。景观设计与建筑设计、城市规划一样，遵循对称、重复、韵律、节奏等形式美的原则，植物的造型、建筑的布局、道路的形态等都严格设计成符合数学规律的几何造型，往往给人以宏伟、严谨、秩序等视觉和心理感受。

从18世纪中叶开始，西方园林景观营建的形式和范畴发生了很大变化。首先是英国在18世纪30年代出现了非几何式的自然景观园林，这种形式随后逐渐传播到欧洲其他国家以及美洲、大洋洲等地。到18世纪70年代以后，欧洲从美洲、非洲、亚洲、大洋洲等地引种植物，通过育种为造园提供了丰富多彩的植物品种，不仅有助于园林景观提炼并艺术地再现美好的自然景观；同时也使园林景观设计工作从由建筑师主持转变为由园艺师主导[90]。

19世纪中叶，英国建起了第一座有公园、绿地、体育场和儿童游戏场的新城镇。1872年，美国建立了占地面积7700多平方千米的黄石国家公园，此后，在许多国家都出现了保护大面积自然景观的国家公园，标志着人类对待自然景观的态度进入了一个新的阶段。20世纪初，人们对城市公害的认识日益加深。在欧美的城市规划中，园林景观的概念扩展到整个城市及其外围绿地系统，园林景观设计的内容也从造园扩展到城市系统的绿化建设。20世纪中叶以来，人类与自然环境的矛盾日益加深，人们开始认识到人类与自然和谐共处的必要性和迫切性，于是生态景观设计与规划的理论与实践逐渐发展起来。

7.2.2 景观设计在中国的发展背景

中国的景观设计称为造园，具有悠久历史。最早的园林是皇家园囿，一般范围宏大，占地动辄数百顷，景观多取自自然，并专供帝王游乐狩猎之用，历代皆有建造，延续数千年，直至清朝末期。唐宋时期，受到文人诗画之风的影响，一些私家庭院和园林逐渐成为士大夫寄情山水之所；文人的审美取向，使美妙、幽、雅、洁、秀、静、逸、超等抽象概念成为此类园林的主要造园思想。

无论是皇家园囿，还是私家园林，中国传统造园一贯崇尚“天人合一”“因地制宜”和“道法自然”等理念，将自然置于景观设计的中心和主导地位，设计中提倡利用山石、水泉、花木、屋宇和小品等要素，因地制宜地创造出既反映自然环境之优美，又体现人文情趣之神妙的园林景观。在具体操作中，往往取高者为山，低者为池，依山筑亭，临水建榭，取自然之趋势，再配置廊房，植花木，点山石，组织园径。在景观设计中，讲究采用借景、对景、夹景、框景、漏景、障景、抑景、装景、添景、补景等多样的景观处理手法[91]，创造出既自然生动又宜人冶性的景观环境。

7.2.3 生态景观设计的概念

随着可持续发展概念得到广泛认同，东方传统景观充分理解和尊重自然的设计理念，得到景观设计界更多的认可、借鉴和应用；与此同时，西方当代环境生态领域研究的不断深入和新技术、新方法的不断出现，进一步使“生态景观设计”成为当代景观设计新的重要方向，并在实践中得到越来越多的应用。

传统景观设计的主要内容偏重环境要素的视觉质量，而“生态景观设计”是兼顾环境视觉质量和生态效果的综合设计。其操作要素与传统景观设计类似，但设计中既要考虑当地水体、气候、地形、地貌、植物、野生动物等较大范围的环境现状和条件，也要兼顾场地日照、通风、地形、地貌、降雨和排水模式、现有植物和场地特征等具体条件和需求。

7.2.4 生态景观设计的基本原则

生态景观设计在一般景观设计原则和处理手法的基础上，应该注意以下两项基本原则。

(1)适应场地生态特征。

生态景观设计区别于普通设计的关键在于，其设计必须基于场地的自然环境和生态系统基本特征，包括土壤条件、气象条件(风向、风力、温度、湿度等)、现有动植物物种和分布现状等。例如，如果场地为坡地，其南坡一般较热且干旱，需要种植耐旱植物；而北坡一般比较凉爽，相对湿度也大一些，因此，可选择的景观植物种类要多一些。另外，开敞而多风的场地比相对封闭的场地需要更加耐旱的植物。

(2)提升场地生态效应。

生态景观设计强调通过保护和逐步改善既有环境，创造出人与自然协调共生的并且满足生态可持续发展要求的景观环境。包括维护和促进场地中的生物多样性、改善场地现有气候条件等。例如,生态环境的健康发展,要求环境中的生物必须多样化。在生态绿化设计中可采用多层次立体绿化,以及选用诱鸟诱蝶类植物丰富环境的生物种类。

7.2.5 生态景观设计的常用方法

(1)对土壤进行监测和养护。

生态景观设计之前要测试土壤营养成分和有机物构成,并对那些被破坏或污染的土壤进行必要的修复。城市中的土壤往往过于密实,有机物含量很少。为了植物的健康生长,需要对其根部土壤进行覆盖养护以减少水分蒸发和雨水流失,同时应长期对根部土壤施加复合肥料(每年至少1次)。据研究,对植物根部土壤进行覆盖,与不采取此项措施的景观种植区相比,可以减少灌溉用水量75%~90%(见图7-1)[92]。

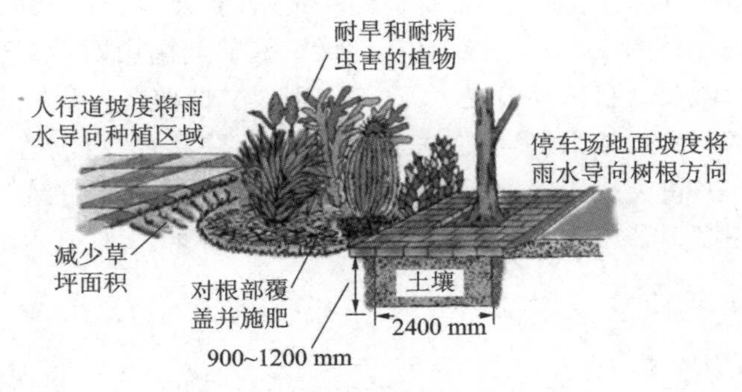

图7-1 生态景观设计的常用方法

(2)采用本地植物。

生态景观中的植物应当尽量采用本地物种,尤其是耐旱并且抗病虫害能力较强的植物。这样做既可以减少对灌溉用水的需求,减少对杀虫剂和除草剂的使用,减少人工维护的工作量和费用,还可以使植物自然地与本地生态系统融合共生,避免由于引进外来物种带来对本地生态系统的不利影响。

(3)采用复合植物配置。

城市中的生态景观设计一般采用乔木-草坪;乔木-灌木-草坪;灌木-草坪;灌木-绿地-草坪;乔木-灌木-绿地-草坪等几种形式。据北京市园林科学研究院的研究,生态效益最佳的形式是乔木-灌木-绿地-草坪,而且得出其最适合的种植比例约为1(以株计算)∶6(以株计算)∶21(以面积计算)∶29(以面积计算)[93]。

(4)收集和利用雨水。

生态景观中的硬质地面应尽可能采用可渗透的铺装材料,即透水地面,以便将雨水通过自然渗透送回地下。目前我国城市大多采用完全不透水的硬质地面(混凝土或面砖等)作为道路和广场铺面,雨水必须全部由城市管网排走。这一方面造成了城市排水系统等基础设施的负担,在暴雨季节还可能造成城市内涝;另一方面,由于雨水不能按照自然过程回渗到地下,补充地下水,往往会造成或加剧城市地下水资源短缺的现象;此外,大面积硬质铺地在很大程度上反射太阳辐射热,从而加剧了“城市热岛”现象。因此,在城市生态景观设计中,一般提倡采用透水地面,使雨水自然地渗入地下，或主动收集起来加以合理利用。

当然，收集和利用雨水的手段及方法可以是多种多样的。例如，在采用不透水硬质铺面的人行道和停车场中，可以通过地面坡度的设计将雨水自然导向植物种植区。图 7-2 是悉尼某居住区停车场和道路的设计，雨水自然流向种植区，景观植物采用当地耐旱物种。当采用透水地面或在硬质铺装的间隙种植景观植物时，要注意为这些植物提供足够的连续的土壤面积，以保证其根部的正常生长。建筑屋顶可以用于收集雨水，雨水顺管而下，既可用于浇灌植物，也可用于补充景观用水，还可引入湿地或卵石滩，使之自然渗入地下（在这个过程中，水受到植物根茎和微生物的净化）补充地下水。雨水较多时，则需要将其收集到较大的水池或水沟，其容积视当地年降雨量而定。水沟或水池的堤岸，可以采用接近自然的设计，为本地植物提供自然的生长环境。当雨水流过这个区域时，既灌溉了植被，又涵养了水源，还自然地形成了各类不同的植物群落景观。这是自然形成的景观，也是围护及管理费用最低的景观。图 7-3 是德国某市政厅景观设计，雨水引入水道，两侧种植本地植物，形成自然景观。关于雨水收集及利用的更多知识，请参阅 9.2.2“雨水回收利用系统”。

图 7-2　悉尼某居住区停车场和道路的设计

图 7-3　德国某市政厅景观设计[95]

（5）采用节水技术。

生态景观的设计和维护注重采用节水措施和技术。草对水的需求比灌木和乔木大，而所产生的生态效应却相对较小，因此，在生态景观设计中，提倡尽量减少对大面积草坪的使用。在景观维护中，提倡通过高效率滴灌系统将经过计算的水量直接送入植物根部。这样做可以减少 50%～70%的用水量。草地上最好采用小容量、小角度的洒水喷头。对草、灌木和乔木应该分别供水，对每种植物的供水间隔宜适当加长，以促进植物根部扎向土壤深部（见图 7-4）[94]、[95]。要避免在干旱期施肥或剪枝，因为这样会促进植物生长，增加对水的需求。另外，可以采用经过净化处理的中水，作为景观植物的灌溉用水。

根据美国圣·莫尼卡市（Santa Monica）的经验，采用耐旱植物、减少草坪面积和采用滴灌技术三项措施，使该地区景观灌溉用水减少 50%～70%，并使该地区用水总量减少 20%～25%。通过控制地面雨水的流向以及减少非渗透地面的百分比，既灌溉了植物，又通过植物净化了雨水，还使雨水自然回渗到土壤中，满足了补充地下水的需要。

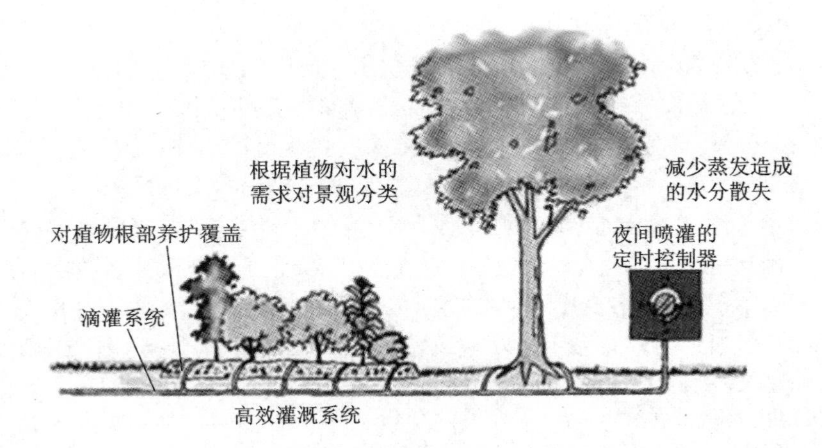

图 7-4 生态景观植物的维护应采用节水灌溉技术

(6)利用废弃材料。

利用废弃材料建成景观小品，既可以节省运走、处理废料的费用，也省去了购买原材料的费用，一举数得。

7.2.6 生态景观设计的作用

生态景观设计注重保护和提升场地生态环境质量，生态景观的实施，能够产生广泛的环境效益，包括改进建筑周围微气候环境、减少建筑制冷能耗、提高建筑室内外舒适度、提高外部空间感染力、为野生动物提供栖息地以及在可能的情况下兼顾水果蔬菜生产等。

(1)提高空气质量。

植物可以吸收空气中的 CO_2 等废气和有害气体，同时放出氧气并过滤空气中的灰尘和其他悬浮颗粒，从而改善当地空气质量。景观公园和林荫大道等为城市和社区提供一个个“绿肺”。

(2)改善建筑热环境。

将阔叶落叶乔木种植在建筑南面、东南面和西南面，可以在夏季吸收和减少建筑的太阳辐射得热，降低空气温度和建筑物表面温度，从而减少夏季制冷能耗；同时在冬季树木落叶后，又不影响建筑获得太阳辐射热。为了提高夏季遮阳和降温效果，还可以将高低不同的乔木和灌木分成几层种植，同时在需要遮阳的门窗上方设置植物藤架和隔栅，使之与墙面之间留有 30～90 cm 的水平距离，从而通过空气流动进一步带走建筑的热量。

建筑的建造过程会破坏场地原有自然植物系统，建造的硬质屋顶或地面不能吸收雨水，还反射太阳辐射热，并加剧城市的热岛效应。如果改为种植屋顶和进行地面绿化，则不仅可以增加绿化面积，提高空气质量和景观效果，还能为其下部提供良好的隔热保温和紫外线防护。屋顶种植应选择适合屋顶环境的草本植物，借助风、鸟、虫等自然途径传播种子。

(3)调控自然风。

植物可以影响气流的速度和方向，起到调控自然风的作用。通过生态景观设计既可以引导自然风进入建筑内部，促进建筑通风，也可以防止寒风和强风对建筑内外环境的不利影响。

导风：根据当地主导风的朝向和类型，可以巧妙利用大树、篱笆、灌木、藤架等将自然风导向建筑的一侧(进风口)形成高压区，并在建筑的另一侧(排风口)形成低压区，从而促进建筑自然通风。

为了捕捉和引导自然风进入建筑内部，还可以在建筑紧邻进风口下风向一侧种植茂密的植物或在进风口上部设置植物藤架，从而在其周围形成正压区，以利于建筑进风。当建筑排风口在主导风向的侧面时，可以在紧邻出风口上风向一侧种植灌木等枝叶茂密的植物，从而在排风口附近形成低压区，促进建筑自然通风（见图 7-5）[92]。在建筑底部接近入口和庭院等位置密集种植乔木、灌木或藤类植物有助于驱散或引开较强的下旋气流。在建筑的边角部位密植多层植物有助于驱散建筑物周围较大范围的强风。多层植物还可以排列成漏斗状，将风引导到所需要的方向。

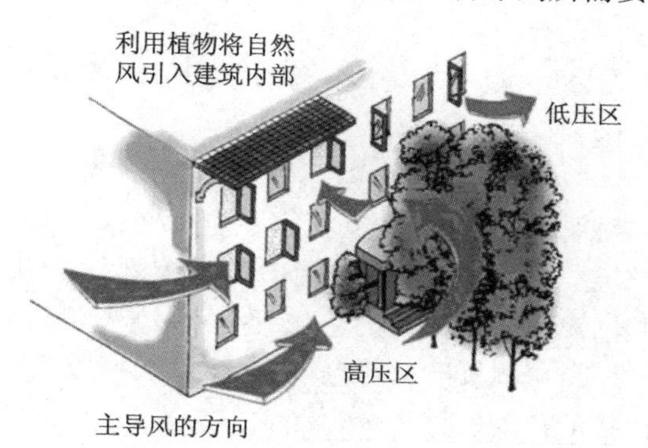

图 7-5　利用景观植物为建筑物引风

防风：布置与主导风向垂直的防风林，可以减缓、引导和调控场地上的自然风。防风林的作用取决于其规模、密度以及其整体走向相对主导风向的角度。为了形成一定的挡风面，防风林的长度一般应该是成熟树木高度的 10 倍以上。如果要给建筑挡风，树木和建筑之间的距离应该小于树木的高度。如果要为室外开放空间挡风，防风林则应该垂直于主导风的方向种植，树后所能遮挡的场地进深，一般为防风林高度的 3～5 倍（例如，10 m 高的防风林可以有效降低其后部 30～50 m 范围内的风速）（见图 7-6）[92]、[96]。还应该允许 15%～30%的气流通过防风林，从而减少或避免在防风林后部产生下旋涡流。关于防风物的更多知识，请参阅 5. 3. 12“利用防风物或建筑围合抵御寒风”。

图 7-6　利用景观植物为室外活动空间防风

应当注意的是，通过植物引风只是促进自然通风的一种辅助手段，它必须与场地规划和建筑朝向布置等设计策略结合起来，才能更好地达到建筑自然通风的效果。另外，城市环境中的气流状态往往复杂而紊乱，一般需要借助风洞试验或计算机模拟来确定通风设计的有效性。最后，无论是导风还是防风，都应当在建筑或场地的初步设计阶段就做出综合考虑。

(4)促进城市居民身心健康。

生态景观可以兼顾果蔬生产,为城市提供新鲜的有机食物。物种丰富的城市生态景观,尤其是水塘、溪流、喷泉等近水环境,既可以帮助在城市中上班的人群放松身心,提高其精神生活质量,又可以成为退休老人休闲、健身的场所,还可以成为儿童们游戏和体验的乐园,因此有利于从整体上促进城市居民的身心健康。

(5)为野生动物提供食物和遮蔽所。

生态景观设计比传统景观设计的效果更加接近自然,通过生态景观设计可以在一定程度上创造在城市发展中曾经失去的自然环境。将城市生态景观和郊区的开放空间连成网络,可以为野生动物提供生态走廊。

为了使城市景观环境更适合野生动物的生存,要选择那些能产生种子、坚果和水果的本地植物,以便为野生动物提供一年四季的食物。还要了解在当地栖息的鸟的种类和习性,并为其设计适宜的生存环境。在景观维护过程中,要对土壤定期覆盖和施肥,使土壤中维持足够的昆虫和有机物;同时要保持土壤湿度,刺激土壤中微生物的生长,保持土壤中蛋白质的循环。生态景区还应该为鸟类设计饮水池,水不必太深,可以置于开放空间,岸边地面可以采用粗糙质地的缓坡,以利于鸟类接近或逃离水池。景观植物的搭配应该有树冠高大的乔木、中等高度的灌木以及地表植物,供鸟类筑巢繁殖、嬉戏躲避和采集食物等。生态景区应尽量不使用杀虫剂、除草剂和化肥,而是允许植物的落叶以及成熟落地的种子和果实等自然腐烂,从而为土壤中的昆虫等提供足够的营养,也为其他野生动物提供更加自然的栖息环境。

7.3 生态景观规划

7.3.1 生态景观规划的概念

生态景观规划是在一个相对宏观的尺度上,为居住在自然系统中的人们所提供的物质空间规划,其总体目标是通过对土地和自然资源的保护和利用规划,实现景观及其所依附的生态系统的可持续发展。生态景观规划必须基于生态学理论和知识进行。可以说,生态学与景观规划有许多共同关心的问题,如对自然资源的保护和可持续利用,但生态学更关心分析问题,而景观规划则更关心解决问题,将两者相结合的生态景观规划是景观规划走向可持续的必由之路[89]。

7.3.2 生态景观规划的基本语言

斑块(patch)、廊道(corridor)和基质(matrix)是景观生态学用来解释景观结构的一种通俗、简明和可操作的基本模式语言,适用于荒漠、森林、农业、草原、郊区和建成区景观等各类景观[89]。斑块是与周围环境在性质上或外观上不同的相对均质的非线性区域。在城市研究中,在不同的尺度下,我们可以将整个城市建成区或者一片居住区看成一个斑块。景观生态学认为,圆形斑块在自然资源保护方面具有最高的效率,而卷曲斑块在强化斑块与基质之间的联系上具有最高的效率。廊道是线型的景观要素,指不同于两侧相邻土地的一种特殊的带状区域。在城市研究中,我们可以将廊道分为蓝道(河流廊道)、绿道(绿化廊道)和灰道(道路和建筑廊道)。基质是景观要素中的背景生态系统或土地利用类型,具有占地面积大、连接度高,以及对景观动态具有重要控制作用等特征,是景观中最广泛连通的部分。如果我们将城市建成区看成一个斑块的话，其周围和内部广泛存在的自然元素就是其基质[97]。

景观生态学运用以上语言，探讨地球表面的景观是怎样由斑块、廊道和基质所构成的，如何来定量、定性地描述这些基本景观元素的形状、大小、数目和空间关系，以及这些空间属性对景观中的运动和生态流有什么影响。如方形斑块和圆形斑块分别对物种多样性和物种构成有什么不同影响，大斑块和小斑块各有什么生态学利弊，弯曲的、直线的、连续的或是间断的廊道对物种运动和物质流动有什么不同影响，不同的基质纹理（细密或粗散）对动物的运动和空间扩散的干扰有什么影响等。相关研究有：①关于斑块的原理（探讨斑块尺度、数目、形状、位置等与景观生态过程的关系）；②关于廊道的原理（探讨廊道的连续性、数目、构成、宽度及与景观过程的关系）；③关于基质的原理（探讨景观基质的异质性、质地的粗细与景观阻力和生态过程的关系等）；④关于景观总体格局的原理等。这些原理为当代生态景观规划提供了重要依据[89]。

7.3.3 城市景观的构成要素

城市景观作为景观一般分类中的一种，以其特有的景观构成和功能区别于其他景观类型（如农业景观、自然景观）。在构成上，城市景观大致包括三类要素，即人工景观要素，如道路、建筑物；半自然景观要素，如公共绿地、农田、果园；受到人为影响的自然景观要素，如河流、水库、自然保护区[88]。在功能上，城市景观包括了物化和非物化两方面要素：物化要素即山、水、树木、建筑等环境因素；非物化要素即环境要素所体现出的精神和人文属性。作为一种开放的、动态的、脆弱的复合生态系统[98]，城市景观的主要功能是为人类提供生活、生产的场所，而其生态价值主要体现在生物多样性与生态服务功能等方面，其中的林地、草地、水体等生态单元对于保护生物多样性、调节城市生态环境、维持城市景观系统健康运作尤为重要[99]。作为人类改造最彻底的景观，城市景观由于具有高度的空间异质性，景观要素间的流动复杂，景观变化迅速，更需要进行生态规划、设计和管理，以实现结构合理、稳定，能流顺畅，环境优美，达到高效、和谐、舒适、健康的目的。

7.3.4 城市景观规划的主要内容

城市具有自然和人文的双重性，因此对城市生态景观的规划也应当包括自然生态规划和人文生态规划两方面内容，并使自然景观与人文景观成为相互依存的和谐统一的整体。

（1）城市自然景观规划。

城市自然景观规划的对象是城市内的自然生态系统，该系统所能提供的功能包括提供新鲜空气、食物、体育、休闲娱乐、安全庇护以及审美和教育等。除了一般人们所熟悉的城市绿地系统之外，还包含了一切能提供上述功能的城市绿地系统、森林生态系统、水域生态系统、农田系统及其他自然保护地系统等[100]。城市的规模和建设用地的功能总是处在不断变化之中，城市中的河流水系、绿地走廊、林地、湿地等需要为这些功能提供服务。面对急剧扩张的城市，需要在区域尺度上首先规划设计和完善城市的生态基础设施，形成能高效维护城市生态服务质量、维护土地生态过程的安全的景观格局[92]。

根据景观生态学的方法，城市需要合理规划其景观空间结构，使廊道、斑块及基质等景观要素的数量及其空间分布合理，使信息流、物质流与能量流畅通，使城市景观不仅符合生态学原理，而且具有一定的美学价值，适于人类聚居[101]。在近些年的发展中，景观规划吸收生态学思想，强调设计遵从自然,引进景观生态学的方法,研究多个生态系统之间的空间格局,包括物质流动、物种流、干扰的扩散等;并用“斑块-廊道-基质”来分析和改变景观,指导城市景观的生态规划[88]。

(2)城市人文景观规划。

所谓人文生态是一个区域的人口与其他各种物质的生产要素之间的组配关系,以及人们为实现或满足社会生活各种需要而形成的彼此间的各种关系。多元的人文生态与其地域自然生态紧密相关,同时也是使得一个城市多姿多彩的原因之一[102]。一个优美而富有吸引力的城市景区,通常都是自然景观与人文景观巧妙结合的作品。一座城市的人文景观应该反映该城市的价值取向和文化习俗。城市人文生态建设,应当融入到城市自然生态设施的规划和建设中,使文化和景观互相呼应、互相影响,城市才能产生鲜明的特色和生命力。在人文生态的规划中,要努力挖掘和提炼地域文化精髓,继承传统文化遗产,反映城市新文化特征,注意突出城市文化特色并寻求城市文化的不断延续和发展[99]。

7.3.5 当前城市景观中的生态问题

当前城市景观中的生态问题,主要源于城市规划建设中不合理的土地利用方式以及对自然资源的超强度开发,具体表现在以下几方面[88]。

(1)景观生态质量下降。

在城市景观中,承担着自然生境功能的要素类型主要有林地、草地、水体和农田等,伴随着城市人口激增和生产生活用地规模迅速扩大,城市区域中自然景观要素的面积在不断快速减少,生物多样性资源严重受损,进一步导致景观生态稳定性降低,对各种环境影响的抵抗力和恢复力下降。环境污染问题日益加重,使城市自然环境的美学价值及舒适性大打折扣,人们纷纷逃离城市走向郊区。随着城市化进程的加快,人类生活郊区化进一步蔓延,给原本脆弱、不堪重负的城市郊区环境带来巨大压力。水土流失这个常被认为是山坡地特有的问题,近年来在城市区域中呈加重趋势。在市场经济推动下,城市区域中,尤其是经济开发区,由于土地平整使地表植被破坏,土地裸露,加上许多土地推而不建且长期闲置,导致城市区域水土流失日益加剧,不仅造成开发土地支离破碎,引起河道淤积、桥涵淤塞、水害频繁,而且危害市区市政基础设施及防洪安全,对城市社会经济发展及景观和环境质量构成严重威胁。研究表明,城市周边裸露平整土地产生的土壤侵蚀程度远远超过自然山地或农业用地。

(2)景观生态结构单一。

城市区域内土地紧张,造成城市景观破碎度增加,通达性降低。城市建筑用地大量增加,迫使自然景观元素主要以公共绿地的形式存在,集中在少数几个公园或广场绿地,街道及街区分布稀少,难以形成网格结构,空间分配极度不均衡。另外,绿地内植被构成类型单一,覆盖稀疏,缺乏空间层次,不能实现应有的生态调节功能。

(3)景观生态功能受阻。

城市区域中,人类的活动使自然元素极度萎缩,景观自然生态过程(如物种扩散、能量流动、风险转移等)严重受阻,其涵养物种、净化环境的能力随之呈非线性降低。例如,建设开发使河道干涸、污染;修建高速公路将自然栖息地一分为二等,使自然生态过程中断,景观稳定性降低。另外,城市建筑使景观视觉通达性受阻,如居住区楼房密度过高,或与工厂、交通干道比邻,使视野狭小,同时各种污染、噪声使城市景观舒适度大为降低。

7.3.6　城市生态景观规划的基本原则

城市自然景观的生态规划一般应遵循以下基本原则[103]。

生态可持续性原则：使城市生态系统结构合理稳定，能流、物流畅通，关系和谐，功能高效。

绿色景观连续性原则：通过设置绿色廊道、规划带形公园等手段加强绿地斑块之间的联系，加强绿地间物种的交流，形成连续性的城市景观，使城市绿地形成系统。

生物多样性原则：多样性导致稳定性。生物多样性主要是针对城市自然生态系统中自然组分缺乏、生物多样性低下的情况提出来的。城市中的绿地多为人工设计而成，通过合理规划设计植物品种，可以在城市绿地中创造丰富多彩的遗传多样性，从而达到丰富植物景观和增加生物多样性的目的；遵循多样化的规划原则，对于增进城市生态平衡、维持城市景观的异质性、创造丰富的城市绿地景观具有重要意义。

格局优化原则：城市景观的空间格局是分析城市景观结构的一项重要内容，是生态系统或系统属性空间变异程度的具体表现，它包括空间异质性、空间相关性和空间规律性等内容。它制约着各种生态过程，与干扰能力、恢复能力、系统稳定性和生物多样性有着密切的关系[104]。良好的景观生态格局强调突出城市整体景观功能，通过绿色的生态网络，将蓝色的水系串联起来，保障各种景观生态流输入输出的连续通畅，维持景观生态的平衡和环境良性循环[105]。在中国，由于城市绿地极为有限，特别是老城区，人口密度大，建筑密集，绿化用地更少。因此，在景观规划中，如何利用有限空间，通过绿地景观格局的优化设计，充分发挥景观生态功能和游憩功能，线、带、块相结合，大、中、小相结合，达到以少代多、功能高效的目的显得更为重要。

可持续性原则：城市景观的生态规划要远近结合，制定远期发展目标。在城市向外扩展的同时，要留出足够空间以备将来的景观发展所需。

7.3.7　城市景观规划的技术和方法

景观规划的过程应该是一个决策导向的过程，首先要明确什么是要解决的问题，规划的目标是什么；然后以此为导向，采集数据，寻求答案[89]。在制定景观规划时通常需要考虑六方面的问题[106]：①景观的现状（景观的内容、边界、空间、时间，需要用什么方法和语言进行描述）；②景观的功能（各景观要素之间的关系和结构如何）；③景观的运转（景观的美观性、栖息地多样性、成本、营养流、公共健康、使用者满意度等如何）；④景观的变化（景观被什么行为，在什么时间、什么地点而改变）；⑤景观的变化会带来什么样的可预见的差异或不同；⑥景观是否应该被改变（如何做出改变景观或保护景观的决策，如何评估由不同改变带来的不同影响，如何比较替代方案等）。

（1）地图分层叠加技术。

在早期的城市及区域规划中，规划师们常常采用一种地图叠加技术，即采用一系列地图来显示道路和人文属性、地形、地界、土壤、森林覆盖，以及现有的和未来的保护地，并通过叠加的技术将气候、森林、动物、水系、矿产、铁路、公路系统等信息综合起来，反映城市的发展历史、土地利用及区域交通关系网和经济、人口分布等。在景观规划中，也可以采用这种方法，将单一资源进行制图，通过自然元素的分层叠加，经过滤或筛选，最终可以确定某一地段土地的适宜性，或某种人类活动的危险性，从而判别景观的生态关系和有价值的景观区域。这一技术的核心特征是所有地图都基于同样的比例，并都含有一些同样的地形或地物信息作为参照系，同时，为了使用方便，所有地图都应在透明纸上制作。

在20世纪50年代,麦克哈格首先提出了利用地图分层叠加方法进行景观规划设计[44]。在近半个世纪的里程中,地图分层叠加技术从产生到发展和完善,一直是生态规划思想和方法的发展和完善过程的一个有机组成部分。首先是规划师基于系统景观思想提出对土地上多种复杂因素进行分析和综合的需要;然后是测量和数据收集方法的规范化;最后是计算机的发明和普及,都推动了地图分层叠加技术的发展[83]。关于麦克哈格的千层饼叠加分析技术,请参阅3.5.2“生态选址与规划分析方法”。

中关村科技园海淀园发展区生态规划,就是一个应用麦克哈格“千层饼”方法分析的实例。其中选取了8项生态因子图进行叠算,结果如图7-7所示,其中深色部位适宜生态保护和建设,浅色部位适宜城市建设。该规划还根据土地生态适宜性分析模型,运用景观学“斑块-廊道-基质”原理,建立了园区的自然生态安全网络,并编制了土地生态分级控制图。在规划指标体系中,将园区分为5个生态等级区:一级区为核心生态保护区,二级区为生态保育缓冲区,三级区为生态建设过渡区,四级区为低度开发区,五级区为中度开发区。它为确定城市发展方向提供了科学依据[107]。

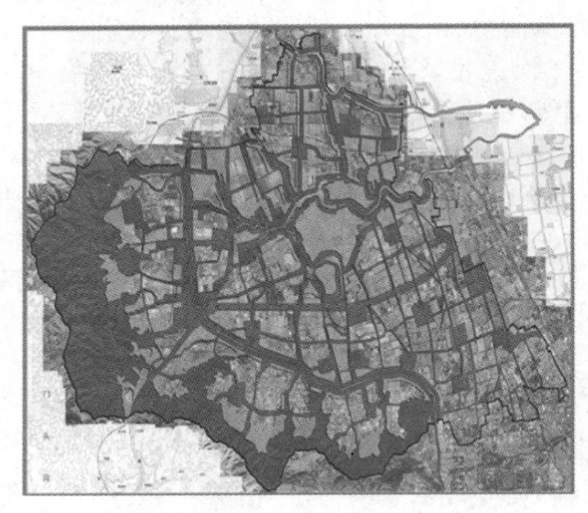

图7-7　中关村科技园海淀园发展区生态规划

(2)3“S”技术。

随着空间分析技术的发展及其与景观规划的结合,遥感(RS)、全球定位系统(GPS)和地理信息系统(GIS)在景观规划中得到应用,使景观规划在方法和手段的发展上获得了一个飞跃。它们极大地改变了景观数据的获取、存储和利用方式,并使规划过程的效率大大提高,在景观和生态规划史上可以被认为是一场革命[81]。其中,遥感(RS)具有宏观、综合、动态和快速的特点,特别是现代高分辨率的影像是景观分类空间信息的主要数据源,遥感影像分析是景观生态分类和景观规划的主要技术手段;全球定位系统(GPS)的准确定位是野外调查复核空间信息定位的重要工具;地理信息系统(GIS)的空间数据和属性数据集成处理以及强大的空间分析功能,使得现代景观规划在资源管理、土地利用、城乡建设等领域发挥着越来越大的作用[108]。如果将生态景观规划的过程分解为分析和诊断问题、预测未来、解决问题三个方面的话,那么,与传统技术相比,GIS尤其在分析和诊断问题方面具有很大的优势。这种优势主要反映在其可视化功能、数据管理和空间分析三个方面[89]。

7.3.8 城市景观规划的生态调控途径

（1）构建景观格局。

城市是自然、经济和社会的复合体，不同的城市生态要素及其发展过程形成不同的景观格局，景观格局又作用于生态过程，影响物种、物质、能量以及信息在景观中的流动。合理的城市景观生态格局是建设城市生态环境与园林的基础。在城市景观规划中，不仅要注意保持城市景观生态过程的连续性，而且应使其中的各种景观要素互相融合、互为衬托、共同作用，从而形成具有地方特色和多重生态调控功能的城市景观体系。

（2）建设绿色斑块。

城市生态景观规划应美化并改善城市生态环境，生态景观应遵循“小、散、匀”的原则，按照均衡而有重点的格局分布于城市之中，满足城市居民生活游憩和观赏需求。市区分散的小面积植被相当于被大面积的城市基质包围着的斑块。建设绿色斑块，应考虑到各斑块的面积和形状，同时合理配置绿色斑块内的植物种类，形成稳定群落，增加斑块间的异质性，为形成长期景观和发挥持续生态效益打下基础[109]。

（3）建立景观廊道。

生物种群的生长繁殖，除了需要足够面积的生长环境外，还需要环境斑块之间有一定的连续性。研究表明，景观廊道对生物群体之间的交换、迁徙和生存起着重要作用；通畅的廊道、良好的景观生态格局有利于保障各种景观生态流输入输出的连续通畅，维持景观生态平衡和良性循环。同时，景观中的基质、斑块、廊道、生物、热量、水分、空气、矿物、养分等呈异质分布、不断变化，为生物提供多种生活环境，有利于物种的生存繁衍，以及维持生态系统的稳定性。

城市中零散分布的公园、街头绿地、居民区绿地、道路绿化带、植物园、苗圃等城市基质上的绿色斑块，应与城外绿地系统之间通过“廊道”（绿化带）连接起来，形成城市生态景观的有机网络，使得城市景观系统成为一种开放空间。这样不仅可以为生物提供更多的栖息地和更广阔的生活场所，而且有利于城外自然环境中的野生动物、植物通过“廊道”向城区迁移。

在城市生态景观建设中，还应当遵循景观生态学“集中与分散相结合”的原则，将大小斑块相结合并使其分布均匀，实现生态调控容量互补，从而分担和减少人为干扰的压力和生态变化的风险，确保各个景观生态单元融入城市景观生态网络，从而提高整个城市生态系统的自我调节能力。例如，在城市中，可以将公园绿地、道路绿地、组团间的绿化隔离带等串联衔接，并与河流及其防护林带构成相互融会贯通的“蓝道”和“绿道”；在总体上形成点、线、面、块有机结合的山水绿地相交融的贯通性生态空间网络。

（4）改善基质结构。

城市景观要素中“基质”所占面积最大、连接度最强，对城市景观的控制作用也最强；孔性和连通性是基质的重要结构特征。作为城市景观生态背景，它控制影响着生境斑块之间的物质、能量交换，能够强化或缓冲生境斑块的“岛屿化”效应。城市区域内自然水体的驳岸是景观斑块的边缘过渡带，其界面的生化作用对于生态系统的运转至关重要。对于无防洪要求的驳岸，提倡尽量减少人工铺砌材料，以利生化作用和水际植物群落的形成；对于防洪驳岸，可采用具有渗水功能的铺面，在铺面上实现植草绿化。人工水体可按照水体的地理位置、大小、底质、形态、水质特征及水中生物种群数量等，采取相应措施确定水生生物放养模式，维持水体生态系统相对平衡。对硬质地面，尤其是城市广场和公共空间,应优先考虑采用具有蓄水或渗水能力的环保铺地材料,如已实际使用的混凝土渗水型铺砖等。在城市的中、高密度地区,可采用渗透排水管、渗透侧沟等人工设施帮助降水渗入地下。应根据城市不同的气候及水文条件,确立合适的渗透水及径流水的比例,指导城市各种地面的铺装比例,从而在总体上逐步实现城市降水和地下水的合理分配。随着更多新型材料的问世,城市硬质铺面将走向生态化,城市景观基质结构的连通性也会有所改善。

(5)控制土地扩张。

随着城市化水平的提高,耕地减少速度不断加快,城市区域及周边水土流失日益严重,这是世界各国在城市化过程中普遍面临的问题。20 世纪 90 年代,美国环境学者、城市景观规划组织及联邦政府,针对城市扩张导致的农业用地面积减少及城市发展边界问题,制定了相关法律和土地供给计划,并且基于 GIS 技术建立了一个完整的空地存量库和建设用地存量库,统筹控制城市区域土地的扩张。在城市开发建设过程中,需要把握城市总体景观结构,结合城市中自然绿地、农田水域等环境资源的分布,开发项目的场地选址、规划、建筑设计应遵守和贯彻城市景观规划设计的生态理念,保持城市景观结构的多样性,防止大面积的建筑群代替市郊原有的自然景观结构。在我国,长江三角洲地区城市的发展中已经采用了保持城市之间农田景观的方式,在满足城市建设所需土地的同时,为城市化地区的再发展提供保证。

第 8 章　节能与能源有效利用技术

从生态学的角度看，建筑就像有机生命体一样，是因不断输入能量并进行能量消耗而得以生存和运行的，在其整个生命周期过程中，要消耗大量的能源。建筑从其周围环境中获得能源的能力以及对能源资源的有效利用程度是体现建筑生态性的重要方面。如何在满足人们生理、心理需要的同时，使建筑有效利用能源，将建筑耗能降至最低，从而既节约能源又减少对环境的污染，抑制气候变暖、减弱对臭氧层的破坏、实现生态保护，是生态建筑的重要内容。

8.1　建筑能耗与建筑节能

8.1.1　建筑能耗的组成

“建筑能耗”有广义与狭义之分。广义的“建筑能耗”是指建筑在规划设计、建造施工、运行维护以及拆除销毁等整个生命周期过程中所消耗的能源量（见图 8-1）。

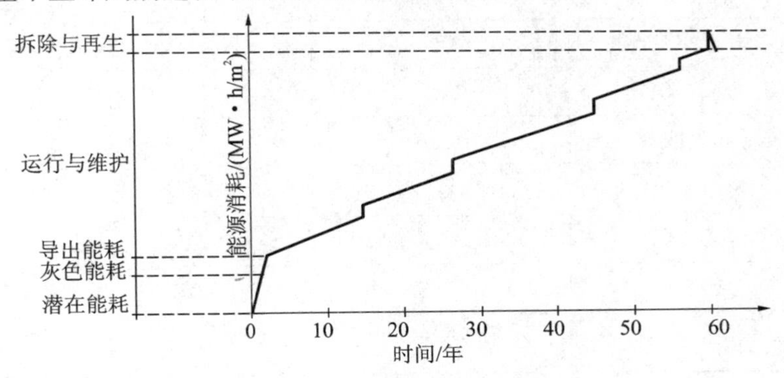

图 8-1　广义的“建筑能耗”组成[61]

建筑物在整个寿命期间消耗的能源按阶段分为生产能耗、运输能耗、建造能耗、运行能耗、拆除能耗。生产能耗是指建筑材料、构件等在生产加工过程中所消耗的能量，国外称为“embodied energy”。运输能耗是指建筑材料、构件等在运送过程中所消耗的能量，国外称为“grey energy”。建造能耗是指建筑物在设计建造过程中所消耗的能量，国外称为“induced energy”。运行能耗是指建筑物本身及设备的日常运行、维护修缮所消耗的能量，国外称为“operating energy”。拆除能耗是指建筑物在毁弃过程中所消耗的能量，国外称为“demolition and recycling”。建筑的运行能耗通常占整个生命周期总能耗量的大部分，正常情况下为 75%～85%。狭义的“建筑能耗”是指建筑在使用过程中所消耗的能量，主要包括采暖、空调、热水供应、照明、炊事等方面的能耗，如图 8-2 所示。其中，采暖、空调能耗占 65%左右，照明能耗占 14%左右，热水供应能耗占 15%左右。由此可见，采暖、空调能耗在建筑物运行能耗中占着主导地位，在设计、施工以及运行阶段，都着眼于降低采暖与空调能耗，无疑就抓住了建筑节能的主要问题。

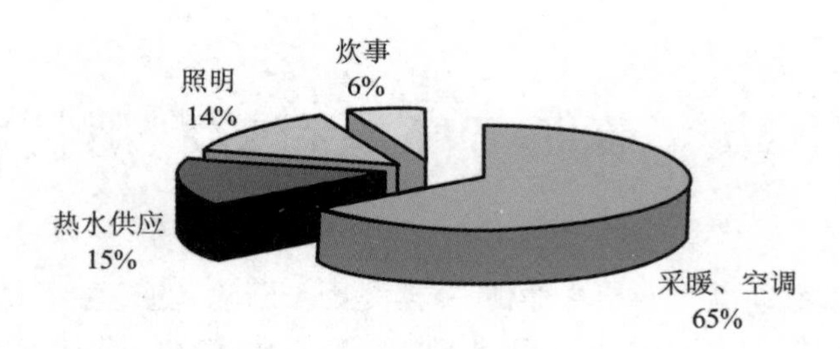

图 8-2 狭义的“建筑能耗”组成

8.1.2 建筑各部分的耗能比例

建筑物的得热或失热都是通过建筑的外围护结构而产生的。无论是在寒冷地区或是在炎热地区，通过外围护结构传热的能耗量都占总能耗量的绝大部分。表 8-1 为北京、天津、西安某种住宅的耗热量分配情况。

表 8-1 北京、天津、西安某种住宅的耗热量分配比例

项目		占总能耗的百分比/(%)		
		天津	北京	西安
外围护结构	屋顶	7.8	8.6	4.6
	外墙	27.9	25.5	26.6
	外窗(含阳台门)	19.0	26.7	34.4
	楼梯间隔墙	15.6	10.8	8.7
	户门	1.6	2.7	6.4
	地面	4.4	2.7	2.6
	合计	76.3	77	83.3
空气渗透耗热量		23.7	23	16.7

由此可见，外墙和外窗是建筑物耗能的主要部位，而由于门窗不密闭引起的空气渗透也是导致建筑物耗能的主要因素。

8.1.3 节能建筑与建筑节能

“节能建筑”是指在建筑的整个生命周期过程中，在其所处的环境条件下，充分有效利用能源资源，将建筑能耗最小化的建筑。在我国，“节能建筑”通常指达到或高于节能设计标准要求的建筑。一般来讲，“节能建筑”应该包含下述两层含义：一是指在所处的地理气候、技术经济条件下，在规划和设计阶段充分考虑可再生能源的被动式利用，将对主动式设备的需求减少到最低限度；二是在必须使用主动式设备的情况下，尽量提高设备的能源利用效率，将主动式设备的耗能降到最低。事实上，室内的采暖、制冷、照明设备是当室内环境达不到人的要求时，所采用的一种辅助手段，这种辅助手段耗能的多少，取决于在规划和设计阶段对节能的考虑。因此，在规划和设计阶段将建筑能耗控制在最低，是实现建筑节能的关键。

“建筑节能”也有广义和狭义之分。广义的“建筑节能”是指在建筑的方案设计、建造施工、运行管理、拆除、再利用的每一环节中，减少建筑能耗或提高能源在建筑中的使用效率。狭义的“建筑节能”是指在建筑使用过程中，在采暖、空调、通风、热水供应、照明、炊事、家用电器、电梯等方面节省和有效使用能源。到目前为止，“建筑节能”概念的发展经过了三个时期。20 世纪 70 年代到 80 年代初，“建筑节能”就是在建筑中“节省能源（energy saving）”，也就是少用或尽量不用能源；20 世纪 80 年代中到 90 年代中，“建筑节能”意味着在建筑中减少能量的散失，即在建筑中“保存能源（energy conservation）”；近年来，“建筑节能”普遍被理解为“提高建筑中的能源利用效率（energy efficiency）”，也就是说，并不是消极意义上的节省，而是从积极意义上提高能源利用效率。

对于生态建筑的能源利用来讲，我们不应将“建筑节能”的概念停留在其狭义的意义上，而应扩展到其广义的意义上。因此，它是全方位的，不仅是指建筑建好后运行使用中的节能，更应指建筑在规划设计阶段的节能；不仅仅是设备工程师的责任，更应是规划师、建筑师的责任。从建筑的整个生命周期过程来讲，每一个环节对建筑节能都有影响（见图 8-3），其中规划和设计对建筑的节能更是起到了决定性的作用，是实现建筑节能的前提和根本保证，建筑节能必须从规划和设计阶段就给予足够的重视。

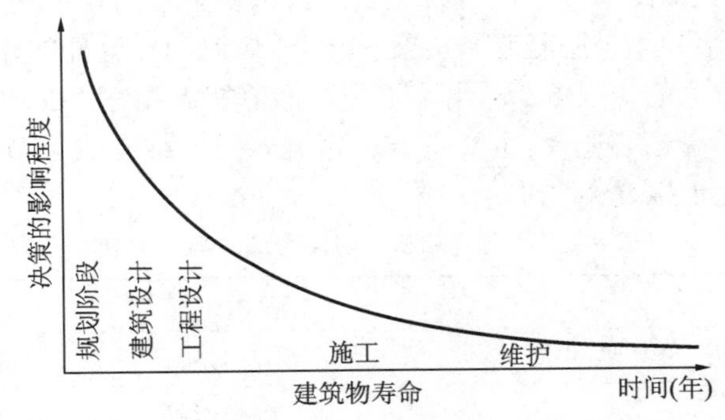

图 8-3　建筑的各个阶段对建筑节能的影响[42]

8.1.4　建筑节能的三个层面

图 8-4 所示为实现建筑节能的三个层面。第一层面是指在建筑的场址选择和规划阶段考虑节能，包括场地设计和建筑群体总体布局。这一层次对于建筑节能的影响最大，这一层面的决策会影响以后的各个层面。第二层面是指在建筑的设计阶段考虑节能，包括通过单体建筑的朝向和体型选择、被动式自然能源利用等手段减少建筑采暖、降温和采光等方面的能耗需求。这一阶段的决策失当最终会使建筑机械设备耗能成倍增加。第三层面是建筑外围护结构节能和机械设备系统本身节能。

在建筑设计中，只有综合考虑了以上三个层面的节能策略和措施，才能产生舒适、经济、节能的生态可持续建筑。不幸的是，由于技术的进步，大多数规划师、建筑师有关前两个层面的建筑节能意识淡薄了，而将责任完全推给了工程师们，依赖他们在第三层面上进行节能。例如，在酷热或严寒地区设计带有大片玻璃窗的建筑，使工程师们不得不采用吞噬大量能源的采暖或降温设备来创造舒适的室内热环境。

事实上，第一层面的节能措施，是建筑节能的根本前提和保证，而第二层面的节能措施，也是建

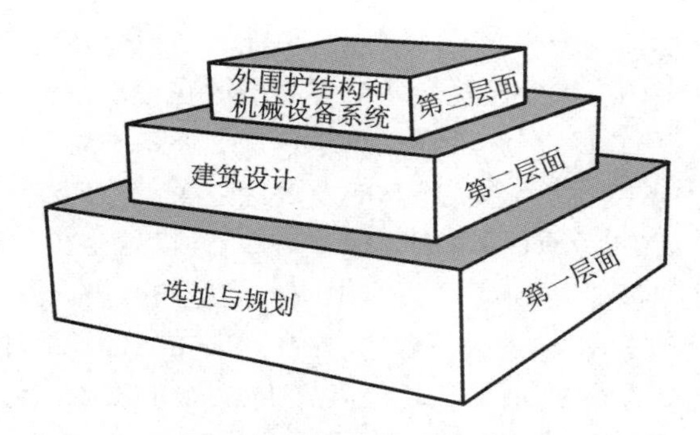

图 8-4　建筑节能的三个层面

筑节能的关键所在。通过第一和第二层面的综合设计，有时可以使建筑完全不使用机械设备系统，即使是在必须使用机械设备的情况下，也可轻而易举地使其规模及投资降低 50%，甚至 90%。当然，第三层面的措施也不能忽视。当以上三个层面成为节能设计不可分割的组成部分时，建筑物在各个方面将变得更为协调。例如，由于建筑对机械和能源的需求减少，可以节省投资；由于采用被动式设计，建筑环境可以更加舒适；此外，可将花费在机械设备上的投资转移到建筑元素上，使建筑形式更加丰富有趣，因为不同于被隐藏起来的机械设备，像遮阳板这样的建筑构件对室外视觉效果而言是有相当大的审美价值的。表 8-2 示出了不同层面节能需要考虑的主要因素。关于前两个层面，第 3 章、第 4 章和第 5 章已有述及，本章主要从建筑外围护结构热工节能以及在设备系统中主动地利用可再生能源节能加以介绍。

表 8-2　建筑节能三个层面考虑的典型问题

层面层次	采　暖		降　温	照　明
第一层面 选址与规划	1. 地理位置		1. 地理位置	1. 地形地貌
	2. 保温与日照		2. 防晒与遮阴	2. 光气候
	3. 冬季避风		3. 夏季通风	3. 对天空的遮挡状况
第二层面 建筑设计	基本建筑设计	1. 体型系数	1. 遮阳	1. 窗
		2. 保温	2. 室外色彩	2. 玻璃种类
		3. 冷风渗透	3. 隔热	3. 内部装修
	被动式自然能源利用	被动式采暖	被动式降温	昼光照明
		1. 直接受益	1. 通风降温	1. 天窗
		2. 特隆布墙保温墙	2. 蒸发降温	2. 高侧窗
		3. 日光间	3. 辐射降温	3. 反光板
第三层面 外围护结构和 机械设备系统	加热设备		降温设备	电灯
	1. 锅炉		1. 制冷机	1. 灯泡
	2. 管道		2. 管道	2. 灯具
	3. 燃料		3. 散热器	3. 灯具位置

建筑外围护结构主要由外门窗、外墙和屋顶构成。窗在建筑上的作用是多方面的，除需要满足视觉的联系、采光、通风、日照及建筑造型等功能要求外，作为围护结构的一部分应同样具有保温隔

热、得热或散热的作用。因此，外窗的大小、形式、材料和构造需兼顾各方面的要求，以取得整体的最佳效果。目前，窗仍是保温能力最差的部件，主要原因是窗框、窗樘、窗玻璃等的热阻太小，此外经缝隙渗透的冷风使热损失进一步增加。在寒冷地区，窗户的设计还要考虑冬季日照与避风问题；在炎热地区，还要考虑夏季遮阳和通风问题。在我国北方，通过外墙耗散的热量常占25%左右；在我国南方，通过外窗的得热量是引起空调负荷的重要原因。改善墙体的保温隔热性能，在北方将明显提高建筑的节能效果。外墙节能技术可分为外墙复合保温隔热技术、单一材料保温隔热技术、外墙通风遮阳防热技术等。复合保温隔热技术是在承重外墙上附加保温隔热材料，以增加其总热阻。单一材料保温隔热技术是指外墙由单一材料或构造组成，它既承重又保温隔热。外墙通风遮阳防热技术是指在炎热地区对外墙进行通风遮阴，以促进外墙散热和减少建筑外表面太阳辐射得热。屋面对于炎热地区防热来讲，尤其重要，因其受太阳辐射时间最长，数量最大。

8.2 外窗节能技术

8.2.1 控制各向窗墙面积比

窗墙面积比是指窗口面积与房间立面单元面积(即房间层高与开间定位线围成的面积)的比值。控制建筑的窗墙面积比是外窗节能的重要措施之一。对于我国北方地区采暖居住建筑，规定北向窗墙面积比不能超过0.25，东西向不能超过0.30，南向不能超过0.35。对于夏热冬冷地区与夏热冬暖地区，由于既要考虑冬季日照，又要考虑夏季防热，因此，窗墙面积比的规定受到墙与窗的传热系数以及遮阳系数大小的影响。关于建筑热工分区中各区的具体限制值，请参阅相关的规范和标准[110][111][112][113]。

8.2.2 提高外窗的气密性

窗的空气渗透，是通过玻璃与窗扇、窗扇与窗框、窗框与窗洞之间的缝隙产生的。透过门窗的空气渗透量，是指门窗试件两侧空气压力差为10 kPa条件下，每小时通过每米缝长的空气渗透量。按照这一指标，窗户气密性分为5级，如表8-3所示。在我国的建筑节能设计标准中规定：设计中应采用密封性良好的窗户(包括阳台门)，1～6层的低层和多层居住建筑中，应等于或优于3级，7～30层的高层和中高层居住建筑，应等于或优于4级，当窗的密封性不能达到规定要求时，应加强密封措施，保证达到规定要求。对于不同地区不同建筑类型，门窗的气密性要求可能有所不同，具体的规定可参考相关规范。

表8-3 窗户气密性分级

分级	1	2	3	4	5
单位缝长分级指标 $q_1/(m^3/(m\cdot h))$	$6\geqslant q_1\geqslant 4$	$4\geqslant q_1\geqslant 2.5$	$2.5\geqslant q_1\geqslant 1.5$	$1.5\geqslant q_1\geqslant 0.5$	$0.5\geqslant q_1$
单位面积分级指标 $q_2/(m^3/(m^2\cdot h))$	$18\geqslant q_2\geqslant 12$	$12\geqslant q_2\geqslant 7.5$	$7.5\geqslant q_2\geqslant 4.5$	$4.5\geqslant q_2\geqslant 1.5$	$1.5\geqslant q_2$

8.2.3 减少外窗的传热耗热

首先要提高窗框的保温隔热性能。窗框的保温隔热性能取决于其导热系数大小，目前主要窗框材料及导热系数有:铝合金174.45 W/(m・℃)、松和杉木0.17～0.35 W/(m・℃)、塑料(PVC)0.13～0.29 W/(m・℃)。用绝热材料或空气腔层截断金属框扇的热桥制成断桥式窗,可提高其保温隔热能力。其次是提高玻璃的保温隔热性能。低辐射玻璃又称为Low-E玻璃,是在普通玻璃的表面上贴有一层看不见的金属(或金属氧化物)膜,与普通玻璃相比,它可反射太阳光谱中40%～70%的红外长波热辐射,同时只遮挡少量(一般为20%)的可见光。Low-E玻璃一般与普通玻璃配合使用,由一层Low-E玻璃和一层普通玻璃组成的双层中空窗,在冬季室内温度比室外温度高时,它将长波热辐射反射回室内,在夏季室外温度比室内温度高时,它将室外长波热辐射反射回室外。采用双层窗或双层玻璃,中间设置封闭空气间层可提高窗的保温隔热能力。一般双层窗间的空气间层厚度为50～150 mm,双层玻璃中间空气间层厚度,一般不超过20 mm。采用双层玻璃窗时,要注意空气间层的密封以及空气层中的结露问题。中空玻璃是在双层玻璃之间充入干燥的空气,解决了结露问题,可有效降低窗的传热系数,还可以在双层玻璃之间充入惰性气体氩气、氪气等。充氩气时最佳厚度为11～13 mm,充氪气时最佳厚度为6 mm。

8.2.4 采用活动保温隔热装置

活动装置有窗帘、窗盖板等构件,目前较成熟的一种活动窗帘是由多层铝箔—密闭空气层—铝箔构成,具有很好的保温隔热性能,不足之处是价格昂贵。采用平开或推拉式窗盖板,内填沥青珍珠岩、沥青蛭石或沥青麦草、沥青谷壳等可获得较高的隔热性能及较经济的效果。现在正在试验阶段的另一种功能性窗盖板,是采用相变贮热材料的填充材料。这种材料白天可贮存太阳能,夜晚关窗的同时关紧盖板,该盖板不仅有高隔热特性,能阻止室内失热,同时还能向室内放热。这样,整个窗户当按24 h周期计算时,就成为真正的得热构件。但这种窗只有在解决了其四周的密封耐久性及相变材料的高造价等问题之后才有望商品化。夜墙(night wall)是国外一些实验性建筑中采用过的装置。它将膨胀聚苯板装于窗户两侧或四周,夜间可用电动或磁性手段将其推至窗户处,以大幅度地提高窗的保温性能。另外一些组合设计是在双层玻璃间用自动填充轻质聚苯球的方法提高窗的保温能力,白天这些小球可通过负压装置自动收回以便恢复窗的采光功能。

8.2.5 窗户的日照与遮阳

在寒冷的冬季争取日照,不仅可增进人的健康,减少疾病,而且可以大大节约能源。在我国的建筑设计规范标准中,根据气候类型和城市规模,对建筑的日照时间做了规定(见表8-4)。建筑的日照时间取决于建筑物之间的间距和其所处的位置,可以用棒影图、太阳轨迹图进行确定,也可用公式或软件进行计算。

表8-4 不同气候类型和城市的日照时间要求

建筑气候	Ⅰ、Ⅱ、Ⅲ区		Ⅳ区		Ⅴ、Ⅵ、Ⅶ区
	大城市	中小城市	大城市	中小城市	
日照标准日	大寒日			冬至日	
日照时数/h	≥2	≥3		≥1	
有效日照时	8至16时			9至15时	
计算点	底层窗台面				

窗户的遮阳是炎热地区实现窗户节能的重要技术手段。窗户遮阳分为窗本身的遮阳和构件遮阳以及绿化遮阳。窗本身的遮阳与玻璃类型和窗框占窗总面积的百分比有关，遮阳效果体现在遮阳系数上，请参阅附录H“建筑物得失热量的估算”。图8-5示出了几种玻璃的隔热效果。Low-E玻璃可反射太阳光谱中大部分红外热辐射，而只遮挡少量可见光，目前已开发出了能满足不同透光要求的Low-E玻璃。吸热玻璃是指有色玻璃，例如青铜色玻璃或灰色玻璃，可以减小太阳辐射，同时也减少可见光。热反射玻璃是在玻璃表面镀膜，反射太阳辐射。由于热反射玻璃主要反射太阳光谱中的可见光部分，仍要吸收长波辐射热，因此主要用于夏季和有可能造成光污染的地方。

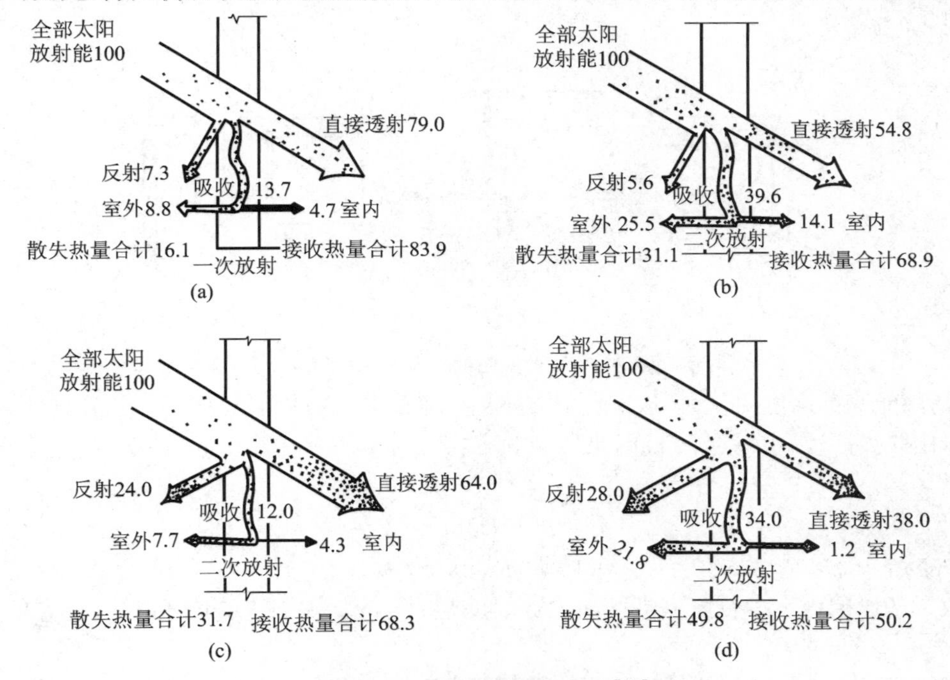

图8-5　几种玻璃的隔热效果[114]

(a)平板玻璃；(b)蓝色吸热玻璃；(c)平板镀膜玻璃；(d)双面镀膜玻璃

目前，国外已研制成了可调控的变色玻璃，根据变色的机理不同，有光致变色、热致变色、电致变色三种类型。光致变色是指材料的颜色能随着阳光中的紫外线强度不同改变颜色，主要有金属卤化物变色玻璃和光学变色塑料。热致变色是指材料随着温度而改变颜色，其机理主要是受热引起的化学反应或材料相变改变颜色。相变材料使太阳辐射散射或吸收。近几年发展了一种纳米材料，用于飞机，可吸收雷达电波，成为隐形飞机；用于玻璃涂层，可使玻璃随温度而变色。电致变色是指在电压或电流的作用下，材料发生变色，主要有液晶玻璃、电变色玻璃、电泳玻璃等。液晶玻璃是利用液晶在电场作用下改变其晶体排列方向制成的。电场越大，改变越大。现在唯一的商用液晶玻璃是分散液晶。分散液晶又有针状和胶状两种。针状液晶在通电情况下晶体水平排列，玻璃变得透明。在断电情况下晶体竖直排列，玻璃吸收或散射太阳辐射。电变色玻璃是利用氢离子或锂离子通过电解层注入变色材料层而制成的。

典型的变色材料是三氧化钨，它在有离子存在时会改变光学特性。在1～5 V电压的作用下，氢离子或锂离子通过电解层注入变色材料，使其变色。可见光透过率从0.65～0.5下降到0.25～0.1，遮阳系数从0.67～0.6下降到0.3～0.18。电泳玻璃是在玻璃上镀上透明的导电涂层，在两层玻璃之间充满悬浮液,用悬浮装置使黑色针状离子自由地悬浮在液体中。通电时,针状离子带电后,排列成直线,光线可以进入;断电时,离子分布混乱阻隔阳光。

构件遮阳按位置不同可分为内遮阳、中间遮阳和外遮阳。从节能的角度讲,外遮阳是防止太阳辐射热进入室内效果最好的遮阳做法,因为它吸收或反射的太阳辐射热绝大部分散发在室外。内遮阳的效果最差,中间遮阳的效果间于外遮阳与内遮阳两者之间。内遮阳和中间遮阳虽然在防止太阳辐射方面效果较差,但在保温方面效果较好。关于窗户的遮阳时间,请参阅附录D"基于平衡点温度确定日照/遮阳的时段和日期"。构件遮阳的基本形式有三种,即水平遮阳、垂直遮阳、挡板遮阳,如图 8-6 所示[115]。

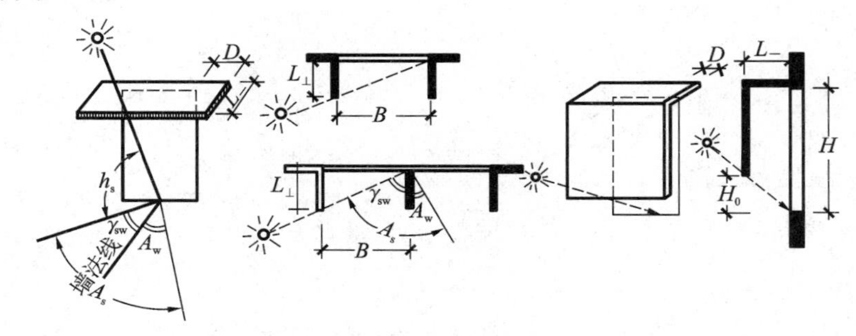

图 8-6 构件遮阳的三种基本方式

水平遮阳能遮挡高度角较大、从窗口上方投射下来的阳光,适用于接近南向的窗口以及低纬度地区的北向附近窗口。水平遮阳板的水平挑出长度 $L\_$ 和两翼挑出长度 D 分别按式(8-1)和式(8-2)计算。

$$L\_=H\cdot\cot h_s\cos\gamma_{sw} \tag{8-1}$$

$$D=H\cdot\cot h_s\sin\gamma_{sw} \tag{8-2}$$

式中,H 为水平遮阳板下沿至窗台高度,h_s 为太阳高度角,γ_{sw} 为太阳方位角 A_s 与窗方位角 A_w 之差,即 $\gamma_{sw}=A_s-A_w$。

垂直遮阳能够有效遮挡高度角较小、从窗侧斜入射的阳光,但对于高度角较大、从窗口上方投射下来的阳光以及接近日出、日落时从窗前方入射的阳光,它不起遮挡作用。故垂直遮阳主要适用于东北、北和西北向附近的窗口。垂直遮阳板的垂直挑出长度 $L_\perp$ 按式(8-3)计算。

$$L_\perp=B\cdot\cot\gamma_{sw} \tag{8-3}$$

式中,B 为垂直板至窗口另一边的距离。

挡板遮阳能够有效地遮挡高度角较小的、从窗前方入射窗口的阳光,故主要适用于东、西向附近的窗口。确定挡板遮阳尺寸时,先按构造需要确定挡板至窗面的距离 $L\_$,然后按照式(8-4)确定挡板下沿至窗台面的距离 H_0。

$$H_0=\frac{L\_}{\cot h_s\cdot\cos\gamma_{sw}} \tag{8-4}$$

其他各种构件遮阳形式都是基于水平、垂直、挡板这三种形式组合而成的。图 8-7～图 8-12 示出了多种遮阳形式。

窗户的绿化遮阳可以采用攀缘植物或树木,但与外墙或屋面绿化遮阳不同的是,窗户绿化遮阳还要考虑夏季的采光和通风以及窗的开启与关闭,因此,一般不用攀缘植物直接沿窗面遮阳,而用攀缘藤架或用树木对太阳直射光进行遮挡。植物最好为落叶植物,以便冬季得到日照。

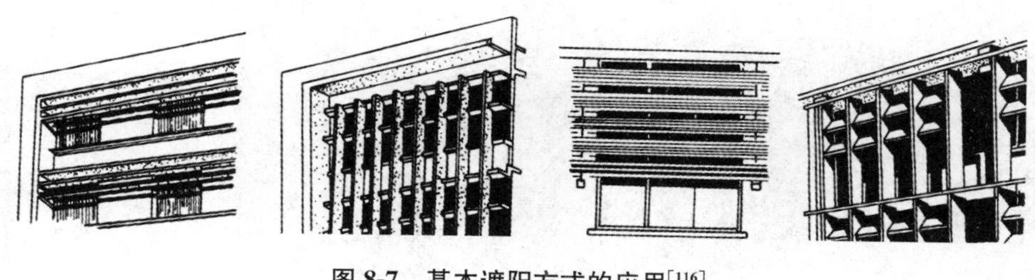

图 8-7　基本遮阳方式的应用[116]

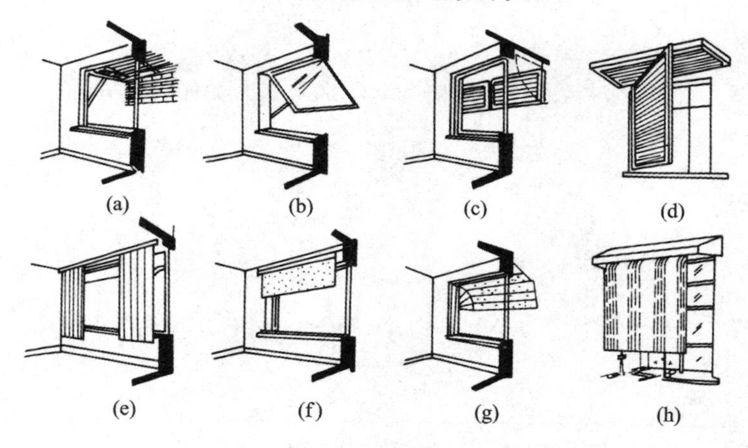

图 8-8　简易活动遮阳设施

(a)竹帘；(b)苇板；(c)活动垂直木百叶；(d)活动木旋转窗；
(e)布窗帘；(f)塑料卷帘；(g)布篷；(h)挂在窗外的布帘

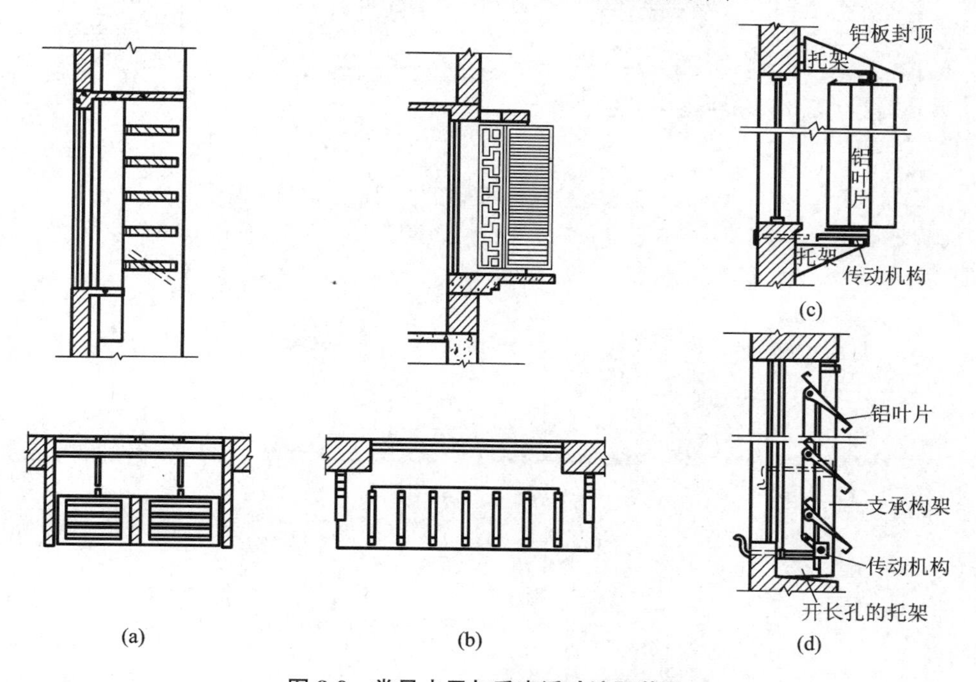

图 8-9　常见水平与垂直活动遮阳装置

(a)水平转动木百叶；(b)垂直转动木百叶；(c)垂直活动铝板；(d)水平活动铝板

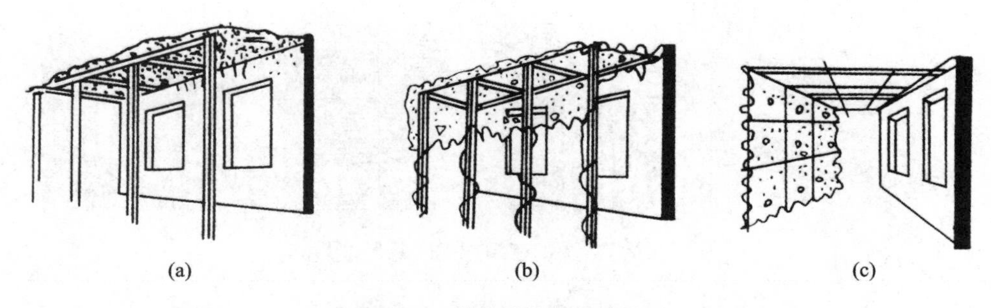

图 8-10　攀缘植物藤架遮阳

(a)水平绿化遮阳;(b)水平加垂直绿化遮阳;(c)垂直绿化遮阳

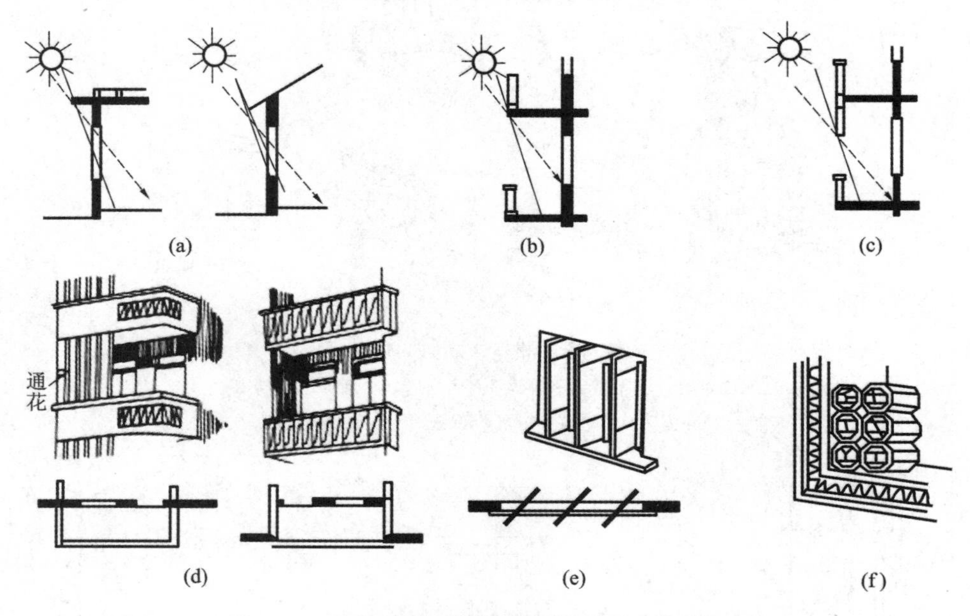

图 8-11　结合建筑构件的遮阳、简易活动遮阳设施

(a)挑檐遮阳;(b)廊道遮阳;(c)廊道+垂直百叶遮阳;(d)凸窗遮阳;(e)垂直翻转遮阳;(f)蜂窝状陶管遮阳

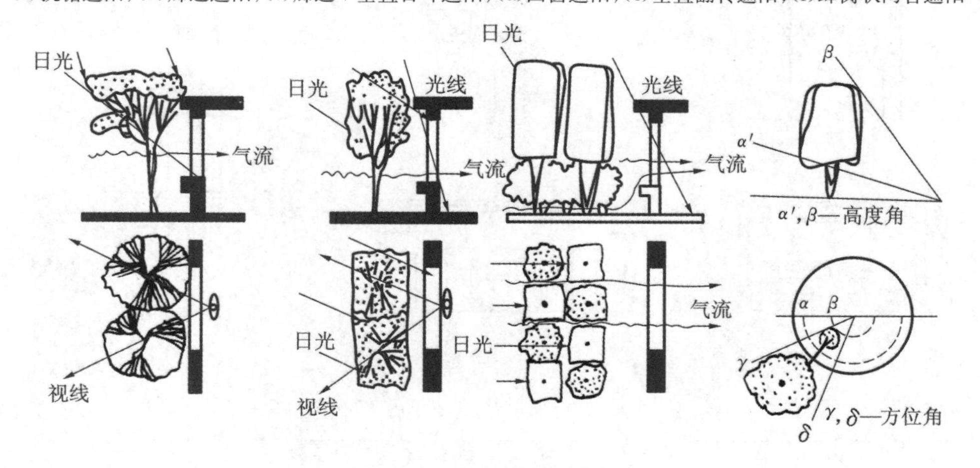

图 8-12　窗户的植树遮阳

值得注意的是，传统窗户遮阳只考虑对太阳直射光的遮挡，这是不全面的。事实上，在某些地区（如重庆、东南沿海等）漫射光及散射光所占的比例几乎与直射光所占比例相当，散射光进入窗户引起的得热不可忽视。另外，由于太阳的高度角在变化，当高度角较高时，直射光易于被遮挡不能完全进入室内，在这种情况下，散射光的影响可能比直射光的影响更大，因此，窗户遮阳不仅是考虑遮挡直射光，也应考虑遮挡散射光。

8.2.6 窗户的通风

窗户的通风按照其所起的作用不同，可分为健康通风、舒适通风和降温通风等。健康通风是利用室外新鲜空气代替室内污染空气，提高室内空气品质；舒适通风是利用空气流过热体促进人体散热、散湿，提高夏季热舒适感；降温通风是利用室外低温空气对建筑物内的构件降温。从减少建筑物能耗的角度看，后两种通风都具有节能作用。由于通风能提高人体热舒适感，所以可以推迟机械制冷设备的启动时间。此外，对室内构件降温，可以结合蓄冷体蓄冷，从而减少对机械制冷设备的使用。

窗户自然通风节能的多少与自然通风的类型、窗口大小和位置以及窗扇导风性等有关。无论是热压通风还是风压通风，都必须设有供空气进出的通风口。关于如何确定通风的进出口大小，请参阅附录I“风压、热压、混合通风冷却能力的估算”。自然通风节能设计的原则是：①使通风流经的区域尽量大；②尽量减少通风的阻力；③维持室内舒适的风速。表8-5示出了四种可用的通风窗的形式。

表8-5 窗户平面布置对通风的影响

平面类型	图例	说明	建议
垂直型	a b	气流走向直角转弯，有较大阻力；室内涡流区明显，通风质量下降	少量采用
错位型		有较大的通风覆盖面；室内涡流较小，阻力较小	建议采用
侧穿型		通风直接、流畅；室内一侧涡流区明显，涡流区通风质量不佳，通风覆盖面积小	少量采取
穿堂型		有较大的通风覆盖面；通风直接、流畅；室内涡流区较小，通风质量佳	建议采取

进出风口相对位置的高低以及挑檐对室内风速都有影响，其中使用挑檐或翼墙以及树木等能起到很好的导风作用（见图8-13、图8-14）。

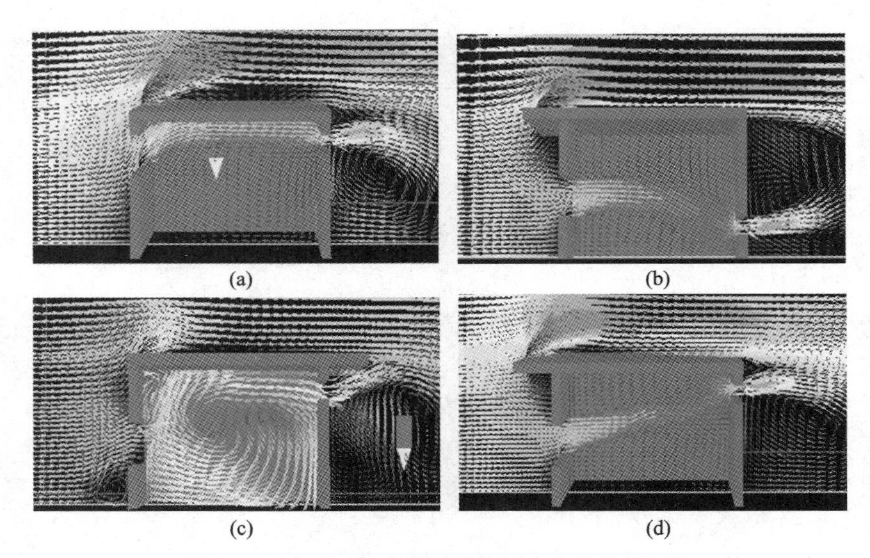

图 8-13 进出风口位置及挑檐对室内风速的影响

(来源:编者利用软件模拟)

(a)进出风口都高;(b)进出风口低,带前挑檐;(c)出风口高,带后挑檐;(d)出风口高,带前挑檐

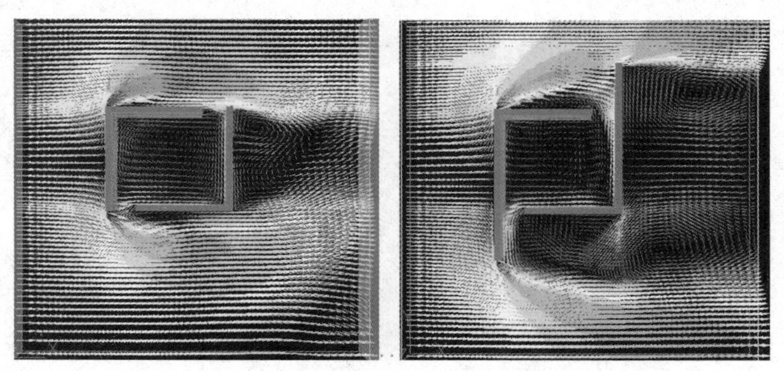

图 8-14 翼墙导风示意图

进出风口的相对大小对室内风速有影响,在进风口面积一定的情况下,出风口面积增加会使进风速度增加(见图 8-15)。

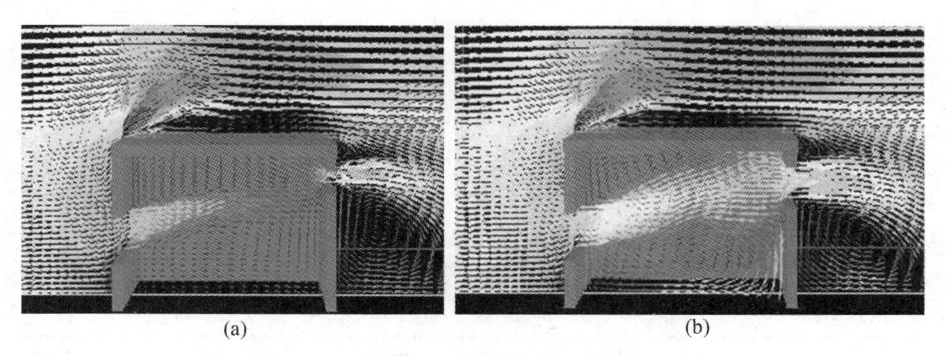

图 8-15 进出风口相对大小对风速的影响

(a)0.9 m×0.3 m 进风口和 0.4 m×0.3 m 出风口;(b)0.9 m×0.3 m 进风口和 0.8 m×0.3 m 出风口

在建筑中有时也采用专门的导风物进行导风，可以分为集风型、挡风型、百叶型和双重型，它们的通风特性见表 8-6。

表 8-6　导风物导风系统

名　称	简　图	通风效果图	通风特征
集风型	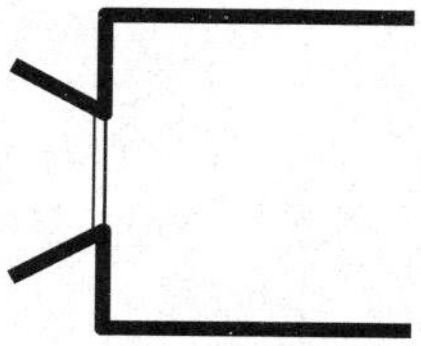	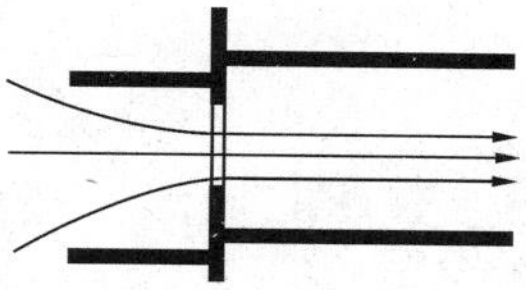	1. 共同使用一组导风板。 2. 导风显著。 3. 对立面影响较大
挡风型	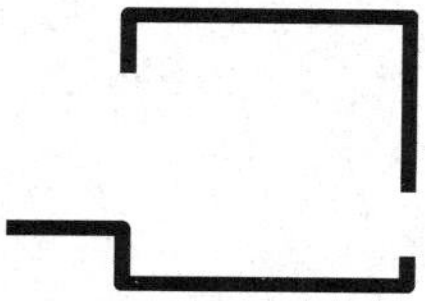	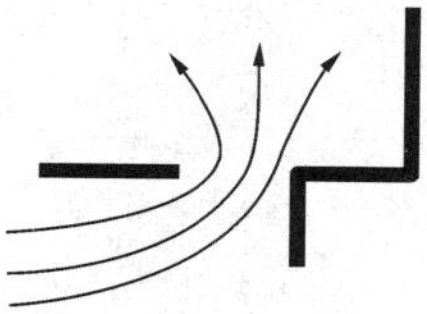	1. 置于迎风一侧。 2. 导风效果显著。 3. 室内风向变化大
百叶型	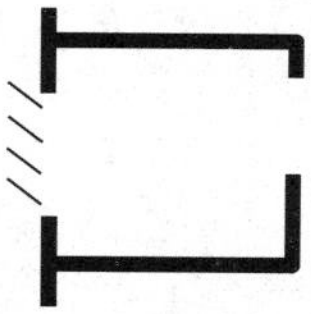	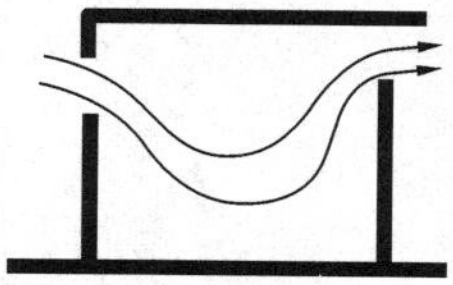	1. 风方向可以按需要调整。 2. 与遮阳板结合较好。 3. 改善室内通风效果好
双重型	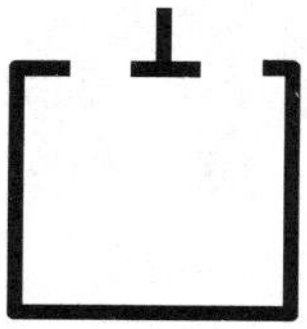	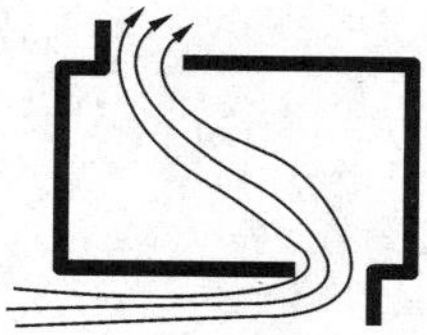	1. 以一组挡风板共同使。 2. 形成风压差显著。 3. 是不佳朝向的有效改善方法

窗的类型和开启方式对于室内气流场也有很大影响，为了使室内有良好的自然通风，窗的导风方式可参考表 8-7。

表 8-7　窗的导风方式[64]

	基本图标		对通风影响情况				说　明
平开窗		（平面）	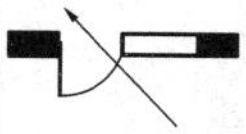	洞口面积减半	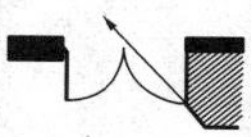	窗扇会挡风	是一种不利于通风的开启方式

续表

	基本图标		对通风影响情况				说明
横式悬窗		上悬窗(剖面)	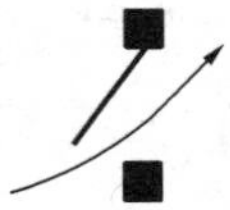	外开，导流向上	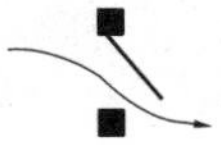	内开，导流向下	内开更有利于室内通风
		中悬窗(剖面)		正反，导流向上	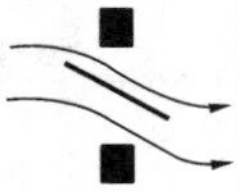	逆反，导流向下	1. 逆反对通风有利； 2. 与上悬窗相比，通风效果更好； 3. 逆反是一种推荐的开窗方式
		中悬窗(剖面)	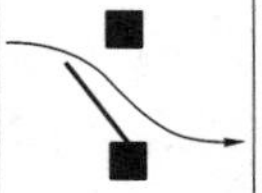	外开，导流向下	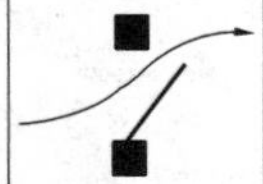	内开，导流向上	1. 外开比内开好，但风速会减弱； 2. 与上悬窗内开相比通风效果较差
立式转窗		正轴(平剖面)	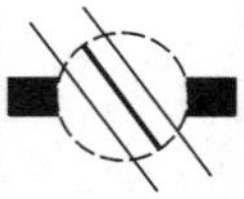	正反，可调节导风角度		内开，可形成导风百叶	1. 是一种良好的导风窗； 2. 满足最大洞口率； 3. 是推荐采用的方法
		偏轴(平面)	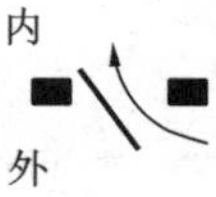 内 外	外长，导风面大	 内 外	内长，作用不大	1. 中置法有较好的通风质量； 2. 与正轴相比，外长有更好的通风效果； 3. 外长是推荐的方法
推拉窗		水平推拉(平面)		侧置，只有一半面积起通风作用		中置，可减少室内漩涡区	由于洞口面积只有50%起通风作用，不推荐使用
		垂直推拉(剖面)		上置，进风口较低	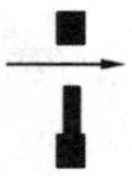	下置，进风口较高	1. 上置法对室内通风有利； 2. 由于洞口面积只有50%起通风作用，不推荐使用

为了解决室内自然通风、采光和冬季日照保温、夏季遮阳隔热问题，1967 年，芬兰 EKONO 公司推出了一种集上述功能于一体的窗，称为“通风窗(air flow window)”，它是在双层窗的间层中加上百叶帘，间层下部设通风口，上部连接排风管道和小型风机，靠风机动力使室内空调回风从下部进入房间层，从上部排出(进入排风或回风管)。间层中百叶角度的转动由一台步进电动机驱动，可由光电控制，根据日照强度调整角度。空气间层中的热量被吸入的空气带走，一方面降低了空气间层与室内的温差，从而减少内层玻璃向室内的传热，另一方面也减少内层玻璃表面温度，减少对窗边人员的热辐射，增加舒适感。图 8-16 示出了通风窗及其结构。

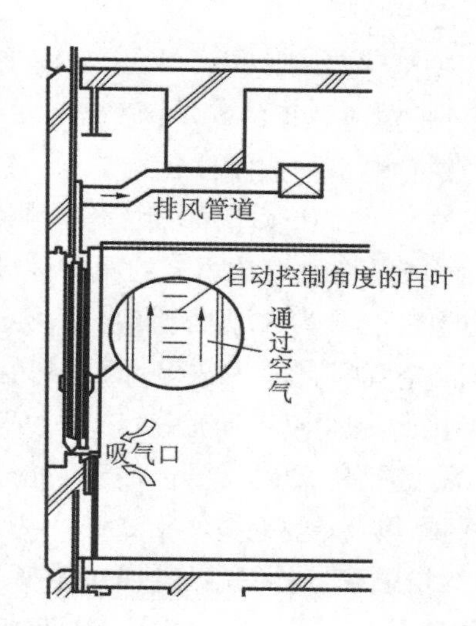

图 8-16　通风窗及其结构示意[117]

8.3　外墙节能技术

8.3.1　外墙的复合保温隔热

外墙的保温隔热按照保温隔热材料放置的位置分为外保温隔热、内保温隔热和中间保温隔热三种，它们都是使用导热系数较小的材料(<0.05 W/(m·℃))来增加墙体对热量的阻隔能力。目前主要使用的保温隔热材料及其导热系数见表 8-8。三种保温隔热各有优缺点，但外保温隔热得到了更为广泛的应用，内保温次之，中间保温则较少利用。

表 8-8　主要使用的保温隔热材料及其导热系数

材　　料	导热系数/(W/(m·℃))	材　　料	导热系数/(W/(m·℃))
聚苯板	0.035～0.04	软木	0.04～0.045
挤塑聚苯板	0.03～0.035	泡沫塑料	0.04～0.05
聚氨酯	0.03～0.035	膨胀珍珠岩	0.045～0.05
矿物纤维	0.035～0.045		

1. 外墙外保温隔热技术

外保温隔热，可以避免产生热桥，可减少主体结构温差开裂，可增加房间和外墙的热稳定性，不会减少房间的使用空间，有利于室内二次装修和管道装设，还可减少墙体内部结露的可能性，施工时无须搬动室内陈设，对室内正常工作影响不大。但外保温隔热必须满足水密性、抗风压以及温湿度变化的要求，不至于产生裂缝，并要求能抵抗外界可能产生的碰撞作用，能与相邻部位(如门窗洞口、穿墙管等)之间有良好的连接，在边角处、面层装饰等方面得到适当的处理。外保温隔热在我国得到了较为广泛的使用，它主要由基层墙体、绝热层、保护或面饰层以及固定物组成。下面是几种常用的外保温隔热体系。

(1)BT 型外保温隔热板。

BT 型外保温隔热板的基本构造见图 8-17，它是以普通水泥砂浆为基材，以镀锌钢丝网和钢筋加强的小板块预制盒形成刚性骨架结构(一般尺寸为 600 mm×600 mm×65 mm)，内部填充聚苯板。图 8-17 中，1 为矩形盒槽(由镀锌钢丝网、水泥砂浆制成)，2 为用于固定的小圆柱，3 为封闭的矩形内框，4 为内框下的盒格内填充的保温材料(聚苯板)，5 为在内框的外侧复合一个伸出盒槽端面外的矩形密封绝热条，6 为预埋的金属挂钩，实现与外墙体牢固可靠的双重连接(胶粘接和机械栓接)，7 为内框内侧的空气间层，A 为外装饰面，B 为内墙体连接面。由于 BT 型外保温隔热板是小板块预制件，在生产制作过程中可得到充分养护，故从根本上避免了那种整体式围护层因大面积抹灰造成的易裂、易渗问题。预制件重约 10 kg，便于上墙安装，避免了大面积湿作业量大和施工难的弊病。经测试 BT 型外保温隔热板导热系数小于 0.12 W/(m·℃)。

(2)纤维增强聚苯外保温隔热饰面体系。

该体系是美国专威特公司推出的“专威特外墙绝热与装饰体”系列之一，是集保温隔热、防水与装饰为一体的体系。1990 年后，我国引进了该技术，图 8-18 为该体系的构造及聚苯板的安装示意图。表 8-9 示出了不同厚度聚苯板用于不同的基底墙及其厚度(mm)复合时的热阻。

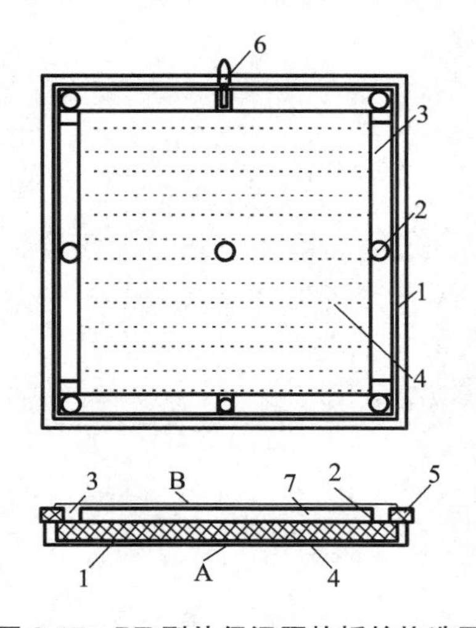

图 8-17 BT 型外保温隔热板的构造图

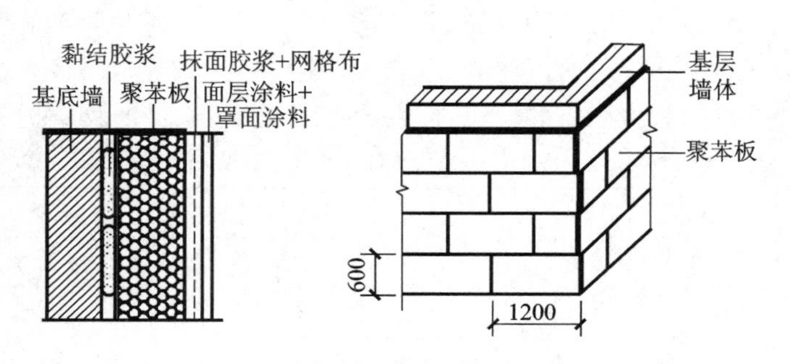

图 8-18 纤维增强聚苯外绝热及聚苯板的安装示意[118]

表 8-9 专威特体系与不同基底墙体复合的热阻((m²·℃)/W)

基墙/mm 保温板/mm	黏土实心砖		钢筋混凝土			混凝土砌块		灰砂砖		炉渣砖	
	240	370	140	180	250	190 单排孔	240 三排孔	240	370	190	240
30	1.18	1.34	0.97	0.99	1.03	1.06	1.17	1.11	1.22	1.12	1.18
40	1.42	1.58	1.21	1.23	1.27	1.30	1.41	1.34	1.46	1.36	1.42
50	1.66	1.82	1.44	1.47	1.51	1.53	1.64	1.58	1.70	1.60	1.66

(3)水泥聚苯外保温板。

水泥聚苯外保温板是以废旧聚苯乙烯泡沫塑料板破碎后的颗粒为骨料，以普通硅酸盐水泥为胶结料，外加预先制备的泡沫经搅拌后浇筑成型的，其构造如图 8-19 所示。水泥聚苯外保温隔热板常见规格为长 90 mm×宽 60 mm×厚 60～80 mm，容重为(300±20) kg/m³，导热系数小于 0.09 W/(m·℃)。在安装施工中水泥聚苯板常用 EC-6 胶黏剂砂浆与外墙面黏结，黏结面积不小于板面的 60%，首层不小于 80%，胶黏剂砂浆厚度为 10 mm；墙面满贴保温板之后，用 EC-1 胶泥为胶黏剂在绝热板面满贴一层耐碱细格玻纤网布，网布表面干燥后便可作罩面层。240 mm 砖墙，用 60 mm 水泥聚苯板外绝热，平均传热系数为 0.765 W/(m²·℃)；180 mm 混凝土墙，用 80 mm 水泥聚苯板外绝热，平均传热系数为 0.748 W/(m²·℃)；200 mm 混凝土墙，用 70 mm 水泥聚苯板外绝热，平均传热系数为 0.809 W/(m²·℃)。

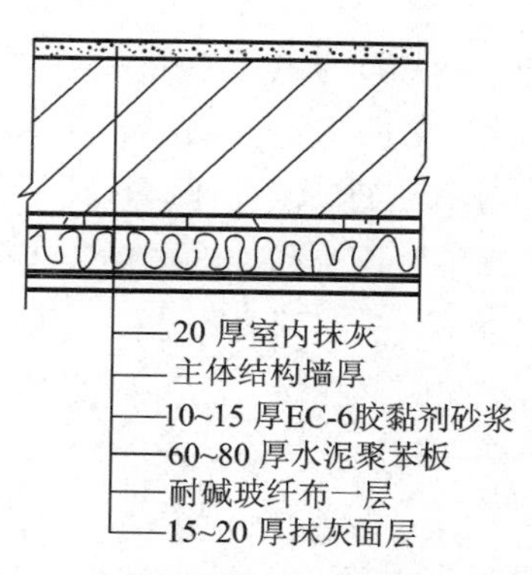

图 8-19 水泥聚苯板外保温隔热构造

(4)GRC 外保温隔热板。

GRC 是英文 glassfiber reinforced cement 的缩写，中文称为“玻璃纤维增强低碱度水泥”。用这种材料作面层与高效保温材料预制复合而成的外墙外保温隔热板，称为 GRC 外保温隔热板。该种板有单面板与双面板之分，将绝热材料置于 GRC 槽形板内的是单面板，而将绝热材料夹在上、下两层 GRC 板中间的是双面板。GRC 外绝热板长为 550～900 mm，宽为 450～600 mm，其中聚苯板厚 30～40 mm，GRC 面层厚 10 mm。用 GRC 外绝热板与主墙体复合构造有紧密结合型和空气隔离型两种，构造如图 8-20 所示。若以 10 mm 厚 GRC 面层，30 mm 厚聚苯板层，20 mm厚空气层，240 mm 厚砖墙，20 mm 厚内抹灰层计算，紧密结合型复合墙体的热阻 R_0 为 1.119 (m²·℃)/W，传热系数为 0.783 W/(m² · ℃);有空气层的隔离型复合墙体热阻为 1.279 (m² · ℃)/W,传热系数为 0.695 W/(m² · ℃)。

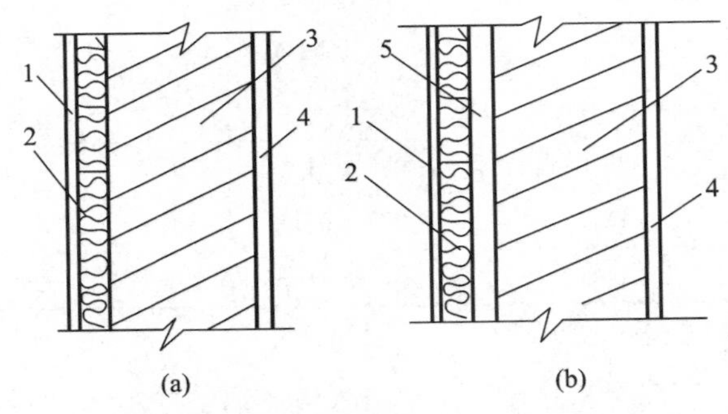

图 8-20 GRC **外保温隔热构造**[119]

(a)紧密结合型;(b)空气隔离型

1—GRC 面层;2—聚苯板(保温层);3—砖墙或混凝土墙(结构层);

4—室内抹灰层;5—空气层

(5)ZL 聚苯颗粒复合硅酸盐绝热材料。

这种外墙绝热材料由绝热层和抗裂罩面层组成。绝热层是由复合硅酸盐胶凝粉料与聚苯颗粒轻骨料两部分分别包装组成。复合硅酸盐胶凝粉料采用预混合干拌技术,在工厂将复合硅酸盐胶凝材料与各种外加剂均混包装,将回收的废聚苯板粉碎均匀混合袋装。使用时将一包净重 35 kg 的胶凝粉料与水按 1 : 1 的比例混合,在砂浆搅拌机中搅成胶浆,之后将 200 L(约 2.5 kg)一袋的聚苯颗粒加入搅拌机中,3 min 后可形成塑性很好的膏状浆料。将该浆料喷抹于墙体上,干燥后可形成绝热性能优良的保温隔热层。抗裂罩面层是水泥抗裂砂浆复合玻纤网布而成。这种弹性的水泥砂浆有很好的弯曲变形能力,弹性水泥砂浆复合耐碱玻纤网布能够承受基层产生的变形应力,增强了罩面层的抗裂能力。ZL 聚苯颗粒复合硅酸盐保温隔热材料,其容重为 230 kg/m³,导热系数为 0.051~0.059 W/(m · ℃);软化系数在 0.7 以上,相当于实心黏土砖的软化系数,符合耐水保温隔热材料的要求;静剪切力强,触变性好;材质稳定,厚度易控制,整体性好;干缩率低,干燥快。

(6)挤塑聚苯乙烯保温隔热板。

挤塑聚苯乙烯保温隔热板(XPS)是一种先进的硬质板材,它不仅具备导热系数极低、轻质高强等优点,更具有优越的抗湿性能。XPS 所特有的微细闭孔蜂窝状结构,使其能够不吸收水分。实验显示,在长期高湿环境中 XPS 板材两年后仍能保持 80%以上的热阻。在历经浸水、冰冻及解冻过程后,XPS 板仍能保持其结构的完整和高强度,其抗压强度仍在规格强度以上。这种保温板材常见厚度为 25 mm、40 mm、50 mm、75 mm,长 2450 mm,宽 600 mm,导热系数为 0.03 W/(m · ℃)。目前,欧文斯科宁外墙外保温隔热体系采用了其生产的 FM150 和 FM200 挤塑板,是较为先进的外绝热体系[119]。

2. 外墙内保温隔热技术

外墙内保温一般用于间歇式采暖与空调房间,这样可以保证房间在短时间内所需的温度升高或降低。

内保温隔热一般由保温隔热板和空气间层组成，空气间层厚一般为 20 mm，一方面起到增加热阻的作用，另一方面可防止保温隔热材料受潮。对于复合材料的保温隔热来说，有面层和绝热层之分，而单一材料的保温隔热板则兼具保温隔热和面层的作用。值得说明的是，外墙内保温不可避免地会存在一些薄弱环节。例如，内墙交接处、外墙转角处、踢脚部位、结构中的刚性连接部分等，必须采取相应的措施。常用内保温隔热板尺寸见表 8-10。

表 8-10　常见的外墙内保温隔热板尺寸

外墙内保温隔热板名称	长度(mm)	宽度(mm)	厚度(mm)
GRC 板	2400～2700	595	50～60
玻纤增强石膏板	2400～2700	596	50～60
P-GCR 板*	900～1500	595	40～50
充气石膏板	900	600	50～90
水泥聚苯板	900	600	50～90
纸面石膏板(12 mm)与聚苯板复合板	2500～3000	900～1200	42～52
纸面石膏板(12 mm)与玻璃棉复合板	2500～3000	900～1200	42、47、52
无纸石膏板与聚苯板复合板	800～850	600	45～60

注：* P-GCR 板，全称为“玻璃纤维增强聚合物水泥聚苯乙烯复合外墙内保温隔热板”。

8.3.2　外墙的单一材料保温隔热

既承重又保温隔热的单一材料外墙，主要有加气混凝土外墙、空心砖外墙、混凝土空心砌块外墙以及盲孔复合保温隔热砌块外墙。目前，随着国家法令对实心黏土砖使用的禁止，以及政府对建筑节能的重视，改进混凝土空心砌块的热工性能，研制开发各种轻骨料小型节能空心砌块正成为关注的问题，已有厂商开发了粉煤灰陶粒混凝土空心砌块、陶粒水泥空心砌块、陶砂水泥空心砌块。这些产品的热工性能正在得到不断改善。表 8-11 是一般加气混凝土外墙的构造做法及其相应的热工性能；图 8-21 所示是用炉渣混凝土与高效保温材料聚苯板复合的盲孔复合保温隔热砌块，用其砌筑的墙体抹上 20 mm 灰浆，热阻可达 0.81 ($m^2 \cdot ℃$)/W。

表 8-11　加气混凝土外墙构造及其热工性能

构造做法	外抹灰厚(mm)	加气混凝土		内抹灰厚(mm)	墙身总厚(mm)	热惰性指标 D	平均热阻(($m^2 \cdot ℃$)/W)	平均传热系数(W/($m^2 \cdot ℃$))
		厚度(mm)	容重(kg/m^3)					
1. 抹灰层	20	200	500	20	240	3.50	0.82	1.02
	20	240	500	20	280	4.10	0.98	0.88
2. 加气混凝土	20	250	500	20	290	4.24	1.02	0.85
	20	300	500	20	340	4.97	1.22	0.73

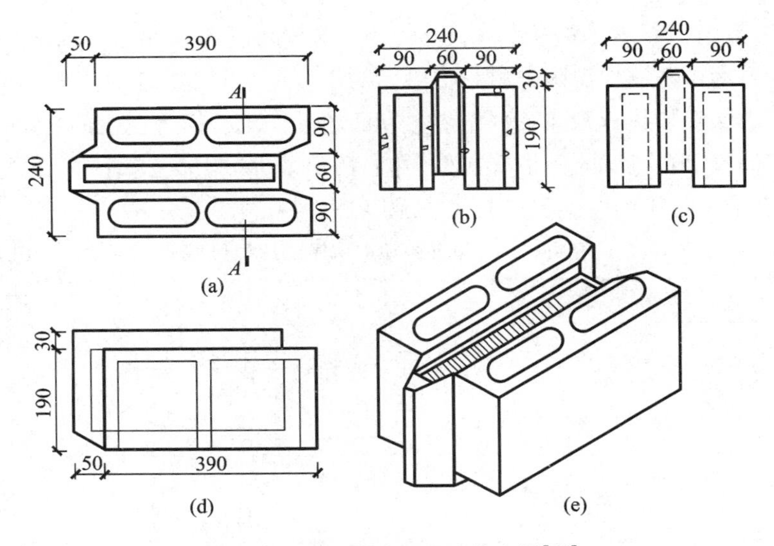

图 8-21　盲孔复合保温隔热砌块[118]

(a)SF 型平面图;(b)A—A 剖面;(c)侧立面;(d)正立面图;(e)轴测图

8.3.3　外墙的遮阳通风防热

通风墙主要利用通风间层排除一部分热量。例如,空斗砖墙或空心圆孔板墙之类的墙体,在墙的上、下部分别开排气口和进风口,利用风压与热压的综合作用,使间层内空气流通排除热量,见图 8-22(a)。通风遮阳墙是将通风与遮阳相结合,既遮挡阳光直射,减少房间日辐射的得热,又通过间层的空气流动带走部分热量,见图 8-22(b)、(c)。

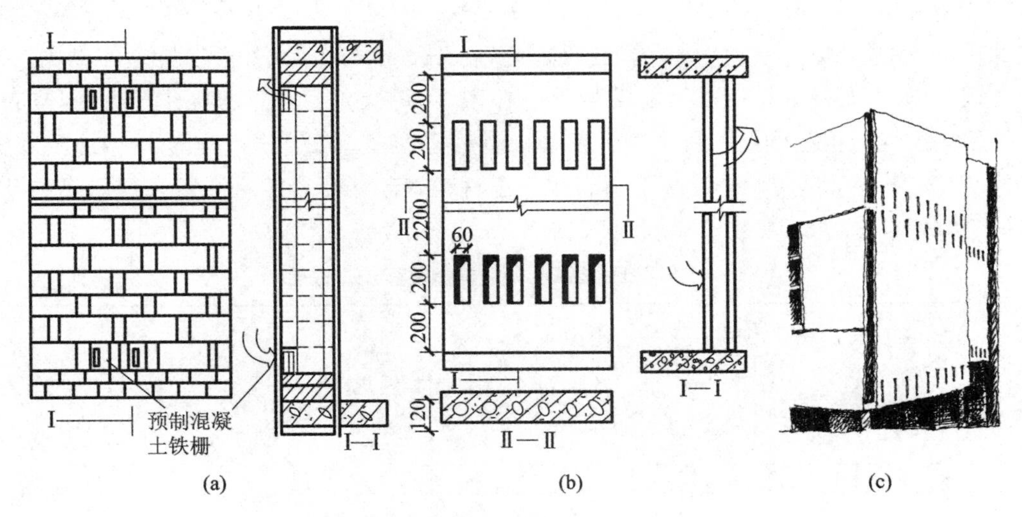

图 8-22　住宅通风遮阳墙

(a)广州某住宅通风空斗西墙;(b)湖南某住宅通风空心板墙;(c)广西南宁民居中的自然通风防晒墙

在我国南方地区,通风或遮阳墙还可起到防雨作用,不仅可应用在住宅中,亦可用在半敞开式的公共活动场所,形式多种多样,如图 8-23 所示。无论是通风墙或是遮阳墙,墙体的外表面应涂浅色涂料以加强对日辐射的反射。建筑设计者可在墙上设计不同形式或色泽的花格，构成各种图案，并可利用阳光照射所起到的阴影变化创造别具一格的艺术效果。

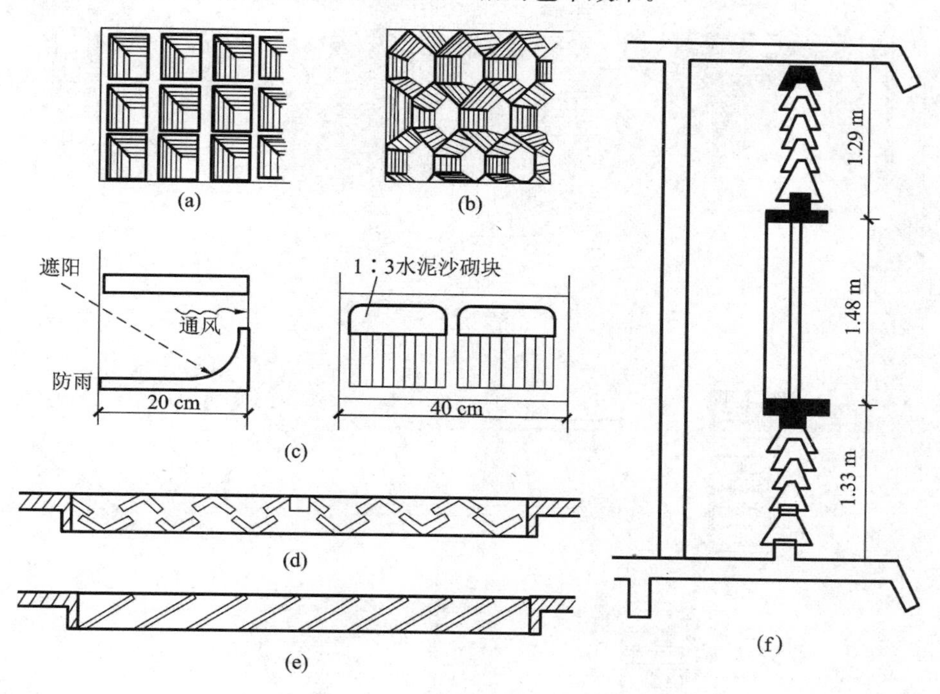

图 8-23　混凝土花格墙及板材通风遮阳墙[65]

(a)格栅型多孔砖；(b)蜂窝型多孔砖；(c)匚形格墙；

(d)A字形通风遮阳墙；(e)一字形通风遮阳墙；(f)V形钢筋混凝土

除了利用遮阳构件使外墙免受太阳直接辐射外，也可以采用绿化遮阳的方法。外墙绿化遮阳既可采用攀缘植物，如牵牛花、爆竹花或五爪金龙等品种，也可采用树木。使用攀缘植物遮阳时，可以让攀缘植物直接沿墙面或通风遮阳墙爬升，但由于植物的根系会扎入墙中，引起墙体裂缝，所以，这种遮阳方式适于不易受到破坏的外墙。在离外墙一定距离处，设置专门的植物棚架，可以避免植物根系对外墙的破坏，如图 8-24 所示。棚架要能承受植物重量以及各种风负荷。棚架的固定方式如图8-25所示，如果是用螺钉和地脚螺栓固定或用金属绳，则要进行防锈蚀处理；如果是用塑料绳牵引，则应做防紫外线辐射处理，以避免老化。攀缘植物的栽植做法见图 8-26，栽植坑大小应以不限制植物根系延伸为原则。攀缘植物有很多种，例如，紫藤、牵牛、爆竹花、葡萄藤、蔷薇、爬墙虎、珊瑚藤、常青藤等。

采用树木遮阳时，要注意树的高度和形状。从需要遮阳的时节以及建筑所处的地理位置出发，根据建筑墙面的方位和大小，可以确定树木遮阳的高度和形状。通常，南侧宜种植高大伞形落叶树（见图 8-27），夏季对南墙和部分屋顶有遮阳作用，同时有导风作用，又不会遮挡窗口视线，能得到较好的扩散光，冬季允许日照；西侧宜采用密实的锥形常青树，夏季遮挡从西边投射来的直射阳光，冬季可抵御寒冷的西北风。

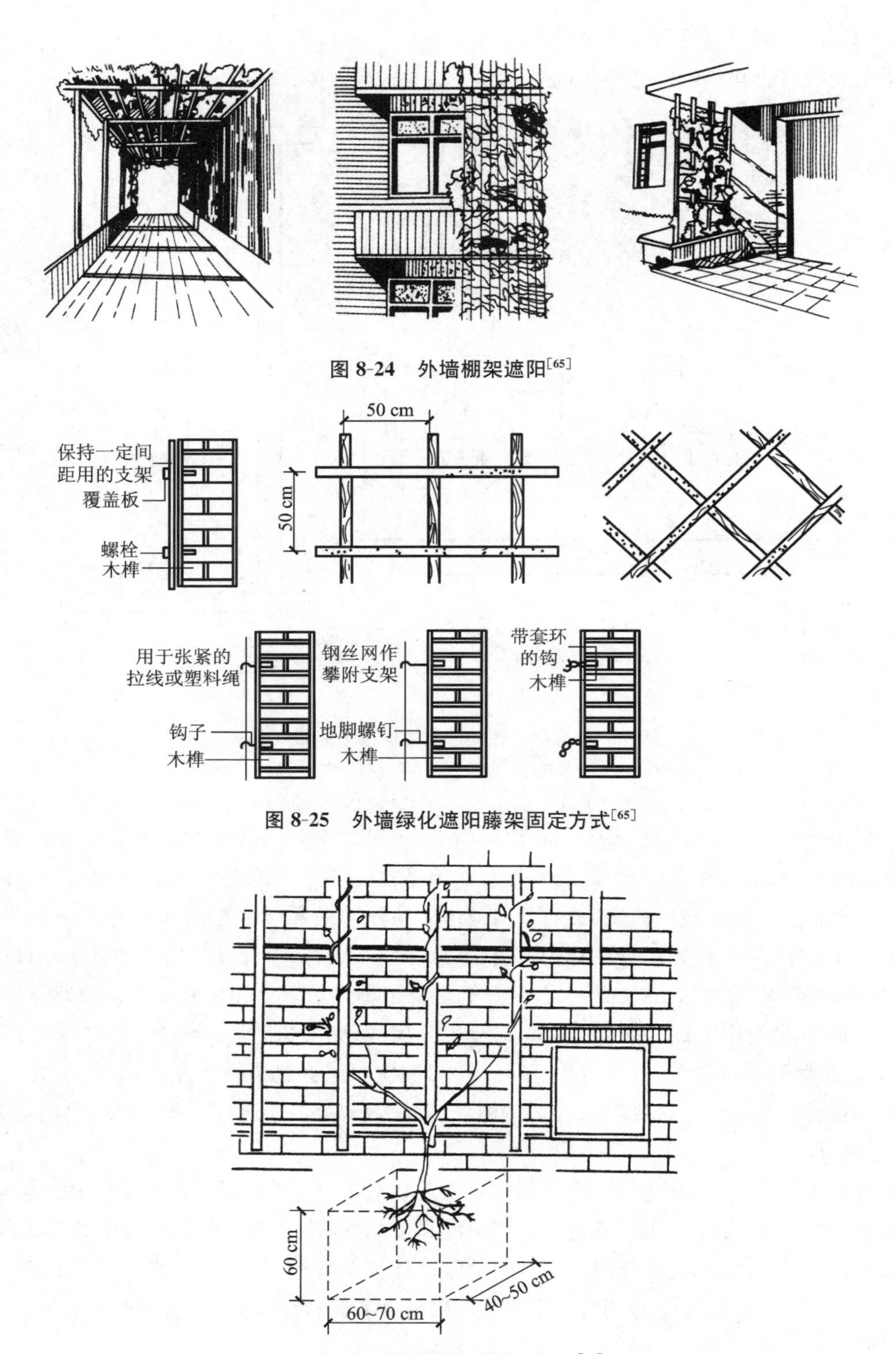

图 8-24　外墙棚架遮阳[65]

图 8-25　外墙绿化遮阳藤架固定方式[65]

图 8-26　攀缘植物的栽植做法[65]

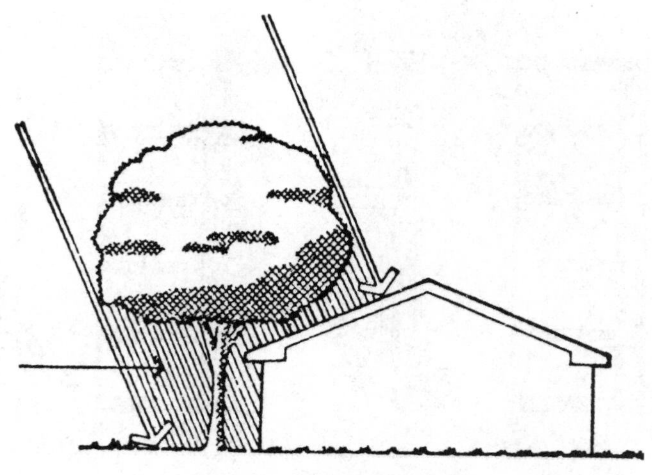

图 8-27　外墙树木遮阳[120]

8.3.4　双层皮玻璃幕墙技术

玻璃幕墙曾一度被视为建筑国际式风格的代表，但普通玻璃幕墙要消耗大量的采暖或制冷能耗，为了解决这一问题，国外最近几年发展了一种多层皮外墙，又称为“呼吸墙”，它其实是双层或三层玻璃幕墙，只不过外层玻璃距内层(单层或双层)玻璃之间的距离较大，通常在 50 cm 以上。在多层皮外墙中，双层皮玻璃幕墙使用最为广泛，其外层玻璃一般是固定的，内层玻璃是可以开启或部分开启的。在夏季，外层玻璃的上下通风口打开，室外空气通过下部通风口进入间层空腔，由于热压作用沿间层空腔上升，从上部通风口排出；气流一方面带走热量，降低空腔的温度，另一方面，内窗开启可以将室内温度较高的空气引出排走，起到自然通风的作用。在冬季，可以将上下通风口关闭，由于外层玻璃的温室作用使空腔内空气温度升高，减少室内散热量；也可以将上下通风口打开，引入室外新风。如果将上部通风口连接到空调新风入口，则等于对新风预热，可以减少新风的加热能耗量。双层皮玻璃幕墙按间层的贯通性分为全楼贯通式和楼层贯通式两种。全楼贯通式热压作用大，结构复杂，楼层间的支撑和通道都要采取一些特殊的构件(见图 8-28(a))；楼层贯通式结构简单，易于实施，但热压小(见图 8-28(b))。双层皮玻璃幕墙按构造关系又可分为外挂式、箱式、井-箱式和廊道式四类[121][122]。

在外挂式双层皮玻璃幕墙中，建筑真正的外墙位于“外皮”之内 300～2000 mm 处，双层皮之间的空间既不做水平分隔，也不做竖向分隔，如图 8-29 所示。研究表明，这种双层皮玻璃幕墙对隔绝噪声有明显的效果，但由于双层皮间空腔气流缺乏组织，对建筑的室内热环境改善作用不大。要进一步改善室内热环境，则应对其两侧和上下做竖向封闭，同时在建筑物顶部上檐和底部下檐处设置进出风口及其调节盖板。冬天盖板关闭，双层皮间空腔在太阳辐射下形成缓冲层，减少热量从室内向室外传递。夏天打开上下调节盖板，双层皮空腔存在“烟囱效应”，空气自动从下风口进入流过空腔，从上风口流出，将热量带走，减少热量从室外传向室内。也可将“外皮”设计成可转动的单反玻璃百叶，既可遮阳又可调节自然通风。意大利建筑师 Piano 在设计柏林波茨埋坦中心 DEBIS 办公楼时采用了这种技术。

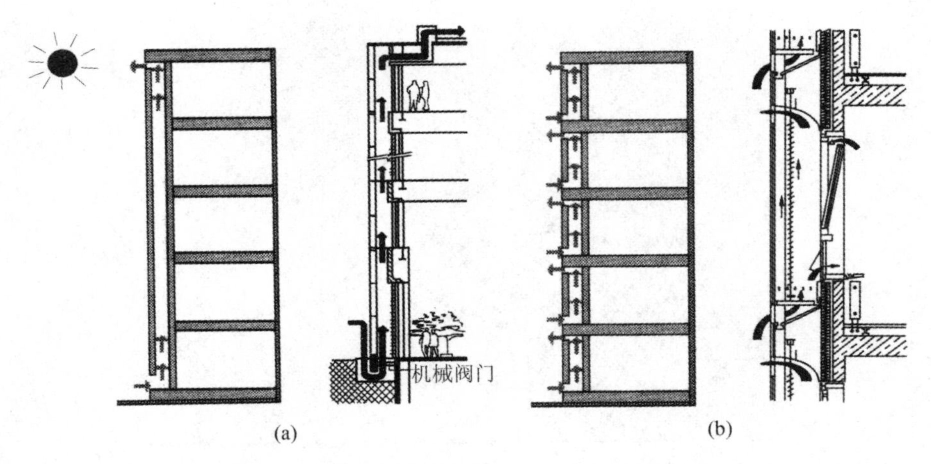

图 8-28 全楼贯通式和楼层贯通式示意图[117]

(a)全楼贯通式;(b)楼层贯通式

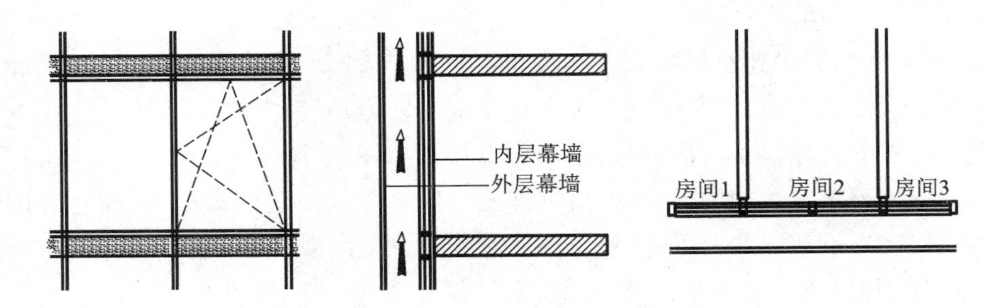

图 8-29 外挂式双层皮玻璃幕墙示意图

箱式双层皮玻璃幕墙如图 8-30 所示,主要由一个带有内开窗扇的框架组成。由单层玻璃组成的外层幕墙上下部位均设有开口,室外的空气可以通过开口进入双层玻璃幕墙的间层空腔,空腔内的空气也可以从开口处排出。通过外层幕墙的开口和内层幕墙的内开窗,就可实现双层皮空腔与室内外之间的气流交换。在箱式双层皮玻璃幕墙中,空腔被水平和垂直分隔形成许多独立的"单元式"箱体。水平分隔一般沿着结构柱或房间实施,垂直分隔一般沿每楼层或窗户高度进行。这种分隔有助于避免声音和气味在单元之间或房间之间串行,因此这种双层皮玻璃幕墙通常用在隔声和房间私密性要求较高的建筑中。

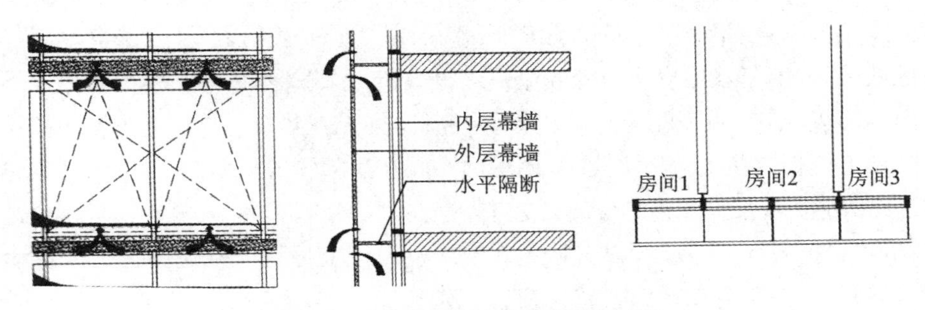

图 8-30 箱式双层皮玻璃幕墙示意图

井-箱式双层皮玻璃幕墙与箱式双层皮玻璃幕墙的不同之处在于，在竖向有规律地设置了空气贯通层，在空腔之间形成了纵横交错的网状通道，如图 8-31 所示。在这种双层皮玻璃幕墙中，由于玻璃表面吸收太阳辐射加热空腔中的空气、竖井的进出风口高度差较大，因此“烟囱效应”较强，从而加速空腔内空气的竖向流动。夏天可用这种烟囱效应隔热，冬天可将进出风口关闭，空腔形成温度缓冲层。值得一提的是，该种玻璃幕墙仍然有较好的隔声能力，可用在隔声要求较高的建筑中，但其高度不宜过高，否则空腔上部空气温度过高会影响相应房间的使用，因此，它一般用在底层或多层的建筑中；另外，要使各单元有相同的通风量，通风口大小需要仔细设计。

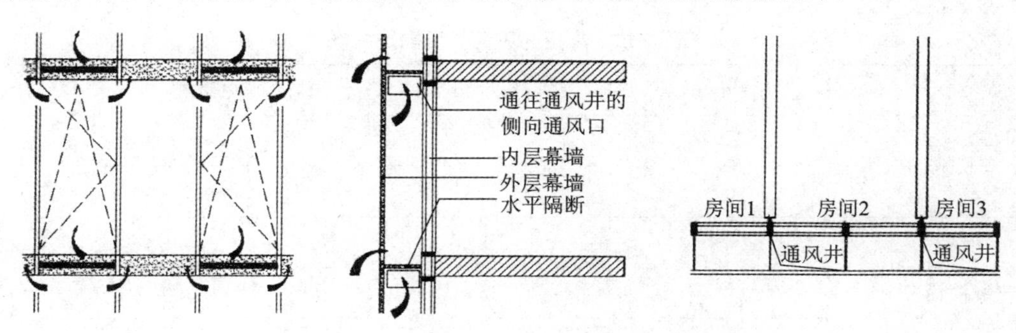

图 8-31　井-箱式双层皮玻璃幕墙示意图

廊道式双层皮玻璃幕墙是以一层为单位进行划分的，如图 8-32 所示。双层皮间的距离较宽，为 0.6～1.5 m 不等。在建筑外侧每层均形成外挂式走廊，在每层楼的楼板和天花高度分别设有进出风调节盖板。廊道式双层皮玻璃幕墙最初的构造是将上下风口对齐，但这种构造会使下层走廊排出的空气部分又进入上层走廊。改进后的构造是将进出风口在水平方向错开一块玻璃，避免了进出空气的“短路”。值得说明的是，由于该种双层皮玻璃幕墙间没有水平分隔，许多房间将通过间层空腔连接在一起，在设计时要考虑串声和防火分区问题。

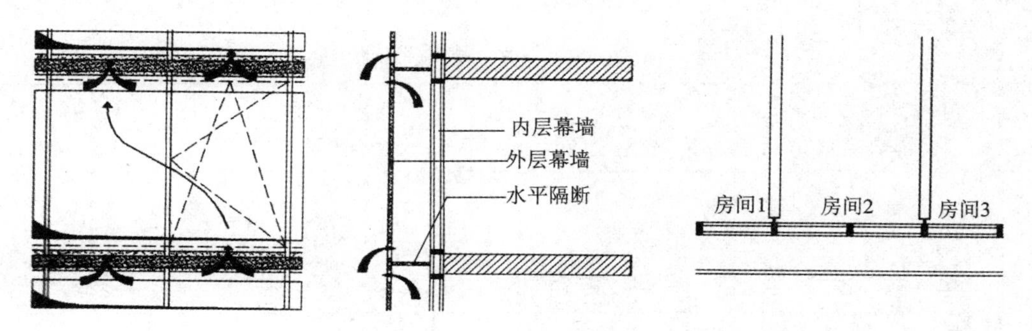

图 8-32　廊道式双层皮玻璃幕墙示意图

双层皮玻璃幕墙技术很好地解决了室内空气品质与建筑节能之间的矛盾，利用自然通风提供室内换气，同时又解决了太阳辐射和开窗所引起的空调负荷增加的问题。这种技术为许多欧美建筑师所青睐，最近几年，也逐渐为国内建筑师所尝试。

8.4 屋面节能技术

8.4.1 屋面的保温隔热

屋面的保温隔热节能设计，主要关系到保温隔热材料的选取以及屋面的构造方式。作为屋面保温隔热材料，要求材料吸水率低或不吸水、导热系数小、轻质、性能稳定、寿命长，常用的屋面保温隔热材料见表 8-12。

表 8-12 常用的屋面保温隔热材料

材 料 名 称	容重(kg/m³)	厚度(mm)	导热系数(W/(m·℃))
聚苯板	20	50	0.04
再生聚苯板	100	50	0.07
岩棉板	80	45	0.052
玻璃棉板	32	40	0.047
浮石砂	600	170	0.22
加气混凝土	400	150	0.26
挤塑型聚苯板	35	25	0.03

屋面构造方式对于保温隔热层的保护有重要意义，通常的屋面保温隔热做法是将防水层放在外表层，如表 8-13 所示，对应的热工性能指标见表 8-14。这种保温隔热构造方式，防水层会因受到太阳直接辐射而加速老化，会因较大的温度波动而易破坏，常因湿气不易排除而使防水层鼓泡。目前，较为先进的屋面保温隔热做法是采用挤塑型聚苯板作保温隔热层的倒铺屋面，图 8-33 示出了几种倒铺屋面的防水处理方法。

表 8-13 几种屋面保温隔热的构造方法

项目 \ 名称	聚苯板保温隔热屋面	架空型岩棉板绝热屋面	架空型聚苯板绝热屋面	集保温和找坡一体屋面
构造示意	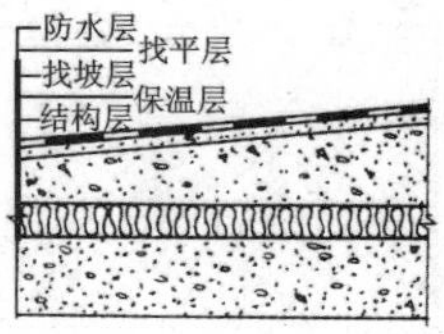 防水层、找平层、找坡层、保温层、结构层	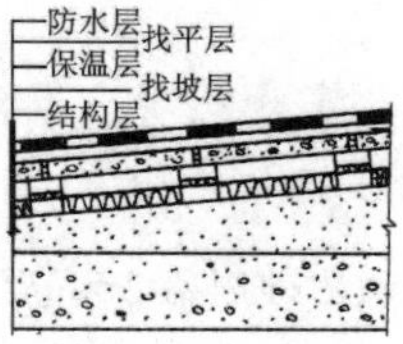 防水层、找平层、保温层、找坡层、结构层	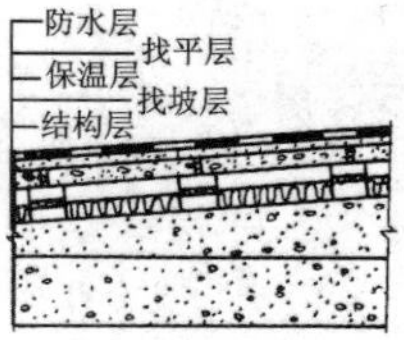 防水层、找平层、保温层、找坡层、结构层	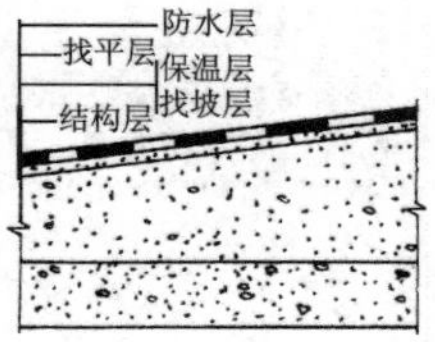 防水层、找平层、保温层、找坡层、结构层
防水层	改性沥青柔性油毡	改性沥青柔性油毡	改性沥青柔性油毡	改性沥青柔性油毡
找平层	20 mm 厚水泥砂浆	20 mm 厚水泥砂浆	20 mm 厚水泥砂浆	20 mm 厚水泥砂浆

续表

名称 项目	聚苯板保温隔热屋面	架空型岩棉板绝热屋面	架空型聚苯板绝热屋面	集保温和找坡一体屋面
保温层	50 mm厚聚苯板(为了防止找坡时聚苯板错位,应先将聚苯板点粘在结构层上)	500 mm×500 mm×35 mm钢筋混凝土板以1∶5∶10水泥白灰砂浆卧砌于砖墩上,板勾缝用1∶3的水泥砂浆,1∶5∶10水泥白灰砂浆卧砌115 mm×115 mm×120 mm砖墩,500 mm纵横中距45 mm厚岩棉板,其上为75 mm厚空气间层	500 mm×500 mm×35 mm钢筋混凝土板以1∶5∶10水泥白灰砂浆卧砌于砖墩上,板勾缝用1∶3的水泥砂浆,1∶5∶10水泥白灰砂浆卧砌115 mm×115 mm×120 mm砖墩,500 mm纵横中距40 mm厚聚苯板,其上为80 mm厚空气间层	平均170 mm厚(2%坡度)600 kg/m³容重浮石砂,分层辗压振捣,压缩比1∶1.2
找坡层	平均100 mm厚(最薄处30 mm厚)1∶6水泥焦渣,振捣密实,表面抹光	平均100 mm厚(最薄处30 mm厚)1∶6水泥焦渣,振捣密实,表面抹光	平均100 mm厚(最薄处30 mm厚)1∶6水泥焦渣,振捣密实,表面抹光	
结构层	130 mm厚混凝土圆孔板(平放)	130 mm厚混凝土圆孔板(平放)	130 mm厚混凝土圆孔板(平放)	130 mm厚混凝土圆孔板(平放)
	180 mm厚混凝土圆孔板(平放)	180 mm厚混凝土圆孔板(平放)	180 mm厚混凝土圆孔板(平放)	180 mm厚混凝土圆孔板(平放)
	110 mm厚混凝土大楼板(平放)	110 mm厚混凝土大楼板(平放)	110 mm厚混凝土大楼板(平放)	

表8-14　几种屋面保温隔热的热工指标

热工参数名称和结构层		面密度(kg/m²)	总厚度(mm)	热惰性 D	传热系数K(W/(m²·℃))
聚苯板保温隔热屋面	130 mm厚混凝土圆孔板	416	310	3.75	0.72
	180 mm厚混凝土圆孔板	476	360	4.06	0.71
	110 mm厚混凝土大楼板	491	290	2.65	0.76
架空型岩棉板绝热屋面	130 mm厚混凝土圆孔板	517.5	415	4.15	0.65
	180 mm厚混凝土圆孔板	577.5	465	4.47	0.64
	110 mm厚混凝土大楼板	592.5	395	3.05	0.675
架空型聚苯板绝热屋面	130 mm厚混凝土圆孔板	514.8	415	4.15	0.65
	180 mm厚混凝土圆孔板	574.8	465	4.47	0.64
	110 mm厚混凝土大楼板	589.8	395	3.05	0.675
保温与找坡结合绝热屋面	130 mm厚混凝土圆孔板	337	330	4.93	0.87
	180 mm厚混凝土圆孔板	437	380	5.27	0.86

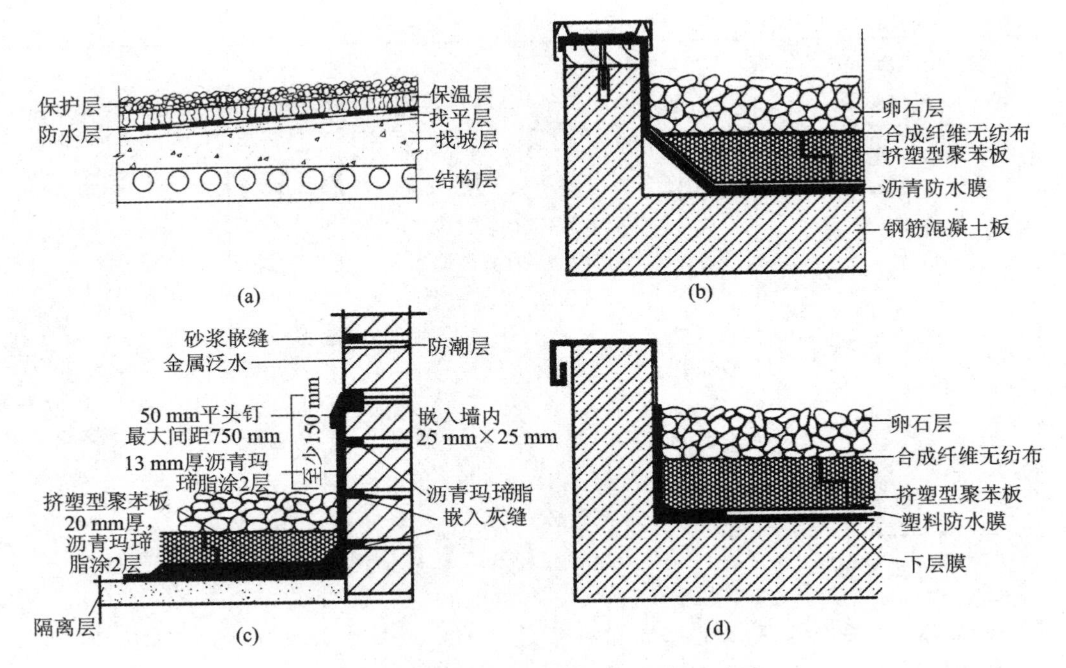

图 8-33　倒铺屋面的几种防水处理方式[118]

(a)倒铺屋面的构造示意;(b)沥青防水处理;

(c)沥青玛琋脂防水处理;(d)塑料防水膜防水处理

8.4.2　屋面的通风防热

屋面通风是我国南方湿热地区普遍采用的一种防热方式,其原理是利用风压或热压产生的动力,驱动室内外空气流过通风间层,将热量带走(见图 8-34)。

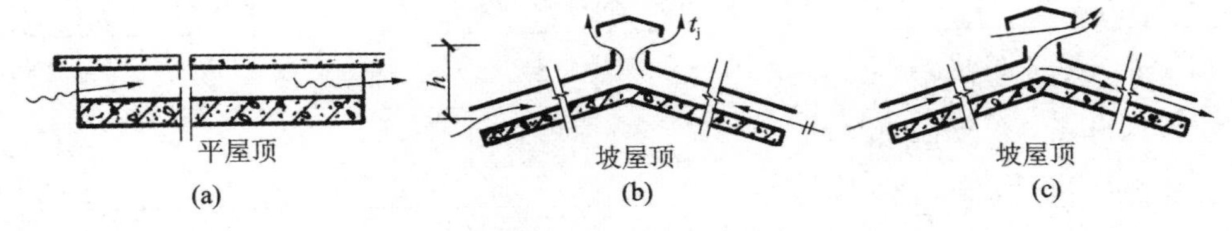

图 8-34　屋面的通风散热原理[65]

(a)风压通风;(b)热压通风;(c)混合通风

通风屋面的构造方式多种多样,如图 8-35 所示。当通风间层两端完全敞开且通风口面对夏季主导风向时,通风口面积越大,通风效果越好。但是,由于屋面构造的关系,通风口的宽度往往受到结构限制,在同样宽度下,通风口大小只能通过调节其高度来控制。一般情况下,通风间层高度以 20～24 cm 为宜。对于采用矩形截面通风口,房屋进深在 9～12 m 的双坡屋面或平屋面,其间层高度可考虑取 20～24 cm,坡屋面可用其下限,平屋面可用其上限。对于拱形或三角形截面的通风口,其间层高度要酌量增加,平均高度不宜低于 20 cm。

屋面通风的组织方式可以是外进气、内进气或混合进气。有时为了提升热压通风效果,使用排风帽,并在风帽顶面涂上黑色,以增加对太阳辐射的吸收,如图 8-36 所示。

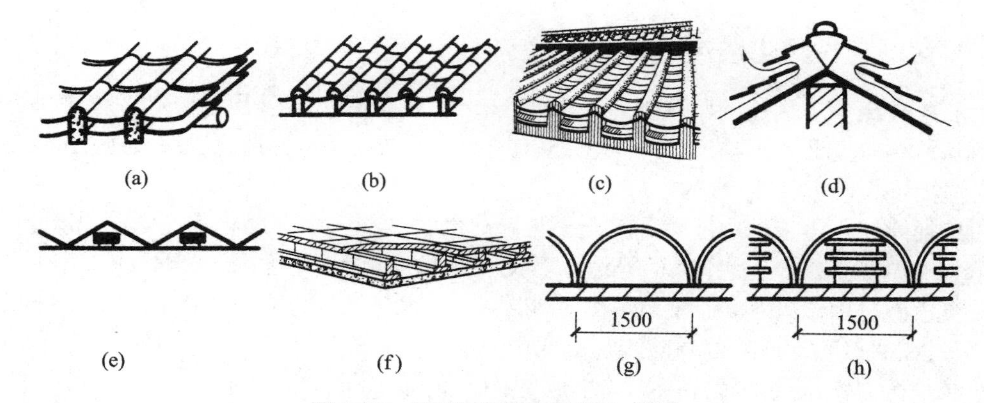

图 8-35　几种通风屋面构造方式[65]

(a)双层架空黏土瓦(坡顶);(b)山形槽瓦上铺黏土瓦(坡顶);(c)双层架空水泥瓦(坡顶);
(d)坡顶的通风屋脊;(e)钢筋混凝土折板下吊木丝板;(f)钢筋混凝土板上铺大阶砖;
(g)钢筋混凝土板上砌 1/4 砖拱;(h)钢筋混凝土板上砌 1/4 砖拱加设百叶

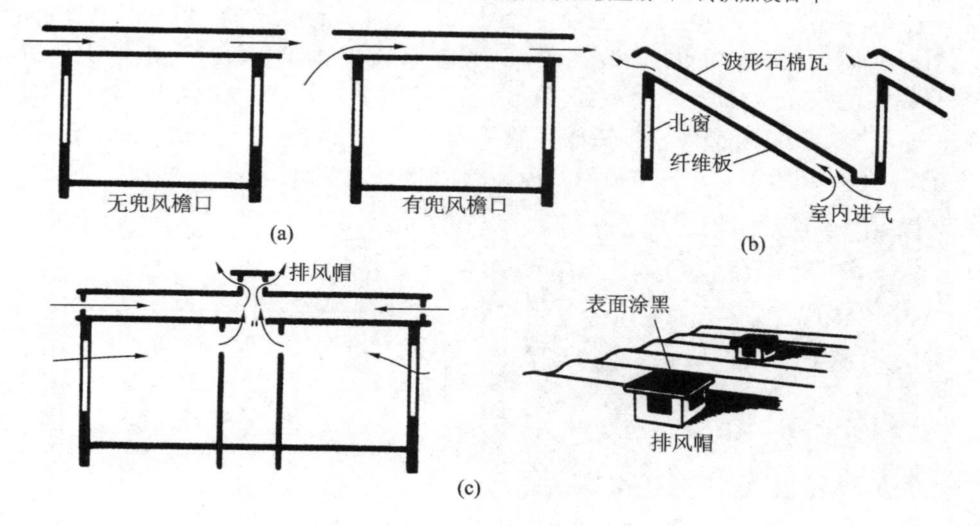

图 8-36　屋面通风的组织方式[65]

(a)从室外进气;(b)从室内进气;(c)室内室外同时进气

对于带有阁楼的屋面,通常采取对阁楼通风的方法来带走屋面的热量,排出室内湿气,从而提高室内的热舒适度,这种做法尤其对于减弱阁楼空间顶部的辐射热有重要作用。阁楼通风有以下几种方式:在山墙上开通风口;从檐口进气,由屋脊排气;在屋顶设置老虎窗通风等(见图 8-37)。

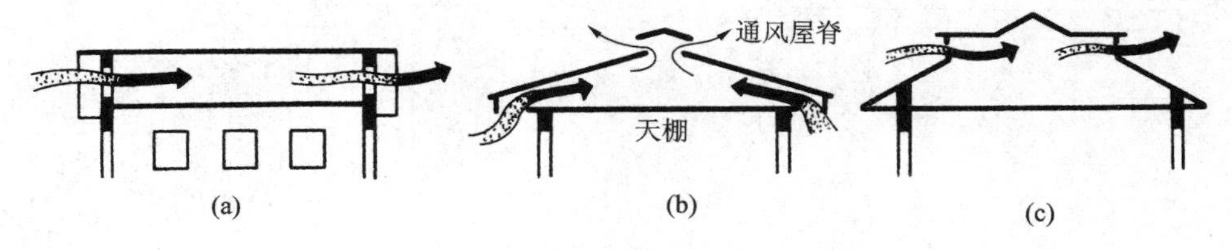

图 8-37　阁楼通风常用的几种方式

(a)山墙通风;(b)檐下与屋脊通风;(c)老虎窗通风

8.4.3 屋面的植被绿化防热

屋面的植被绿化防热是利用植物的光合作用、叶面的蒸腾作用以及对太阳辐射的遮挡作用，来减少太阳辐射热对屋面的影响。另外，土层也有一定的蓄热能力，并能保持一定水分，通过水的蒸发作用对屋面进行降温。

屋面植被绿化分覆土植被绿化和无土植被绿化两种。覆土植被绿化是在钢筋混凝土屋顶上覆盖 10～12 cm 厚黏土，在其上种植草等植物。无土植被绿化是采用水渣、蛭石或者木屑等代替土壤，具有自重轻、屋面温差小、有利于防水、防渗的特点，隔热性能也有所提高，且对屋面构造没有特殊要求，只是在檐口和走道板处须防止蛭石或木屑在雨水外溢时被冲走。根据实践经验，植被屋面的隔热性能与植被覆盖密度、培植基质(蛭石或木屑)的厚度和基层的构造等因素有关。种植红薯、蔬菜或其他农作物，有一定的经济收益，但培植基质较厚，所需水肥较多，需经常管理。草被屋面由于草的生长力强，耐气候变化，可粗放管理，基本可依赖自然条件生长。植被品种宜就地选用，可采用耐旱草种或其他观赏花木。

在屋面上植草栽花，甚至在屋面种植灌木、堆假山、设喷水池形成“草场屋顶”或“花园屋顶”，不仅起到防热作用，而且在城市绿化、调节气候、净化空气、降低噪声、美化环境、解决建房与农田之争、减少来自屋面的眩光、增加自然景观和保护生态平衡等方面，都有积极作用，是一项值得推广应用的措施。图 8-38 是用红外摄像仪拍摄的有杂草和无杂草屋面温度对比图，有杂草时，温度可降低 15 ℃左右。图 8-39 示出了几种植被绿化屋面的构造做法。

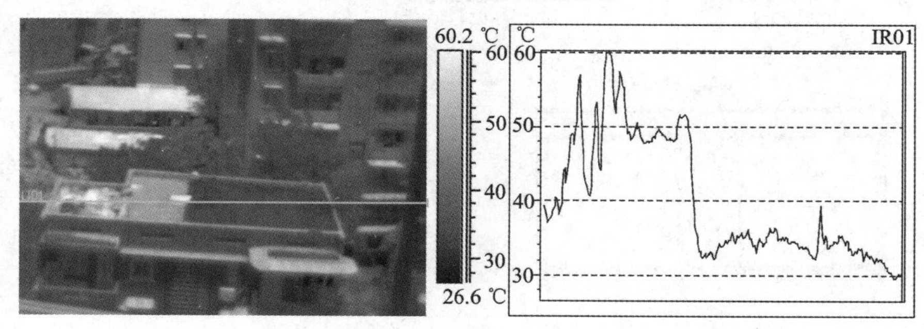

图 8-38　有杂草和无杂草屋面温度对比

(来源:唐鸣放提供)

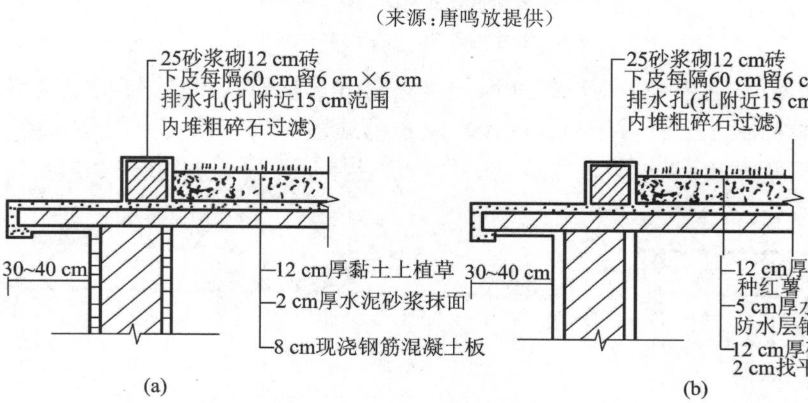

图 8-39　几种植被绿化屋面的构造做法[65]

(a)覆土植草屋面(广州地区)；(b)覆蛭石红薯屋面(四川地区)；(c)覆蛭石植草屋面(湖南地区)

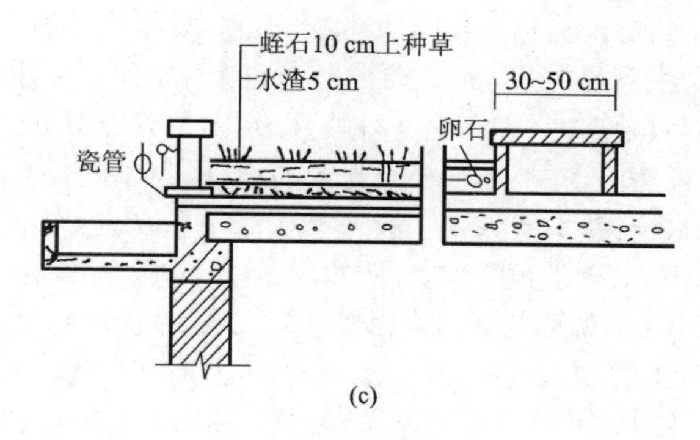

续图 8-39

8.4.4　屋面蓄水与被动蒸发冷却

水的比热较大，常温下为 4.186 kJ/(kg・℃)，蒸发潜热也大，为 2428 kJ/kg。因此，若在平屋顶上蓄一定厚度的水层，或让屋面时时保持一层水膜，以便水分不断蒸发，可以起到很好的隔热作用。在重庆地区对同样构造的蓄水屋面(水厚 100 mm)与不蓄水屋面进行实测表明：蓄水屋面比不蓄水屋面的外表面温度要低 15 ℃，内表面温度要低 8 ℃，蓄水后，内、外表面温度的振幅仅为不蓄水屋面的 1/2，传入室内的最大热量是未蓄水的 1/3，传入室内的平均热量只是未蓄水的 1/35。图8-40示出了几种蓄水屋面的构造方式，其中图 8-40(d)是蓄水种植屋面的构造示意图。

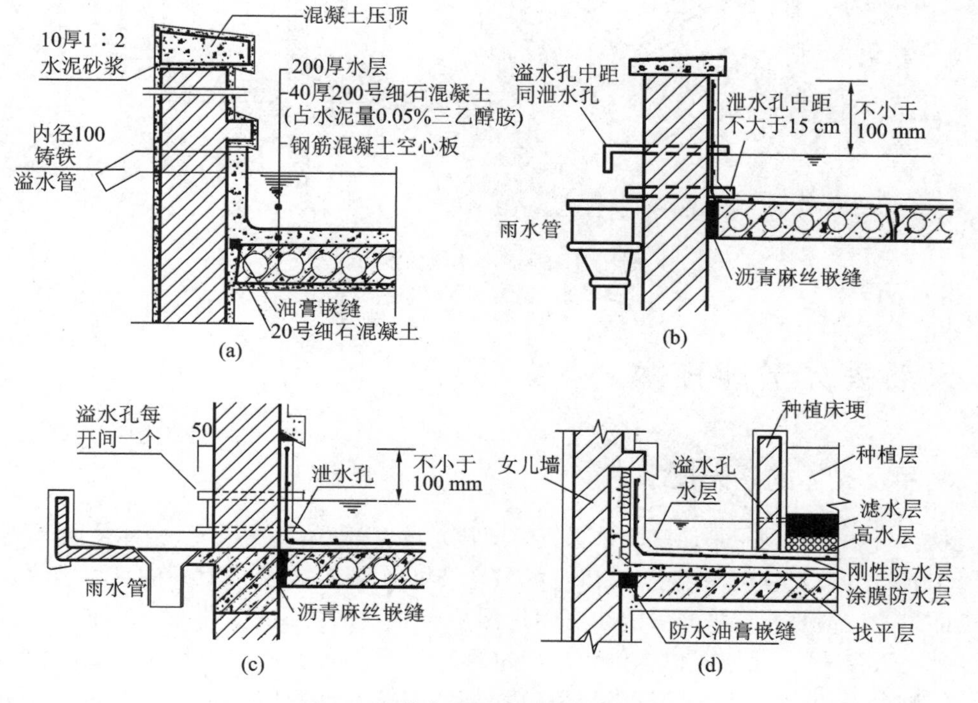

图 8-40　蓄水屋面的几种构造方式

((a)引自文献[52]，(b)、(c)、(d)引自文献[123])

设计蓄水屋面时,考虑到白天隔热和夜间散热,水不宜太深,也不宜太浅。太深会增加结构负荷且水的蓄热也会增加,太浅容易蒸发,需要经常补充自来水,造成管理麻烦。从理论上讲,水深50 mm即可满足隔热和蒸发的要求。对于有工业废水利用、可经常换水的地区,采用50 mm左右较薄的水层即可。对于以天然雨水、自来水补充为主的地区,为了避免水层成为蚊蝇滋生地,宜在水中养殖浅水鱼或栽培浅水植物,水层深度一般为150～200 mm。

如果在水面上敷设铝箔或其他浅色漂浮物,例如,水浮莲、水浮芦等,由于透过密集叶片加热水层的太阳辐射很少,一般只有10%,叶面的蒸腾作用使水分大量蒸发,从而大大增加了蓄水屋面的隔热能力。蓄水屋面要求有很好的防水质量,尤其是泛水的处理,通常是将防水混凝土层沿墙内壁上升,高度应超过水面100 mm。关于屋面蓄水的更多资料,请参阅5.4.14“利用屋顶水池采暖或降温”。

如果不在屋面蓄水,只是让屋面一直保持一层薄薄的水膜或处于润湿状态,依靠水的蒸发,就可以对屋面起到良好的降温作用。有研究表明,定时洒水的屋面较同条件下的干屋面,最高温度可降低22～25 ℃。图8-41示出了用带孔眼的硬塑料水管作为喷洒装置的一种布置方式,水管设在房屋院落的围墙上,促进空气蒸发降温。除此之外,也可利用自动旋转的自来水喷头作为喷洒装置。

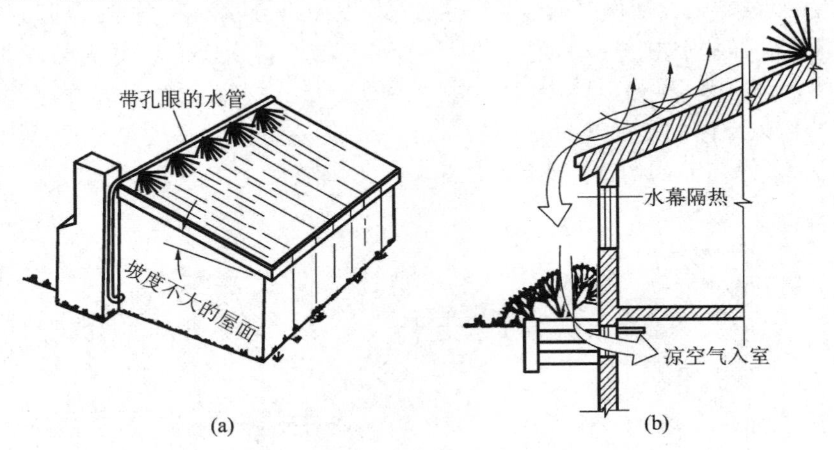

图8-41　定时洒水屋面示意[120]

(a)定时洒水屋面;(b)水幕降温

8.5　天然采光节能技术

8.5.1　利用反光体的采光技术

建筑物对自然光的利用是通过两种采光方式进行的:一种是侧面采光;一种是顶部采光。侧面采光是将采光口(窗)安装在外墙上,窗口既可采光又可通风,还能提供对外的良好视线,以便欣赏室外的美丽景象。但是侧窗采光只能在房间进深小于4.5 m才有效,进深再增加后,内部采光就达不到要求。天窗采光,虽然可以提供较为均匀的室内照明,但其所起作用范围只对建筑物顶层有效。无论是侧窗采光还是天窗采光,当利用直射光时,都有可能产生眩光,因此,要充分利用自然光来进行照明,除了做好场地和建筑的整体布局、正确安排开窗的方位、采用合理的结构形式、处理好内部空间布置和颜色外,还必须采取相应的一些技术措施解决这些问题。

利用反光体不仅可以增加进入室内的光通量，还可以将直射光或天空漫射光反射到房间深处。当反射直射光时，可大大提高天然光的利用效率。反光体设计得好还可起到避免眩光的作用。可以用邻近窗口的室外表面做反光体，例如，墙面、地面、屋面等，如图 8-42 所示，要求反射表面为白色或其他较浅的颜色。

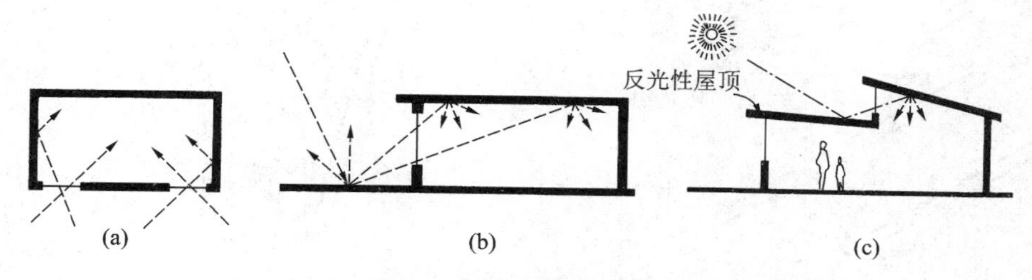

图 8-42　利用邻近窗口的室外表面反射光线

(a)反光体为邻近墙面；(b)反光体为邻近地面；(c)反光体为邻近屋面

可以设置专门的反光体将直射光或散射光传输到室内。例如，出挑的窗台或阳台，当夏季太阳高度较大时，可阻挡太阳直接辐射，而在冬季和过渡季节，能将直射光反射入室内(见图 8-43(a))。活动的百叶可以根据人体对光的需要进行调节，是较好的一种光利用方式(见图 8-43(b))。固定的室外水平或垂直百叶能反射部分直射光，其大小和形态可根据建筑所处的位置和遮阳时间来精心设计，特别适合安装在朝东或朝西的窗户上(见图 8-43(c))。半透明普通玻璃砖或磨砂玻璃均可将直射光转化为散射光，但是磨砂玻璃或普通玻璃砖往往有较大的亮度，有引起眩光的可能，因此，通常置于视线以上较高的位置(见图 8-43(d))。用导光玻璃砖将光线导向顶棚是一种较好的方法，可以避免眩光。导光玻璃砖内有嵌入式棱镜，可以把光向上折射(见图 8-43(e))。在高于视线的侧窗中部或中上部加设反光板，既能防止太阳直接照射和眩光，又能将光线反射到顶棚形成室内良好光环境。在这种方法中，常将反光板向室内伸进(见图 5-45)，还可与遮阳百叶结合，发挥更好的作用(见图8-43(f))。美国北卡罗来纳州艾瑞山市艾瑞山公众图书馆的南窗采用了这种做法(见图 8-44)。

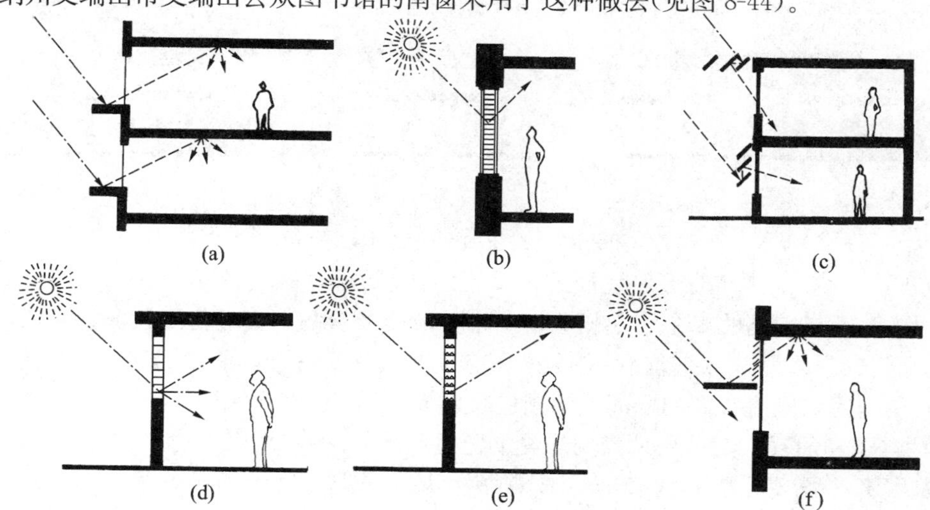

图 8-43　侧面反射采光的几种形式

(a)反光体为出挑窗台；(b)反光体为活动百叶；(c)反光体为固定水平或垂直百叶；

(d)反光体为普通玻璃砖；(e)反光体为导光玻璃砖；(f)反光体为百叶与反光板组合

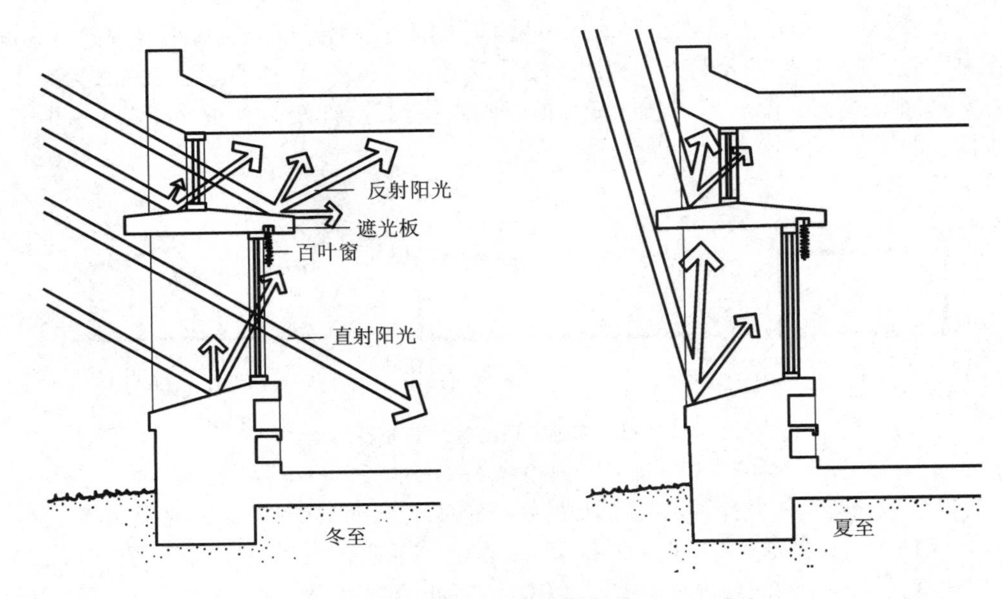

图 8-44　美国艾瑞山公众图书馆的南窗反光[42]

反光板用于天窗中,同样可以反射直射光和消除眩光。对于南北开矩形天窗的房间,可在北窗北侧设置反光体,以反射从南侧来的直射光,南窗需要进行适当的夏季遮阳处理(见图 8-45(a))。对于东西向开矩形窗的房间,可设置如图 8-45(b)所示的反光体。在上午,东边的反光体防止直射阳光直接进入室内,而西边的反光体反射直射光进入室内;在下午,西边的反光体阻挡直射光进入室内,此时,东边的反光体反射直射光进入室内。

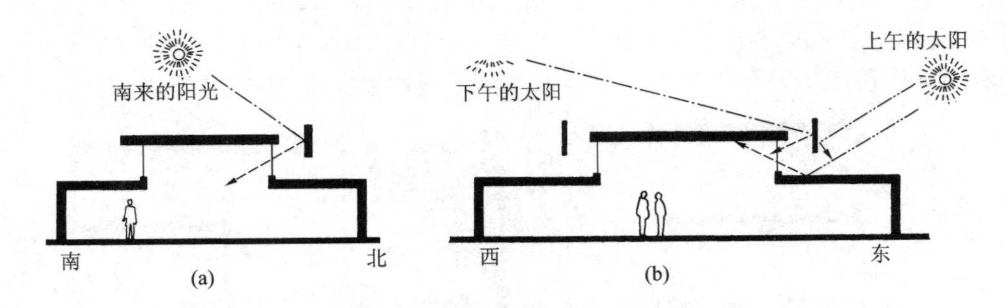

图 8-45　天窗加反光体示意图

对于锯齿形天窗,通常结合倾斜屋面进行反光设计,既可以避免眩光,同时保证室内有较好的均匀照度。图 8-46 是美国北卡罗来纳州艾瑞山市艾瑞山公众图书馆锯齿形天窗的做法。

在美国可可市佛罗里达太阳能管理中心,其屋顶上利用了一种称为“采光勺”的采光装置(见图 8-47(a)),它是利用高侧窗背窗的墙面或斜顶棚反射光线(见图 8-47(b))。由阿尔瓦·阿尔托设计的意大利里奥拉教区教堂,是采用采光勺采光的范例(见图 8-47(c)和图 8-47(d))。

对于平天窗,特别要注意的是眩光,可采取多种方式来进行反光和避免眩光,既可用室外挡光反光板(见图 8-48(a)),也可用高窄房间上部倾斜顶棚反光(见图8-48(b)),在高大房间中还可用中央垂直板起到两面挡光、反光、导风的作用(见图 8-48(c))。室内挡光板常常做成间隔式,它在阻挡直射光的同时,也起散射光线的作用(见图 8-48(d))。在高的平天窗中,可以用北墙反射光线(见

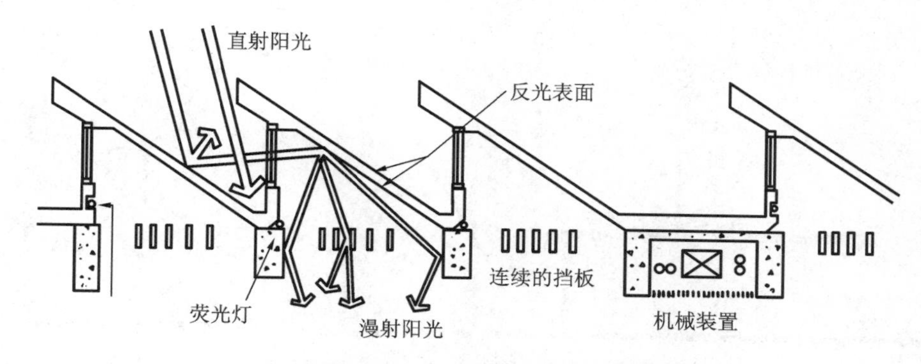

图 8-46　美国艾瑞山公众图书馆锯齿形天窗做法[42]

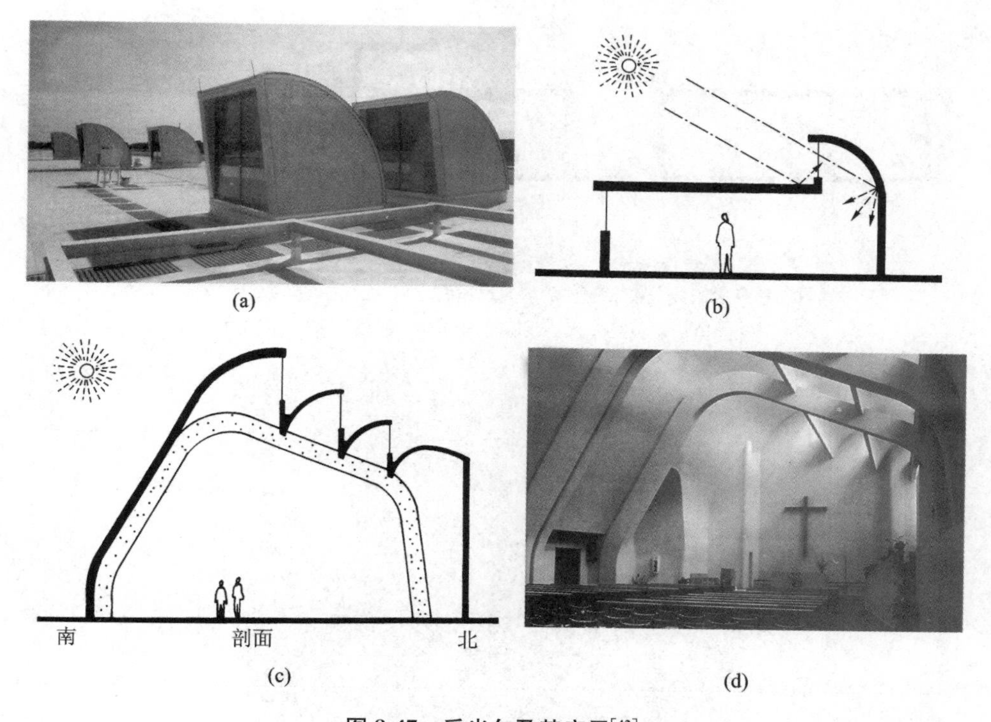

(a)　(b)　(c)　(d)

图 8-47　采光勺及其应用[42]

图 8-48(e))。路易斯·康在设计美国得克萨斯州沃思堡的金贝尔艺术博物馆时(见图 8-49),应用了图 8-48(f)所示的反光挡光板。光线进入天窗后,被人字形反光板遮挡反射到顶棚上,再由两侧顶棚照亮整个室内,这样,不仅避免了眩光,而且室内光线十分柔和均匀。

用平面作为反光体,其反射的直射太阳光仍然可能是平行光,因此,当反射的平行光投射到室内某表面时,仍有形成亮度较高的斑块的可能。如果改用曲面作为反光体,反射的光线不再为平行光线,这样,就可以避免产生眩光(见图 8-50(a))。另外,无论是侧窗口还是天窗口,将内壁做成喇叭口状,不仅可增大室内被照范围,而且可避免窗口与其附近内墙面之间强烈的亮度比度,有利于室内视觉舒适(见图8-50(b)和图 8-50(c))。

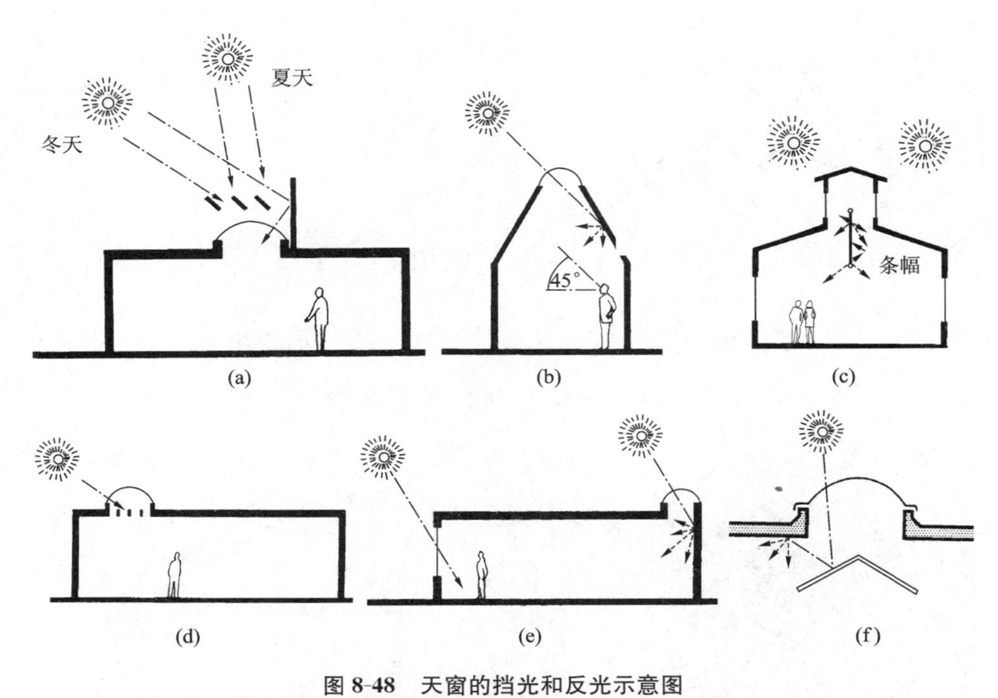

图 8-48　天窗的挡光和反光示意图

(a)室外遮阳反射板;(b)高窄房间斜顶棚反射;(c)中央通风反光板;
(d)室内挡板避免眩光;(e)北墙上部反射;(f)人字形反光挡光板

图 8-49　金贝尔艺术博物馆顶棚反光内景[124]

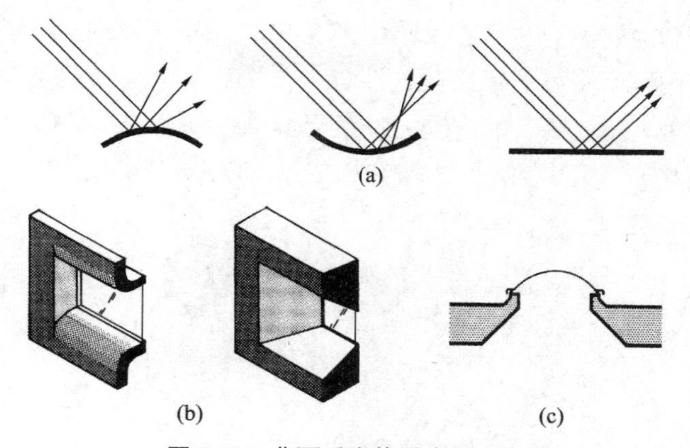

图 8-50　曲面反光体及喇叭口窗

(a)曲面反射体;(b)侧窗喇叭口;(c)天窗喇叭口

8.5.2　利用导光管道的采光技术

导光管道按照光在管道中传输的机理不同,可分为四种类型。第一种称为透镜折射导光通道,它是依靠反射装置和多个凸透镜来传输光的。在美国明尼苏达州立大学的土木采矿工程大楼里,运用了这一先进技术。在该楼的屋顶上,装设了可根据太阳运动而变化的定日镜,以收集太阳的直射光。在需要光照的地方,就用一个漫射装置截拦光束,将光线发射过去,如图 8-51 所示。

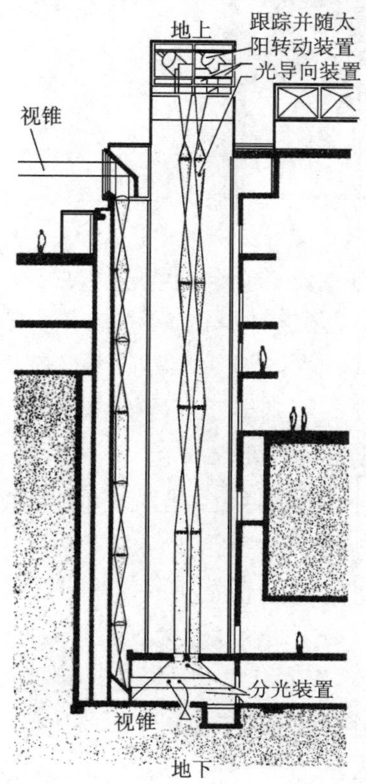

图 8-51　透镜传输采光

第二种称为内壁反光导光通道，有时也称为采光井，它是依靠采光通道内表面对光的多次反射而传输光的，要求通道内壁有很好的镜面反光性能。在摩什·萨夫迪及其同事设计加拿大国家美术馆时，采用了这一先进技术，将天然光传输到底层的画廊里(见图 8-52(a))。目前，国外已有市售的小型导光管，称为管状天窗，其直径为 203～610 mm，可以将所采集天然光的 50%往下传递(见图 8-52(b))。

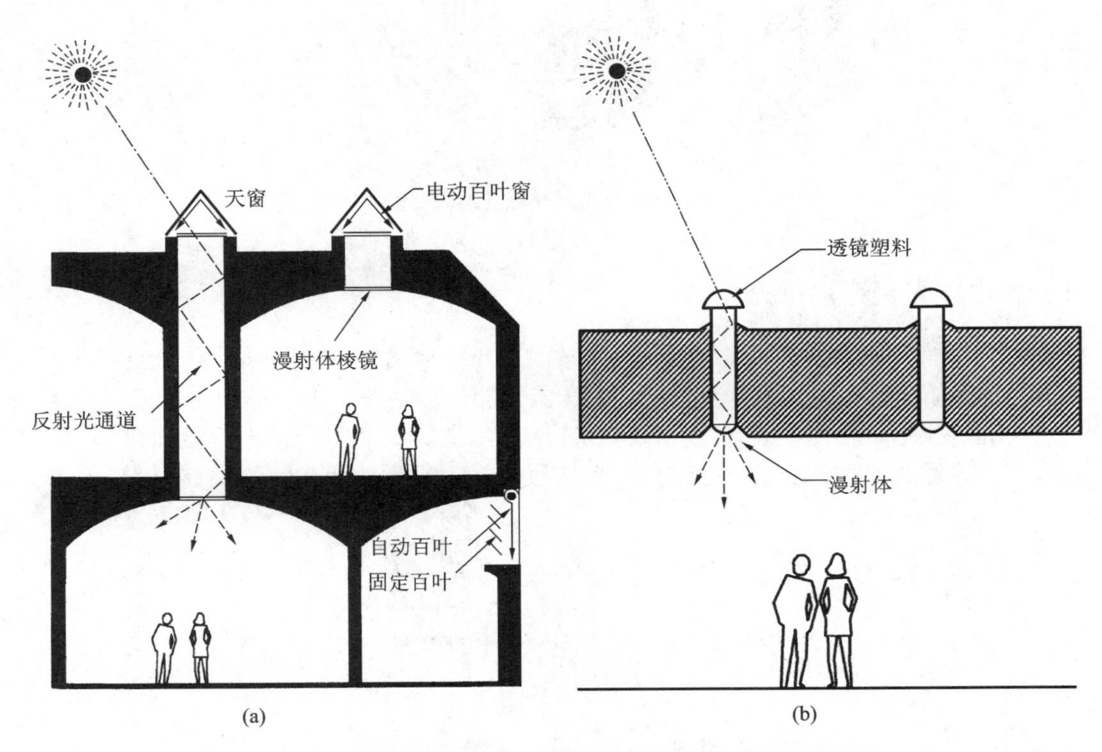

图 8-52 加拿大国家美术馆中的采光通道及光装天窗示意图[42]

第三种称为光导纤维导光管道，它是利用光在纤维材料中的全反射而传输的(见图 8-53)。光在某些材料(如有机玻璃等)中传输时，当光线入射方向与材料表面所成的角度小于某一值时，光线并不透射，而是完全反射。因此，在利用光导纤维传输光时，在入口处，入射光要平行于光纤的方向；在传输过程中，光纤的弯曲程度必须在要求的范围内。通常采用定日镜来收集太阳直射光，并将收集的光线转化为平行光束，与光导纤维结合，把光传到建筑物深处。

第四种称为通光管导光管道，一般由棱柱形塑料薄膜制成，可以把光传输到大约 25 倍管径的地方。为了能用作一个定向的漫射体，通光管的另一端安装了一面镜子，在希望获得光线的地方，安装一个特殊的薄膜来散射光线。镜子的使用是为了在通光管内改变光线的方向。光导纤维和通光管都属于远距离传输照明系统，除了可以减少电能消耗外，还可以过滤紫外线与红外线，把光源从危险或不便的地方挪开，保证安全，便于维护，如图 8-54 所示。

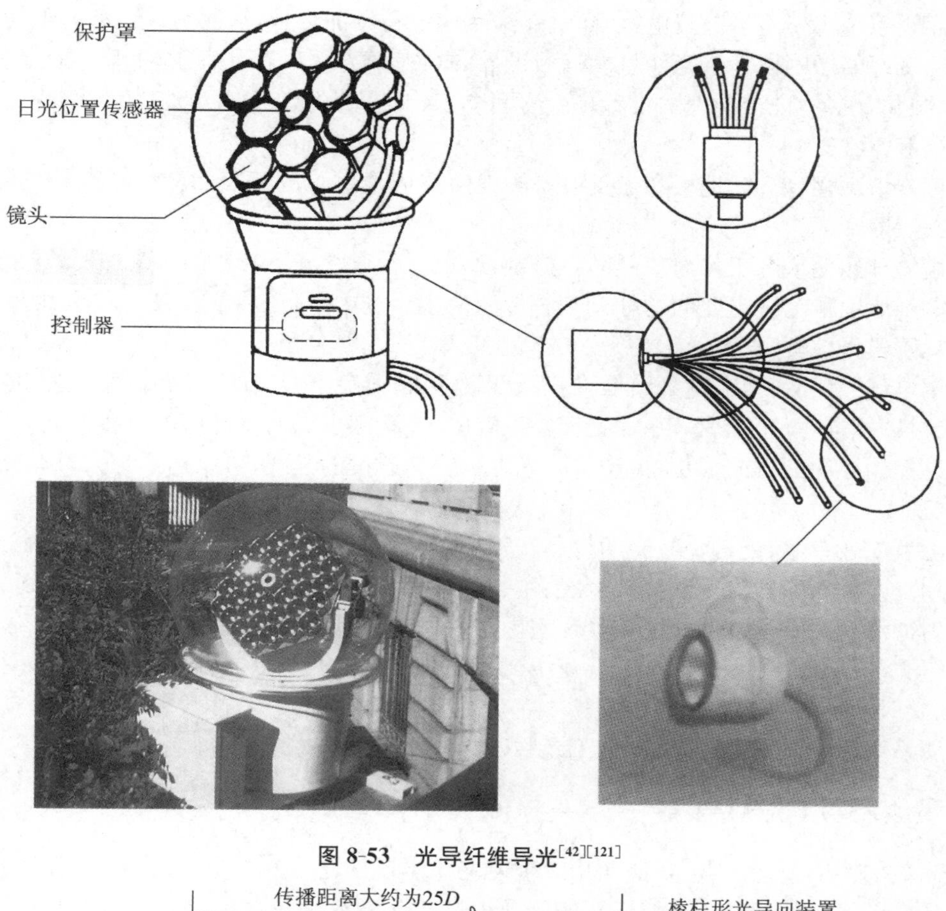

图8-53　光导纤维导光[42][121]

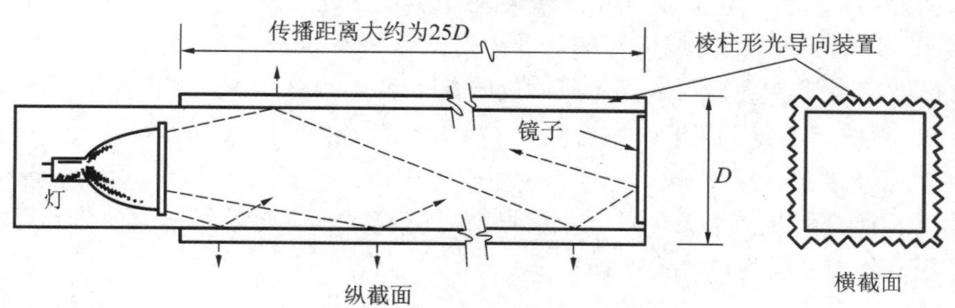

图8-54　通光管传输光示意图[42]

8.6　人工照明节能技术

8.6.1　高效人工照明设计原则

一个良好的电气照明设计，其着重点在于它的灵活性和光线的质量，而不纯粹是光线的数量。它必须既满足人的生物需要，又满足活动目的的需要。为了达到这一效果，它就必须要避免直射眩光和反射眩光，以及房间过高的亮度对比等问题。此外，良好的照明设计必须尽量减少能源浪费。

低效率的照明系统不仅直接浪费电能,而且还给空调设备增加负担,从而造成设备和电能更大程度上的浪费。良好的照明设计应当而且能够为世界的可持续发展做出贡献。对于人工光照明系统,使用高效的照明设备,进行合理的设计,完全可以使照明降低到 11 W/m²。以下是人工光照明节能设计的一般原则。

①尽可能把顶棚、墙壁、地板和家具设备的表面漆成浅色。浅色表面减少了光线的吸收,有助于光的多次反射。

②使用局部照明或者工作对象照明,这样可避免非工作区域不必要的多余照明或过度照明。

③把电气照明作为昼光照明的补充来看待和使用。这样,可以将光照资源的利用重点放在建筑设计方案阶段考虑,从根本上保证光照的节能。

④使用电气照明时,只需达到最低推荐照度级即可,避免不必要的过高照度。但对昼光照明而言,在夏天可以比推荐值稍高一点,而在需要供暖的冬天,则可以比推荐值高得多。

⑤精心控制光源的方向,以避免产生眩光。少量高质量的光线,可以达到与大量低质量光线一样的效果。

⑥使用发光效率高、能避免眩光的灯具。例如,金属卤化物灯、荧光灯、节能灯。

⑦使用高效的照明器材。例如,避免使用装有黑色挡板的照明器材,以及在容易脏污的区域安装间接照射的灯具。定期清洁照明器具和室内表面,建立换灯和维护制度。

⑧尽量充分利用人工和自动开关及光线调节装置,以节约能源和费用。尽可能使用探测器、光电传感器、定时器和中央能源控制系统。

⑨照明系统和空调系统相结合,人工光照明与天然光照明相结合。

8.6.2 高效照明节能灯具

使用高效的照明节能灯具,是照明系统节能的关键措施之一。图 8-55 示出了光源类型及其发光效率。从该图可知,荧光灯、金属卤化物灯及钠灯的光效率是较高的,天空光的效率最高。同样的光强级,白炽灯带来的热量大约是昼光照明的 6 倍。就平均状况而言,光源类型及其光热比是:白炽灯为 7∶93,荧光灯为 22∶78,金卤灯为 30∶70,高压钠灯为 35∶65,从透明玻璃照进室内的阳光为 60∶40,从光谱选择性 Low-E 玻璃照进室内的阳光为 75∶25。由此可见,选择高效的光源和灯具类型,对于节能有重要意义。以下介绍目前应用较广的节能灯——小型荧光灯,以及几种新型灯具,它们有望在将来成为世界光明的使者。

(1)节能灯。

尽管钠灯有较高的发光效率,但其显色性较差,因此,从发光效率、显色性、寿命及成本综合考虑,荧光灯仍然是目前使用较广的节能灯具。各种不同大小、颜色、功率和形状的荧光灯,在市场上都可买到。为了让荧光灯代替耗能大的白炽灯,人们已经研制出了各种小型的荧光灯——节能灯。图 8-56 是几种节能灯的示意图,虽然其初始成本较白炽灯高,但从光效和使用寿命的全周期过程考虑,反而比白炽灯便宜。

(2)感应灯。

感应灯又被称作无电极荧光灯,或者在市场上被称作 QL 和 ICE,因为它没有可以被消耗的电极,所以使用寿命长达 100000 h。此外,它的显色指数(CRI)较高,为 80～84,发光效率也非常好,为 70～80 lm/W。感应灯最适合在更换灯泡非常困难的地方使用。

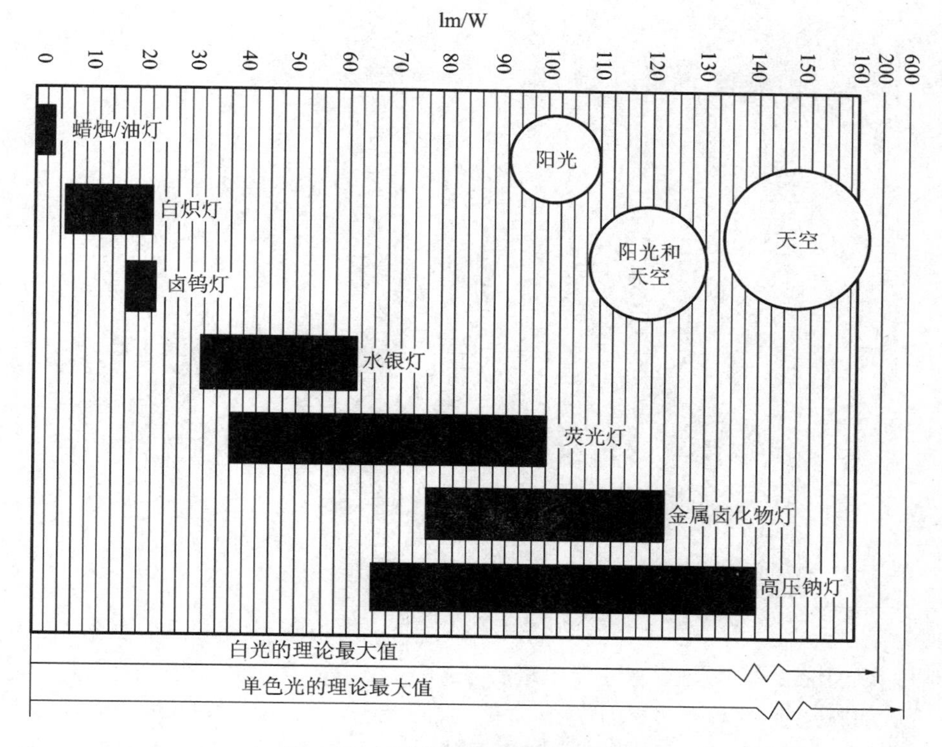

图 8-55　光源类型及其发光效率[42]

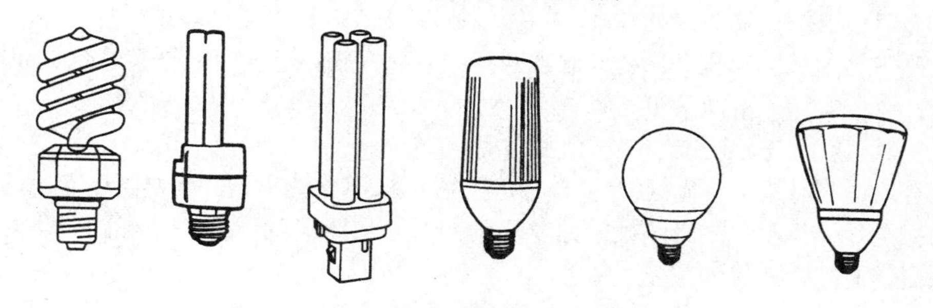

图 8-56　各种形状的节能灯

(3)硫黄灯。

微波被聚焦在一个小的石英球上,石英球里充满了硫蒸气和其他气体,可以发出数量非常可观的高质量光线。例如,某种特制的硫黄灯发出的光线高达 130000 lm,这与 74 盏 100 W 的白炽灯发出的光相等。这些白炽灯的功率高达 7400 W,而这盏硫黄灯的功率只有 1300 W,也就是说,它的发光效率为 100 lm/W。发光石英球大约相当于高尔夫球那么大(见图 8-57),因此,可以发出定向性非常好的光束。这种灯常常用来导向。

(4)发光二极管(LED)。

由于固态发光二极管的使用寿命特别长,所以它们在电子设备中得到广泛应用。随着它们发光效率的提高,逐渐变得普及,被应用到户外的交通信号灯、室内指明紧急出口通道的信号灯或者信号条。它们还适合在低功率的设备上使用,因为它们的发光效率仍旧很低,只有大约 30 lm/W(见图 8-58)。

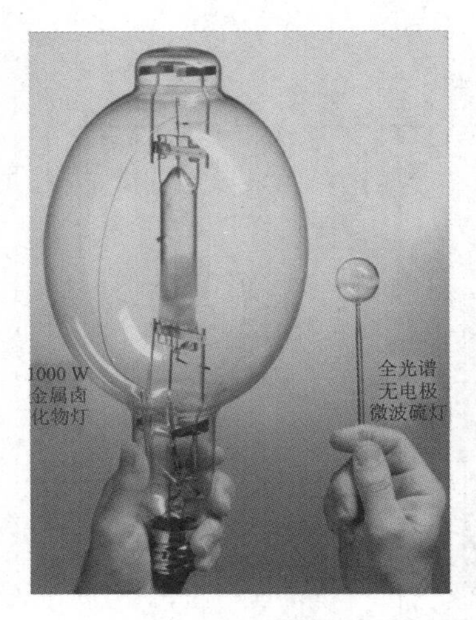

图 8-57　金卤灯与硫黄灯

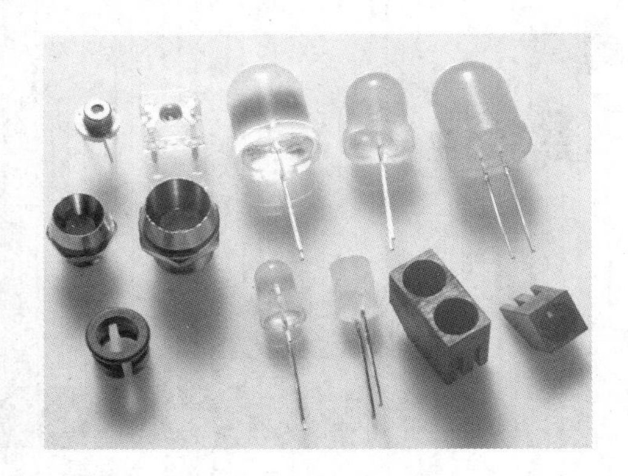

图 8-58　发光二极管灯

(来源:szjs888. dz-z. com)

(5)太阳能灯。

太阳能灯是一种利用太阳能进行照明的新型节能灯,它的运行原理:白天太阳能电池将太阳能转换为电能存在蓄电池里,夜间蓄电池放电进行照明。太阳能灯一般采用智能化充放电技术和微电脑时控、光控开关,光源以高亮度 LED 灯为主,太阳能电池组件功率为 20～60 W 不等,可以根据气候状况和需要连续照明的天数进行设计和制造。太阳能电池灯按灯的用途可分为太阳能路灯、太阳能庭院灯、太阳能景观灯、太阳能警示灯(见图 8-59)、太阳能草坪灯(见图 8-60)、太阳能广告灯。太阳能灯将随着太阳能电池的发展和价格的下降,而越来越普及,是室外照明最具有发展潜力的一种灯。关于太阳能电池的更多资料,请参阅 8.7.2"太阳能光伏发电系统"。

(6)发光聚合物(LEP)。

发光聚合物(LEP)是与发光二极管工艺相近的灯具,用有机半导体材料制作而成,而发光二极管用的是无机半导体材料。尽管还处于试验阶段,但它很有希望被制作成廉价的、非常薄的薄膜,甚至可以被当作墙纸来使用。

图 8-59　太阳能庭院灯、路灯、景观灯和警示灯

(来源:福州日同辉太阳能应用技术有限公司提供)

图 8-60　各种形状的太阳能草坪灯

（来源：编者自拍）

8.7　主动式太阳能利用系统

太阳能是一种用之不尽的清洁能源，可以说地球上所有的生命都是太阳能恩惠的结果。尽管目前有多种可再生能源供人们探索利用，但太阳能无疑是人们关注最长久、最有希望、最有潜力的可再生能源。太阳能的利用分为被动式和主动式两种。被动式太阳能利用是指在利用太阳能的过程中没有耗电设备或人工动力系统参与，例如，利用日光间或蓄热墙等收集太阳能在冬季采暖，属于被动式利用。在场地设计和建筑设计阶段充分考虑太阳能的被动式利用，是实现建筑节能和创造良好室内热环境的关键和重要前提，必须得到足够重视。在前述各章节中，已经分别述及被动式太阳能利用的各类策略和方法。主动式太阳能利用是指在利用太阳能的过程中有耗电设备或人工动力系统参与，本节主要介绍建筑中常用的主动式太阳能利用系统。

8.7.1　太阳能热水系统

用太阳能将冷水加热成低温热水（<100 ℃），是当前太阳能利用中技术最成熟、最经济、最具竞争力、应用最广泛、产业化发展最快的领域，目前在建筑中已得到了较为普遍的应用。太阳能热水系统由集热器、蓄热水箱、循环管道及相关装置、设备（水泵、控制部件等）组成。按水在集热器中的流动方式，太阳能热水系统可分为三大类：循环式、直流式和闷晒式。

（1）循环式分为自然循环式和强制循环式。自然循环式（见图 8-61(a)）是指水在系统中仅靠热虹吸效应进行循环，水箱中的水经过集热器被不断加热，其结构简单、运行安全、管理方便，是目前大量推广应用的一种系统。为防止系统中热水倒流及维持一定的热虹吸压头，蓄水箱必须置于集热器的上方。强制循环式（见图 8-61(b)）是指水在系统中依靠水泵驱动进行循环。由于在蓄水箱与集热器间装有水泵，集热器出口与水箱底部间水的温差控制水泵启动或停止，水箱不必置于集热器上方，系统布置较灵活，而且水泵压力大，可用于大型系统。

（2）直流式，亦称一次式。水在系统中不是循环地被加热，而是一次性被加热到所需温度，然后被使用。在集热器出口装有电节点温度计，以控制集热器入口的电动调节阀，从而调节系统流量的大小，使出水温度恒定。直流式系统水箱不必架于集热器之上，可灵活布置，适用于集热器分散在各个点的大型系统。

（3）闷晒式，又称整体式，分为闷晒定温放水式和圆筒式两种。在闷晒定温放水式中，集热器中水不流动，当水闷晒到预定的温度上限时，集热器出口的电节点温度计控制集热器入口的电磁阀全

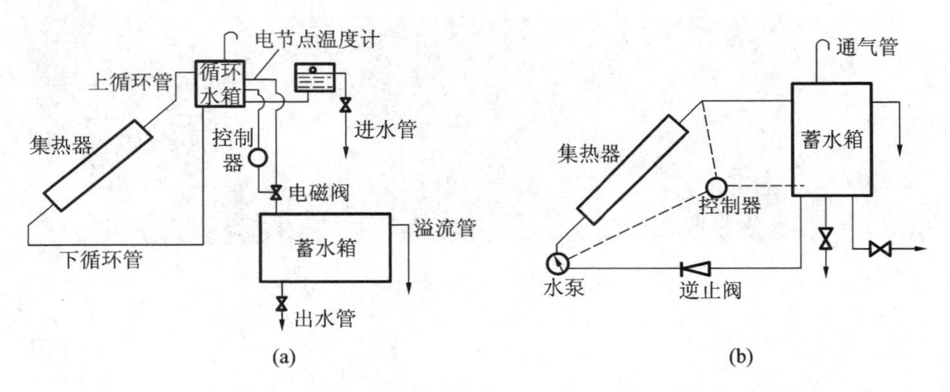

图 8-61 自然循环式和强制循环式热水系统[125]

(a)自然循环式;(b)强制循环式

部开启,自来水进入集热器并同时将其中的热水送至蓄水箱。当集热器出口温度逐渐下降到预定温度下限时,电磁阀被控制成关闭状态,进入集热器中的水被重新闷晒。该系统适用于集热器分散在各个点的大型系统。圆筒式是用两个或多个涂黑的镀锌铁板圆筒作为储水筒,南北向置于发泡聚苯乙烯的箱体中,上面用弧形玻璃钢作盖层。

集热器是太阳能热水系统中的关键部件,其性能优劣直接影响太阳能热水系统的性能。一般情况下,集热器的造价是太阳能热水系统造价的一半,集热器吸热体的造价是集热器价格的一半。集热器按形状不同分为平板型集热器、全玻璃真空管集热器、玻璃-金属真空管集热器。

平板型集热器一般由吸热板、盖板、保温层和外壳 4 部分组成(见图 8-62),其工作过程是阳光透过玻璃盖板照射在表面有涂层的吸热板上,吸热板吸收太阳辐射能量后温度升高,一方面将热量传递给集热器内的工质,另一方面向四周散热;盖板则起温室效应,防止热量散失即提高集热器的热效率。

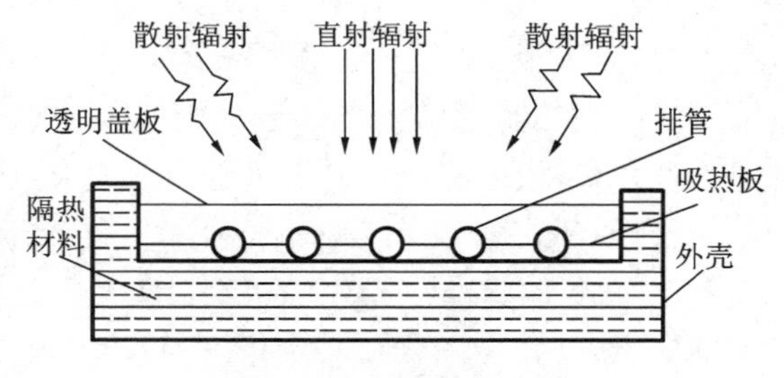

图 8-62 平板型集热器组成

全玻璃真空管集热器由内、外两层玻璃管组成,内玻璃管外表面利用真空镀膜机镀选择性吸收膜后,再把内管与外管之间空隙抽成真空,这样就消除了对流、辐射与传导造成的热损,使总热损降到最低。由于全玻璃真空管集热器采用了高真空技术和优质选择性吸收涂层,大大降低了集热器的总热损,因而可以在中高温下运行,也能在寒冷的冬季及低日照与天气多变的地区运行,尤其在阴天及每天早晚和冬季,具有比一般平板型集热器高得多的集热效率(见图 8-63(a))。

全玻璃真空管太阳能集热器的缺点:在运行过程中若有一根管坏了,整个系统就要停止工作。为了克服此缺陷,人们又在全玻璃真空管集热器的基础上,采用热管直接插入管内和应用 U 形管吸热板插入管内两种方式进行改进(见图 8-63(b)和图8-63(c))。

玻璃-金属真空管太阳能集热器同样由多根同种类型的真空集热管组合而成。集热管根据集热、取热结构的不同,可以分为内聚光式、同轴套管式、直通式、U 形管式、热管式、贮热式等(见图 8-64)。

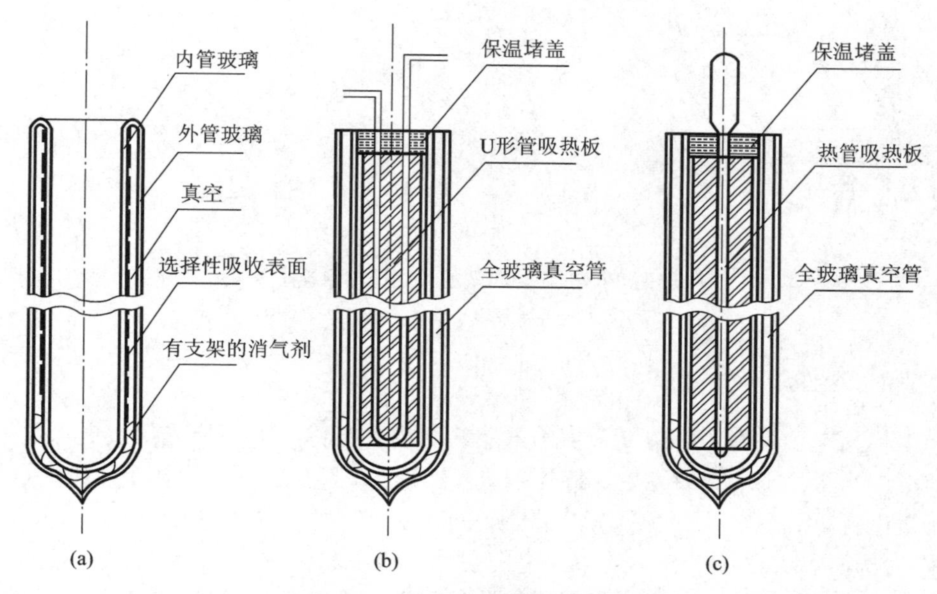

图 8-63　全玻璃真空集热管及其改进

(a)全玻璃真空集热管；(b)全玻璃 U 形真空集热管；(c)全玻璃热管真空集热管

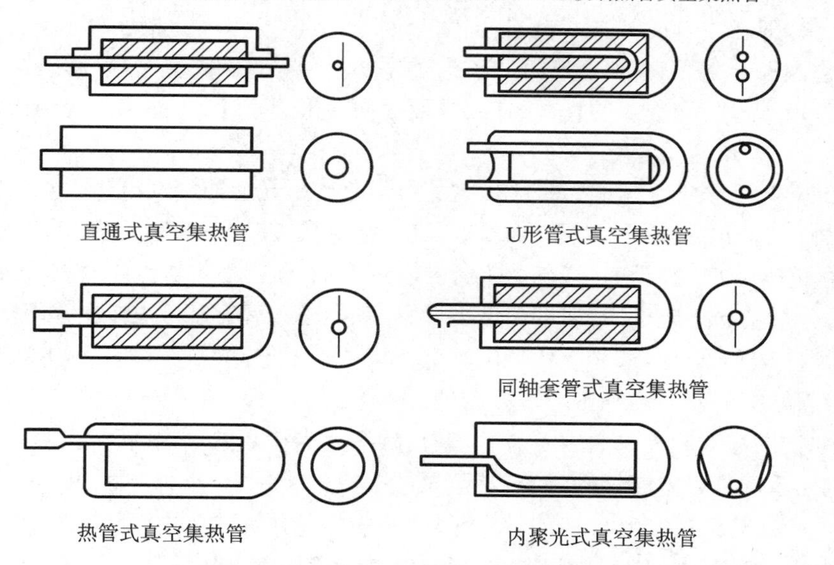

图 8-64　玻璃-金属真空管太阳集热管的类型

影响太阳能热水系统性能的因素：当地太阳辐射资源和气候条件、热负荷特性、集热器类型、集热面积与蓄热水箱容积的配比、管道大小、安装位置和场地条件、当地水压和供电情况以及管理水平等。集热器的安装，对于全年来讲，朝南且水平面夹角等于当地纬度效果最好。对于冬季来讲，夹角为当地纬度加 15°最好，而对于夏季来讲，夹角为当地纬度减 15°效果最好。图 8-65 示出了几种典型的太阳能热水器。

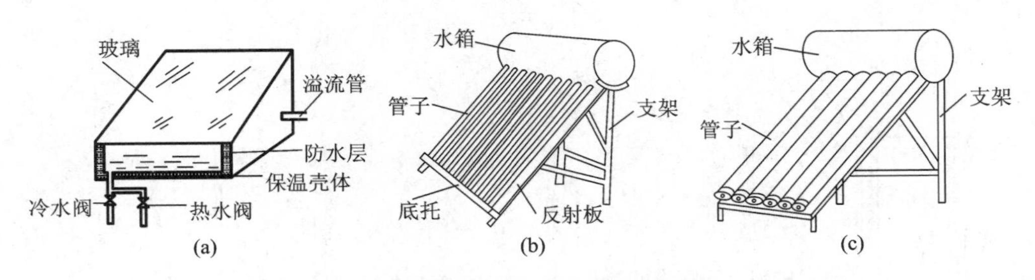

图 8-65 几种典型的太阳能热水器

(a)浅池式热水器;(b)全玻璃真空热水器;(c)热管真空热水器

8.7.2 太阳能光伏发电系统

用太阳能光伏电池将太阳辐射能转换为电能的发电系统称为太阳能光伏发电系统,其工作原理是依据所谓的半导体 PN 结的光生伏特效应,也就是当太阳光照射半导体 PN 结时,就会在 PN 结的两边出现电压,引起电流。众所周知,硅原子的外层电子壳层中有 4 个电子,每个原子的外层电子都有固定的位置,并受原子核的约束。它们在外来能量的激发下,如受太阳光辐射时,就会摆脱原子核的束缚而成为自由电子,并同时在它原来的地方留出一个空位,称为“空穴”。电子带负电,空穴带正电,它们是单晶硅中可以运动的电荷。如果在硅晶体中掺入能够俘获电子的硼、铝、镓或铟等杂质元素,那么它就成了空穴型半导体,简称 P 型半导体。如果在硅晶体中掺入能够释放电子的磷、砷或锑等杂质元素,那么它就成了电子型的半导体,简称 N 型半导体。若把这两种半导体结合在一起,由于电子和空穴的扩散,在交界面处便会形成 PN 结,并在结的两边形成内电场,称为势垒电场。

当太阳光照射 PN 结时,在半导体内的电子由于获得了光能而释放电子,相应地便产生了电子空穴对,并在势垒电场的作用下,电子被驱向 N 型区,空穴被驱向 P 型区,从而使 N 型区有过剩的电子,P 型区有过剩的空穴,于是,就在 PN 结的附近形成了与势垒电场方向相反的光生电场。光生电场的一部分抵销势垒电场,其余部分使 P 型区带正电,N 型区带负电,这就使得在 N 型区与 P 型区之间的薄层产生了电压,即光生伏特电动势。当接通外电路时便有电能输出,这就是 PN 结接触型单晶硅太阳能电池发电的基本原理。若把几十个、数百个太阳能电池单体串联、并联起来,组成太阳能电池组件,在太阳光的照射下,便可获得具有相当可观的输出功率的电能。

太阳能电池单体是光电转换的最小单元,尺寸一般为 4～100 cm^2。太阳能电池单体的工作电压为 0.45～0.5 V,工作电流为 20～25 mA/cm^2,一般不能单独作为电源使用。将太阳能电池单体进行串联、并联并封装后,就成为太阳能电池组件,其功率一般为几瓦至几十瓦、百余瓦,是可以单独作为电源使用的最小单元。太阳能电池组件再经过串联、并联装在支架上,就构成了太阳能电池方阵,可以满足负载所要求的输出功率(见图 8-66)。

目前工程上广泛使用的光电转换器件是晶体硅太阳能电池,生产工艺技术成熟,已进入大规模产业化生产。图 8-67 是太阳能电池的价格的走势。目前,市售的太阳能光电效率为 12%～20%,更高效率的太阳能电池已在实验室研究成功,但成本尚未下降。

太阳能光伏发电系统有独立式系统和联网式系统两种。独立式系统主要由太阳能电池方阵、控制器、蓄电池组、直流/交流逆变器等部分组成。联网式系统主要由太阳能电池方阵、联网逆变

图 8-66　太阳能电池单体及其组件[126]

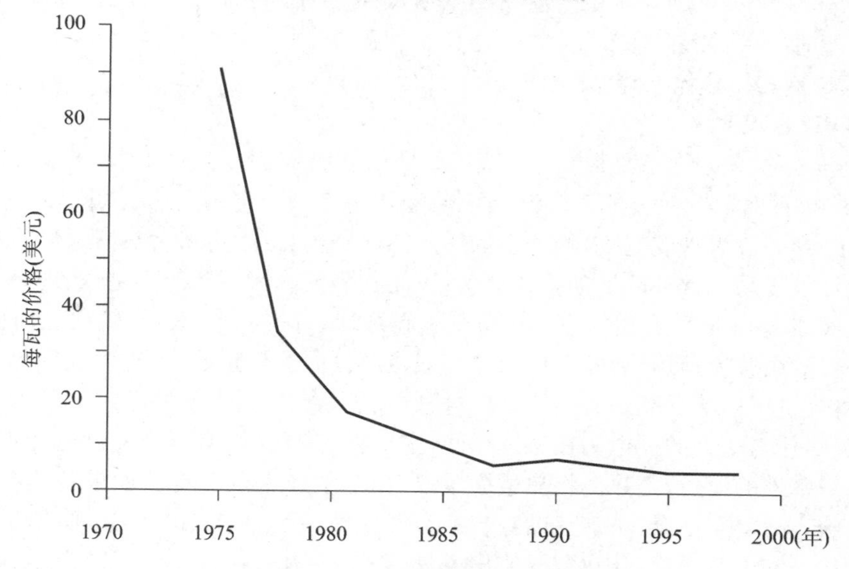

图 8-67　太阳能电池价格的走势[42]

器、控制器等组成。在我国，典型的光伏发电系统有：于 1997 年 3 月完成的辽宁建昌县贫困无电山区独立家用太阳能光伏电源系统示范工程，共计 353 套独立家用太阳能光伏电源系统；于 1995 年 10 月完成的西藏措勤县 20 kW 独立光伏发电站。图 8-68 为美国缅因州的一栋住宅，它的一半屋顶用于加热冷水，另一半屋顶用光伏电池发电并与电网连接，白天生产的电能卖给电力公司，夜间再从电力公司买进所需的电能。该住宅保温隔热性能良好，采用被动式太阳能采暖。

图 8-68　太阳能光伏发电与建筑一体化[42]

8.7.3 主动式太阳能供暖系统

主动式太阳能供暖系统是指需要机械动力驱动才能达到供暖目的的系统(见图 8-69)。系统主要由集热器、蓄热体、散热设备、管道、动力设备组成。集热器一般采用温度低的平板式太阳能集热器,其朝向与倾角和热水系统一节所述相同。蓄热体既可是某种装置,也可是某种构造。蓄热材料通常有水、岩石、混凝土、土壤和相变材料($Na_2SO_4 \cdot 10H_2O$)等。当热媒为液体水或防冻液时,动力设备是水泵,常在集热器和蓄热体之间采用液-液式换热器,蓄热水箱 1 m^2 的集热面积对应50~100 L 容积的水。

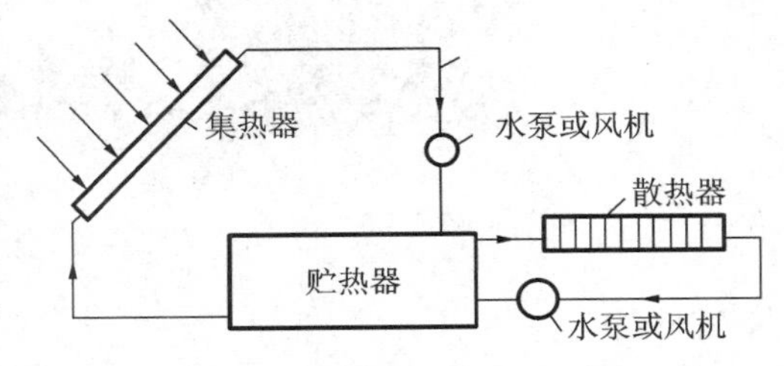

图 8-69 主动式太阳能供暖系统组成

当热媒是空气时,动力设备是风机或风扇,如果用卵石作为蓄热体,则 1 m^2 集热器面积对应 0.15~0.35 m^2 卵石面积。在这种系统中,集热部分与蓄热部分相互分开,太阳能在集热器中转化为热能,随着介质(一般为水或空气)的流动从集热器送到蓄热器,再从蓄热器通过管道与散热设备送到室内。这种供暖系统常补以辅助采暖设备,以便在阴天或太阳辐射不足时,进行辅助采暖。

图 8-70 是日本寒冷地区典型的主动式空气供暖系统。在冬季白天,空气从北向窗进入阁楼且被未加玻璃盖板的金属屋顶预热,然后进入玻璃盖板部分充分加热,再由空气处理单元中的风扇驱动到地板下,将热量传递给混凝土蓄热体。在这种情况下,空气处理器装置左侧开关封住与房间的通道,右侧开关封住与室外的通道。在冬季夜间,空气处理器装置左侧开关封住与屋顶的通道,右侧开关仍封住与室外的通道,蓄热体将热量缓缓放出,空气在室内循环。如果蓄热能力不足,可增加辅助采暖设施。在夏季白天,被加热的空气在空气处理装置中加热冷水,就形成热水系统,同时,右边的开关封住与室内的通道,让热空气排出室外,带走屋顶的热量。在夏季夜晚,屋顶因长波辐射而降温,此时的屋顶可以用来冷却空气。被冷却的空气在风扇的作用下,将冷量蓄存在地板中,以供白天使用。

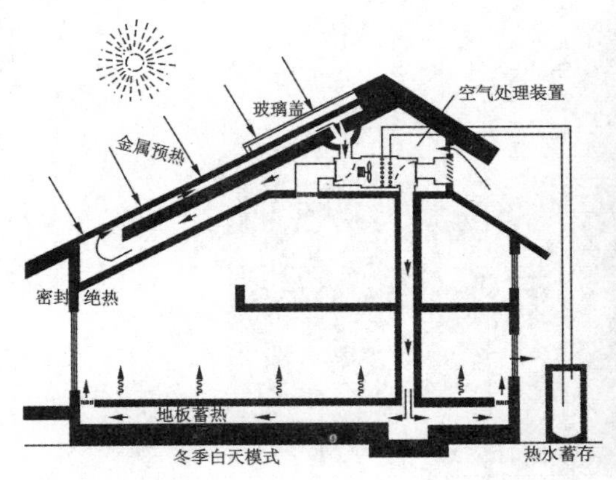

图 8-70 日本典型的主动式太阳能供暖房[127]

8.7.4　主动式太阳能制冷系统

主动式太阳能制冷系统主要有吸收式制冷系统、吸附式制冷系统、除湿式制冷系统、蒸汽压缩式制冷系统和蒸汽喷射式制冷系统。

(1)太阳能吸收式制冷系统，是由发生器、冷凝器、节流阀、蒸发器、吸收器和其他附属设施组成(见图 8-71)，是利用两种物质所组成的二元溶液作为工质来运行的。这两种物质在同压强下有不同的沸点，其中高沸点的组分称为吸收剂，低沸点的组分称为制冷剂。常用的吸收剂-制冷剂组合有：溴化锂-水，适用于大、中型中央空调；水-氨，适用于小型家用空调。

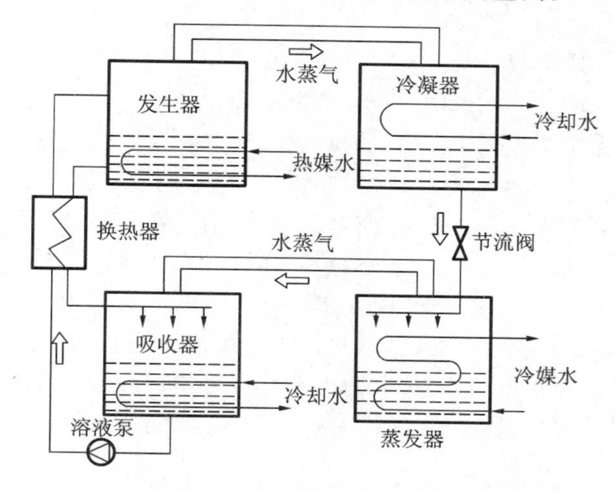

图 8-71　太阳能吸收式制冷系统

以溴化锂吸收式制冷为例可说明吸收式制冷的工作原理。溴化锂是一种稳定的物质，在大气中不变质、不挥发、不分解，极易溶解于水，常温下是无色粒状晶体，无毒、无臭、有咸苦味，沸点为 1265 ℃，极难挥发，所以可认为溴化锂饱和溶液液面上的蒸汽为纯水蒸气。在相同温度下，溴化锂溶液液面上的水蒸气饱和分压力小于纯液态水面的水蒸气饱和分压力，浓度越高，液面上水蒸气饱和分压力越低，吸收水蒸气的能力越强。系统运行时，发生器中溴化锂溶液受到被吸收太阳能的热媒加热，溶液中的水不断蒸发进入冷凝器；而随着水的不断汽化，发生器内的溶液浓度不断升高，一部分被控制进入吸收器。水蒸气在冷凝器中被冷却水冷却后凝结成液态水，然后通过节流阀降压进入蒸发器，在蒸发器中急速膨胀而汽化，并在汽化过程中吸收大量冷媒水的热量，从而达到降温制冷的目的。蒸发器中汽化后的水蒸气被吸收器中溴化锂溶液吸收，于是，吸收器中的溶液逐渐变稀，一部分溶液由泵送回发生器，完成整个循环。蒸发器中的冷媒水可以作为冷源被输送到任何地方。

(2)太阳能吸附式制冷系统，由太阳能吸附集热器、冷凝器、蒸发贮液器、风机盘管部分组成(见图 8-72)。与吸收式制冷系统工作原理类似，需要吸附剂-制冷剂工质对。用于太阳能吸附式制冷的工质对主要有沸石-水、活性炭-甲醇等。这些物质均无毒、无害，也不会破坏大气臭氧层。系统的运行原理叙述如下：白天太阳辐照充足时，太阳能吸附集热器吸收太阳辐射能后，吸附床温度升高，使制冷剂从吸附剂中脱附，太阳能吸附集热器内压力升高。脱附出来的制冷剂进入冷凝器，经冷却介质(水或空气)冷却后凝结为液态，进入蒸发贮液器。

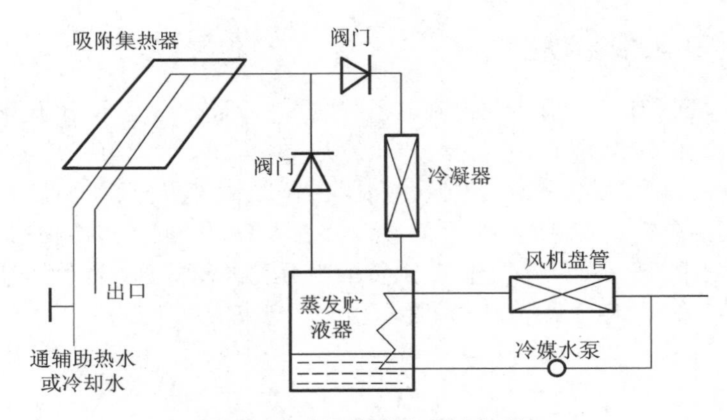

图 8-72 太阳能吸附式制冷系统

夜间或太阳辐照不足时,环境温度降低,太阳能吸附集热器通过自然冷却后,吸附床温度下降,吸附剂开始吸附制冷剂,产生制冷效果。产生的冷量一部分通过冷媒水从风机盘管(或空调箱)输出,另一部分贮存在蒸发贮液器中,可在需要时根据实际情况调节制冷量。

(3)太阳能除湿式制冷系统,主要由太阳集热器、除湿器、换热器、冷却器、再生器等几部分组成(见图 8-73)。它是利用除湿剂先对空气进行除湿,使其达到一定的干燥程度,然后再对其降温或加湿降温,达到要求后直接将冷却的空气送入室内。除湿剂有固态除湿剂(如硅胶)和液态除湿剂(如氯化钙、氯化锂)两类。对于固态除湿剂,除湿器可以采用蜂窝转轮形式,对于液态除湿剂,可采用填料塔形式。下面以转轮除湿器和固态除湿剂为例加以介绍。

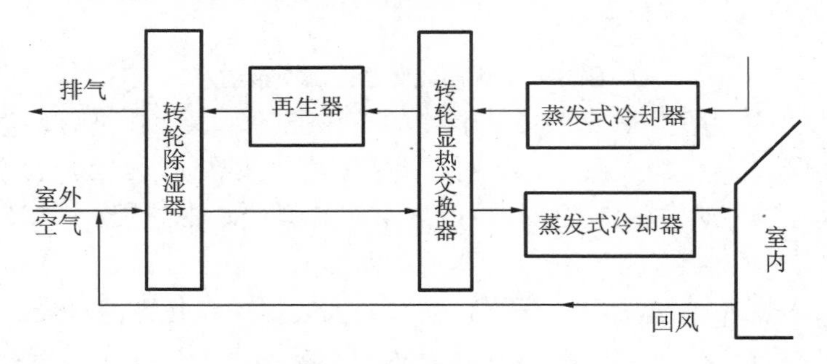

图 8-73 太阳能除湿制冷系统

蜂窝转轮除湿器,通常由波纹板卷绕而成的轴向通道网组成。呈细微颗粒状的除湿剂均匀地涂布在波纹板面上,庞大的内表面积使除湿剂能与空气充分接触。转轮的迎风面分为再生解湿部分和吸湿处理部分,它们分别与再生空气和处理空气相接触,两部分之间被密封隔离。

该系统运行时,被处理的湿空气进入转轮除湿器的吸湿处理部分,被除湿剂绝热干燥,此时由于空气中水蒸气被吸收,潜热转化为显热,因而此部分出口空气成为温度高于入口的干燥热空气。干燥热空气经过换热器被冷却降温,再经过冷却器进一步冷却到要求的状态,然后送入室内,达到降温制冷的目的。室外空气经冷却或蒸发降温后进入换热器冷却被处理的空气,同时自身又达到预热目的,然后进入再生器被太阳能加热到需要的再生温度,再进入转轮除湿器的再生解湿部分,使除湿剂解湿再生。转轮以大约每小时 8 转的速度缓慢旋转,迎风面再生解湿部分转化为吸湿处理部分,而吸湿处理部分也转化为再生解湿部分,从而使除湿过程和再生过程周而复始地进行。

(4)太阳能蒸汽压缩式制冷系统，主要由太阳能集热器、蒸汽轮机和蒸汽压缩式制冷机三大部分组成，如图 8-74 所示。系统运行时，水或其他工质在集热器中被太阳能加热至高温状态，先后通过汽液分离器、锅炉、预热器放热后回到集热器，形成热源工质循环。低沸点工质由汽液分离器出来时，压力和温度升高，成为高压蒸汽，推动蒸汽轮机旋转而对外做功，然后进入热交换器被冷却，再通过冷凝器而被冷凝成液体。该液态的低沸点工质又先后通过预热器、锅炉、汽液分离器，再次被加热成高压蒸汽，形成热机工质循环。

蒸汽轮机的旋转带动了制冷压缩机的旋转，制冷工质经过压缩、冷凝、节流、汽化等过程，形成制冷循环。三个循环过程共同实现了制冷的目的。

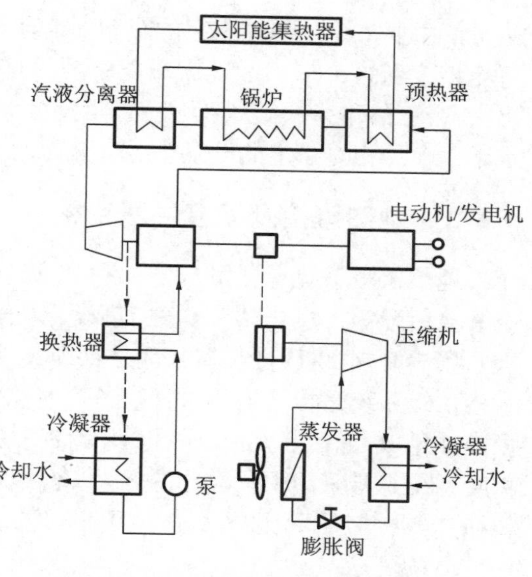

图 8-74　太阳能蒸汽压缩式制冷系统

(5)太阳能蒸汽喷射式制冷系统，主要由太阳能集热器和蒸汽喷射式制冷机两大部分组成，如图 8-75 所示。它们分别依照太阳能集热器循环和蒸汽喷射式制冷机循环的规律运行。

在太阳能集热器循环中，水或其他工质被太阳能集热器和锅炉先后加热，温度升高，再去加热低沸点工质至高压状态，然后又回到太阳能集热器再被加热。在蒸汽喷射式制冷机循环中，低沸点工质的高压蒸汽通过蒸汽喷射器的喷嘴，因流出速度高，就抽吸蒸发器内生成的低压蒸汽，进入混合室。此混合蒸汽流经扩压室后，速度降低，压力增加，然后进入冷凝器被冷凝成液体。该液态的低沸点工质在蒸发器内蒸发，吸收冷媒水的热量，从而达到制冷的目的。如此周而复始，太阳能集热器便成为蒸汽喷射式制冷机循环的热源。

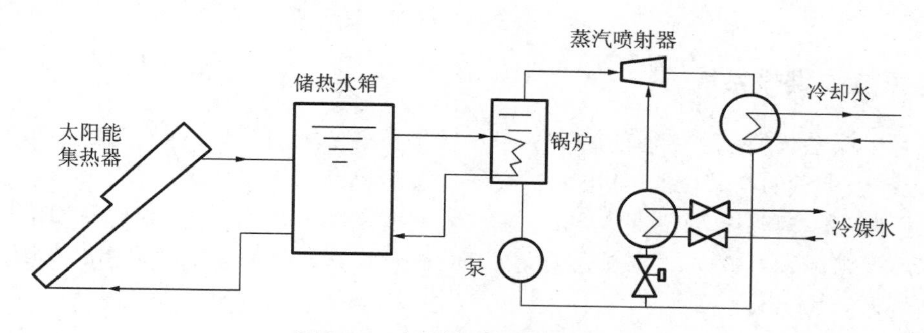

图 8-75　太阳能喷射式制冷系统

8.8　地热能利用系统

地球由外向内可分为地壳、地幔和地核。在地壳层中从外到内又分为变温层、恒温层和增温层。变温层由于受太阳辐射的影响，其温度有着昼夜、年份周期性变化，深度一般在 20 m 范围内。恒温层温度几乎不变化，深度一般为 20～30 m。增温层在恒温层以下，温度随深度增加而升高，其热量的主要来源是地球内部的热能。地球表面年平均温度通常保持在15 ℃左右,这是因为在地球每年接收到的2.6×10^{24} J太阳能中,大约有50%被地球吸收。这其中有一半能量以长波形式辐射出去,余下的作为水循环、空气循环、植物生长的动力。通常把地下400 m范围内土壤层中或地下水中蓄存的相对稳定的低温热能定义为地表热能。

8.8.1 地热直接及间接供暖系统

地热供暖系统是利用50～90 ℃的低温地热资源的采暖系统,主要由地热井(包括生产井、井泵和井口装置等)、换热站、调峰加热设施(锅炉、电热或热泵)、输送分配管网(包括循环泵、输送管线)、用户终端(供暖散热器)、地热水排放或回灌等部分组成,分为直接供暖和间接供暖系统。地热直接供暖系统是指将地热水直接送入用户终端散热器进行供暖,降温后的地热水再进行综合利用、回灌或排放,如图8-76(a)所示,具有设备简单、投资较少及地热水热量利用充分等优点。地热间接供暖系统是指采用中间换热的方式,地热水为一次水,供暖循环水为二次水,两路水通过中间换热器换热,供暖循环水将热量送往用户,地热水经换热降温后,再进行综合利用、回灌或排放,如图8-76(b)所示。

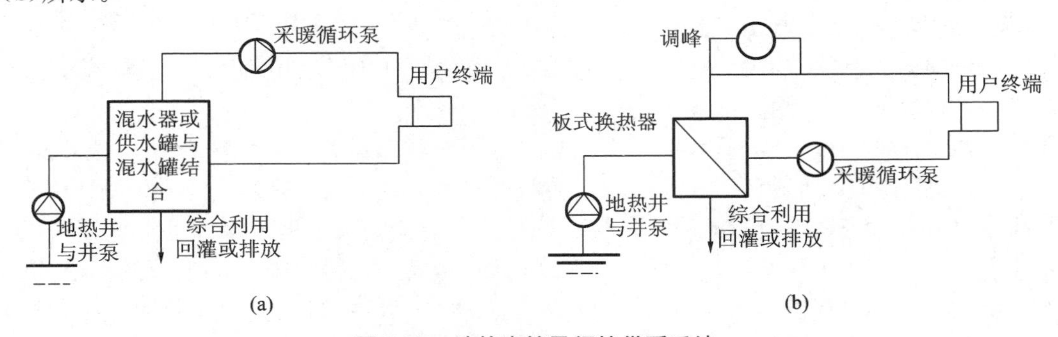

图8-76 地热直接及间接供暖系统

(a)直接供暖;(b)间接供暖

8.8.2 地源热泵供热系统

地源热泵供热系统类似于普通的制冷空调和热泵装置系统,它是利用地表恒温层中土壤低品位热能,通过输入少量的高品位能(如电能),实现低温热源向高温热源的转移。地表土壤浅层(包括地下水)分别在冬季和夏季作为低温和高温冷源,使能量在一定程度上得到了循环利用,符合节能建筑的基本要求和发展方向,是最有希望在住宅、商业和其他公用建筑供热制冷空调领域发挥重要作用的新技术。

在冬季,地源热泵供热系统通过埋在地下或沉浸在池塘、湖泊中的封闭管路,或者直接利用地下水,从大地中收集热量,由装在室内机房或室内各房间区域中的水源热泵装置通过电驱动的压缩机和热交换器,把大地的能量集中并以较高的温度释放到室内,如图8-77所示。在夏季,地表层为冷源,地源热泵供热系统将室内多余的热量不断地排出而为大地所吸收,使建筑物内保持适当的温度、湿度。其过程类似于电冰箱,不断地从冰箱内部抽出热量并将它排出冰箱外,使冰箱内保持低温。因此,不管是冬季还是夏季,地源热泵供热系统都可以产生生活热水,满足用户常年的需要。

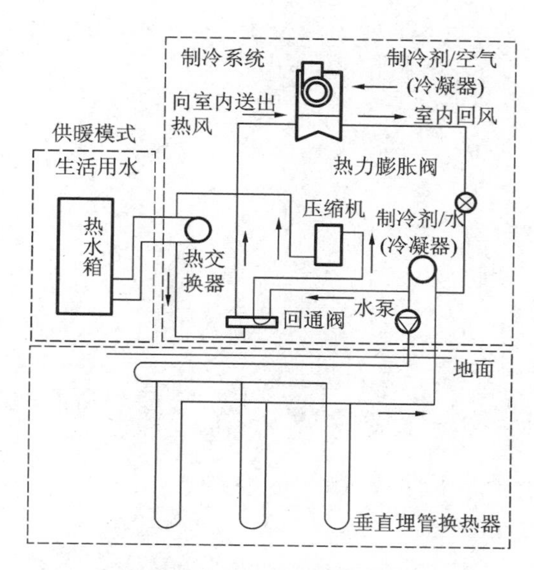

图 8-77　地源热泵供热系统

8.8.3　地道风空气调节系统

众所周知，地层温度在夏天较外界空气温度低，而在冬季较外界空气温度高。如果在地层中存在具有上下通风口高差的通道，那么，在“热虹吸”作用下，夏天热空气就会自动地从上部通风口进入，受大地冷却后，从下部通风口流出，因此，可以直接或间接地利用冷空气创造凉爽的环境；冬季冷空气又会自动地从下部通风口进入，受大地加热后，从上部通风口流出，因此，可以直接或间接地利用热空气采暖。图 8-78 是帕拉第奥在意大利维琴察设计的别墅，其中充分地利用了地道风的空气调节技术。

图 8-78　意大利维琴察别墅中的地道风空气调节[18]

上述自然空调系统依靠热压作用自然运行，它要求有足够的通道长度和进出口高差，空气才能被充分加热或冷却。如果条件不能满足，则可以用机械通风系统。

图 8-79 是日本九州大学研发的一种双层空气层住宅。在夏季，室外热空气由风机抽入地下，被大地冷却后进入地下层热交换器，冷却室内循环空气。同时，利用太阳能在南墙产生烟囱效应，将热量从屋顶抽出，而双层空气间层起到隔热作用。在冬季，太阳能加热空气，该空气被引入到地下热交换器，加热室内循环空气；也可以让空气先被地层加热，再被太阳能加热，最后用于加热室内

循环空气。双层空气间层起到了保温作用。研究表明,该系统在夏季可节能 35%,而在冬季可节能 37%左右。

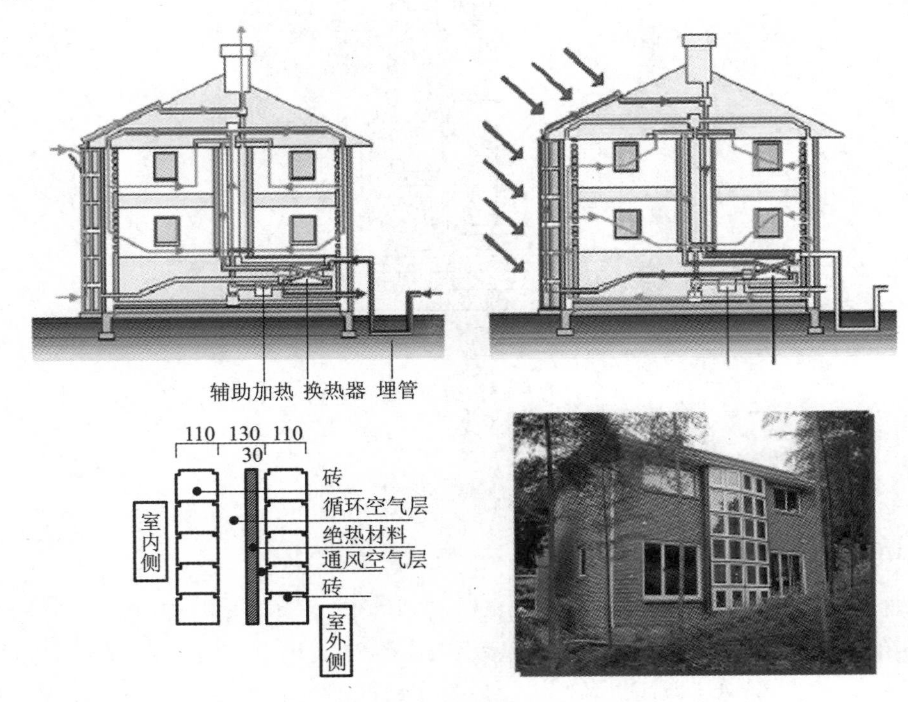

图 8-79 日本九州地区双层空气层住宅

8.9 其他可再生能源利用技术

8.9.1 风力发电技术

风能是太阳辐射造成地球各部分受热不均匀,引起各地温差和气压不同,导致空气运动而产生的能量。利用风力机可将风能转换成机械能、电能和热能等。传统的风能利用主要是用于研磨谷物、抽取井水、风力致热以及风帆助航等。关于在建筑设计中利用热压和风压进行自然通风的原理和技术,请参阅第 5 章相关内容和附录 I。这里简单地介绍有关风力发电系统的基本知识。

风力发电的原理,是利用风的能量驱动风轮机的叶片转动,从而带动发电机的转子转动切割磁力线而发电的。在电价较高或是偏僻缺电地区,如果风力资源充足,风能是最好的发电能源。它占地面积小,清洁无污染,取之不尽,用之不竭。一般来讲,风力条件较好的地区,多位于山脉顶部、山麓和海岸线一带(见图 8-80)。为了获得良好的经济效益,风速至少应大于 4 m/s。风能发电输出的功率,近似与风速 V 的立方成正比,与叶片直径 D 的平方成正比,即 $P \approx V^3 \times D^2$。因此,风力发电一般建在多风或高地上较好,也可以建在高的屋顶上。风力发电的最大弱点是其不稳定性,但如果与电网并联或用蓄电池,可以解决这一问题。风力发电系统如果与太阳能光伏发电系统混合使用,则它们之间可以互补,这是因为在大多数情况下,冬季阳光较弱且风力较大,而在夏季风力较弱,太阳辐射较大。

图 8-80　我国西藏某地的风力发电站[128]

8.9.2　生物质能利用技术

生物质能是蕴藏在生物质中的能量，是绿色植物通过叶绿素将太阳能转化为化学能而贮存在生物质内部的能量。有机物中除矿物燃料以外，所有来源于动植物的能源物质均属于生物质能，通常包括木材、森林废弃物、农业废弃物、水生植物、油料植物、城市和工业有机废弃物、动物粪便等。生物质能的利用主要有直接燃烧、热化学转换和生物化学转换 3 种途径。生物质能的直接燃烧在我国农村广为使用，因此，改造热效率仅为 10％左右的传统烧柴灶，推广技术简单、效益明显、热效率可达 20％～30％的节材灶，对于我国农村能源建设有重要意义。

生物质能的热化学转换是指在一定温度和条件下，使生物质气化、炭化、热解和催化液化，以生产气、液态燃料和化学物质的技术。生物质能的生物化学转换包括生物质的沼气转换和生物质的乙醇转换等。沼气转换是有机物质在厌氧环境中，通过微生物发酵产生一种以甲烷为主要成分的可燃性混合气体，即沼气（见图 8-81）。乙醇转换是利用糖质、淀粉和纤维素等原料经发酵制成乙醇。

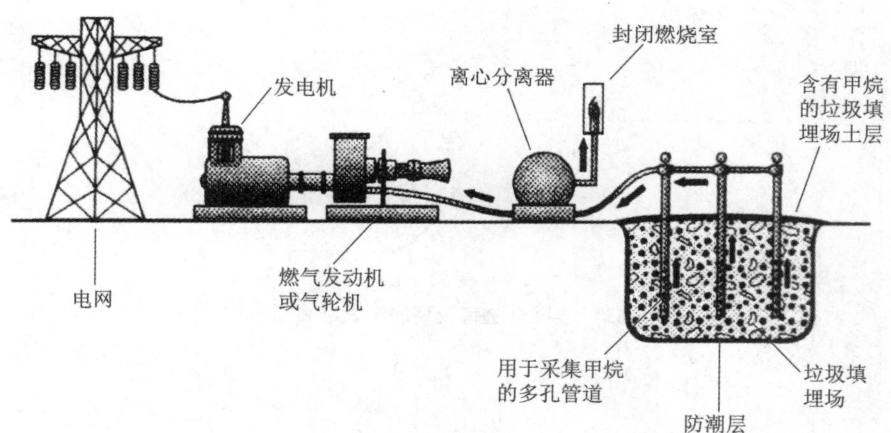

图 8-81　垃圾填埋场产生的甲烷可以用来发电[42]

8.9.3 氢与燃料电池技术

氢是一种理想的无污染燃料，当它燃烧时，只生成水，不会加剧全球变暖和破坏臭氧层。虽然氢并不是一种能源，但它在节约能源、保护生态及环境方面有重要的作用。氢在地球上是很充足的，但所有的氢都存藏在各种各样的化合物中，如水(H_2O)。为了制造游离的氢，必须消耗能量打断氢与其他元素的化学连接。虽然已有数种方法可以制造氢，但如果这些方法需要使用不可再生的能源，那么氢的制造本身就已经是不可持续的了。如果制造氢使用的是可再生的能源，如生物体、太阳能或风能等，那我们就真正拥有了一种完全清洁的、可持续性的能源。太阳能、风能都是间断性的可再生能源，它们的最大弱点是不便储存，而氢在这方面则是很好的补充。当有多余的电力时，我们可以利用它来电解水，从水中制造氢，以后氢可以在燃料室中无污染地制造电力。氢还可作为锅炉燃料和汽车的发动机燃烧剂。如何高效地和经济地存储氢到目前为止还是一个技术难点。为了存储液态的氢，它必须被冷却到−253 ℃，而高压的储罐重量大且价格不菲。虽然有人提出把氢以氢化物的形式保存，但这种技术还处于研究之中。尽管存储氢存在一定的难度，但氢在成为可再生的燃料方面仍有巨大的潜力。

燃料电池由氢气燃烧驱动，它与空气中的氧化合成水，生成电与热。如果用燃料电池发电的话，则综合热力、电力的效率会更高，利用效率可达90%(见图8-82)。燃料电池安全、清洁、无噪声、低维护，而且很紧凑，因而它没有传输的损耗，所以废热都可以被利用。它不释放任何导致污染和全球变暖的副产品，也不需要任何的输送管道。一座“绿色”大厦的实例是纽约时代广场的4号大楼，它使用位于4层楼的两个燃料电池，发出的电满足了整栋大楼相当大一部分的需求。虽然在生产氢的过程中需要用到天然气，从而也会生成一些二氧化碳，但当用氢来发电时，由于它的高效性，比传统发电方式释放的二氧化碳要少得多。燃料电池在建筑的可持续发展方面的最大潜力是用那些可再生的能源来制造氢，如风能或太阳能。

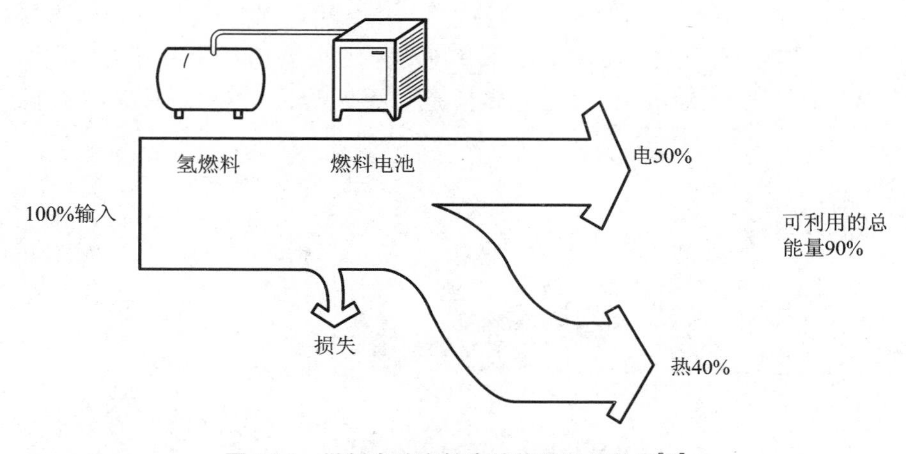

图8-82 燃料电池有较高的能量利用效率[42]

第9章　节地、节水与材料循环利用

随着全球人口和建筑活动量的急剧增加，良田和耕地由于被建筑占用或破坏，其面积正在迅速减少，节约建筑用地对于保护农用耕地和地表植被，维持和恢复生态环境具有重要的意义，尤其对于我们这个人口大国来说，更是如此。目前，水资源污染严重，水质和水量都在不断下降，如何节约用水、有效用水，也是生态建筑关注的重要内容之一。避免使用有毒、有害物质，促进材料循环和再生利用是生态建筑关注的又一重要内容。本章就建筑活动中的节地、节水与材料循环利用作简要介绍。对于具体的建设工程项目，必须结合实际情况，具体情况具体分析，做到因地制宜。

9.1　建筑的节地技术

9.1.1　建筑节地及其意义

土地是人类及其他生物的栖息之地，是人类生产与生活最基本的资源，它提供了人类3/4的食物和全部的木材。地球总表面积为5.1×10^8 km²，海洋占71%，约为3×10^8 km²，陆地占29%，约为1.49×10^8 km²。在陆地面积中，无冰雪覆盖的为1.33×10^8 km²，其中由于条件限制，例如极地、高寒区、干旱区、陡坡地及裸露岩石等，不能利用的面积占70%左右，只有30%为适居地。在适居地中，可耕地占60%～70%，为24亿～28亿公顷，其中已被耕作利用的有一半左右，而另一半由于分布边远，受各种条件的限制，难以耕作。

随着全球人口增长，用于城乡建设的地面不断扩大，耕地面积随之按指数递减，人均耕地面积越来越少。据联合国粮农组织统计，1957年至1977年的20年间，世界耕地面积虽然增加了10%，但同期人口增长了40%。1977年，世界人均耕地面积约为0.35 hm²，到1983年已降到0.15 hm²；20世纪70年代时平均1公顷耕地可养活2.6人，到2000年，1 hm²耕地需负担4个人。

土壤污染、水土流失、土地荒漠化和湿地的减少是全球面临的主要土地资源问题。土壤污染主要包括有机物污染、重金属污染、放射性元素污染和病原微生物污染。据估计，形成1 cm厚的一层土壤，大约要400多年，而每年从全球耕地上流失的土壤达250亿吨，损失土地600万～700万公顷。据报道，美国的水土流失相当严重，每公顷良田每年有7.4 t土壤随水流失，1/2国土受到侵蚀危害，每年损失土壤达39亿吨，土壤流失入海速率比世界平均数高2.3倍。发展中国家水土流失的速度更加惊人。据估计，第三世界国家水土流失的速率约为美国的2倍，例如，印度约有69%的耕地发生过过度侵蚀，每年地表土壤流失量达47亿吨；埃塞俄比亚每年从高原上流失地表土壤10亿吨；秘鲁全国约有50%～60%的地表土壤受到水蚀。全世界有3.5%以上的土地面积正处在沙漠化的直接威胁之下，每年有210万公顷农田由于沙漠化而处于完全无用或近于无用状态，每年损失的农牧业产量价值达260亿美元。受沙漠威胁最严重的是干旱地区，其总面积约为48.8亿公顷，占陆地总面积的1/3左右。发展中国家干旱地区的面积，约占全球干旱地区面积的2/3，仅非洲干旱地区面积就占全洲土地面积的60%。非洲是受撒哈拉沙漠入侵和沙漠威胁最严重的地区，而撒哈拉沙漠以每年 6000 m 的速度延伸。摩洛哥、阿尔及利亚、突尼斯和利比亚四国的牧场，每年退化 150 万亩；尼罗河三角洲每年被沙漠侵吞 1300 hm^2；亚洲的地中海及红海沿岸、伊朗、阿富汗、巴基斯坦、印度西北部、中国西北和北部以及蒙古，沙漠化严重或中等严重的面积占亚洲干旱地区面积的 93%，仅印度干旱地区的面积就占国土面积的 1/5，比法国的面积还大。

我国土壤退化和破坏十分严重。在 960 万平方公里的国土面积中，可耕地面积占世界的 7%，为 168 万～196 万平方公里，人均耕地面积不足 0.10 hm^2，土地资源严重不足。据统计，我国受污染的土地面积达 2000 万公顷，约占耕地总面积的 1/5，每年因土壤污染而直接减产粮食 1000 万吨，被重金属污染的粮食也多达 1200 万吨，两者共计经济损失超过 200 亿元。我国每年表土流失量达 80 亿～120 亿吨，相当于全国的耕地普遍刮去 1.6～2.4 cm 厚的土壤。我国土壤流失量最严重的地区是黄土高原，土壤流失面积达 4300 万公顷，占该区域总面积的 80%以上，使得黄河总水量减少，导致断流现象。长江流域的水土流失面积也达 3600 万公顷，占流域总面积的 20%，造成每立方米江水中含沙量达 1000 kg，已跃居世界大河泥沙含量排名中的第 4 位。我国是世界上沙漠面积较大而分布又广的国家，沙漠、戈壁及沙化土地总面积为 16890 万公顷，占国土面积的17.6%。土壤沙化的速度也很快，近 20 年来，沙化土地平均每年以 2460 km^2 的速度扩展。每年因荒漠化危害造成的经济损失高达 540 亿元，直接受危害影响的人口达 5000 多万，约有 2 亿亩农田遭受风沙侵害，15 亿亩草场严重退化。

建筑的“节地”，不仅仅指节省用地，即提高场地的建筑面积密度，更意味着高效合理地使用土地，因为建筑密度并非越高越好，随着建筑密度增加，建筑的安全、卫生及环境容量将变得越来越差。如果片面强调节约用地而过分提高建筑密度，则难以满足建筑物必要的安全防火距离及日照、通风等卫生要求，从而使建筑环境质量下降。一旦超出该场地所能负载的建设开发容量，还会损害所在区域的公共利益。因而，追求节约用地效果，必须满足城市规划部门的容积率控制指标要求。

节约用地对于保护耕地和植被，维持生态平衡和生物多样性具有重要意义，且对于我们这样的人口大国而言尤其重要，因此建筑活动应尽量不占或少占地表面积。合理有效地利用土地，对于业主和项目建设更具有明显的经济意义。在场地规划设计中，一方面，如果同一建设项目占用土地减少，不仅节省了土地购置、建设开发及使用税费等土地使用的成本，而且因布局紧凑合理、运输线路及工程管线缩短而减少能量消耗、节约运转费用和建设投资；另一方面，若能以相同的用地规模带来更大的建筑规模，则可以大大降低单位建筑面积的土地使用成本，从而产生显著的经济效益，这在地价较高的大、中城市尤为突出。

具有节地意识的建筑设计必须从选址、区域规划之初开始着手。首先，应全面掌握基地的资料，包括地域气候条件、地形地貌等，进而由整体出发进行规划设计。对于既有的不符合节地要求的建筑和场地应控制原来粗放式的使用，进行二次设计和规划。

9.1.2 节地设计的基本原则

(1)充分利用地形，发挥土地效能。

利用坡地、瘠地、劣地进行建设，是节约用地的一项重要措施。在特定的场地上进行场地布局时，应该因地制宜，尽量利用山坡、劣地等地形条件，发挥建设用地的效能，减少占地面积，同时还要避免削平山头、填满沟壑式的大填大挖，尽量减少土石方工程量。这就要求充分合理地利用地形、地势特征。当必须对局部地形进行改造时，要结合场地的具体工程地质条件确定方案。在采用挡土墙、护坡、排水设施时，要考虑工程经济等相关因素。

巧妙利用地形进行建设的措施很多，例如，利用自然地形的高差可使物料自上而下在重力作用下自流运输，这在矿山、冶金、建材等行业中已有广泛应用。利用地形还可将需要高架的设施设于高处，如高地水池、烟囱及无线通信台站等，不仅节约土地，也因构筑物的结构和构造大大简化而节省资金。此外，沿向阳的南坡布置建筑可以缩小日照间距，达到节约用地的效果。

(2)合理紧凑布局建筑物，适度提高建筑密度。

在满足场地使用功能和必要的卫生、安全要求的前提下，适当提高建筑密度，是场地节约用地的一个重要方面。利用建筑间距可以插建日照、通风等要求不高的建筑物，如车库、市政工程设施等，也可以将性质相似或相互干扰不大的建筑空间集中布置在一栋楼内，如住宅与低层公建的组合(见图 9-1(a))，从而达到综合利用空间的目的。当建筑北邻道路、空地或河流时，可适当提高层数，通过借用空间提高建筑面积密度(见图 9-1(b))。对于住宅等日照要求较高的建筑，通过适当增加东西向布局，也可提高建筑密度(见图 9-1(c))。

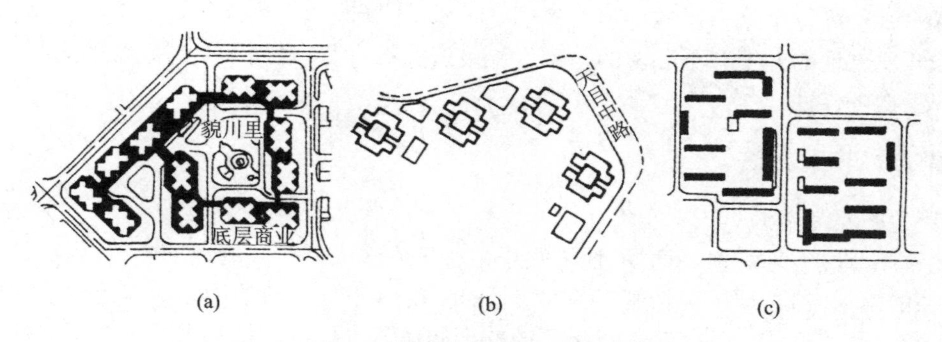

图 9-1　合理布置建筑物节地[43]

(a)住宅与底层商店的结合(天津川府新村貌川里)；

(b)借用道路、空地或河流等空间(上海乌镇路高层住宅群组)；

(c)适当布置东西向(北京垂杨柳小区住宅组)

(3)妥善处理近期建设与远期发展的关系。

许多建设项目，如学校、图书馆、工厂等，都有不断发展的要求。在用地选址及场地设计中科学地预测各种发展的可能性，妥善处理好近期建设、远期发展的关系，预留出适当的可供发展的面积和位置很有必要，并与节约用地有着密切的关系。应当本着远近结合、以近为主，近期集中、远期外围，自内向外、由近及远，节约用地、节省投资、加速建设，符合安全卫生要求、不过早征地等原则，从而达到近期紧凑布局、远期合理发展的目的。

为了节约用地，近期宜将性质相近的建筑组成综合建筑，在场地周围考虑至少一个方向预留发展用地，待扩建时迁出原建筑中的部分内容另外新建。其中的部分近期建筑，也可适当考虑在其一侧预留出扩建和发展用地，以便远期改造与扩建，这种方式发展灵活，适于局部扩建，并可保持场地布局的完整性。

(4)控制单体建筑的体形和容积率。

控制单体建筑的体形不仅有利于节能，也有利于节地。单体建筑的经济性直接影响用地的经济性，其层数越多、层高越低或平面尺寸越大则用地越经济。这一情况在居住建筑中表现尤为明显，例如，住宅层数在 3～5 层时，每提高一层，可相应增加建设面积 1000 m^2/hm^2 左右，而 16 层的住宅将比 6 层住宅节约用地 20%左右。由于层高的下降降低了住宅高度,也就缩小了日照间距并达到节约用地的目的,据计算,层高每降低 10 cm,可节约用地 2%。增大住宅的平面尺寸也是节约用地的重要途径,住宅长度在 30～60 m 时每增加 10 m,可增加建筑面积 700～1000 m^2/hm^2;住宅进深在 11 m 以下时每增加 1 m,可增加建筑面积 1000 m^2/hm^2 左右,可见,加大进深的节约用地效果更为显著。

(5)开发复合功能建筑。

人类生活水平的提高使建筑及用房功能细化,名目众多,但有些建筑的使用率并不高,出现季节性使用的建筑,其闲置率高,又往往是大型的、城市重点的项目,耗资大且维护贵。如果能将多种功能进行整合,使建筑适用于多种功能的变化,这样,不仅节省建造新建筑所花费的投资,也能避免大量用地。

(6)旧区或旧建筑用地利用优先。

原有人工开发的建筑用地或现在已不适合使用的旧区,例如,旧败且无历史价值的村落,从节约用地、保护环境、维持生物多样性等角度考虑,应该成为新建建筑用地的首要选择。这样,不仅可以避免对未开发土地的开发和不必要的基础设施投资建设,而且对周围生态系统的运行干扰最小,有利于保护生物多样性。

9.1.3 建筑的节地方法

(1)利用地下空间节地。

多层地铁站、地下车库、地下商场、地下娱乐中心等许多人们熟知的地下建筑,为百姓生活提供了便利、新颖的生活方式,地下高精密实验室、地下电站、地下导弹科研中心等又为地下建筑增添了几分神秘色彩。其实,远古人的穴居、黄土高原的窑洞民居等传统实例都提示了地下居住的原始生态性,现代人重新开拓地下空间,利用新的技术手段营造更为舒适、多样的地下生存空间。地下空间有下列几项优势:其一,节约用地,降低地面建筑的高度、密度,腾出空地来缓解绿地植被的缺失;其二,土壤热稳定性良好且地下建筑相对封闭,便于建筑的隔热保温,节约了一定的制冷和采暖能耗;其三,腾出了地面空地用于绿化,有利于改善城市景观和生活质量;其四,地下建筑的使用缓解了地面人流过于集中的问题,基本上消除了交通工具使用对城市空气的污染;最后,地下空间能防御不良气候对使用的干扰,具有较好的抗御地震、台风、核辐射等危害的作用。目前,地下空间主要有如下利用形式[129]。

①地下交通空间。地铁站、地下快速通道、地下高速公路等是城市地下空间利用最为日常化和起最大作用的地下设施。它完全避开与地面上各种类型交通的干扰和地形的起伏,可以最大限度地提高车速,分担地面交通量;不受城市街道布局的影响,在起点与终点之间有可能选择最短距离,从而提高运输效率;基本上消除了城市交通对大气的污染和噪声污染;节省城市交通用地;能实现交通的层次化和合理分流;能维护城市的风貌,使其不致被高低错落的车道所干扰。

②地下停车库。地下停车库容量大,基本上不占城市表面土地;位置比较灵活,容易满足停车需求量大的要求;使车身在停用时,免受风雨、太阳辐射的侵袭。在寒冷地区,由于地下温度较室外气温高,便于车辆启动,节省能源。我国的机动车持有量持续增长,因此,停车难的问题不断尖锐化。在国外,解决城市停车的问题大致历经了如下几个阶段:路边停车—露天停车场—大量多层停车库—机械式多层停车库—地下停车库,该进程中不断压缩车库的占地面积,现在地下停车已成为

城市的主要停车方式。

③地下商业空间。地下商业空间常与地下步行街、车站地下空间相结合，以中、小型商业为主。它同地下交通及停车联系便捷，不受天气影响，亲切方便、交易兴旺，成为新兴商业空间。在大量机动车辆还没条件转移到城市地下空间中去行驶以前，解决地面上人、车混行问题的较好方法就是人走地下、车走地上。虽然对步行者来说，出入地下步行街需上、下台阶，但可减少恶劣气候对步行街的干扰。地下步行街的类型有两种：一种是供行人穿越街道的地下过街通道，其功能单一，长度较短；另一种是连接地下空间中各种设施的步行通道。例如，地铁站之间、大型公共建筑地下室之间的连接通道，规模较大时，可以在城市的一定范围内（多在市中心）形成一个完整的地下步行道路系统。地下步行街的建设对于地下商业的繁荣起着很好的促进作用，两者相辅相成，共同发展。

④地下居住建筑。冬暖夏凉是地下住居的魅力所在。以前地下居住建筑存在环境不良的缺点，例如，潮湿，采光、通风差等问题。随着现代建筑技术的发展，改善地下建筑室内环境成为可能，这使地下建筑有了无限的生机。传统窑洞是地下住宅的典型例子，它用料省、建造简便，历史长，沿用至今，分为靠崖窑、下沉式窑洞、独立窑等，其中以靠崖窑和下沉式窑洞更为凸显地下建筑的优势。西安建筑科技大学在延安枣园村开发的新型窑洞住居，结合现代技术理念，使窑洞的精华得以延续[28]。

在国外，地下住宅在绿色生态村中屡见不鲜，尤其对于寒冷地区，良好的保温性能使地下建筑室内温度变化不大，能耗很低。在英格兰中部霍克顿兴建的生态村宅，针对冬季寒冷气候将建筑基本上修在地下，房屋的热源来自于南向玻璃的“阳光间”，屋顶覆土种草，建筑整体保温性能良好，因而不用供暖设备，节约了大量采暖能耗。

（2）利用高层建筑节地。

为了有效利用地表土地，建筑除了向地下发展外，还可向空中和水上发展。高层建筑是基于构建技术的进步而出现的向空中发展的建筑。与地下建筑相比，高层建筑的采光、通风、日照和空气质量较好，但也有其自身不可避免的问题，例如，在结构防灾、抗震、防风、热稳定性等方面不及地下建筑。通常，低层、多层、高层建筑互相搭配，可增加城市的层次感，丰富城市建筑形态，优化城市轮廓线。但是，高层建筑层数的一味增加，超过了合适的范围（一般30层之内），使用者感受欠佳，城市环境的不协调性等负面效应就会突显。高层建筑的滥建势必加剧城市混凝土丛林的不良效果，影响区域通风，故此，应在合理范围内适当增加高层建筑的比例[130]。发展高层建筑有以下几方面的优势。

①高层建筑节约并多方面用地。高层建筑之所以能有效节地，是因为它与低层和多层建筑相比，有效增加了建筑的容积率，从而降低了建筑密度，很大程度上节约了建筑用地。另外，高层建筑结合基础开挖往往配有地下室，解决了设备用房及停车问题，避免另行占地，这一点往往是多层建筑不易满足的。高层建筑与多层建筑相比，避免了垂直交通（例如楼梯、电梯）系统面积的重复、多次损耗，从而提高了用地效率。

②高层建筑的立体绿化增加城市绿化面积。城市格局因为建筑和各项设施的集中而相对拥挤，往往很难有足够的绿化，多是街头巷尾的零星绿地或面积不大的集中绿地，在进行生态改造和可持续发展的调控中，一方面要努力使这些城市绿地生机盎然，高效发挥作用；另一方面，要尝试开发多种绿化途径，高层建筑的立体绿化就是有效方法之一。空中庭院就是在高层建筑中将传统意义的庭院提升，离地种植于楼板之上，变换庭院开口方向，由垂直开口变为侧向开口，作用也是改善

周围小气候，增添景观效果。传统庭院根据民居的序列而呈水平铺展，现代高层建筑的空中庭院呈现垂直分布，往往与建筑造型的减法法则结合形成更为丰富多变的形态。杨经文在梅纳瑞·马斯尼亚戈大厦设计中，采用了随高度螺旋而上的半室内绿庭，这样的庭院在高层住宅中成为邻里交往的宝贵用地、小品绿地，增加了人情味、安全感和归属感。

③高层建筑的裙房回归城市用地。结构技术的发展，高层的裙房和上部的塔楼结构柱的设置变得灵活，塔楼的柱子可以设于混凝土结构层之上而无须落地，为裙房提供简洁、开敞的少柱空间，这样的空间便于高层建筑下部与其他功能造型相结合，尤其是归还城市作为公共场所。例如日本的东京市政厅，建筑裙房开放为市政广场(见图 9-2)。更便于操作的方式是将裙房底层架空，作为城市绿地的延伸，视野通透，改善通风，是不占地的设计手法。

图 9-2　东京市政厅建筑裙房开放为市政广场

建筑外表面积的增加对建筑节能和节材不利，热交换容易引起室内温度的波动。高层建筑由于结构的原因，其塔楼平面通常接近圆形，因此，在围合相同地板面积的情况下，外墙周长最小，有利于节省材料和能源。

④高层建筑的体型系数小，利于节能、节材。高层建筑与多层建筑相比，在同样的建筑面积下屋顶表面暴露面积较少，避免了自屋顶引起的室内温度变化，利于减少能耗。在炎热的夏天，自屋顶传入室内的热量能使室内温度升高，增加空调制冷能耗，而冬季则会增加采暖能耗。

9.2　水资源有效利用技术

9.2.1　水资源概况

水是生命的源泉，是保障人类生存和社会经济持续发展的重要基础。人和所有活的有机体绝大部分是由水组成的，没有水就没有生命。据预测，全球水量约为 13.86 亿立方米，海水占97.2%，淡水仅占 2.53%。淡水资源的 68.7%和 30.1%分别贮藏在冰川和地下，主要分布在南北两极区，被冰川和冰封覆盖着，其中大部分是固体冰川，这些冰川在目前的技术水平下难以被利用。实际上，人类利用的淡水资源只是降水形成的地面水与地下水，全球陆地面积的平均年降水量为800 mm，降水总量为 119000 立方公里。因此，真正可供人类利用的淡水资源，仅占淡水总量的约

1%，其中可利用的地表水占0.35%，主要蕴藏在湖泊、沼泽和河流中，河水贮藏不足0.01%，而人类可随手使用的淡水只有约0.007%。这部分淡水是通过降水更新的，从而可以在可持续的基础上加以利用。就是在人类能够得到的这点宝贵的淡水中，又有65%～70%因蒸发、流失及其他的浪费而损失掉。

人类用水主要有生活用水、农业用水、工业用水与内河航运用水。由于降水时空分布不均，世界上有60%以上的地区缺水。据统计，目前有80个国家约15亿人面临淡水不足，其中26个国家约3亿人完全生活在缺水状态中，20亿人的饮用水没有保证。随着人口的增长和社会经济的发展，工业用水量、农业用水量及生活用水量正日益增加，淡水紧缺已成为当前世界性的生态环境问题之一，并将构成经济发展和粮食生产的制约因素，成为国家与地区之间纷争的根源。虽然从世界人均淡水占有量来看，仍可算丰富，但由于气候的自然变迁和难以预测的天气变化，使每年的径流量有将近2/3以洪水形式迅速流失，只有1/3较稳定，成为长年饮用和灌溉用水的可靠来源。人均3000 m^3 的可供水量是目前可再生淡水的极限值。联合国1997年提供的有关报告指出：淡水消耗量占可用淡水20%～40%的为中高度缺水国家，超过40%的为高度缺水国。环境科学界认为，当人均水资源(径流量)为1700 m^3 时，构成“水压力”；人均为1000 m^3 时，形成“水短缺”；人均为500 m^3时，构成“水危机”。

我国是世界上12个贫水国之一，人均占有量仅为220 m^3，只相当于世界人均占有量的1/4，排世界第110位。另外，我国水资源时空分布极不均匀，南多北少，东部潮湿，西部干旱，夏秋多，冬春少，这也加剧了我国水资源的供需矛盾。同时，水源开发利用的难度加大，使得许多城市和地区严重缺水，华北、西北地区和部分沿海城市尤为突出。

按照国际标准，人均水资源2000 m^3，就处于严重缺水边缘，人均水资源1000 m^3为人类生存的起码要求。而我国目前有16个省(区、市)人均水资源量低于严重缺水线。宁夏、河北等六个省区低于500 m^3，北京、天津所在的海河、滦河流域，仅为357 m^3，与以色列、沙特这样的沙漠国家相近。

我国城市缺水现象更为严重，全国670个大、中城市中，缺水的有400多个，其中，严重缺水的有130多个，日缺水量1600万立方米，年缺水量达60亿立方米。每年因缺水影响工业产值2300亿元，农业方面也有上亿亩农田遭受干旱，数万头牲畜吃水困难。曾有1000多眼泉水的北京，部分河道断流，泉水基本枯竭，目前靠水库多年的“积蓄”维持供水；因泉水丰富而有“泉城”之称的济南，昔日清泉喷涌的情景已不复再现，有关部门报告，由于地下水位严重下降，使得地下水开采难度加大，加之供应城市用水的两座水库容量在急剧减少，济南市的供水已处于危机状态。

由于水资源的有限和短缺，水资源危机不仅是地区的问题，而且是一个国际性问题。近年来，一些水资源丰富的地区和城市形成了所谓的污染型缺水，河道中的水由于被污染，出现了有水不能用的局面，水污染问题已加剧了水资源危机。要减缓或解决水资源危机，除了要加强管理，减少用水浪费外，更要注意“开源节流”，注重雨水回收利用、水的高效利用以及水的多级循环利用。

9.2.2　雨水回收利用系统

雨水回收利用系统，不仅可节省巨额市政投资，而且会节省市政和居民用水开支，并有良好的产业前景。小区雨水利用工程可以节省大型污水处理厂、污水管线和排洪设施的资金投入。将地面雨水就近收集并回灌地下，不仅可以减少雨季溢流污水，改善水体环境，还可以减轻污水处理厂负荷，提高城市污水处理厂的处理效率；雨水蓄水池和分散的渗渠系统可降低城市洪水压力和节省封闭路面下的排水管网负荷。

目前,雨水收集已被世界公认为解决水源短缺问题的一大途径。在城市建设中,发展雨水收集与利用工程,把原来被排走的雨水留下来利用,既增加了水资源,也是节约自来水的较好措施。同时,由于雨水被留住或回渗到地下,减少了排水量,减轻了城市洪水灾害威胁,从而使地下水得以回补,水环境得以改善,生态环境得以修复。可以说,雨水收集是城市水资源可持续利用的重要举措。

(1)雨水回收利用系统的分类。

根据雨水利用的方式不同,雨水回收利用系统可分为直接利用、间接利用、综合利用三种。雨水直接利用是指将雨水收集后直接回用,应优先考虑用于小区杂用水、景观用水和冷却循环用水等。由于我国大多数地区降雨量全年分布不均,故直接利用往往不能作为唯一水源,一般需与其他水源一起互为备用。雨水间接利用是指将雨水简单处理后下渗或回灌地下,储存或补充地下水。在降雨量少而且不均匀的一些地区,如果雨水直接利用的经济效益不高,可以考虑选择雨水间接利用方案。雨水综合利用是指根据具体条件,将雨水直接利用和间接利用结合,在技术经济分析基础上最大限度地利用雨水。

(2)雨水回收利用系统的组成。

雨水回收利用系统由雨水的收集、雨水的处理和雨水的供应三部分组成。雨水的收集,会随着收集面材质、气象条件以及降雨时间的长短等因素而有所差异。建筑工程中的雨水收集通常有三种方式:一是建筑物屋顶收集,雨水集中引入绿地、透水路面,或引入储水设施蓄存;二是庭院、广场、人行道等收集,选用透水材料铺装或建设汇流设施,将雨水引入透水区域或储水设施中;三是城市主干道收集,结合城市主干道等基础设施,建设雨水利用设施,例如绿化灌溉。此外,居民小区也可安装简单的雨水收集和利用设施,雨水通过这些设施收集到一起,经过简单的过滤处理,就可以用来建设观赏水景、浇灌小区内绿地、冲刷路面,或供小区居民洗车和冲洗马桶,这样不但节约了大量自来水,还可以为居民节省大量水费。

雨水的处理,与一般的水处理过程相似,唯一不同的是雨水的水质明显比一般回收水的水质好,试验研究显示,雨水除了 pH 值较低(5.6 左右)以外,初期降雨所带入的收集面污染物或泥砂,是最大的问题所在。一般污染物(如树叶等)可经由筛网筛除,泥砂则可经由沉淀及过滤等处理过程加以去除。这些设备的组合与处理容量需考量经济与集水区条件来调整其大小。例如,屋顶集水一般处理程序:集水→筛选→沉淀→砂滤→停留槽→消毒(视情况而定)→处理水槽(供水槽)。雨水的处理设备包括筛网槽和沉淀槽。沉淀槽下方则设有清洗排泥管,用来方便槽底淤泥的清洗排除,维持沉淀槽的循环使用。

雨水的使用,在未经过妥善处理前(如消毒等),一般建议主要用于替代不与人体接触的用水(如卫生用水、浇灌花木等)。也可将所收集下来的雨水,经处理与储存后,用水泵提升至顶楼的水塔,供冲洗厕所用。另外,雨水也可作为其他用水,如空调冷却水、消防用水、洗车用水、花草浇灌用水、景观用水、道路清洗用水等;此外,雨水还可以经处理消毒后供居民饮用。图 9-3 所示为建筑及其环境中雨水收集利用的框架。

对于屋顶收集雨水,如果建筑本身无绿化,一般情况下,可将屋面、墙面、阳台及散水等处的雨水引入环形滤水槽,槽内铺设卵石或砾石等滤水材料,雨水渗入滤水槽,再入蓄水池,经处理后用于不同目的。如果建筑本身有绿化,就可直接利用雨水浇灌屋顶、阳台、散水等处的绿化植物,多余雨水经处理后引入蓄水池。阳台、窗户或小温室集雨,可利用收集的雨水浇灌其中的绿化植物,多余

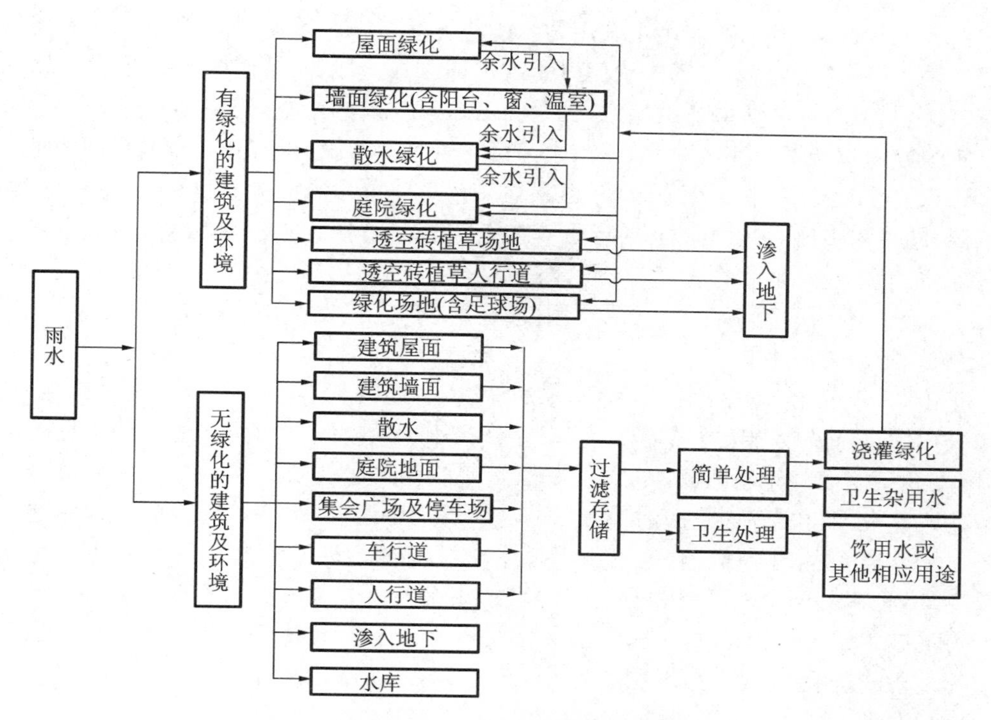

图 9-3　建筑及其环境中雨水收集利用框架[131]

的雨水可引流浇灌墙面绿化植物或散水绿化植物。墙面绿化可利用圈梁、窗台及水平或垂直遮阳板出挑种植槽种植爬藤植物，直接利用雨水浇灌。散水种植可以直接利用雨水浇灌。

对于广场收集雨水，当广场渗水性小时（如混凝土停车场等），可在广场周围做滤水槽，将雨水过滤后引入蓄水系统备用；当广场渗水性大时（如草地或透空植草砖地面等），可在其下铺设滤水层，将雨水过滤后引入滤水槽再引入蓄水系统，滤水层下用农用薄膜覆盖灰土作不透水层。灰土是气硬性材料，后期强度高，不透水性较强，农用薄膜可维持早期数年不透水，二者结合可构成较经济实用、耐久的不透水层。

对于道路和庭院收集雨水，可用石块或卵石铺成，缝隙间用泥土或砂填充，成为透水地面。如果其地面有植被，植被可从透水层吸收水分。庭院及其道路透入地下的雨水还可引入蓄水池备用，或成为地下水起到保持地下水及调节微气候的作用。湿陷、湿胀或缺水地区则应以收集利用为主。人行道铺装可用砂子铺垫（砂兼作滤水层），下面用农用薄膜和灰土做成不透水层，将人行道上的雨水过滤后引入蓄水系统备用；或用透空植草砖和砂铺设人行道，形成透水地面，直接利用雨水浇灌空心砖的植草，多余雨水渗入地下成为地下水。采用雨水渗透利用方案，需注意逐级下渗雨水的利用模式，例如，从“高花坛”到“低绿地”，再到“浅沟渗渠渗透”。采用的渗透设施有渗透池、渗透管、渗透井、透水性铺砖、浸透侧沟、调节池和绿地等。

目前，成熟的雨水利用技术从屋面雨水的收集、截污、储存、过滤、渗透、提升、回收利用到控制都有一系列的定型产品和组装式成套设备。

(3)国内外雨水回收利用技术。

雨水作为一种极有价值的水资源，早已引起德国、日本等国家的重视。德国雨水利用技术已经从第二代向第三代过渡,其第三代雨水利用技术的特征就是设备的集成化,各项雨水利用技术已达到了世界领先水平。德国的城市雨水利用方式有三种:一是屋面雨水集蓄系统,收集下来的雨水主要用于家庭、公共场所和企业的非饮用水;二是雨水截污与渗透系统,道路雨水通过下水道排入沿途大型蓄水池或通过渗透补充地下水,城市街道雨水管道口均设有截污挂篮,以拦截雨水径流携带的污染物;三是生态小区雨水利用系统,小区沿着排水道建有渗透浅沟,表面植有草皮,供雨水径流流过时下渗,超过渗透能力的雨水则进入雨水池或人工湿地,作为水景或继续下渗。另外,德国还制定了一系列有关雨水利用的法律、法规,对雨水利用给予支持。例如,德国在新建小区之前,无论是工业、商业还是居民小区,均要设计雨水利用设施,若无雨水利用措施,政府将征收雨水排放设施费和雨水排放费等。

日本于1963年开始兴建滞洪和储蓄雨水的蓄洪池,还将蓄洪池的雨水用作喷洒路面、灌溉绿地等城市杂用水。这些设施大多建在地下,以充分利用地下空间。而建在地上的也尽可能满足多种用途,如在调洪池内修建运动场,雨季用来蓄洪,平时用作运动场。近年来,各种雨水渗透设施在日本也得到迅速发展,包括渗井、渗沟、渗池等,这些设施占地面积小,可因地制宜地修建在楼前屋后。日本于1992年颁布了《第二代城市下水总体规划》,正式将雨水渗沟、渗塘及透水地面作为城市总体规划的组成部分,要求新建和改建的大型公共建筑群必须设置雨水就地下渗设施。日本降雨蓄存及渗滤技术协会经模拟实验得出:在使用合流制雨水管道系统的地区,合理配置各种入渗设施的设置密度,强化雨水渗透,使降雨以5 mm/h的速率入渗地下,可使该地区每年排出的耗氧污染物总量减少50%。

因而,通过制定一系列有关雨水利用的法律、法规和不断地开发研制,国外发达国家的城市雨水利用技术逐步成熟起来。建立了完善的屋顶蓄水系统和由渗池、渗井、草地、透水地面等组成的地表回灌系统,将收集的雨水用于冲洗厕所、洗车、浇洒庭院、洗衣和回灌地下水等,从不同程度上实现了雨水的利用。

我国城市雨水利用具有悠久的历史,而真正意义上的城市雨水利用的研究与应用却是从20世纪80年代开始的,并于90年代发展起来。但总体来说,技术还较落后,缺乏系统性,更缺少法律、法规保障体系。我国超大及特大城市的一些建筑物已建有雨水收集系统,但是没有处理和回用系统,比较典型的有山东的长岛县、大连的獐子岛和浙江省舟山市葫芦岛等雨水集流利用工程。我国大、中城市的雨水利用基本处于探索与研究阶段,北京、上海、大连、哈尔滨、西安等许多城市相继开展研究,已显示出良好的发展势头。由于缺水形势严峻,北京市开展的步伐较快。北京市水务局和原德国埃森大学的示范小区雨水利用合作项目于2000年开始启动;北京市政工程设计研究总院等部门编制了有关雨水利用与控制的规范;北京市政府66号令(2000年12月1日)中也明确要求开展市区的雨水利用工程等。因此,北京市的城市雨水利用已进入示范与实践阶段,可望成为我国城市雨水利用技术的龙头。通过一批示范工程,争取用较短的时间带动整个领域的发展,实现城市雨水利用的标准化和产业化,从而加快我国城市雨水利用的步伐。

9.2.3 中水利用系统

中水利用是把水质较好的生活污水经过比较简单的技术处理后,作为非饮用水使用。在我国,“中水”是指部分生活优质杂排水经处理净化后,达到《城市污水再生利用 城市杂用水水质》(GB/T 18920—2002)中的要求,可以在一定范围内重复利用的非饮用水。中水利用在对健康无影响的情况下，为我们提供了一个非常经济的新水源，减少了由于远距离引水引起的数额巨大的工程投资；中水回用比海水淡化经济，可以减少新鲜自来水用量，相应减少了城市自来水处理设施的投资；中水利用还可以减少污水排放数量，减少控制水体污染引起的治理费用，有着良好的经济效益。中水主要用于洗车、喷洒绿地、冲洗厕所、冷却用水等，对于淡水资源缺乏、供水严重不足的城市来说，中水利用系统是缓解水资源不足、防治水污染、保护环境的重要途径。

(1)中水利用系统的组成和适用范围。

中水利用系统由中水收集、中水处理和中水供应三部分组成。中水收集系统主要是采集原水，包括室内中水采集管道、室外中水采集管道和相应的集流配套设施。中水处理是指处理原水使其达到中水的水质标准。中水供应是指通过室内外和小区的中水给水管道系统向用户提供中水。中水收集有部分集流和全部集流两种方式。

对于中水的利用范围，按照原建设部《城市中水设施管理暂行办法》的规定，主要用于厕所冲洗，绿地、树木浇灌，道路清洁，车辆冲洗，基建施工，喷水池以及可以接受其水质标准的其他用水，《昆明市城市中水设施建设管理办法》以及《济南市城市中水设施建设管理暂行办法》等地方法规则增加了设备冷却用水和工业用水。从扩大水资源利用范围、减少浪费的角度出发，后者所规定的范围显然更为科学。

(2)中水利用系统的分类。

中水利用系统，按照集流和处理方式分为全集流全利用、全集流部分处理利用、分质集流和部分利用三种系统。按照服务范围和规模大致又可分为建筑中水、建筑小区中水和城市(区域)中水三种类型。

对于较大型的单栋构筑物或相邻几栋建筑物，如宾馆、饭店、办公大楼等，可以单独设置中水处理与回用系统，即将所产生的污水经再生处理后，再回用于该构筑物的中水管道中。该系统实施容易，但由于规模小，其投资及处理运行费用较高。

在住宅中可以再利用的中水量很大，普通的四口之家，每周排放的中水可达 1450 L，其中冲洗厕所需要用水 1200 L。在澡盆、淋浴、水池、洗碗机和洗衣机中使用过的水，其中包含的主要污染物质是清洁剂和其他有机物(包括细菌)。污染稍微严重一点的中水(例如厨房水槽和洗碗机中排出的水)，需要经过过滤等方式处理，去除杂质后才能够使用。污染最少的水来自澡盆、淋浴池和洗手池。这就意味着，最简单的中水收集设备，只需要收集浴室中使用过的水。收集的中水，需要使用氯气或者紫外线等消毒物质来消毒。水中的微粒，则用过滤器来过滤。

建筑小区中水利用方式为小区内各构筑物所产生的污水，经再生处理后，再回用于该小区内的中水管道系统。小区中水系统具有实施方便、不影响市政道路、回用管道短、投资小等优点，对大型的住宅小区较适合。小区中水系统还有一个最大的优点，是能将优质排水与其他污水分开。优质排水作为中水水源，进入小区的中水处理系统处理后回用，而粪便污水和厨房废水则直接排放。盥洗废水、淋浴废水、洗衣废水等，以前也直接用于冲洗厕所，现在作为中水水源，经处理后再回用于厕所的冲洗。小区可以是住宅小区，也可以是学校、大型机关等，其管理集中，处理运行费用相对较低，供水水质较稳定。

城市(区域)中水系统是指以城市污水处理厂二级处理出水为中水原水，经深度处理后作为城市中水使用。其处理运行费用低，但是由于规模大，实现难度较大。上述三种中水利用系统相似，可用图 9-4 表示。

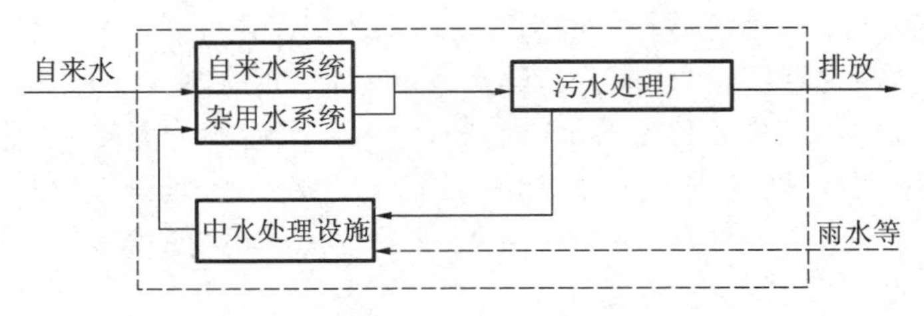

图 9-4　中水利用系统的流程示意图[132]

(3)国内外中水利用技术。

世界各国对中水的回收利用都十分重视,许多面临着严重水资源危机的国家都在积极开发和利用中水回用技术,并已取得了大量的成功经验。以色列、日本、美国等国已将中水回用广泛应用于工业、农业灌溉和养殖业、园林绿化、生活洗涤、景观用水等方面,有的甚至将污水处理后回用于城市自来水的补充水源。

以色列在中水回收利用方面是最具特色的国家之一,它地处干旱和半干旱地区,是个水资源极其贫乏的国家,为争夺水资源曾与阿拉伯国家发生过数次战争,人均水资源占有量仅为 476 m^3,46%的出水直接用于灌溉,其余 33.3%和约 20%分别回灌于地下或排入河道用于补水,中水利用率之高堪称世界第一。目前以色列已有 70%的废水经过处理并用来灌溉 1.9 万公顷农田,全国所需水量的 16%由废水回用来解决,甚至经处理后的废水已达到饮用水标准,用于直接饮用。

日本是开展污水回用研究较早的国家之一,以有较多的"中水道"(即中水系统)供生活杂用而著称,日本的中水利用是从 1955 年开始的,受 1978 年福冈等城市水荒和 1997 年节能政策调整的影响,国家及地方制订了中水利用的指导计划。从 1980 年起,中水利用设施建设发展速度加快,到 1983 年 3 月底,全国就有中水项目 473 个,总回用水量约 6.6 万立方米。近年来,平均每年建设 130 处。到 1993 年,全国有 1963 套中水利用设施投入使用,其中东京都建设的中水利用设施数量约占全国的 44%,福冈地区占 19%。中水使用量为每天 27.7 万立方米,占全国生活用水量的 0.7%。至 1996 年,全国有 2100 套中水设施投入使用,用水量达每天 32.4 万立方米,占全国生活用水量的 0.8%。

美国水资源总量较多,城市中水回用工程主要分布于水资源短缺,地下水严重超采的加利福尼亚、亚利桑那等州,且以南加利福尼亚取得的成绩最为显著,其中丹佛市日处理 3785 m^3 的污水回用于饮用水的示范工程在 1985 年开始运行。但总体来说,中水用于农业灌溉居多,工业用水次之,城市中水回用所占比例较小,推行比较慎重,对水质控制相当严格。美国城市中水回用量达每年 9 亿立方米,其中农业灌溉和景观回用水占 62%,工业回用水占 31%,其余的回灌地下,控制海水入侵或供娱乐、养鱼等。佛罗里达州的圣彼得堡,是美国唯一完全实现污水循环的大城市,它利用了自己产生的全部废水,不向周围河湖排放任何废水。这个城市有两套配水系统,一套系统输送新鲜淡水供饮用和家庭用水,另一套系统输送中水用于灌溉公园、道路的绿地、草坪以及清洗车辆等其他用水标准较低的地方。

近十几年来,我国有关院校和科研部门组织科技攻关,在城镇和住宅小区的中水回用,城市污水净化后回用,园林绿化、市政景观、道路喷洒和大型宾馆及娱乐场所的中水回用系统,城市中水回用与工业冷却水系统及工艺用水等方面的研究中都取得了丰硕的成果,而且也兴建了若干示范工程。随着科技的进步,任何污水都可以通过不同的工艺技术加以处理,满足任何需要。一般来说,二级出水经消毒处理后，用作市政杂用水、生活杂用水、农业用水和景观用水等；在此基础上，经混凝过滤处理，可作为工业循环冷却水等；再经进一步处理，如用膜技术处理或用活性炭吸附后，就可作为工业上的工艺用水或地面水、地下水回灌补充水等。

在天津市，仅中水洗车一项每年节约自来水超过500万立方米。在大连，大连机车车辆厂1998年投资150万元对污水处理厂进行了改造，实施了中水回用工程，现在日回用中水800 m^3，工厂绿化、冲洗厕所及冷却水等都用上了中水，年节约用水量20万立方米。

9.2.4　利用节水器具节水

随着人们对节水重要性认识的加深和社会对节水工作的关注与重视，近几年各种类型的节水设备和器具发展很快。就节水器来说可归结为机械式和全自动式两大类，机械式节水器包括传统的手动开关、手动按钮式开关、手动延时开关。全自动式节水器包括电场感应式开关、磁场感应式开关、红外检测控制开关。当前，传统的机械式开关应用广泛，但它也是造成水资源浪费的根源之一。因此，各国争先研制并采用系列的全自动节水设备和器具，达到既节水又清洁卫生的目的，并取得很好的经济与社会综合效益。

①普遍推广使用节水阀。资料表明，水龙头内如配有节能阀芯，一般可节水50%。

②安装节水型卫生设备或对已有设备进行改造。表9-1列出一些节水型卫生设备的节水情况[28]。表9-2为不同类型大便器、不同冲洗方式用水量的比较。

表9-1　节水型卫生设备的节水效果

项　　目	占室内生活用水量(%)	未采用节水型设备用水量(L/(人·天))	采用节水型设备用水量(L/(人·天))	节水率(%)
冲洗厕所	40	95	66	30
淋浴	30	75	61	18.7
洗池	5	11	11	—
洗衣、洗盘架	20	50	36	28
饮用、烹调	5	15	11	—
合计	100	246	189	23

表9-2　节水型与非节水型大便器用水量比较

冲 洗 方 式	低 水 箱 式			冲 洗 阀 式		
	冲洗用水量(L/次)		节约水量(L/次)	冲洗用水量(L/次)		节约水量(L/次)
	节水型	非节水型		节水型	非节水型	
冲洗式	8	12	4	11	15	4
冲落式	8	12	4	11	15	4
虹吸式	13	16	3	13	15	2
喷水虹吸式	13	20	7	13	15	2

9.3 建筑中材料的循环利用

9.3.1 建筑材料的含能

尽管是天然的原始材料，但只要人们对其有开采、加工和运输处理，它就要消耗一定能量。“含能”(embodied energy)最早由理查德·斯泰恩和达恩·塞伯于 1979 年提出，是指物质材料从原材料提炼到生产、转化为建筑元素和进行装配所消耗的能量的总和。含能既表征材料在生产过程中的能量“成本”，反映出材料在生产过程中对环境或生态的影响，又表示建筑系统由外到内的能量和物质材料交换量的多少。

含能的数值因资料的来源不同而有所区别，产生这种差异的原因多样，例如，开采条件不同，统计资料来源不同，含能计算所侧重的内容不同，技术进步带来的影响，等等。但是含能高的材料在各种资料中基本上是相同的，例如铝材和钢铁的含能数值总是大大高于砖和石[19]。

从表 9-3 可知，建筑材料或多或少都有一定的含能，减少建筑材料的使用，不仅能节省材料，还能节省其他能源，并减少交通量，从而减少二氧化碳的排放量。在所列举的材料中，金属铝的含能是最高的，但由于铝可由水电生产，不排放二氧化碳，较钢轻得多，减少运输重量，又有很好的可回收利用率，因此，从生态的角度看，铝还是一种比较生态的建筑材料。

表 9-3　不同物质材料的含能

项目＼数据来源		文献[133](MJ/kg)	文献[35](MJ/kg)	文献[34](MJ/kg)	文献[135](MJ/kg)
金属	一般钢材	47.5	36	55.1	—
	特种钢材	216	—	—	—
	未加工的钢	—	—	—	10.4～45
	电镀钢	—	—	—	34.8
	循环利用的钢	—	—	—	8.9～12.5
	铁	508.3	—	—	—
	铝	324	201.6	289.8	—
	铝矿	—	—	—	123～292
	回收利用铝	—	—	—	42.9
	挤压铝制品	—	—	—	201
	挤压电镀铝制品	—	—	—	227
	铜	72.0	57.6	—	—
	锌	52.9	54	—	51
	铅	46.4	50.4	—	11～35.1
	电铰金属(平均)	184.3	—	—	—

续表

项目		文献[133](MJ/kg)	文献[35](MJ/kg)	文献[34](MJ/kg)	文献[135](MJ/kg)
石材、木材和砖	沙和碎石	0.072	0.036	—	0.1
	本地石料	—	—	—	0.25～0.79
	进口石料	—	—	—	1.3～13.9
	木材	252(MJ/m^2)	0.36	2.16	—
	软木(空气干燥、锯切加工)	—	—	—	0.3
	软木(窑炉干燥)	—	—	—	2.6～6.1
	软木(模具用)	—	—	—	3.1
	砖	3.42	4.32	9.36	1.7～9.3
水泥和玻璃材料	水泥	8.28	7.92	—	5.6～9.4
	水泥砂浆	—	—	—	2.0
	混凝土	—	0.72	11.52	—
	混凝土屋面瓦	—	—	—	0.81
	混凝土块	—	—	—	0.94
	钢筋混凝土	—	—	—	8.9
	玻璃	288(MJ/m^2)	21.6	32.04	—
	钢化玻璃	—	—	—	26.2
	玻璃纤维保温材料	—	—	—	18.3～30.3
塑料、纤维及有机材料	塑料材料(PVC)	69.4(MJ/m^2)	36	13.68	38.6～189
	硬纸板	—	—	—	24.2
	壁纸	23.04(MJ/m^2)	—	—	4.4～9.4
	稻草、麦秆捆	—	—	—	0.24
	稻草、麦秆做成的砖坯	—	—	—	0.47
	木质纤维保温材料	—	—	—	0.35～4.3
	聚酯材料	—	—	—	53.7
	聚酯地毯	—	—	—	54
	普通地毯	—	—	—	72.4
	聚亚胺酯	—	—	—	72.2～74
	尼龙地毯	—	—	—	31.8～79.1
	聚苯乙烯泡沫	—	—	—	117

续表

项目（数据来源）		文献[133](MJ/kg)	文献[35](MJ/kg)	文献[34](MJ/kg)	文献[135](MJ/kg)
塑料、纤维及有机材料	羊毛地毯	—	—	—	76～108
	棉织品	—	—	—	143
	合成橡胶	70.56(MJ/m²)	—	—	—
	漆料	381.6	—	—	90.4
其他材料	石灰	4.68	5.4	—	—
	胶泥	1.08	3.6	—	—
	石膏	—	—	—	4.5
	水	0.0079(MJ/L)	—	—	—

9.3.2 建筑材料的一般特性

(1)木材、石材和砖。

木材、石材和砖是传统的建筑材料。木材的强度和硬度与外力作用的方向有关:当作用方向与其纹理平行时,则强度和硬度都很大;当作用方向与其纹理垂直时,就易沿着纹理裂开。木材的剪切模量与切变强度都较低,当其含水时,强度和弹性都会下降,在负重下会变形,因此在抗弯、抗剪、抗变形、防潮、防虫、防火等方面都有不足之处。从生态的角度看,木材是自然可再生的、健康的、便于循环利用的材料,应该尽量加以运用。但是,由于全世界森林面积在不断减小,因此木材的应用应限制在可持续供应的条件下。实际上,很多国家的森林面积稀少,森林是受到保护的,因此木材变得十分珍贵。新的技术为木材的应用提供了新的发展机遇,目前各种胶合板、纤维板、木屑板、刨花板等得到了广泛应用,但有些黏结剂对人体健康是不利的。

传统的砖是用黏土烧制而成的,由于会损坏土壤,破坏良田,在我国已禁用。代替传统黏土砖的是普通混凝土空心砌块、混凝土与轻质骨料混合的空心砌块,如加气混凝土块、粉煤灰空心砌块、多孔陶粒空心砌块,还有玻璃砖砌块,以及废木质纤维制成的砌块和土坯等,它们多由废料和可再循环的成分组成,对于环境保护和节约能源都起到了一定作用。

石材由于重量大,抗弯能力、抗拉能力、抗震能力极弱,故在现代、后现代和当代建筑中,很少用其作承重结构,但它却应用于一些特殊的地方,例如,作为幕墙的覆盖层挂于钢架上,用于地板铺砌、雕刻和装饰等。石材也是一种自然材料,可回收利用,但有些石材具有放射性,人造石材中的添加剂往往影响人体的健康。

(2)金属材料。

金属材料包括铁、钢、铝、铜、钛等及它们的合金,大多是能循环利用的,而且边角料也有价值。含碳量的增加提高了钢材的硬度和抗拉强度,但影响了钢合金的韧性和可焊接性。目前,钢主要用在单层建筑、单跨和多跨以及高层建筑中作框架结构。在高层建筑中也有与混凝土混用的。钢与其他金属一样，面临着氧化和腐蚀等问题，因此，后来发展了合金和镀涂层技术，形成不锈钢或防腐钢。铝的模量大概是钢的三分之一，在压力作用下铝制品的挠曲性比钢制品大。铝的防腐性能高于钢，导热性和热膨胀性也高于钢。铝制品的制作除了与钢制品制作有相同的工艺——铸造、热冷轧、机械加工外，还可以挤压成型，从而为各种造型创造提供可能。铝比钢轻得多，但抗压、抗拉方面不及钢，比钢容易受到劳损。目前，大多数的空间框架采用钢材，但也有一些用铝材；波形钢板和铝板是用于覆盖、屋顶、吊顶和永久模板的常用材料，也用于侧窗、天窗、圆顶等。最近，钛也成为一种建筑材料。钛最大的优点是其热膨胀率非常低，硬度非常高，近似于不锈钢，而且极不容易失去光泽，因此在法国建筑师保罗·安德鲁设计的我国北京国家大剧院中，采用了钛覆层。

尽管金属的含能比其他材料高一些，但是金属所固有的再利用特性、耐久性以及低维护需求，使得其更适宜运用于高环境质量的建筑设施内。回收利用废弃钢材需要的能量是从铁矿石中提取钢铁所需能量的20%，而铝的回收利用所消耗的能量只是从铁铝氧化石中提炼所需能量的5%。世界上有55%的铝制品都是用作可再生资源水力发电的电力生产的。采用当前先进的再循环技术，钢铁和铝生产的能耗可以减少50%～70%，污染可以减少85%[136]。

(3)混凝土和玻璃。

混凝土在中国的建筑业中有着不可比拟的重要地位。从可持续性的角度来看，混凝土具有很多优良的性质，比如高强度、蓄热性、耐久性和较高的反射系数，并且易于就地取材，不需要内外表面的饰面材料，不会释放影响室内空气质量的气体，不但容易清洗，也不易渗透，可以预防虫害和防火。混凝土也可以具有渗透性，浇筑于留空的地面上，可以让水直接渗透到地下，从而减少对雨水处理系统的需求。混凝土材料带来的最大的环境问题是水泥生产过程中释放的二氧化碳。混凝土混合料的9%～14%为水泥，而生产水泥的二氧化碳释放量仅次于煤炭燃烧的释放量。每生产1 t的粉状水泥，就要生产同等质量的二氧化碳。当然，在混凝土元件的寿命周期内，水泥也可以重新吸收其生产过程中产生的二氧化碳的20%，从而在一定程度上减轻了这种不良影响。减少因水泥生产对大气污染的办法，一是降低混凝土混合料中水泥的含量，在水泥中加入粉煤灰或炉渣等废料，就可将生产水泥排放的二氧化碳减少20%～30%。二是寻找代替普通混凝土的新型材料。据报道，澳大利亚塔斯马尼亚州首府霍巴特的技术专家约翰·哈里斯(John Harrison)研制出一种以碳酸镁盐为基础的“生态水泥(eco-cement)”。这种“生态水泥”一方面能节约能源，另一方面可将建筑物本身作为接受碳的容器。生态水泥浇筑的混凝土到最终完全碳化时，其中每吨混凝土都将吸收0.4 t二氧化碳。根据哈里斯的观点，利用碳化过程可以从空气中吸收大量的碳，生态混凝土建造的高楼类似于生长中的树木，可以稳定地吸收空气中的碳。哈里斯估计，如果用生态水泥取代目前普遍使用的硅酸盐水泥的总使用量的80%，将最终减少10亿吨的二氧化碳排放量。

玻璃通常是透明或半透明的，它在建筑的空间分割、光热控制等方面有着重要的功能。玻璃在很早以前就为人所知，但直到19世纪，由于价格昂贵，其应用仍受到限制。后来，平板玻璃生产技术的大规模发展，以及弹性密封剂、弹塑性密封剂、各种固定装置和系统的研发，使玻璃利用得以普及。为了控制光热，人们开发了变色玻璃、热反射玻璃、吸热玻璃以及加有涂层的Low-E玻璃(请参阅8.2.5“窗户的日照与遮阳”)；为了增加玻璃的安全性，科学家们研制了钢化玻璃，从而降低了玻璃打碎带来的危害风险。目前,市场上还有各种“玻璃砖”出售,主要用于建筑外表包装,并有一定的透光性和抗弯、抗扭能力。玻璃在建筑中主要用于建筑门窗、幕墙以及玻璃顶采光。近些年来,建筑的玻璃外表面已经发展成为高科技构件——“多层的”或“智能化的”建筑外皮,能更有效地供热、通风、制冷、照明等。玻璃建筑结构为建筑师和工程师在建筑设计和建筑外观上提供了一个十分重要的合作领域。

尽管玻璃在生产时需要消耗大量能量,但其替代产品也是能源密集型材料。此外,除玻璃砖外,玻璃使用时通常都是很薄的玻片,较混凝土板可以省出大量空间,相比之下,其能耗也没有混凝土那么高。玻璃还应用于被动式和主动式太阳能利用系统中,减少建筑人工采暖和制冷能耗;玻璃与蓄热体结合使用,常用于被动式太阳房中稳定室内温度;玻璃还可应用于烟囱效应中促进热压式自然通风。玻璃也是一种整体或者部分可回收利用的材料。

(4)塑料和纤维。

塑料由石油或天然气原料制成,在其生产过程中要用到有毒的和可能有危险的物质。大部分塑料是可再循环利用的,但是,因为有各种各样的塑料在混用,很难将它们分开,所以,目前的再循环率并不高。在建筑中应用的塑料主要有三类:一是热塑性塑料,包括聚氯乙烯 PVC、聚乙烯 PE、聚丙烯 PP、聚苯乙烯 PS 等;二是热固性树脂,包括聚亚胺酯 PU、环氧树脂等;三是弹性体,如各种合成橡胶等。塑料的弹性系数通常很低,因此,应用于建筑中时,其硬度主要来自于其形成的形状而不是材料本身,故塑料常用于三维表面结构,如圆顶、筒壳或折板。为了增强塑料的硬度,人们使用了特定形状的纤维增强板,如槽形构架、夹层结构等。在塑料结构的设计中,形变和温度(即使仅仅只比通常的高出一点)是极为重要的。有些塑料不怎么能经受风雨,也就是说它们会随着外界环境的影响而变化。有些塑料对细裂纹很敏感,即在材料表面上或表面下出现网状细小裂缝。裂纹产生会有多种原因,例如,超重的压力是引起裂纹的常见原因。许多塑料都是易燃的,一些特殊的合成物都要求防止接触火源。

塑料制品在建筑中主要用于玻璃装配,天窗采光,屋顶,热、声音和水绝缘,壳罩和覆层,侧窗和门,照明等。

纤维材料分有机和无机两大类。玻璃纤维、岩棉纤维等属于无机纤维。有机纤维又可分天然纤维和人造纤维。木质纤维是人们常用的一种有机天然纤维。在建筑中人工合成的纤维及其制品主要有聚氯乙烯和聚四氟乙烯涂层玻璃纤维、聚酯纤维。吊顶大多由涂层纤维或四氟乙烯薄膜制成。聚氯乙烯涂层聚酯纤维曾大多应用于欧洲,聚四氟乙烯涂层玻璃纤维广泛地用于北美。大型建筑物总是要有一个结构框架或其他承重结构,这些都是由混凝土、钢或其他非塑料材料来制成的,但在充气式轻型大跨度建筑物中,塑料和纤维材料则扮演主要角色。

9.3.3 建筑节材设计的原则

(1)对现有结构和材料进行再利用(reuse)。

通过对现有的建筑物进行修葺,尽可能地重新利用其结构和系统,可大大减少对新材料的需求,从而减少对资源的开采和运输,以及这些过程中造成的能耗、垃圾和其他影响。重新利用已拆除的建筑物中尚未损坏的建筑构件,可降低建筑材料对环境产生的不良影响,因为这样的构件在加工过程中只需要消耗很少的资源。很多耐用的建筑产品，如建筑的门、柜子和其他容易拆除的物件，一些金属和玻璃，可以被修补并重新利用。

(2)在建筑中尽量减少材料的使用(reduce)。

尽可能减少建筑工程项目消耗的材料，可以降低从原始资源中开采产品对环境造成的不良影响，可以减少材料在加工成型、交通运输过程中所消耗的能量和排放的二氧化碳，可以节省因材料使用所需的部分费用。

(3)使用与可再生相关的材料(renewable)。

与可再生相关的建筑材料，包括用可再生资源制造的建筑材料、本身可再生的材料以及含可再生成分的建筑材料。这样，既可节省不可再生资源，避免对大气的污染和生态的破坏，又使得材料的制造过程能够实现完整的有机循环。有机循环过程是通过生物降解实现的再循环，即通过好氧、厌氧或两者混合分解，运用自然界本身的或者是模仿自然分解的方式实现再循环，可以加快建筑材料在自然生态系统中的循环，维持地球生态系统的良好运行机制和生态平衡。

(4)废弃物回收循环利用(recycle)。

在建筑的建造、运行和拆除过程中，有很多废弃物可以回收利用，包括居民生活中废弃的纸、木、布、金属、玻璃、塑料、陶瓷、燃料灰烬、碎砖瓦、废器具，商业机关产生的管道、碎物体、沥青、废弃车、废电器，市政维护管理部门产生的脏土、金属、树叶、锅炉炉渣等。若能回收加以处理再利用，不仅能减少城市垃圾的处理量，变废为宝，减少污染，而且也节省材料和能源。

(5)使用本地的建筑材料。

使用本地生产的建筑材料和本地制造的产品，可以减少运输距离，也就可以大大减少材料对环境造成的整体影响。用本地材料和劳动力生产的材料所消耗的能源和寿命周期费用都较少。因为气候的差异，有些类型的建筑和材料更适于某一地区。例如，在昼夜温差较大的干热地区，采用蓄热能力大的材料，对于节能和提高室内热舒适度都是有利的；相反，在湿热地区，采用轻质结构、高吊顶或架空通风形式和散热能力强的材料更为合适。

9.3.4　废弃物回收利用

生活过程中产生的废弃物或垃圾的污染问题可以说是人类聚居活动中最早遇到的问题。只是由于当时生产力低下，人口增长缓慢，生活垃圾的产生量不大，增长率有限，所以未对人类环境构成像今天这样的污染和危害。随着社会经济的不断发展，城镇化进程的不断加快，城镇人口的迅速增加，加之消费水平的不断提高，使得人们在日常生活、商业活动以及市政建筑与维护、机关办公等过程中产生的固体废弃物数量越来越多。许多城市被垃圾山包围，而且包围圈越来越小，越来越密，成为一个突出的环境问题。解决好城市废弃物的处理问题，已成为人类居住区可持续发展的一项重要任务。

(1)废弃物的分类。

废弃物是指居民在生活、商业活动、市政建设与维护以及机关办公等过程中产生的垃圾，通常分为以下几类：生活垃圾，包括炊厨废物、废纸、织物、家用器具、玻璃或陶瓷碎片、废电器制品、废塑料制品、煤灰渣、废交通工具等；城建渣土，包括市政建设与维护过程中产生的废砖瓦、碎石、渣土、混凝土碎块(板)等;商业固体废物,包括废纸、各种废旧的包装材料、丢弃的主副食品等;粪便,在城市排水设施不够健全、污水处理率低的城市,粪便需要收集、清运,我国许多小城镇都属于这种情况。

(2)废弃物回收与利用。

对于纸张、纸箱、塑料、玻璃、金属等易于回收利用的材料,可以经过分类运送到适合的工厂进行处理。这些废弃物应该一开始就与有机垃圾分开,如果它们混合在垃圾箱中,就应被运送至分类中心进行预分类后再运送至各种处理工厂。比如纸张和纸箱等废弃物可以在造纸厂中加工为纸浆而成为有用原料。金属废弃物可以由冶金厂回炉熔化以便重新参与产品制造。会对环境产生危害的废弃物,如用过的电池、机油等,都必须进行特殊的收集。有机废弃物回收主要是指回收有机物和植物废弃物,可以运用两种技术——堆肥(生产肥料,使其重新进入植物生命循环中)和沼气技术进行处理。能源利用主要是在焚化工厂对生活垃圾进行焚烧,利用释放的热能,可以结合能源的回收或将焚化工厂与城市供暖网相连接。在大规模的房地产开发中,可以在地段内或其周围设置一个焚烧中心回收焚化产生的热能为社区供暖。尽管这种做法的初始投资较高,但会降低区域供暖的费用。中国官方也鼓励采取这一方式,因为可以分散一部分处理生活垃圾的工作。为了保护环境,应该确保燃烧烟气不会干扰周围建筑,还应该安装有效的废气净化装置并进行良好的维护。

第 10 章　生态建筑实践

为了让读者对目前世界范围内的生态建筑实践有一大概了解，本章从技术分层的角度对一些生态建筑范例进行介绍。当然，技术分层是为了说明问题的方便而划分的，本章所选范例不可能全面和具体，要深入了解当前生态建筑的状况或对某一具体范例进行细致了解，必须参阅更详细的资料。

10.1　生态建筑技术分层及其演进

10.1.1　生态建筑的技术分层

从技术所适用的不同层面来看，生态建筑技术可分为三个层次：低技术、中技术、高技术。低技术是一种不用或很少用现代技术手段来达到建筑生态化目的的技术，多被"因地制宜"地应用于小规模的一般性建筑中，并取得了良好的效果。低技术多体现在传统建筑中和地方性建筑中，反映出建造者朴素的生态思想和巧妙的构造方法。它们与现代高技术生态建筑相对应，是地域性、传统适应性的真实体现，是建筑师立足于当地文化和自然气候、获得灵感的源泉。中技术是指那些具有中低成本，取得中低以上效益的技术。中技术具有较好的适应性，如果使用和管理恰当，并不见得只具有中低等的效益，完全可取得大于中低等效益的效果。中技术反映一个地区的整体技术水平。高技术是指那些技术水平高而新的技术，具有高成本和高效益的特点，主要用于提高建筑的能源使用效率，营造舒适宜人的建筑环境，以便有效地保护生态环境，它同时要求具备较高的管理水平。在高技术中，那些能使建筑物变得更轻、更灵活，从而节省建筑材料和运输费用的技术，通常又称为"轻技术"。

值得说明的是，生态建筑技术具有相对性，这种技术分类完全是为了介绍方便而划分的，三种技术没有严格的界限，有很多成功的建筑同时含有低、中、高三种技术。事实上，在实践中各种技术满足了不同方面的生态需求，因而都会在市场中占有一定的份额。人们对某种技术的接受与否，同生活方式以及它是否能满足人们的生态需要有关。无论选择哪一个层面的技术，只要是符合生态需要、与当地实际情况（地域特性等）相适宜的，就可以说是一种生态技术。

10.1.2　生态建筑的技术演进

技术是随着人类发展不断进步的，建筑技术对于建筑的产生、发展以及运行有重大影响。建筑技术的演化历程可以说是从低技术向中技术，再向高技术演进的，生态建筑技术也是这样。我们可以从表 10-1 清楚地看到，技术的每一次进步都会带来人居环境安全性的提高。

表 10-1　建筑技术的演进

技术层面	低技术	中技术	高技术
功能	无安全性,依赖地域特点	具有安全性的建筑物,结合地方气候特点,引用了一些新技术	注重艺术性、技术性、安全性,具有生态化、智能化的高技术生态建筑
典型实例	半坡村遗址(远),生土(窑洞)建筑(近)	四合院等	法兰克福商业银行大厦、蒙特利尔国际博览会美国馆、仙台运动馆等
技术指标	无	传统技术与新技术共存	数字化,智能化,生态化

10.2　低技术生态建筑实践

10.2.1　传统窑洞与土楼

窑洞是我国黄土高原地区的传统民居,基本形式分为三类:一是靠崖式(见图 10-1);二是下沉式;三是独立式。独立式窑洞是在地上用砖垒砌再覆土而形成的。窑洞的生态特征主要体现在以下几点。

图 10-1　靠崖式窑洞[137]

一是节约用地。窑洞的构建方式体现了人们对自然的依附,它“依山靠崖、妙居沟壑、深潜土原、凿土挖洞”。因为窑洞是在地壳或山体中挖掘的,只有内部空间而无外部体量,不占据地表面积,所以它被认为是节地的最佳建筑类型。

二是节约能源。靠崖式窑洞和下沉式窑洞深藏在土层中或用土掩覆,可充分利用地下热能和覆土的蓄热能力。独立式窑洞的特点是采用拱结构,覆以厚厚的土层,巧妙地利用了当地丰富的太阳能以及土的蓄热隔热性能。因此窑洞具有保温、隔热、蓄热、调节室内空间小气候的功能,在外界日夜温差近 20 ℃的情况下,仅需少量辅助能源,就可将室内温度波幅维持在小范围内,营造出“冬暖夏凉”的室内环境,是天然节能建筑的典型范例。

土楼是分布于我国福建、广东等地区的民居建筑(见图 10-2)。关于此类建筑的名称有很多种,这里我们取其主要建筑材料的特性定义这种生土民居。土楼兴建最初是出于防御的目的,因此其建筑形式一般都是内向封闭的高度为 10 m 左右的堡垒性建筑。早先住在土楼的居民多是客家民系，由于客家移民的迁居心理和当时动荡的社会环境，防御性自然成为他们修筑聚落住宅时首先要考虑的问题。而正是这种聚族而居的建筑总体布局、建筑单体形式、就地取材和对建筑材料的巧妙运用，使土楼具有了良好的生态性。

一是能“藏风聚气”。土楼建筑庞大，居住人数众多，往往一栋土楼就是一个家族、一个村落，有的聚落中有好几栋这样的大型建筑（见图 10-3）。要保证人们安居乐业，就要使土楼与所处的自然环境相协调，所以，村民们十分讲究土楼的总体布局，往往要求背山面水，以利于接受阳光的照射，遮挡风的侵袭，既“藏风聚气”，又涵养水土，为人们的生活提供良好的生存环境和物理环境。

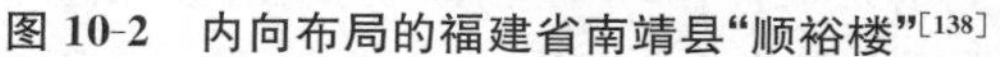

图 10-2　内向布局的福建省南靖县“顺裕楼”[138]

图 10-3　背山面水的土楼聚落[139]

二是有良好的内部环境。厚重的围护结构具有隔绝户外噪声、保温隔热等功能，还可阻挡室外污染空气的进入，保持室内清新的空气质量。开敞的院落引入阳光、雨水、新鲜空气。庭院和周边房间使建筑内部有良好的自然通风效果。更为重要的是，内向型的建筑模式为楼内众多的住户提供了交流空间，加强了人们的凝聚力、安全感、归属感和整体感，增强了家族的稳定性。对于一个移民系来说，心理稳定和团结是保证家族生存下去的有力保障。

三是建筑材料体现生态性。土楼都是采取“就地取材”的生态策略进行修筑的，节约了大量的建筑成本，也解决了平整基地对开挖土方的处理问题。土木共济的结构体系增强了结构的稳定性和形式的灵活性。土和木头都有良好的保温隔热性能，均有吸放湿性能，可以调节室内空气的温、湿度，使室内空气温度、湿度稳定，增强室内热舒适度，即当地人通常所讲的“冬暖夏凉”的生态效果；另外，土、木建材取之于自然，用过后又可直接降解在自然中，不对自然环境产生任何污染。

10.2.2　传统干栏与草屋

干栏式建筑具有非常浓厚的原生态特点，在世界各地的湿热地区，这一建筑形式的传统民居普遍存在（见图 10-4、图 10-5）。

干栏式建筑具有以下生态适应性。

一是可以避免虫害、洪灾等多方面的危险，保护人居安全。由于湿热地区气候炎热潮湿，通风、散热及散湿对于人体热舒适而言非常重要。与这一气候特征相适应的就是建筑形态，即建筑布局通透，通风良好。例如，潮湿的环境有助于蚊虫、蛇等生物的生长，而架空可减轻虫害。

二是可避免对地面进行清理改造，既保护了植被，也便于在地势复杂地区进行环境营造。由于底层通常架空，所以干栏式建筑也可在较陡的山坡上建造，例如，湖南湘西的各种吊脚楼。因此，可

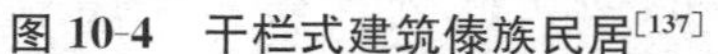

图 10-4 干栏式建筑傣族民居[137]

图 10-5 架空底层空间[137]

在不用平整地基的情况下，保护已有植被。

三是促进自然通风，扩大建筑表面积以利于通风散热。比如，在我国西南部的西双版纳，当室外温度达到 30 ℃时，干栏式建筑的生态特性可使室内温度维持在20 ℃左右。架空还可留出地面空间，为聚居密度大的地区提供公共场所。如广西三江县武洛林溪河一带的侗族“大团寨”可以“走遍全寨不下楼”，即全寨二十来座房屋屋檐相连、楼板相通。这种组合式的架空建筑群在多雨的热带地区有极大优势，它避免了雨季人们在地面上行走的不便，又使活动层面直接相连，来往便捷。对于高密度的聚落，开敞式的底层和廊道还促使整体通风和引导气流，避免了房屋集中布置而造成的阻碍通风散热现象。

四是材料使用体现生态性。干栏式建筑另一突出的生态特征是全部采用当地绿色建筑材料。在气候湿热的地区，竹材的使用十分普遍。一方面因为加工简便、施工快捷；另一方面考虑到通风的需要。在由竹子编排的墙壁中，孔隙多有利于空气的流动；竹瓦铺就的屋顶使室内火塘产生的烟气易于排散，使室内感觉凉爽和舒适。至于木材，除了具备上述的优点外，其取材范围更加广泛，种类繁多，力学性能也更好，对于一些交通不便的山区来说，适当就地取用木材，会比从外地运输砖石更为经济。

世界上有许多沼泽地区或沿海区域均采用草作为民居的主体建筑材料之一，将草和木结构、砖石结构或土结构相结合，以利用其质轻、防雨、保温隔热性能良好等生态效益，而且时间越长，其功效越强。例如，在我国胶东沿海地区，当地利用海草作为建筑材料的历史可以追溯至 5000 年以前。下面以海草屋为例，介绍海草屋这种独特生态民居建筑的生态特性。通常在海草屋中，海草都被用来作为屋顶材料(见图 10-6)，海草屋最大的生态特性为冬暖夏凉，其具体的生态构思和设计策略，归纳起来有以下三点。

一是背山面水(海)。海草屋聚落大都背靠阳坡，面水而建，建筑单体通常山墙紧靠，院落相连，街道狭窄。这样的布局使得建筑在冬季能有效地抵御寒风，夏季则有利于湿热的蒸发，并引导风向形成良好的空气对流。

二是院落布局。海草屋的院落布局通常十分狭窄，院宽仅为正房面宽的 1/3，院落两侧厢房的距离通常只有 3～4 m。狭窄的天井与周边房间组成了效能很高的通风系统，可以通过风压作用或热压作用获得流畅的通风效果，使院落和周围房间保持良好的气候环境。庭院式的空间使建筑沿周边布置，具有明显的节地功能，同时增大了建筑的自然采光、采暖面，减少对人工能源的消耗。

三是海草屋顶和石墙相结合(见图10-7)。厚实的海草屋顶具有良好的保温隔热作用。石材也是很好的热稳定材料,而且石材厚度一般都超过40 cm。夏季,海草屋顶和石墙共同阻隔了热辐射,同时避免室内温度的迅速上升。晚间滨海地区的"海陆风"将白天蓄收在建筑材料中的热量带走。冬季,厚实的石墙在白天充分吸收日辐射热,并有效地阻止了室内热量的散失,保证了室内温度的稳定。海草屋的进深通常不足4 m,屋顶高、坡度大,山墙头往往比墙身高,这不但适应了海边地区多风雨的自然气候条件,也便于建筑防潮。此外,海草屋的耐久性可达40年以上,在其全生命周期的运行过程中,能大大减少建筑能耗,其本身在废弃后可很快降解,不占用自然资源,对生态环境几乎没有任何污染。

图10-6　胶东沿海地区海草屋[140]

图10-7　海草屋的石墙[140]

10.2.3　劳埃德·赖特的"有机建筑"

"有机建筑"的代表人物是劳埃德·赖特(Frank Lloyd Wright,1867—1959),他一生的实践和论著都是以"有机建筑"理论为核心指导而创作的。所谓"有机建筑"论,就是将建筑看成和所有有机生命一样,处在连续发展过程之中,强调建筑的自然生长、局部和整体的关系以及形式和功能的统一。赖特最著名的设计作品——"流水别墅"就是这一理论的典型实例(见图10-8)。

图10-8　流水别墅[141]

从生态建筑的角度来看,赖特的设计作品除了注重与建筑周围的自然环境有机融合外,还特别重视建筑通过有机利用和适应自然条件来创造舒适的室内外生活空间。1948年建成的简考布斯住宅是反映赖特注重室内外环境"被动式设计"的典型作品之一(见图10-9)。

简考布斯住宅的平面呈半圆弧形,功能分区明确,结合地形环境特征,动静相宜,取得了良好的自然采光和通风效果。赖特称半圆弧形为"太阳半圆"。从住宅建造地点环顾四周,自然景观最佳的视野方向是西南向,但冬季主导风也来自于西南向。如何使建筑主要立面的大面积玻璃窗既能面对景色优美的西南方,又能避免冬季寒冷的西南风对住宅的侵袭呢?赖特在简考布斯住宅前创造了一个能保护主立面大面积玻璃窗,同时无扰动气流的室外空间。考虑到简考布斯住宅处在山丘之上,造价又受到限制,简单地靠加高建筑本身难以解决问题。赖特的做法是:首先,在住宅前面设计了一个下沉式圆形庭院,同时为了降低建筑在坡顶受到的风的作用,又将建筑的室内地面标高定在低于室外地面,下沉庭院则低于室外地面,其作用是在建筑前面形成一个气流稳定的球形区域;其次,将建筑的背面用生土堆至二层窗台,形成一个斜坡,使风顺坡而上越过建筑,而不是直接施加正、负风压于建筑本身。这两部分处理相辅相成。后来事实证明,即便刮大风,建筑前也几乎感觉不到。从建筑平面形状看,向南弯曲的弧形更易于寒冷的北风平滑地掠过建筑。在夏季,当建筑需要通风时,建筑南面的凹弧面起着很好的兜风作用,打开南立面的玻璃窗,南风通过南窗经二层后退的挑廊、卧室及二层北窗流畅地穿堂而过,这与冬季门窗关闭的情形是不同的。由此可以看出,赖特根据建筑功能要求对建筑环境的细致分析和对建筑内外气流的精心组织。

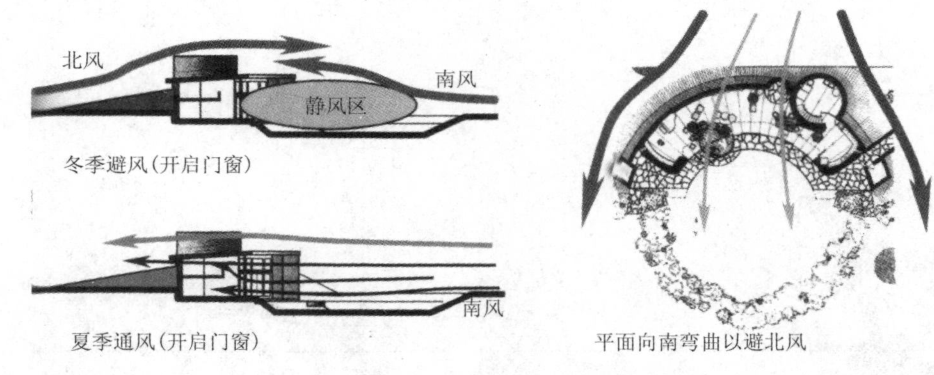

图 10-9 简考布斯住宅平面、立面及通风分析[142]

为了节省冬季采暖能耗,赖特为住宅设计了被动式太阳能采暖系统。朝南两层高的大玻璃窗起着直接受益窗的作用。由于冬季太阳高度角较低,阳光透过南窗可以照射到住宅的深处直达后墙。混凝土地面和厚实、不加修饰、用石灰石砌筑的后墙及山墙是很好的蓄热体,它们在阳光充足的白天吸收太阳热量,到夜晚慢慢释放出来维持室温。北侧及部分围过山墙的覆土又对建筑起着很好的保温作用。建筑虽然在一层地面设置了地板盘管并通过杂物间的锅炉供暖,但即便在室外气温较低时,只要阳光充足,通常上午 9 点就可关闭供热系统直至下午很晚才重新恢复供热。在夏天,通过夜间通风冷却的石墙等蓄热体可以吸收白天室内的多余热量,使室温保持自然凉爽。

从住宅本身和它的整个设计过程中,我们可以充分体验到建筑师对于利用被动式太阳能采暖系统进行建筑节能、建筑自然通风、自然采光、降低造价等各方面细致入微的思考,以及使建筑适应和利用周围环境,创造舒适的室内外居住空间的有关低技术生态建筑设计的原则、方法和技巧。

赖特的有机建筑论提倡将建筑作为环境的一部分,从整体的角度出发,尊重自然环境,寻求人与自然环境的共生,旨在创造出可持续发展的人工环境,对于利用低技术建立良好的生态环境无疑具有深远的指导意义。

10. 2. 4 查尔斯·柯里亚"形式追随气候"的建筑

"气候适应性"建筑设计者的典型代表是印度著名建筑师查尔斯·柯里亚,他的建筑设计始终立足于本国文化、历史、气候等特殊元素,吸收印度传统文化中的精髓,将其与现代建筑设计相结合。图 10-10 是柯里亚管式住宅剖面的代表形式。他提倡使用当地建筑材料,通过单纯的构成模式,将传统空间与现代技术和建筑材料相结合;关注气候与形式之间相互依存的关系,通过建筑空间控制气候,以获得舒适的室内环境及良好的建筑节能效果,使得现代地域建筑不仅适合于地域文脉的传承,同时适应热带地区国家的气候条件和自然环境。

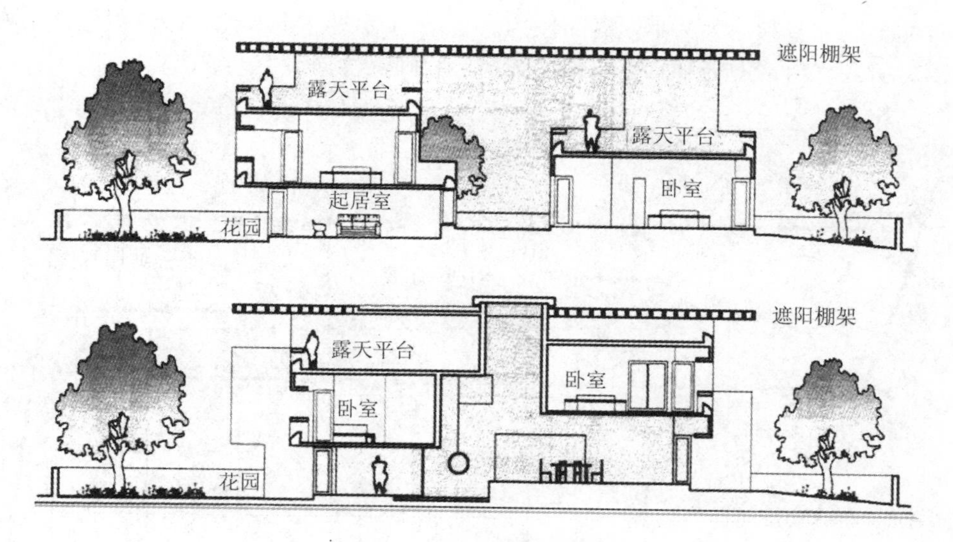

图 10-10　管式住宅典型剖面[143]

1964 年建成的位于印度艾哈迈达巴德的拉姆克里西纳住宅(Ramakrishna House),是柯里亚"形式追随气候"观点的具体诠释,也是典型的管式住宅的代表之一(见图 10-11、图 10-12)。

图 10-11　拉姆克里西纳住宅

图 10-12　住宅内庭园空间

拉姆克里西纳住宅由砖和混凝土建造而成,并尽可能地沿着基地的北面一侧布置,使南面的草地可以保持最大面积,同时将生活区的主要部分面向南侧。住宅采用了典型的管式住宅设计手法,运用被动式能源利用原理,在狭长的一系列房间之中灵活地穿插了高畅贯通空间,按照当地气候条件进行空间的分布组合。在印度北部的干热气候中,狭长的房屋减少了西晒和热气的流入,所有的空气对流和阳光都是从房间短侧,以及内院进入房间。通过对流的空气改善建筑内部的气温,提高生活质量。

住宅一楼由四个功能区组成:起居、娱乐、客房(包括单独的院子)、服务区(包括厨房、用人房等),面向大面积的室外绿地(见图 10-13)。二楼则主要是卧室和个人私密空间(见图 10-14)。一系列平行的剪力墙将建筑室内划分为不同的功能空间,并在狭长的空间之间加入由天窗采光的内庭院。室内庭院一方面可以通风换气,另一方面使狭长昏暗的建筑内部变得活跃,为两侧房间提供自然采光。同时,分布在庭院两边的楼梯使上下空间紧密结合,并成为气流交换的通道。这种建筑内部形成的夏季、冬季两个金字塔式庭院、室内一体空间,防止室外热量直接进入。两种剖面空间体现在一年的不同季节和一天的不同时间段内。夏季剖面(主要体现在白天)润化了干燥的空气，并将其降温后引入室内;冬季剖面(主要体现在早上和晚上),向天空开放。

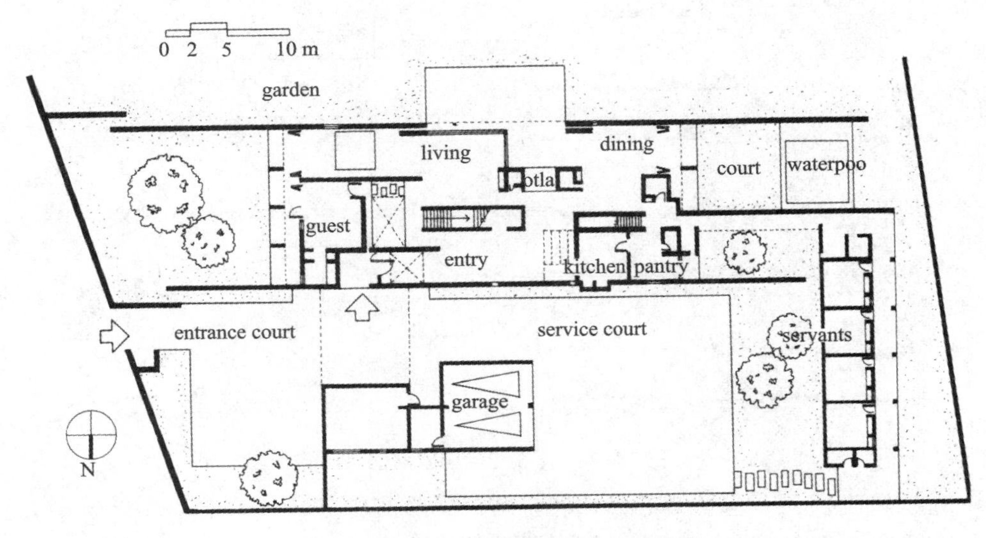

图 10-13 拉姆克里西纳住宅一层总图

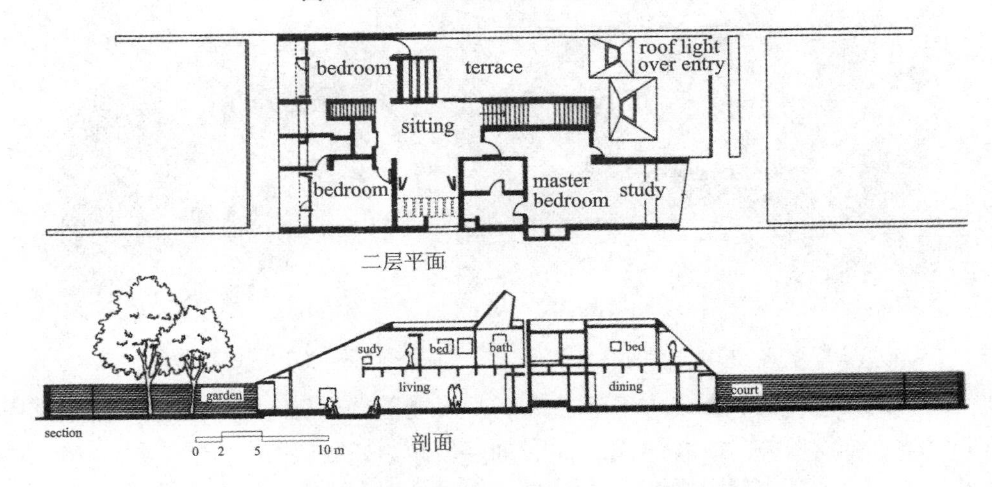

图 10-14 拉姆克里西纳住宅二层平面和剖面图

拉姆克里西纳住宅被认为是达到了印度 20 世纪 60 年代从气候条件出发进行建筑设计、完满地解决两者关系的建筑,并具有良好的建筑节能功效,在印度各地的建筑实践中得到广泛应用,取得了良好的社会效益。

10.2.5 哈桑·法赛的本土化设计实践

哈桑·法赛的设计理念深深地扎根于本民族文化之中,但又有东西方文化的融汇与冲突。从某种程度上说,法赛是在以西方的视角观察自身的文化,并用东方人的智慧对其进行诠释。

法赛的建筑实践是在用泥土作为建筑材料、用古代泥砖建筑技术建造以及传统方法之上进行的。这些适应当地生态条件的建筑材料、形式、技术和建造方法对现代生态建筑思想和方式带来创新性的启发。法赛对传统建筑的各个方面进行深刻思考，从中学习巧妙的设计技巧，并运用到具体实践中。Fares 学校（见图10-15）和 Dariya 住宅（见图 10-16）是法赛实践中的典型范例。Fares 学校融合了功能与环境的敏感性，将传统元素与现代设计技巧相结合。建筑材料和形式与当地气候相符合，每个教室上方都有一个捕风器（见图 10-17）和一个圆屋顶来加强拔风效应以保证良好的通风效果，使室内热环境达到一定的舒适程度。

图 10-15　埃及 Fares 学校布局[18]

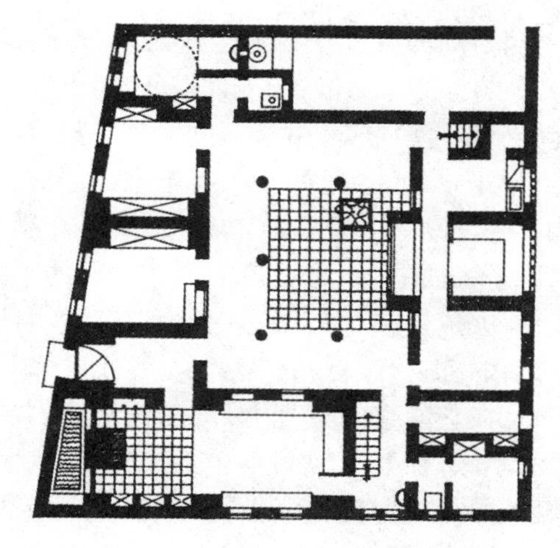

图 10-16　Dariya 住宅平面布置

图 10-17　埃及传统捕风器

在沙特阿拉伯的联合国实验项目 Dariya 住宅设计中，法赛将房屋围绕庭院布置，形成闭合空间，并为庭院提供大量阴影。在设计手法上，穹顶塔、高低窗有利于空气的流动，形成了具有良好通风效果和民族特色的建筑景观。厚重的泥土墙挡住了酷热的气流和太阳辐射，并与周围环境浑然一体。当地盛行的东北风从风挡出风口进入建筑内部，降低了室内温度，同时热空气上升，从穹顶处排出。院落分为有硬质铺装的院子和有植物覆盖的院子，利用两者之间的温度差，可形成空气对流，新鲜空气穿过矮墙和透空的隔墙，经过绿色植物的过滤和降温进入室内，形成良好的室内热环境。

10.2.6 阿尔瓦·阿尔托的人情化建筑

阿尔瓦·阿尔托是一位以人情化建筑创作而闻名于世的建筑大师。他关注人情和心理需求的设计领域,以创造舒适的环境和适应人们的精神要求为目标,把对人的关注作为设计构思的出发点。阿尔托研究每个设计所处的地域自然环境和人文环境,重视场所特定的气候、文化和经济条件,关注人的生理和心理需求,成为现代低技术生态建筑的先驱之一。阿尔托的生态设计主要体现在以下几个方面。

图 10-18　珊纳特赛罗市政厅[144]

一是建筑尺度亲切宜人。阿尔托反对不合人情的庞大体积,主张将大体量的建筑化整为零,使其关照人的心理尺度并和周围环境相适应。例如,在珊纳特赛罗市政厅的设计中(见图 10-18),阿尔托巧妙地根据坡地地形的走向和规模,精心设计了一组小体量建筑和动人的流线。他将市政厅安排在高处,其南翼在其他建筑群体的层层簇拥中缓缓浮出;在通向市政厅的流线设计中,采用了逐步发现的手法,使空间序列随着人的移动而逐渐展开,形成了移步换景、柳暗花明的空间意境。整个小镇掩映在白桦林中,间或点缀着小块的草坪,加上建筑物宜人的尺度和配合得体的材料运用,显示出一种随意和亲切的氛围[145]。

二是多形态的空间设计。阿尔托十分重视建筑内部空间的设计。在他的建筑中,空间是多形态的,往往又是不规整的,但对人的需求的满足却是多重的。芦原义信在《外部空间论》中谈到了阿尔托的建筑空间的美妙。他认为阿尔托是用加法创造空间,所谓"加法创造空间",是指把重点放在从内部建立秩序、离心式地修建建筑上,即先确定内部,再向外建立秩序,虽然外部空间会有一些损失,但其内部功能及空间理想状态都被充分研究,所以它的每一个局部都十分人性化,充满关怀。阿尔托立足于塑造建筑的内部空间,而且这个"塑造"不是表面的,不是去追求平、立、剖的形式美,而是真正地体会空间感受。他的不规则空间是真正让人去感受的,而不是只能把它当作一件艺术品去远观。"阿尔托的建筑集是沉默的,在布满森林湖泊的芬兰环境中仔细观赏,要比看作品集动人得多。"例如,著名的伏克塞涅斯卡教堂(见图 10-19),在它的空间处理上,阿尔托使室内层高根据房间的使用功能的需要而各不相同,运用连续空间的手法,在各个空间不作截然的分隔,而是使其具有连续性和模糊性,产生复杂的空间形态;而建筑外部又因为需要满足基本的防水、防寒要求而呈现不同的形式,因此,外部造型与内部空间各不相干、互不制约。建筑形式不反映内部空间而各自根据需要进行设计,最后用屋顶和墙体把它们统一并建构起来。

三是注重建筑物理环境。阿尔托终生都关心运用热、声和光的控制技术去改善建筑空间气氛,提高空间的物理环境质量和舒适度。在维普里市立图书馆的采光设计中(见图 10-20),阿尔托通过独特的天窗采光手法,让自然光穿过天棚顶的圆形采光井,隔着玻璃来进行采光,使进入室内环境的天然光均匀柔和而没有阴影。在光的处理上,他还应用了多变的高侧窗采光技术,使光线互相交错折射,产生片断的抽象光感,在丰富了视觉感受的同时,也创造了非常独特的建筑空间形态。同时,在该建筑的声学处理上,阿尔托使阅览室与交通噪声隔绝,并在矩形的讲演厅安装了波浪形反射板。在考虑功能因素的同时,波浪形的天花和墙面为建筑艺术塑造了新的空间形式,使建筑形

图 10-19　伏克塞涅斯卡教堂祭坛

图 10-20　维普里市立图书馆阅览室

体和空间具有了自由流畅的动态感。

四是地域性材料的运用。阿尔托主张使用具有地方特色的材料，在建筑物的外部饰面和室内设计中，他极富创造性地运用了大量木材。铜也常常作为精致细部来进行点缀，他将木材和铜的材料特性发挥到极致，这是他作品的又一大特点。例如，在玛丽亚别墅的建筑内外基本都使用木材建造(见图 10-21)。外墙的直条木材饰面和条形板天花具有鲜明特色，从整体形态到家具线脚，细腻的木材保证了每一个细节的精致，营造了视觉上的独特感受。阿尔托还充分利用木材的韧性和弹性，结合现代工业生产方式，首先使用多层白桦木胶合板制成各种曲木家具，成为举世闻名的北欧家具的代表作品。阿尔托设计中的空间不规整、独特材料的运用以及曲面的优美特点都集中地体现在亚琛剧院的设计中(见图 10-22)。

图 10-21　玛丽亚别墅

图 10-22　亚琛剧院

从上面的分析可知，人情化思想是阿尔托设计创作的内核理念。这一内核理念使阿尔托在设计中将着眼点直接切入对人的关注。他想象的是一种没有风格的建筑，建筑仅由其使用者的特殊要求、建筑基地条件、可用的材料和经济因素来决定。人情化的设计理念直接导致了他对建筑设计的民族化、地域化和多元化的追求。

10.3　中技术生态建筑实践

10.3.1　代尔夫特理工大学中心图书馆(Cental Library Delft Technical University)

建造地点:荷兰　代尔夫特

竣工时间:1998 年

建筑总面积:6700 m^2

设计者:Mecanoo

这一设计是将建筑设计和生态技术成功融为一体的范例。图 10-23 和图 10-24 分别是中心图书馆的一层平面图和剖面图。与图书馆相邻的大学会馆是 20 世纪 60 年代"粗野主义"的混凝土建筑物。为了避免与其相冲突,将图书馆面向大学会馆一侧设计为一个具有观赏价值的草坪,以减小建筑体量,只在坡地设计一个玻璃圆锥顶,作为点睛之笔(见图 10-25)。由于草坡材料的蓄热和保温隔热特性,其下的室内空间热环境几乎不受外界气温波动的影响,草坡屋顶使建筑具有独到的生态特性。在图书馆的外面,混凝土道路从会馆延伸到草坡,引导读者进入图书馆。图书馆中的各种功能空间就被掩盖在草坡之下,玻璃圆锥顶则同时具有造景和建筑标识的作用。为了解决封闭的玻璃屋顶和草坪的结合给通风、采光带来的问题,在建筑高出地面的另外一边采用了整面的生态玻璃幕墙,它能够根据不同的气候做出适当的反应,保证建筑有充足的采光和通风(见图 10-26)。

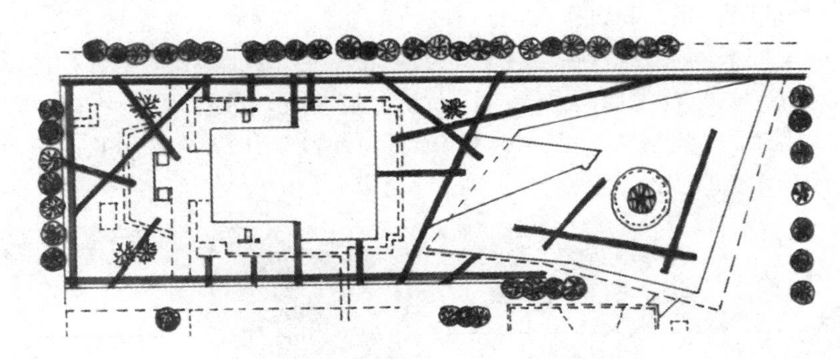

图 10-23　中心图书馆一层平面图

图 10-24　中心图书馆剖面图

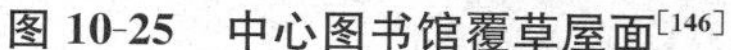

图 10-25　中心图书馆覆草屋面[146]

图 10-26　中心图书馆阅览室

除了草坡屋顶、生态玻璃幕墙外，图书馆还采用了其他的生态技术。考虑到图书馆的中央大厅容纳了 300 余台电脑工作站，它们在工作时散发的热量和造成的噪声是不可忽视的，设计者在建筑布局上采用动静分区的手法，将这些功能上的噪声区和散热区集中配置，并和其他阅览室、自习室和办公室分开。同时，利用地下水的循环来降温和供热。在夏季，温度较低且恒定的地下水被抽出来冷却建筑物，而冬季则用地下温度较高的水加热建筑物。

10. 3. 2　梅纳瑞・马斯尼亚戈大厦(Menara Mesiniaga)

建造地点：马来西亚　雪兰莪州

竣工时间：1992 年

建筑总面积：12346 m^2

设计者：T. R. Hamzah，杨经文

梅纳瑞・马斯尼亚戈大厦是 IBM 在马来西亚代理处的总部大楼，地处亚热带气候区，建筑成本 590 万英镑，它是 T. R. Hamzah 和杨经文(K. Yeang)最著名的设计作品，也是最早的有关生物气候型的高层建筑(见图10-27)。其建筑内外部是利用有关生物与气候学的方法建造的，形成了一个低能耗建筑，并适应热带潮湿的气候环境。

图 10-27　梅纳瑞・马斯尼亚戈大厦[147]

梅纳瑞・马斯尼亚戈大厦的主要设计特点无疑是螺旋上升的竖向形态，并在大楼内高低错落的平台上种植各种适宜的植物。一条完整的绿化带从一片三层楼高的绿化草坪开始，围绕建筑表面螺旋上升，将大楼打造成为一整座“空中花园”。中庭引导凉爽空气穿过建筑的过渡空间，同时植物还可以吸收室内废气并遮挡太阳直射光，创造一个富含氧气的工作场所。玻璃幕墙只用在南北两侧的墙面上以缓和太阳辐射热。东西面的窗户外部都设置了铝制散热片和遮阳板。轻质的绿色玻璃没有绝缘功能，其作用是保护内部的通风过滤器。每层办公室都有阳台，也有可控制自然通风量的推拉式落地玻璃门。电梯间、楼梯间和卫生间均采用自然通风和采光，电梯间无须增压防火。

图 10-28 是其生态技术运用示意图。在屋顶上设置带有钢铝构架的遮阳篷顶,可以为游泳池和弯曲的健身房屋顶提供遮阳和过滤光线,同时为将来安装太阳能电池提供了场所。封闭的房间设置在平面中心,办公室则设置在外围,以保证良好的自然采光和通风效果。建筑的圆形平面保证了没有黑暗的角落。使用一系列的自动系统、设备和调节空气的植物来减少能源消耗。

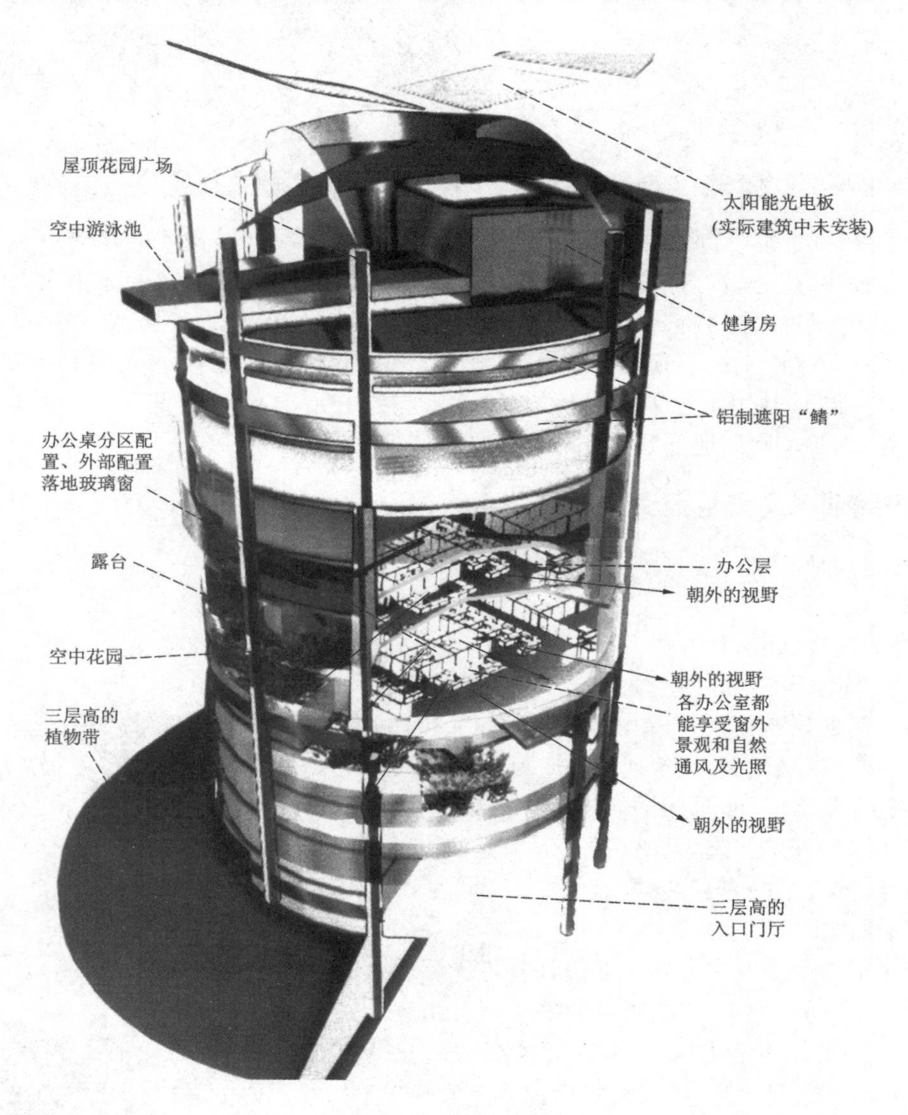

图 10-28 生态技术示意图

10.3.3 汉诺威 26 号展厅

建造地点:德国 汉诺威

竣工时间:1996 年

建筑总面积:25400 m^2

设计者:Thomas Herzog

汉诺威 26 号展厅，地处温带气候区，是受德国贸易组织 DMAG 委托所设计的“2000 年世博会的第一件展品”(见图 10-29)。整个展厅长 200 m，宽 116 m，横向截面平均布置成 3 跨(见图 10-30)。其舒展而动态的建筑外观体现出一种独具艺术性的技术，它在建筑结构和建筑能耗方面考虑了对环境的影响和可持续发展，是技术与艺术的完美统一。它被称为是世界上最杰出的贸易博览会展厅之一。通过将人工和自然相结合的通风设计，使其在建筑空调方面的投资费用减少 50%。大厅通过巨大的、面向北方的玻璃窗进行采光。同时，屋顶下端局部安装的镜面反射区可以将人工光与自然光反射进室内。

图 10-29　汉诺威 26 号展厅外观[58]

图 10-30　汉诺威 26 号展厅鸟瞰图

该建筑在大尺度的几何造型方面具有以下生态特征：一是具有适应大跨度空间的理想形式——悬挂屋面结构。二是具有代表性的断面形状，使功能性的空间高度足以呼应大厅的巨大面积，提供了热压通风的必要条件，在屋脊上考虑文丘里效应：有风时，文丘里效应对室内空气产生抽吸作用，无风时，烟囱效应实现热压通风，从而保证了良好的通风效果。三是自然光线可进入建筑物的大面积区域，同时又避免了阳光直射。明亮而不耀眼的光线是创造整个大厅空间品质的关键所在。四是天然可再生材料的应用。面积达到 20000 m^2 的屋顶选用木材作为屋面嵌板，不仅因为其造价低廉，更多是考虑到这种材料在降低能耗方面的优点。钢结构是一种轻型结构，同时钢材可以大量回收并循环利用。

该建筑在功能分区上将主要的部分——大厅分为两个区域：一是展示区，其空间宽敞，没有支柱，可以灵活布置；二是交通流动和服务区，位于展示区域之间，较为窄小。交通流动和服务区域设有脚手架状的钢柱，用来承受悬挂屋顶和水平方向上的荷载。其他的功能空间还包括三个餐饮中心、洗手间和技术用房，以及空调室和废水处理室，均设在大厅两侧的六个独立的立方体结构中。

新鲜空气既可沿着服务区的透明导管，通过位于 4.7 m 高的入口流入大厅，也可从地面处流入大厅，受污染且变热后上升，由屋脊处连续的折板排出。这些折板能根据不同的风向，以不同的角度单独开启，以确保有效的自然通风。这种作用方式通过固定出口处的水平条状构件得以增强，创造出一种文丘里效应。图 10-31 是该建筑的采光通风示意图。

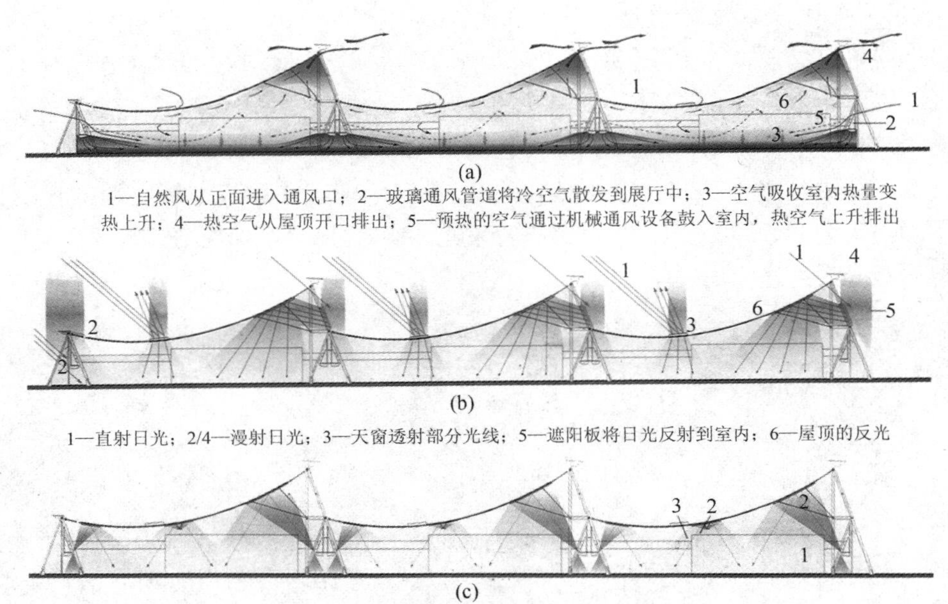

(a)

1—自然风从正面进入通风口；2—玻璃通风管道将冷空气散发到展厅中；3—空气吸收室内热量变热上升；4—热空气从屋顶开口排出；5—预热的空气通过机械通风设备鼓入室内，热空气上升排出

(b)

1—直射日光；2/4—漫射日光；3—天窗透射部分光线；5—遮阳板将日光反射到室内；6—屋顶的反光

(c)

1—通风管道中的照明设备；2—屋顶反射灯炮使光线均匀柔和；3—屋顶悬挂的发光带

图 10-31　汉诺威 26 号展厅采光通风示意图

(a)机械与自然通风系统;(b)天然采光系统;(c)人工照明系统

10. 3. 4　瑞士比尔公寓

建造地点:瑞士　比尔

竣工时间:1993 年

建筑总面积:1305 m^2

设计者:LOG ID. Dieter Schempp

这栋三层的私人住宅,地处大陆性气候区,由 8 套面积不同的套房组成。下面两层是小住宅,最上面一层是公寓式套房。公共屋顶是孩子们的游乐场,倾斜的屋顶与附近的建筑形式相一致(见图 10-32)。

建筑基址朝向东南、背靠陡坡,是典型的大陆性气候区,同时也正好符合 LOG ID 事务所有关太阳能环保建筑的选址概念。每个住宅单元都有一个阳光间(见图 10-33),它位于居室前方并与居室结合在一起。这些玻璃房花园虽然简单,却能最大程度地接受太阳能,同时还能扩大居室的空间规模。阳光间中所选择的植物是适于亚热带气候的植物,其中设置了标准的自动灌溉装置。植物吸收二氧化碳并释放氧气,同时减少了空气中的有害物质;它们通过土壤水分蒸发和遮阳作用,降低了夏季的室内温度。阳光间上下三层通高,并在第三层还高过了屋顶,以利于更好地吸收太阳能。

夏季,阳光间可作为热缓冲空间来使用。在炎热的白天,将温室与居室内部分隔开的玻璃拉门被关闭,为大型植物提供室内的阴凉。同时打开阳光间外部玻璃窗上的通风口形成烟囱效应,循环的气流可降低室内温度。夜晚,内外玻璃窗均打开,热循环将建筑物北面的冷空气经居室吸引到温室中,以降低室内温度(见图 10-34)。冬季,阳光间起到温室作用。在阳光充足的白天,室内空间和阳光间之间的玻璃窗均打开，太阳辐射热一部分加热室内空气，另一部分被保存在混凝土蓄热体中，用于夜间供暖(见图 10-35)。

图 10-32　瑞士比尔公寓外观[61]

图 10-33　阳光间内景

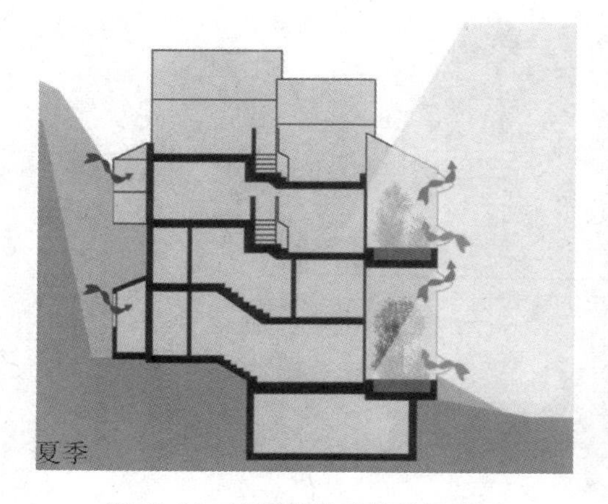

图 10-34　夏季被动式防热示意图

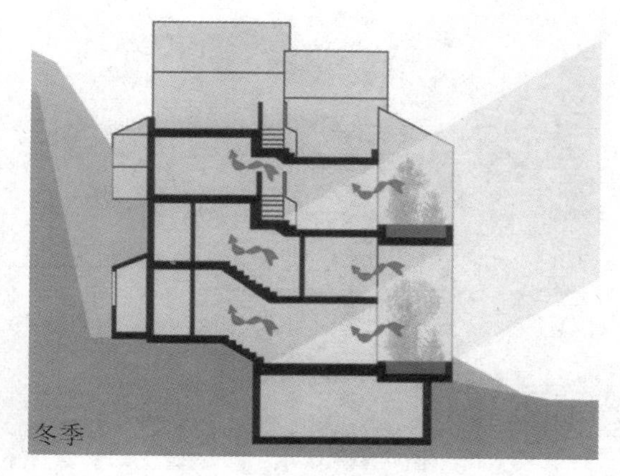

图 10-35　冬季被动式采暖示意图

10.3.5　爱奥尼克电信公司办公大楼(Ionica)

建造地点：英国　剑桥

竣工时间：1994 年

占地面积：4500 m^2

设计者：RH Partnership

爱奥尼克电信公司办公大楼东南侧外观见图 10-36，其首层平面图见图 10-37。这栋平面对称的办公大楼共有三层，并建有一个中央中庭。建筑的生态设计是采用“综合模式”的构思方法，将自然通风和机械通风有机地结合在一起，使其更加有效地利用能源、创造舒适的室内环境。

图 10-36 办公楼东南侧外观[34]

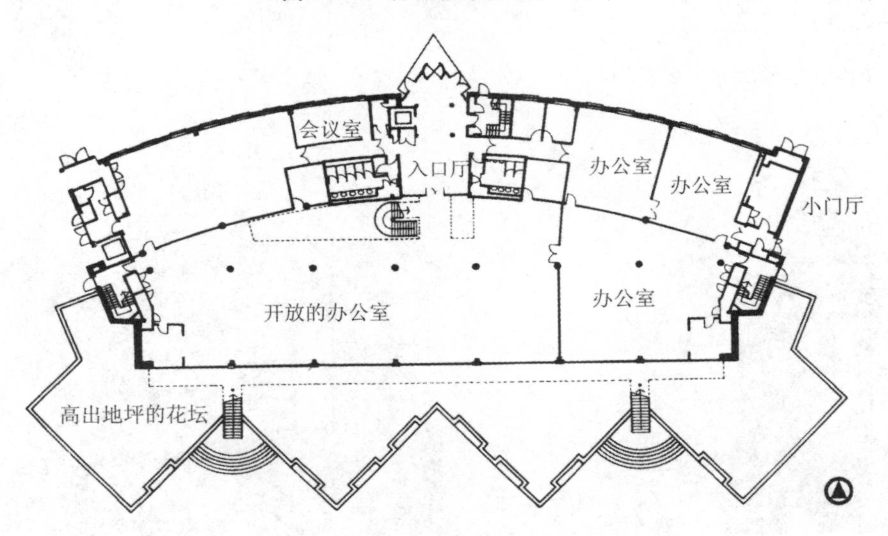

图 10-37 办公大楼首层平面图

中庭上设计了一排风塔,共 6 个(见图 10-38),形成烟囱效应,具有良好的自然通风效果。机械装置将置换过的空气通过地板进行输送。天花板上除了设置必要的防水层外,并没有设置吊顶,以利于室内空气和通过地板输送的空气间的良好对流。通过这些通风设计,使建筑成为一个"热调节器",白天吸收热空气,晚上空气温度降低后再排放出去。外界温度合适时,可以直接引入室外空气。其他时候则可以利用人工手段,根据具体需要对空气进行冷却或加热,以满足室内热环境的需要。风塔旁还安装了热回收装置,将不流动的热空气转变为新鲜空气,使其可再次利用。

这栋生态建筑的设计代表了目前英国办公楼设计的发展趋势之一,也是采用中技术取得良好生态效益的典型实例之一。它利用了能量守恒的原理,建筑更加人性化,并考虑了可持续发展的需要,实际操作具体可行,取得了良好的社会效益。

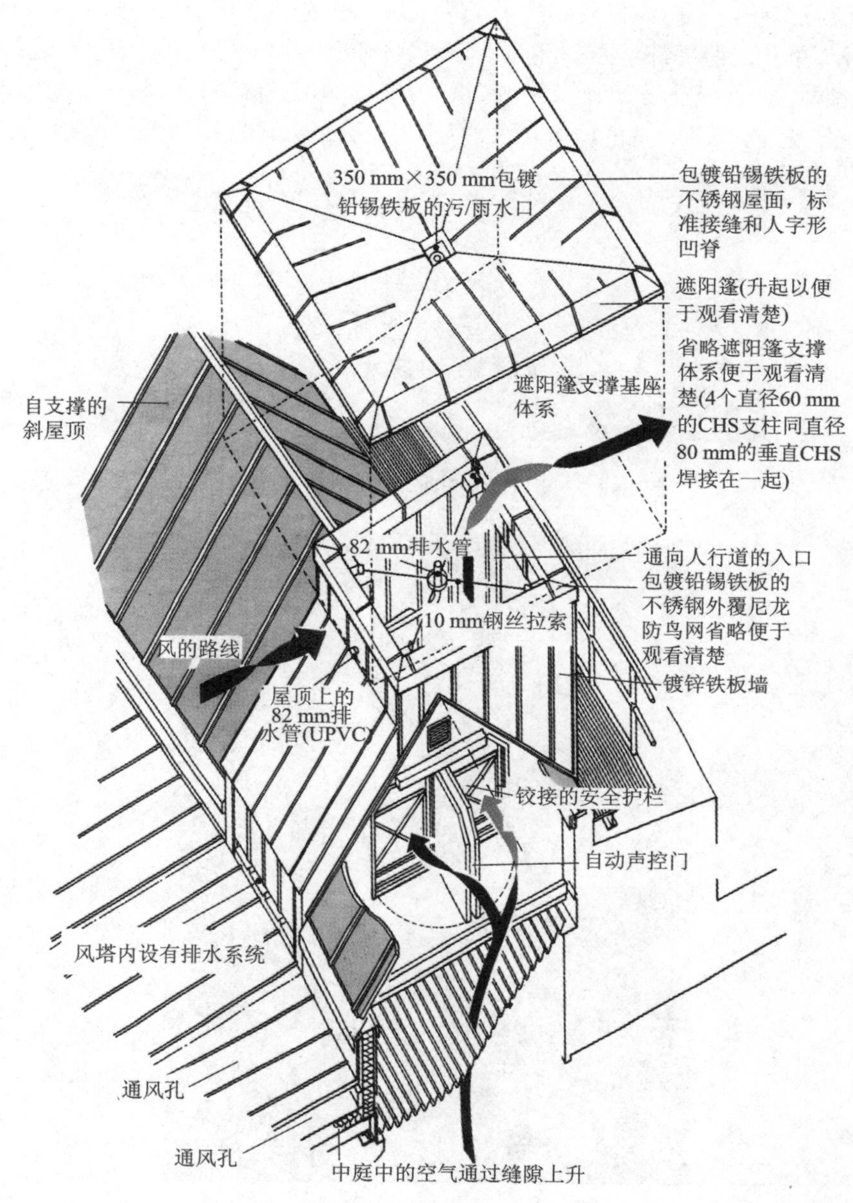

图 10-38　屋顶及风塔通风示意图

10.3.6　NREL 太阳能研究中心(NREL Solar Energy Research Facility)

建造地点：美国　科罗拉多　戈尔登

竣工时间：1993 年

建筑总面积：10683 m²

设计者：Jack DeBartolo Jr

这栋建筑是为美国能源部下属的国家可再生能源实验室而建的(见图 10-39)。建筑选址于南塔布山——科罗拉多州的一个海拔较高的半干旱地区。从整体上来看,该设计由 3 栋相邻的阶梯状单元组成,每个单元的前部都是办公区,后部是实验区。中间部分包括大厅、带平台的日光浴室、礼堂和会议室。办公区的光照设计十分巧妙,每间办公室都能直接采光,同时阳光可以通过阶梯形的采光通风窗照进屋内27.4 m远的地方,大大减少了办公区人工照明所耗能源(见图 10-40)。

图 10-39 NREL **太阳能研究中心西侧全景**[61]

图 10-40 办公区多层采光窗内景

实验室设有可调节的环境控制器、井式楼板和减振地板,采用良好的空气控制和高效利用材料等。同时考虑到可持续发展的需要,自由拼装的墙壁和灵活实用的网络使实验室能根据不同的研究需要扩大、缩小或者重新布置。

另外,在设计中还综合运用了太阳能的节能技术,使其每年可节约将近 20 万美元的运营成本。其中包括:“太阳能吸热壁”,它可以把热量散布到整座建筑中;感光遮阳窗能根据日照强度自动升起或降下;还有一个可循环利用建筑废热的系统装置,该装置吸收这些热量,并用这些热量来预热新风。

建筑的节能问题在某种程度上与建筑的日常管理、对楼内环境的关心以及对能源利用问题的认识程度密不可分。图10-41是该建筑节能与环境保护措施示意图。

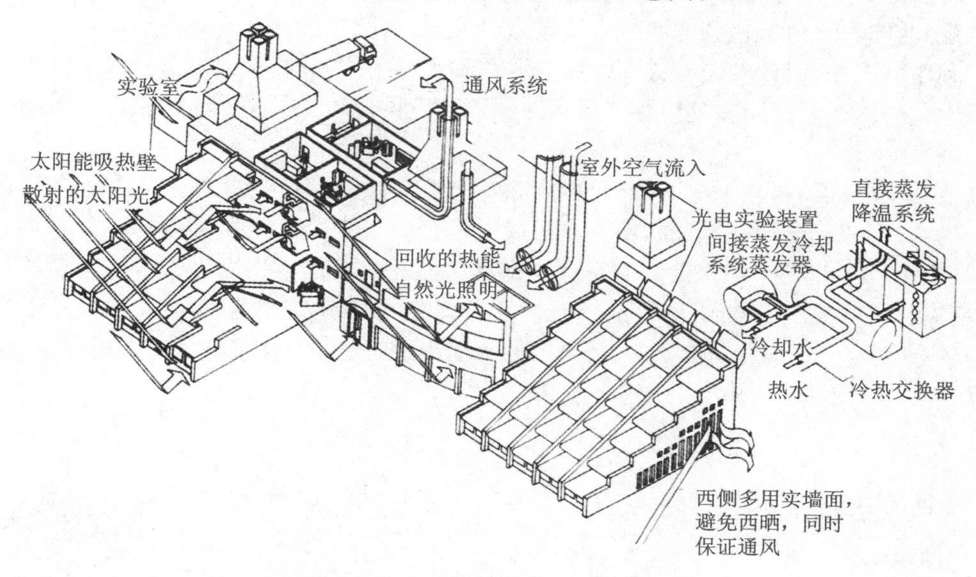

图 10-41 建筑节能和环保措施图解

10.3.7 奔驰公司办公楼(Daimler Benz Offices)

建造地点:德国 柏林

竣工时间:2000 年

建筑总面积:60000 m^2

设计者:Richard Rogers & Partners

坐落于柏林波茨坦广场上的三栋由罗杰斯设计的奔驰公司办公楼以其低能耗的设计赢得了人们的广泛关注(见图 10-42)。每栋建筑都力图最大限度地利用太阳能、自然通风和自然采光,以建造一种舒适的、低能耗的生态型建筑和环境。

图 10-42 办公楼外观[146]

东南方向的巨大开口成为这些建筑的重要特征,为了争取最大的采光量,开口宽度由下至上逐渐增加。转角的圆厅尽量通透,以保证阳光可以直达中庭深处。南向的坡地式绿色小环境提供了自然的开敞式空间,绿色植物调节室外微气候,并鼓励社会交往的开展。

除了利用朝向外,设计者还考虑到体量的通透和虚实搭配,并将审美观念从纯美学上升到了一个更加技术化的层次。遮阳在这里再造了因时间而变化的空间感受,同时保证了太阳能被最大限度地加以利用。

在商业铺面(底层)与其上的办公部分之间有一个空气夹层,它能调节空气流动,加上办公室可灵活开启的窗户和部分开敞的屋顶,使中庭形成了具有烟囱效应的自然通风系统,从而改善了中庭小气候(见图 10-43)。整个建筑的任何一部分都从功能需要的角度出发进行设计。据统计资料显示,罗杰斯设计的这座办公楼要比目前柏林大部分传统办公建筑更为经济,比如,人工照明减少35%,热耗减少 30%,二氧化碳排放量减少 35%。图 10-44 是办公室剖面和立面通风示意图。

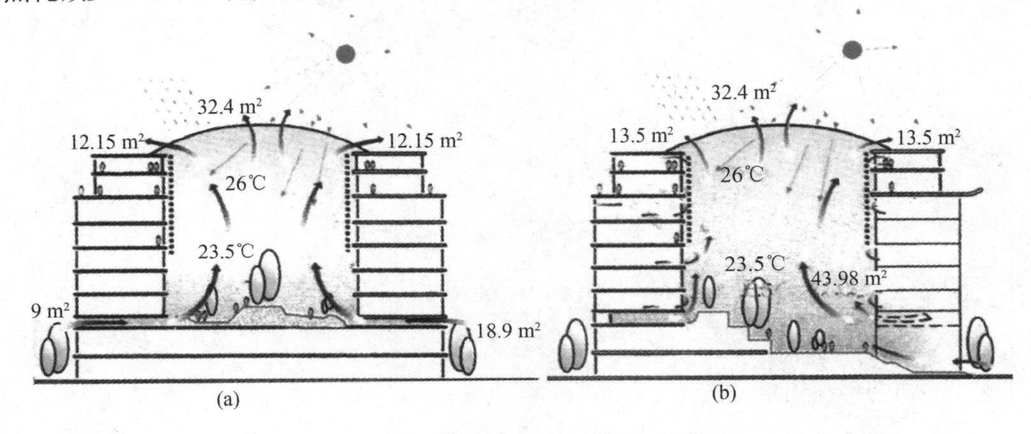

图 10-43 中庭剖面自然通风示意图

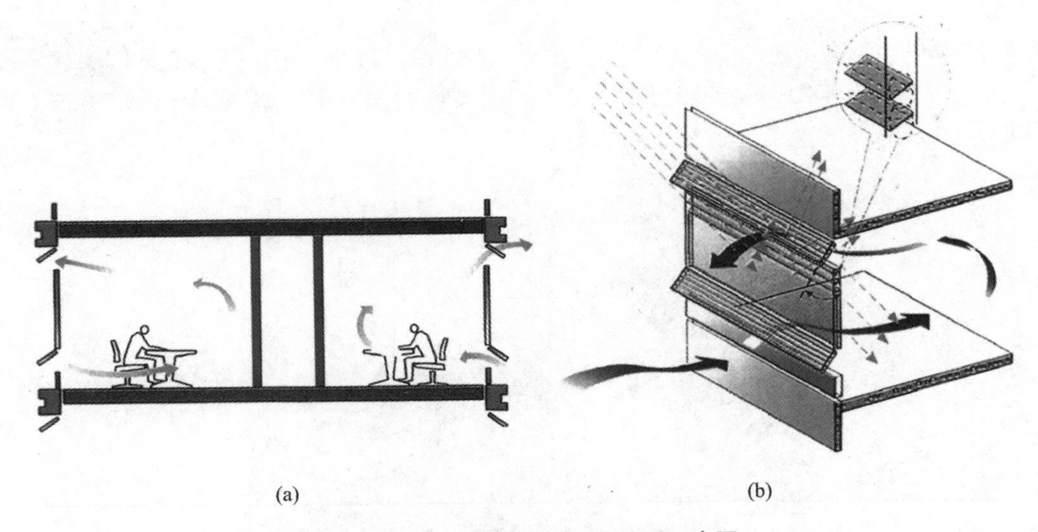

图 10-44 办公室剖面和立面通风示意图

(a)办公室剖面通风示意图;(b)办公室立面通风示意图

10.3.8　上海 BERC 大楼(上海市建筑科学研究院和实验室)

建造地点:中国　上海

竣工时间:2004 年

占地面积:1994 m^2

设计者:上海市建筑科学研究院

上海 BERC 大楼(见图 10-45)位于上海莘庄,是一个集办公室与实验室为一体的建筑,同时还设有绿色科技的展览空间。该建筑的总体技术目标:综合能耗为同类建筑的 25%,再生能源利用率占建筑使用能耗的 20%,再生资源利用率达到 60%,室内综合环境达到健康、舒适指标。为实现这些目标,BERC 大楼采用了四种外墙外保温体系、三种复合型屋面保温体系、多种遮阳系统、断热铝合金双玻璃中空 Low-E 窗、阳光控制膜、自然通风和采光系统、热湿独立控制的新型空调系统、太阳能空调和地板采暖系统、太阳能光伏发电技术、雨水污水回收技术、再生骨料混凝土技术、室内环境智能调控系统、生态绿化配置技术、景观水域生态保持和修复系统、同层排水系统、环保型装饰材料等众多新技术和新产品。上海 BERC 大楼除了采用上述一些高技术外,也用了很多中技术,主要体现在以下几方面。

一是总平面中水体和绿色植物的结合。中国传统建筑讲究与自然相交融,与环境相和谐。建筑师从传统的滨水建筑中汲取经验,将建筑物从建筑红线向后推移,在前方修建一个水池,使其成为建筑物与南面拥挤的街道间的缓冲空间(见图10-46)。在夏季,利用水池的蒸发作用给建筑环境制冷,并为使用者和参观者提供良好的自然的视觉效果。同时,这个水池也是一个可持续景观中水域处理技术的测试基地。除了水池以外,BERC 大楼还设置了几个屋顶花园,为工作人员提供舒适的休息场所,绿色植物还可以调节室内热环境的舒适性。

图 10-45　上海 BERC 大楼南面外观[148]

图 10-46　大楼南面的水体

二是借鉴传统建筑外延式屋檐遮阳。上海夏季炎热而冬季寒冷,同时全年的相对湿度也很大。为了减少夏季过多的太阳热能辐射,借鉴了传统建筑的外延式屋檐遮阳。根据太阳高度角的计算,动力式外部遮阳系统安装在南面的窗户上,第一层向后缩进,外凸的上部在夏季可以起到遮阳的效果,避免室内环境过热。由于北面有三层办公室,中央天井的玻璃屋顶朝南倾斜,太阳光可以在冬季照射到建筑物的北面。屋檐上看似装饰性的格子结构可以减弱强光的照射。

三是利用中庭采光和自然通风。在传统住宅内部通常通过高处的天井实现采光和通风,这个空间还可以帮助调节房屋内的微气候。借鉴这种传统的处理环境的方法，BERC 大楼在两排办公楼中间设置了一个绿化的中庭花园。中庭的玻璃屋顶保证日光能够直接照射到建筑物的内部。同时，形成了建筑内部的拔风效应，高处可开启的窗户还可调节建筑内空气的流通状况。在第三层屋顶上设有种植室，种植室顶部有一个排气孔装置，通过热压通风的形式将新鲜空气导入室内(见图 10-47)。

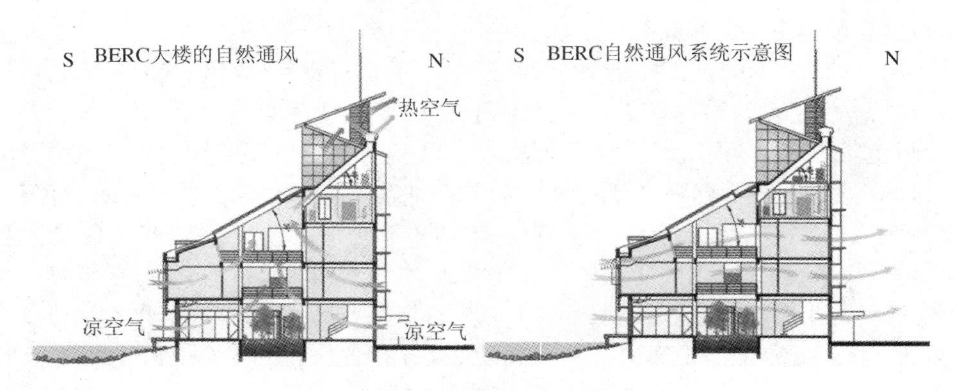

图 10-47 竖向拔风和穿堂风示意图

10.3.9 清华大学设计中心楼(伍舜德楼)

建造地点：中国 北京

竣工时间：2000 年

建筑总面积：7046 m^2

设计者：清华大学建筑设计研究院

清华大学设计中心楼位于清华大学校园内，是国内第一个将“生态型建筑”的理念用于办公楼设计的范例，在 1999 年首都城市规划建筑设计方案汇报展展出时，获得北京市十佳建筑设计方案奖及北京市建筑艺术创作优秀设计方案二等奖(见图 10-48)。该楼平面基本呈长方形，独立柱基，框架结构，地上 4 层，造型简洁明快、富有时代感，室内空间亲切宜人、朴素典雅。该楼在建筑设计上遵循可持续发展的原则，运用常规设计手段以实现“绿色生态建筑”的设计目标，主要设计策略如下。

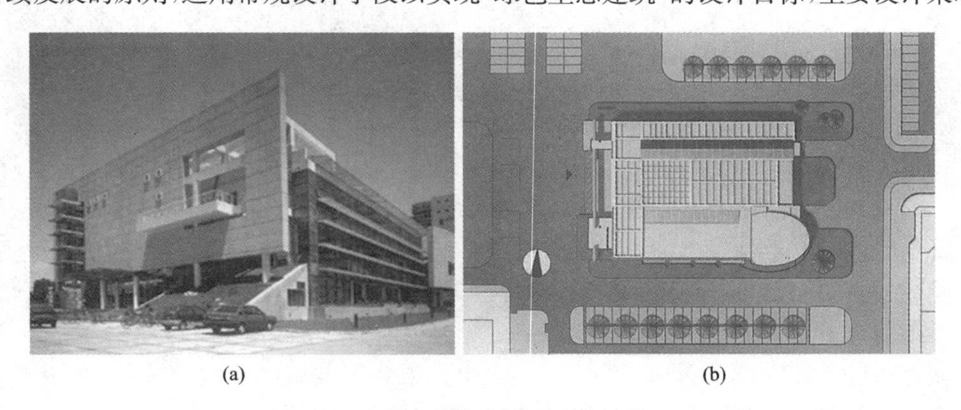

(a)　　(b)

图 10-48 清华大学设计中心楼

(a)西面防晒墙；(b)中心楼平面

一是利用热缓冲层和自然能源。在该楼的设计中，将具有保温隔热作用的“空气间层”的概念进行了延伸，设置了多处“缓冲空间”，有效地抵御或缓解了外部气候的不利影响，主要体现在以下几方面。在南向，设置了一个两层高的绿色中庭作为过渡空间，并在其中种植了大量植物（见图10-49）。中庭中的绿色植物可以隔离污染，提供新鲜氧气，调节气候，形成绿色屏障。中庭上部天窗开关可调，在冬季使中庭成为全封闭的大暖房，在过渡季节和夏季使室内空气流通。南侧的百叶遮阳板在夏季遮蔽直射阳光，使中庭成为一个巨大的凉棚。在西向，设计了一面大尺度的钢筋混凝土防晒墙。防晒墙与主体完全脱开，相距4.5 m，在夏季与春秋季节可以遮挡西晒的直射阳光，在冬季可以有效地遮挡西北风，在光照度大时还能积蓄热量形成保护层，从而有效地防止西晒给室内温度带来的影响。此外，防晒墙与主体间4.5m的空隙还有一定的拔风作用，有利于室内空气的流通。在屋顶这一水平方向上，使用了架空的顶棚，架空层内的热量能被空气流迅速带走，从而降低屋顶温度。在架空的顶棚上设置了太阳能光电板，既对屋顶起到了遮阳作用，又有发电功能，充分利用了太阳能这一用之不尽的清洁的自然能源。

图10-49　清华大学设计中心楼中庭内景

二是使用了遮阳板系统。设计中心楼南侧有大面积玻璃幕墙，为了防止太阳辐射给工作环境带来的不利影响以及对空调产生的冷负荷，南面采用了固定的遮阳板。各层遮阳板的间距和竖向百叶间距是根据北京各季节的太阳高度角和方位角计算得到的，夏季遮蔽太阳直射光，使阳光只能照进室内一米多的距离，减少了1/3以上的热辐射；冬季能使阳光照进室内六米多，将热量带进室内。

三是考虑无害化、健康化。设计中心楼除了利用防晒墙缝隙的拔风作用使室内空气自然流通外，在屋顶设置的两道天窗对工作间的换气、通风起到了很大的作用。在过渡季节，两道天窗同时打开，室内空气形成对流，作用十分明显。每年的过渡季节，通过自身的温度调节，两层大设计室室内温度基本在18～26 ℃之间浮动，平均为22 ℃，相对湿度保持在20%～65%，平均为45%，至少可推迟空调制冷与采暖的启动时间20天左右。设计中心楼在设计过程中，尽量采用具有环保效应的装修材料，经室内空气品质实测证明，主要室内工作活动场所的有害气体含量均低于国家标准的规定值。

四是从整体的角度考虑节能。设计中心楼除了采取以上绿色措施产生节能效果外，在照明系统方面，使用了节能灯具、分级设计、分区控制、场景设置等。在采暖通风系统方面，采用水-水热泵机组，回收室内人体及设备产生的热量供外区房间使用。另外，在新风机组中设置了转轮除湿机，防止室内空气中的细菌污染。还采用了楼宇自动化控制系统，对水电、消防、保安等进行自动控制和管理。

10.3.10 台湾成功大学绿色魔法学校

建造地点：中国　台湾

竣工时间：2011年

占地面积：4800 m^2

设计者：林宪德及其合作者

台湾成功大学绿色魔法学校是由林宪德教授及其合作者打造的中国台湾地区第一座零碳绿色建筑(见图10-50)。该大楼的设计强调节能、生态、减废、健康、平价，它不使用昂贵的高端科技，而是以“适当技术”“本土科技”“四倍数效益”为理念，展示亚热带地区绿色建筑的设计思想与设计方法。绿色魔法学校不仅取得了中国台湾地区绿色建筑评价体系EEWH的最高级——钻石级标章，而且荣获了美国绿色建筑评价体系(LEED)的最高级——白金级标章。它是全亚洲首个取得LEED白金级标章的教育大楼，也是唯一同时获得EEWH与LEED最高级标章的绿色建筑，2012年再次获得中国台湾地区工程师学会颁发的“工程优良奖”。该3层大楼占地面积4800 m^2，是全球第一座“亚热带绿建筑教育中心”，已成为拯救地球的环保教育基地，每天接待络绎不绝的参观者。据统计，仅2012年1—4月，参观人数已超过13800人次，每个月超过3000人次。

图10-50　台湾成功大学绿色魔法学校实景[149]

(1)“诺亚方舟”式外形设计。

绿色魔法学校不仅是要体现绿色建筑的设计理念和方法措施，更重要的是要成为拯救地球的环保教育基地。因此，在形式设计上为了意喻“诺亚方舟”，设计者把大量“船”的意象贯穿于该大楼的外形塑造中。该楼外观看起来既像星球大战的飞船，又像一艘不沉的航空母舰。飞船的顶上有一面120 m^2 的叶片形太阳能光电板，那是飞船的“舵”。屋顶的通风塔做成像附有烟囱的轮机指挥舱，所有栏杆、扶手、阳台也做成舰艇般的视觉感受。调节太阳能光电板角度的控制器，由特地从旧船货店取来的一个商船大轮盘做成。屋顶最上方放置了第二次世界大战期间重创38艘日舰的美国航母“香格里拉号”上的一盏探照灯。飞船屋面似“拿破仑军帽”，出挑很深，形成深邃的遮阳，可挡掉大部分进入室内的直接日射，因而可减少许多空调耗电。

(2)建筑设计节能技术。

绿色魔法学校在设计节能方面充分考虑了自然通风和遮阳。一是利用了“烟囱效应”和风压“拔风效应”，在屋顶上设计了三个大型通风塔和一个小型通风器。三个大的通风塔分别用于中庭、国际会议厅、博物馆浮力通风。小型通风器可随风向摇头，用于厕所管道间拔风。这些通风装置在冬季和过渡季节可以使建筑充分利用自然通风，在最大限度减少空调设备运行时间的同时，排除建筑室内产热和污染物，提高室内热舒适度和空气质量。绿色魔法学校在设计上还充分考虑了遮阳和适宜的开窗率。二是设计屋面大出挑遮阳，塑造了“诺亚方舟”最奇特、最优美的造型。安装于西向正面楼梯阶的金属铝百叶板，既可遮阳又可通风防盗。一楼西南角办公室与展览室有强烈的日晒，设置了静音电动遮阳百叶窗，解决了眩光、日晒与空调耗能的困扰。另外，屋顶绿化和叶片状光电板也起到了屋面遮阳的作用(见图10-51)。

(3)建筑设备节能技术。

绿色魔法学校在空调能耗设计方面，首先通过严格的空调分区，进行动态空调热负荷解析，制定有效的节能管理机制，选用当时世界上最高效的空调主机和冷媒系统，使用空调箱变风量系统、冰水泵变水量系统、室外二氧化碳浓度控制系统、全热交换器系统，以及建筑能源管理系统BEMS。在不增加设备总投资的情况下，可节省50%以上的空调能耗。绿色魔法学校在照明方面采用高发光效率的设备。在办公室采用冷阴极管(CCFL)照明调光控制系统。在国际会议厅采用陶瓷复金属灯与冷阴极管混用设计。冷阴极管不仅发光效率高，寿命长，而且可随室外光的明暗渐变，节能20%左右。陶瓷复金属灯的显色性可达95%，发光效率是一般T8灯管的1.5倍，照明省电约为40%。在绿色魔法学校的办公室内安装了吊扇，其与空调设备联动。当室外气温低于27 ℃时，开启门窗进行自然通风；当室外气温在27～31 ℃时，开启吊扇就能使室内环境达到热舒适的要求；只有当室外气温高于31 ℃时，才启动空调进行制冷。这一措施可使办公室全年空调运行时间减少90%以上，节能效率为76%。另外，在绿色魔法学校的屋顶设有120 m^2 的叶状太阳能光电板，其角度可随季节变化，通过下方的转轮进行调节，平均一年可以产生22500kW·h电。在太阳能光电板旁，还设计了小型航空涡轮风力发电，其与太阳能发电板一起可节能5%。采用上述节能措施后，绿色魔法学校的总体节能效率达到64.8%(见图10-52)，按40年寿命周期，从建材生产、运输、营建、使用、拆除到废弃物回收处理，计算其二氧化碳排放量，发现它比一般公共建筑碳排放量降低51.7%。

(4)生物多样性设计。

绿色魔法学校生物多样性设计主要体现在以下几个方面。一是在方案设计和建造中，保留了一棵百年金龟树和数十年树龄的樟树。在一楼南面庭院，特别种植了耐旱、耐强风、耐盐、耐污染、生存能力强的苦苓。苦苓叶片像羽毛一样轻飘，春天时紫花开满树枝，飘出淡雅清香。苦苓还有驱虫能力，可提炼出防治病虫害的物质。二是建造了生态水池和自然农园。在绿色魔法学校的南边，建造了一个生态水池以及处理厕所二级污水的人工湿地，以提供丰富的水生植物与鱼虾栖息地。在湿地旁边，以枯木、竹管、咾咕石建造了三面充满孔隙的洞穴、布满蔓藤的乱砌墙以供低层次生物

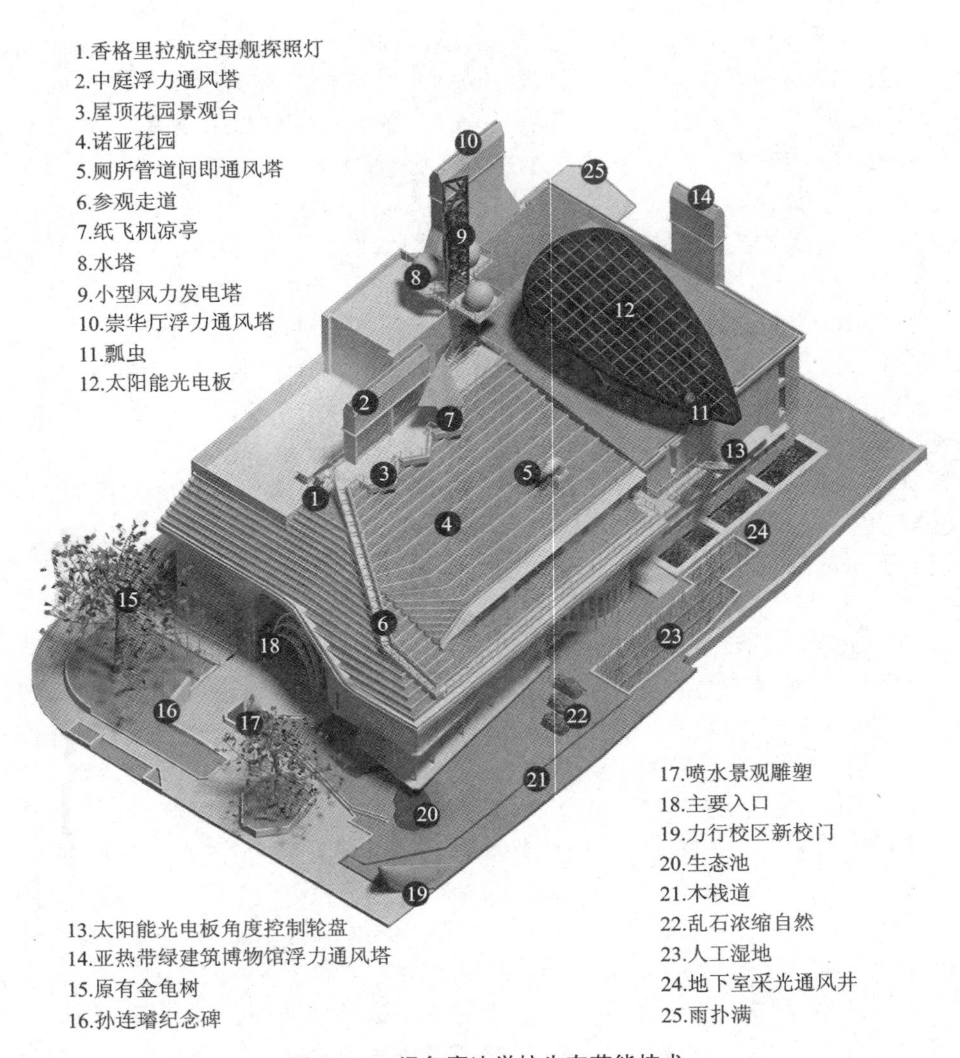

图 10-51 绿色魔法学校生态节能技术

栖息生长。在人工湿地旁边,特地留有一片菜园,期待以自然法则来种植蔬果,让师生在体验劳作辛苦之余,吃到零运输、零污染、零碳足迹的农作物,实现绿色设计与绿色生活相结合。三是在屋顶建造了“诺亚花园”。绿色魔法学校屋顶采用梯田式屋面绿化,植物由九种耐脊、耐风、耐盐、耐污染的多年生本土草灌木组成,包括多肉植物类的彩虹竹蕉、锡兰叶下珠、彩虹棒兰、黄边短叶虎尾兰、迷你麒麟花,以及非多肉型植物黄金露花、矮仙花、翠竹草、马樱丹。屋顶蓄水采用了“淤泥再生陶粒”为土壤的组合花盆,以及储水槽式组合花盆,它们都有优异的蓄水、保水能力,足够提供耐旱植物二至三周的需水。屋顶“诺亚花园”起到了良好的屋面隔热效果(见图 10-53)。四是雨水收集和透水铺地运用。绿色魔法学校强调土的肥料存蓄、水分涵养和雨水收集利用。在绿色魔法学校旁边的大马路广场,采用 JW 工法设计,以此工法施工的生态道路,具有施工易、强度高、透水佳的特点,还具有净化空气之功效。地砖采用梯形体设计,受力面积大且不易塌陷。地砖间设有小孔供雨水流入下面的土壤,形成良性水循环,使地砖下面温度不会太高而且有充足的水

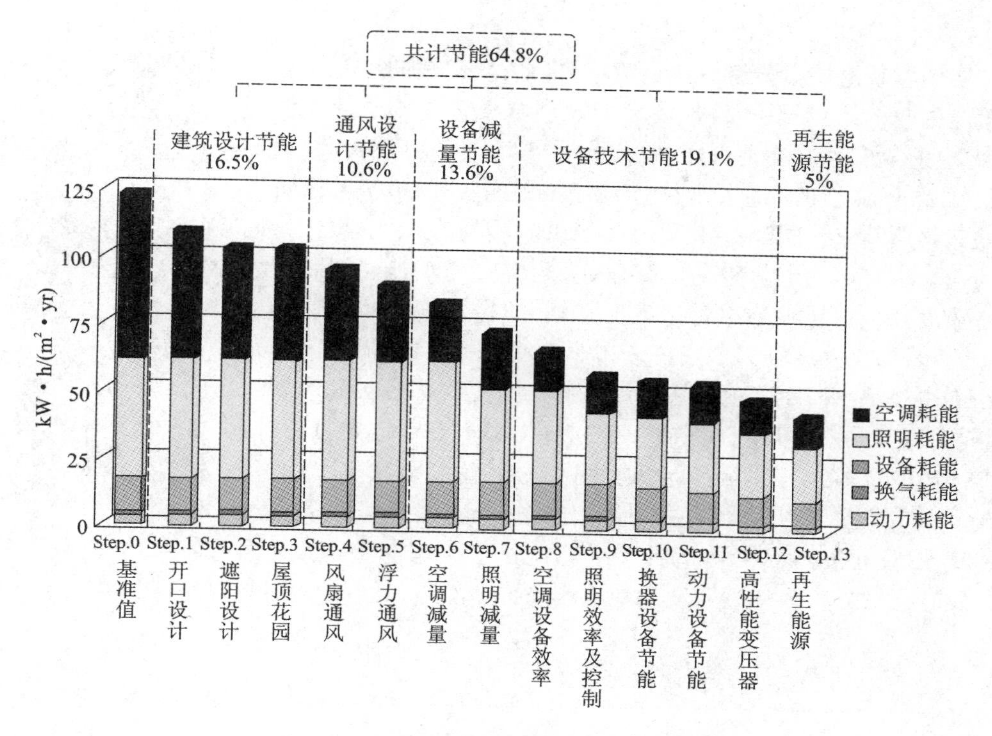

图 10-52　绿色魔法学校各种技术节能效果

源供生物生长。它既可让重型交通工具通过，又使土壤水循环顺畅，实现重型交通工具通行与土壤生态共生。在东面楼梯结构处，设置了用于屋面雨水收集的“雨扑满”，能进行植物灌溉或冲洗厕所，它和同样大小的办公大楼相比可节水 50%。五是建造野生林地和亚热带雨林。为了进一步达成“零碳建筑”的最高理想，学校特别拨出 4.7 hm² 的校园户外空间为造林之用。人造林将吸附绿色魔法学校每年所排放的二氧化碳总量，从而实现真正的“零碳建筑”。

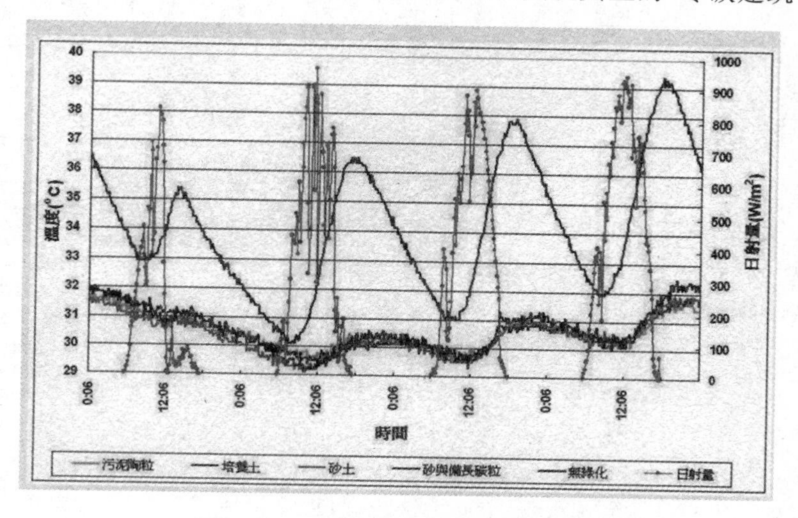

图 10-53　绿色魔法学校屋顶绿化隔热

(5)材料及其他技术运用。

图 10-54　壁画与大象遗骸

绿色魔法学校采用百分百绿色建筑材料。大楼利用的水泥混凝土是用炼钢厂回收的高炉石粉,替代高耗能及高二氧化碳排放的水泥用料。油漆用的是纳米漆,不含甲醛,没有重金属。淤泥烧成的陶粒吸水性强,替代了隔间墙里的钢筋混凝土。地毯是用回收呢绒做的,窗帘则由回收的塑料瓶制成。国际会议厅的夹层墙内,埋有一千多包作为调湿材料的多孔木炭。它们具有防潮除湿、吸附异味的功能。国际会议厅厅堂音质设计采用巧妙的声音扩散反射体,使得主席台的普通讲话在最后一排也可以清晰地听到,声能分布非常均匀,没有任何回声和杂音。厕所的洗涤采用脚踏式通水设备,使用方便,可将水资源的浪费降到最低。在太阳能光电板缘上设计一只红色小瓢虫,它专心啃食绿叶,展示人与自然的完美结合。厕所拔风器采用金钱豹的豹纹,让人联想到野生动物的存在。在中庭一层摆放了雅美族传统捕鱼船和大象遗骸,在中庭二、三层墙面雕塑 200 m^2 的各种野生动物壁画(见图 10-54),形成“诺亚方舟大壁画”,使参观者印象特别深刻,真正起到了地球环保教育基地的作用。

10.4　高技术生态建筑实践

10.4.1　巴克莱卡公司总部(Barclaycard HQ)

建造地点:英国　北安普敦

竣工时间:1996 年

建筑总面积:37500 m^2

设计者:Fitzroy Robinson Limited

图 10-55　巴克莱卡公司总部南侧全景图[61]

巴克莱卡公司总部是当代英国低能耗、混合模式写字楼的典范(见图 10-55),地处温带气候区,建筑成本 3700 万英镑(加 500 万英镑的准备费用)。该建筑位于英国中部北安普敦近郊的一个商业园区内,气候为典型的温带气候,夏季气候比较温和,但冬季则相当寒冷。建筑内容纳了 2300 位公司员工,同时还有其他特别的要求,因此大量电脑等电子设备的广泛使用使得内部热荷载较高。

该方案包括两排 15 m 宽的可以自然采光和自然通风的开敞办公区,中间是一条 9 m 宽的带形玻璃中庭。建筑北面建有一个人工湖作为微气候环境的调节装置(见图 10-56),玻璃幕墙的主立面面向湖面;南侧立面由现浇混凝土板和石板组成。混凝土框架结构内部中空,以容纳各种管线。另外由混凝土拱腹形成的顶棚产生巨大的吹拔效应。每层的净空较高,通过建筑结构体自身的热学性能还可为建筑提供自然热平衡。

大楼的运行按照三种季节模式来操作。春秋两季,自然风通过打开的窗户进入室内,经过办公室到达门庭。夏季,通过地板的缝隙输送机械风,到了晚上还起到净化的作用。如果需要进一步降

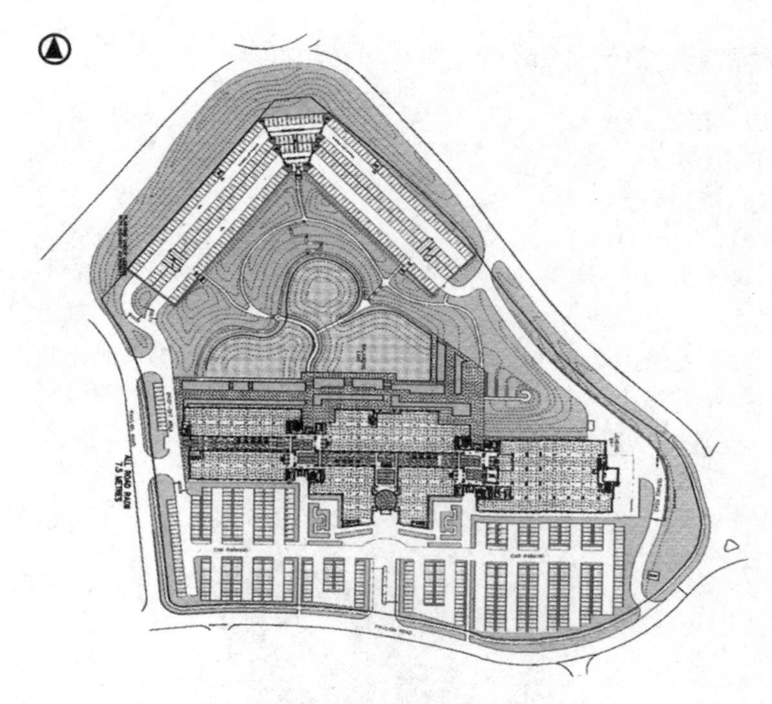

图 10-56　巴克莱卡公司总部总平面图

温则通过天花板中的管道将热空气经湖水冷却后再循环至室内。冬季，利用天然气锅炉通过环形管道为各个建筑空间提供热量。

良好的自然采光可以通过窗户和中庭进入室内的各个角落。人工照明只是在必要的情况下才采用，而且由高频整流器和感光设备控制光的开闭。通过适当的进深、内庭院、中庭及充足的层高和混合模式的能源体系节约能源(见图 10-57)。检测结果表明，这栋绿色生态办公楼 95%的面积有自然通风，100%的面积有自然采光，并在二氧化碳排放控制方面取得了相当好的成绩。

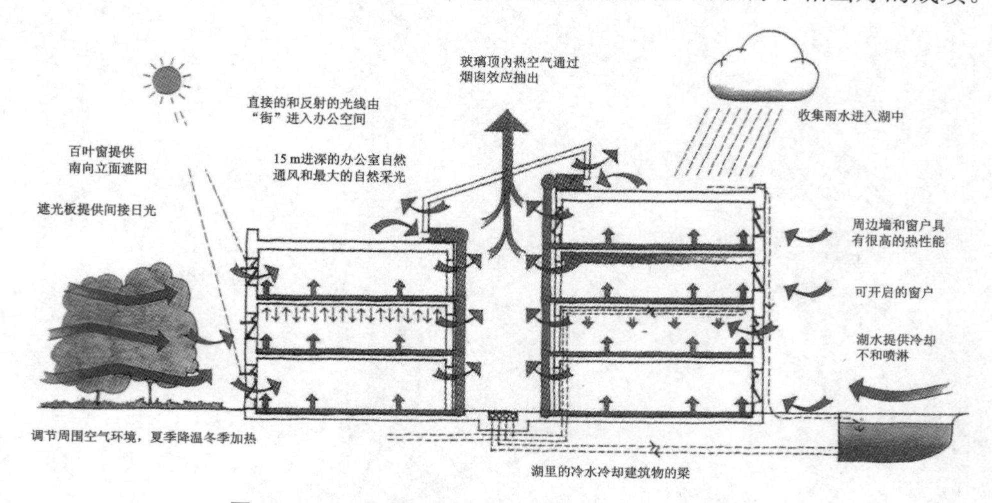

图 10-57　建筑横剖面图上的混合式能源利用示意图

10.4.2 法兰克福商业银行(Commerz Bank Headquaters)

建造地点:德国　法兰克福

竣工时间:1997 年

建筑总面积:130000 m²

设计者:Foster & Partners

这座银行大厦被誉为世界上第一座生态摩天楼(见图 10-58)。三角形的平面类似于在一主杆上开出的三瓣花。花瓣外边长约 60 m,略外鼓,以获得更多的内部空间。其中的每一个办公室都可以自然通风和采光。花瓣中心为一个高大的中庭,以其良好的拔风效应为整座建筑提供自然通风。作为标准层的三个花瓣中,有两瓣是办公区域,另外一瓣则是空中花园(见图 10-59)。福斯特自称这一设计是“世界上第一座活着的、能自由呼吸的高层建筑”。

图 10-58　法兰克福商业银行建筑外观[61]

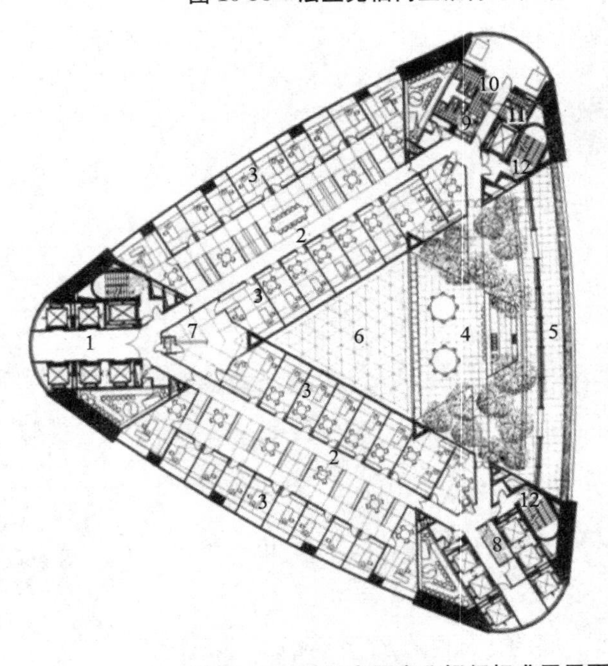

图 10-59　法兰克福商业银行标准层平面图

在三角形平面的角落配置电梯、楼梯间以及服务设施，为建筑中央留下最大限度的自由空间。主体结构也位于三个角落中，使得办公区域和空中花园均是无柱的自由空间。

该建筑共有53层，高300 m，主入口位于北侧，与建筑中的冬季花园和餐厅相连。其中，52层的建筑被划分为3个组，每组包括12层的单元办公区域，每个单元办公区域都带有一个4层高的空中花园。9个空中花园平均分布于三角形的每一边，分别朝向东、西、南，并在竖向上相互交错。空中花园和中庭(见图10-60)一起为建筑内部提供自然通风。建筑同时也配备有机械通风系统，以备不时之需。在建筑外围护结构的设计方面，为了节约能耗，设计采用了双层外墙系统。当建筑处于机械通风模式下时，新鲜空气通过双层外墙间的夹层吸入室内。最外层墙体上有开口供新鲜空气进入两层外墙之间的空腔，而可开启的窗户则设置在内层墙体上。这样一来，即使是最高层办公室的窗户打开，也不会受到强风的吹袭，且能获得自然通风。同时，朝向中庭一侧墙体的窗户也是可以开启的。

空中花园也由建筑外墙围护起来，其中种植的植物种类非常丰富，植物的栽培根据其朝向而有所选择，朝东的花园种植东方植物，南侧种植地中海沿岸植物，朝西的花园则种植北美的植物。透明外墙、花园和中庭为办公室提供了充足的自然采光，同时大大改善了办公环境，有益于办公人员的身心健康，从而提高工作效率。

图10-60　大厦中庭内景

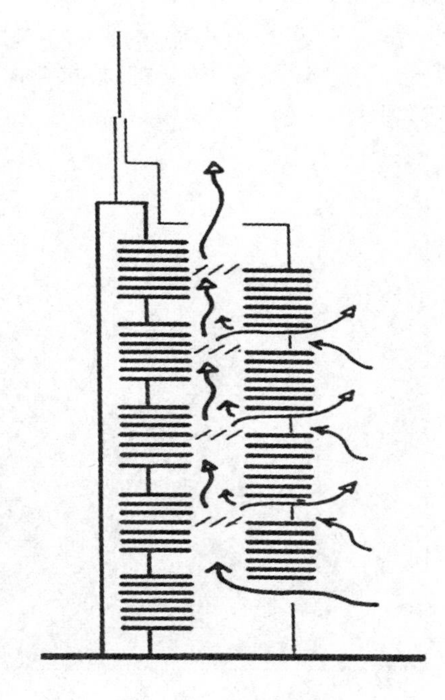

图10-61　通风示意图

建筑采用智能管理控制系统以提高能源的使用效率，保证了通风、供暖、降温和照明给人的舒适感。在设计过程中，建筑的三角形平面布置也考虑了高处风对建筑的影响，凸出部分迎向来风，可减弱风对大楼的压力，同时，三角形的角和边使用圆滑曲线，有利于风的流动，减少对风的阻力，避免因风产生强力涡漩效应。建筑模型经过了多次风洞实验和计算模拟，以验证在当地气候条件下各季节的风对建筑内部的影响。图10-61是该大楼的通风示意图。建筑降温是通过天花板中的水冷系统来完成的；供暖则是由对流式散热器提供。除去计算机系统的自动控制外，各办公室的使用者也可以在一定的温度范围内人工干预室温。超高层建筑往往因为巨大的能耗而为人们所非议,这座大厦在这方面体现出了积极的回应。比如在一年大约三分之二的时间里,人们都可以通过开启内部窗户进行自然通风;在极端的气候条件下,自动控制装置才关闭所有的窗户并开启机械通风系统。

10.4.3 德国盖尔森基尔兴科技园区(Gelsenkirchen Science and Technology Park)

建造地点:德国　盖尔森基尔兴

竣工时间:1995 年

建筑总面积:27200 m^2

设计者:Kiessier & Partner

这座大楼是众多富有想象力的建筑之一(见图 10-62),地处温带气候区,建筑成本 2860 万英镑。此种建筑形式由艾姆舍公园(Emscher Park)国际建筑展览会(IBA)首创。该建筑已成为 Rheinelbe 科学园的轴心,其总平面图如图 10-63 所示(圆形建筑未建),建筑西立面的前方正对一个用来收集雨水的湖面。沿大楼东面一线排开的是研究院的 9 座小楼,长长的玻璃拱廊将它们联系起来,共同形成园区内的主要建筑体块。300 m 的拱廊是包括商店和咖啡厅的共享空间,从这里可以眺望楼下的湖面。

图 10-62　德国盖尔森基尔兴科技园区西侧拱廊[61]

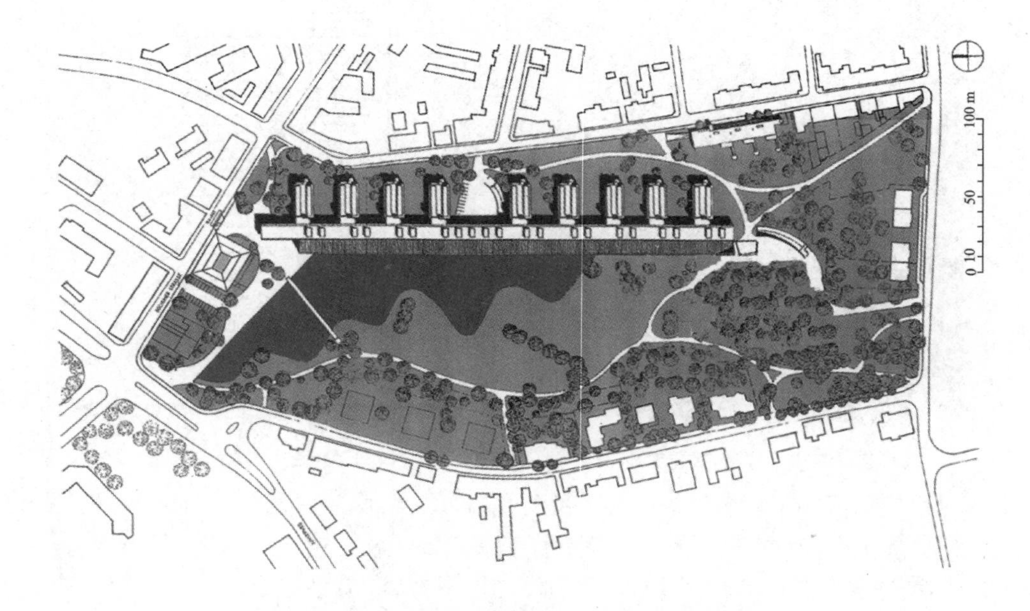

图 10-63　德国盖尔森基尔兴科技园区总平面模型图

精确地预算和有效地进行能源管理是该设计的两个中心问题。拱廊墙面装有可开关的隔热玻

西德和东德统一后，德国政府决定迁都柏林。政府为国会大厦的增建、改建举行了公开的国际性设计竞赛，最后福斯特事务所的设计获得了青睐。设计主要包括了四个方面：民主力量的明确象征；民主政府的开放、亲和的形象；对古建筑的保留和表现；低能耗的、面向未来的、可持续发展的建筑。

福斯特素来以高技派的设计手法著称，这次的国会大厦改建也不例外。他保留了原有国会大厦的建筑外围造型，但把整个建筑内结构以钢结构体系代替，同时空间功能的布局也根据现有的需要而全部重新设计。经过福斯特的大手笔处理，国会大厦这一古老庄严的建筑外壳里包裹的是一座现代化的新建筑（见图 10-70）。

图 10-70　德国新议会大厦外观[146]

中央穹顶在第二次世界大战中被毁后未能重建，福斯特则创造了一个全新的玻璃穹顶（见图 10-71）：其内为两座交错走向的螺旋式通道，由裸露的全钢结构支撑，参观者可以通过它到达 50 m 高的瞭望平台，眺望柏林的景色。夜间，穹顶从内部照明，为德国首都创造了一个新的城市标志。福斯特的这一处理既满足了新的功能要求，又赋予这一古老建筑以新的形象。出色的能源策略是福斯特击败其他对手的重要原因，具体体现在以下几个方面。

图 10-71　玻璃穹顶内景

一是玻璃穹顶的自然通风、采光和能源应用。锥体上的反射板能够将自然光漫射入议会厅内，其上装有太阳追踪装置以及可调整的遮阳系统，在提供充分、柔和的自然光照明的同时还可以防止太阳辐射热，减少室内热负荷。在冬季以及夏天的早晨和傍晚，太阳高度角偏低，遮阳系统可移动到适当位置，引导太阳光线进入室内。在夜间，室内的照明光线可通过玻璃穹顶充分反射到室外，营造出柏林城内独特的灿烂夜景。与玻璃穹顶顶端直接相连的是一个造型奇特的玻璃锥体，锥体本身就是一个贯通室内外的通风管道，管道的拔风作用可排出室内热空气，并通过热交换器将空气中的余热回收利用。新鲜空气缓慢进入室内的各个角落，然后变热上升，再排出。这一举措对室内人员的舒适感很重要，而且还减少了通风产生的噪声(见图 10-72)。

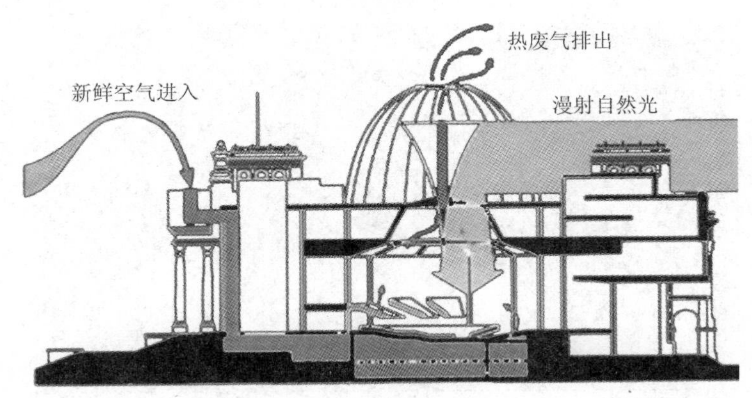

图 10-72　德国新议会大厦通风采光示意图

二是合理利用能源以及防治空气污染。柏林在夏天十分炎热，而在冬季则非常寒冷，为这座容纳 5000 多人的大厦供暖和降温都将消耗大量的能源，并产生惊人的污染。旧国会大厦安装的燃油发电机在 20 世纪 60 年代每年大约产生 7000 t 二氧化碳。而老建筑中新建筑可以利用的资源是其厚重的外石墙，由于外石墙有良好的保温隔热性能，这为使用被动式系统来控制室内温度提供了良好的条件。由于庞大的体量而使老国会大厦本身拥有巨大的热容量，与传统手法相比，回收、存储并循环利用这些热能可减少 30%左右的能源消耗。新大厦不再使用石油、煤炭等不可再生的能源，而是使用植物油(这一设计中具体采用的是菜籽油)作为热能工厂的燃料。使用这一燃料的另一好处是大大减少了二氧化碳的排放量(预计每年比使用石油或煤炭提供等量能量所排放的二氧化碳减少约 440 t)。穹顶上安装有 100 余块太阳能电池板，用来给通风辅助装置和百叶驱动装置提供电能。在高峰时期，这一太阳能电池组能产生约 40 kW・h 的电力，配合菜籽油发电系统等，总共可以减少 70%的二氧化碳排放量。大厦自带的热能工厂所提供的能量在满足日常供暖或降温需要后，剩下的将被用来加热从深达 300 m 的地下蓄水层中抽出的地下水，然后再送回地层中存储。绝热性能良好的地层能有效地防止这些热水的热损失。在冬季，地下水被抽出来为室内供暖；在夏季，地下水则用来为制冷设备提供冷却水。地下蓄水层中的冷水在炎热的天气则可抽取出来作为天花板冷却系统中的冷却剂使用。

三是窗户采用双层玻璃结构。窗户的开闭可以由人工的或自动的方式来控制，外侧窗采用热反射玻璃，它和内侧玻璃之间有一个绝热空气层，内侧窗户的内部还配置有遮阳百叶。窗户的自然换气量根据室外条件的不同而调整，换气次数范围为每小时 0.5～5 次。

古老的柏林国会大厦在改建之后，通过可再生能源的使用、回收废弃物和能量，以最小的环境代价创造出一个四季宜人的舒适环境。建筑设计充分利用了自然光照明和通风、混合式能源使用系统，从而减少了能源消耗，提高了能源利用效率，降低了维护管理费用，使得国会大厦的热能工厂在满足自身能源需要后，还可以向周围的建筑提供电能。作为最重要的政府建筑之一，它"以身作则"地实践了环境保护政策和可持续发展的原则。

10.4.7　BedZED 零能耗生态村

建造地点：英国　萨顿

竣工时间：2002 年

占地面积：1.7 hm^2

设计者：Bill Dunster 建筑师事务所

BedZED 生态村是一个多功能的城市开放项目。设计者希望在确保现代化城市生活的先进条件的同时，通过更加简单、低投入、可持续发展的建筑设计，让人们可以生活在舒适、环保、节能的居住区中。该项目由 82 套住宅、2500 m^2 的工作场所、商店和其他社区设施组成，占地面积 1.7 hm^2。生态村共容纳 244 户住户，限定在 3 层高的宜居尺度以内，达到了每公顷 148 户住户的居住密度（见图 10-73、图 10-74）。

图 10-73　BedZED 零能耗生态村设计模式[150]

图 10-74　BedZED 零能耗生态村实景

BedZED 生态村的"生态覆盖区"比同等规模的居住区低两倍多。它考虑到了从小规模到全球范围内的可持续发展的各个方面，包括时间因素。BedZED 生态村不但能够使能源在使用过程中不释放任何二氧化碳，还符合紧密联系与相互依赖的经济、社会和环境等方面的指标。综合来看，BedZED 生态村的生态因素体现在以下几个方面。

一是合理的经济投入。BedZED 生态村的经济策略是基于"自给自足"和"最大可能地利用其自然资源和人力资源"这两个主要原则而确立的。建设时利用相对小半径区域内的能源和材料，减少运输给环境带来的影响，并支持区域经济的发展。BedZED 生态村旨在扶持地方就业，它提供了 200 个工作机会，以及商场、咖啡馆和托儿所等需要雇员服务的场所，为地方经济带来了活力。

二是健康和谐的社会环境。BedZED 生态村的组成体现了不同的社会化阶层，它包括了社会住宅、出租住宅和私有住宅等 82 套住宅。此外，在 BedZED 生态村的建筑共有四种不同的类型，其中每一种又可以通过不同的分割形成不同的居住模式，从小公寓到四间卧室的联排住宅。不同居住面积、不同使用期限的广泛覆盖面，以及较高的民众可负担比例（高达 2/3），为 BedZED 生态村提供了健康的社会环境，也保证了收入阶层和工作背景的多样性，以及家庭类型的多样性。除了为不同阶层、不同年龄的人们提供工作机会外，在保障居住环境生动性的同时，也为人们提供了安全感。居民的日常生活通过社区设施的装备得到了很大的改善，比如运动区、咖啡馆和幼儿管理中心等。新村广场为居民和周围社区提供了开放的活动空间。这个中心区域使社会关系得以形成，并提供举行公共活动的场所，从而建立并巩固了社区内的社会生活和凝聚力。

三是自然环境的保护。BedZED生态村最大限度地利用了能源，并将对环境的影响降到最低。首先，BedZED生态村是在一个旧污水处理厂的工业废址上兴建的，通过利用废地使它有了新用途，这样就体现了保护周围农田，同时对城市环境影响最小化的作用。其次，实施“绿色出行计划”，期望在10年内降低50%的汽车耗油量。BedZED生态村是混合功能的项目，它为住户提供各种生活设施和工作机会，并降低日常交通的需要；BedZED生态村为了鼓励居民步行，特别关注当地环境的建设，保障步行道安全感，并赋予人行道以优先权。路面设计使机动车车速不得不降低到步行的速度，所有道路都有良好的照明。设置方便的自行车存放处以鼓励居民使用自行车。BedZED生态村有两条公交路线，通向附近的城市中心和两个火车站。生态村内为居民提供按小时租赁的汽车服务，以避免私家车的高额费用。另外，建筑物上777 m^2 的光电板发电能满足40辆电动车的能量需求，并希望在10年内使电动汽车的拥有量达到这一规模。

四是零能耗目标的实现。通过降低能源需求和利用当地的可再生能源实现零能耗的目标。建筑布置和建筑材料以及采暖制冷等都致力于降低能源消耗。建筑物的设计，尤其是剖面设计，经过高度优化，能够最大限度地被动式利用太阳能。北立面大面积的三层玻璃天窗可以提供充分的自然采光，从而降低了人工照明的需要。位于另一侧的住宅，可以更好地吸收南向的阳光和有效利用被动式太阳能。此外，将工作场所置于阴影区，可以减少过度受热的可能性，同时降低人工机械通风系统和空调系统所需要的能耗。

该项目根据所处的纬度进行采光窗的朝向设计，大部分住宅玻璃窗的朝向都在南向偏20°范围内，以便最大限度接受太阳辐射。每个住宅都有双层玻璃的阳光屋，其中大面积的可开启窗扇使阳台空气流通，以保证夏季室内通风。北立面的天窗和窗户形成穿堂风和热压通风的综合效应(见图10-75)。

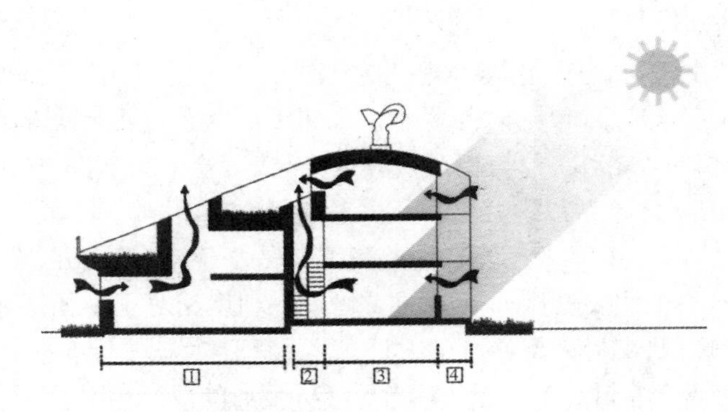

图10-75　BedZED零能耗生态村太阳能利用示意图

1—工作场所；2—交通空间；3—住家；4—阳光室

细致设计建筑的构造细部和选择节能材料(见表10-2)，以提高蓄能效果。屋顶、墙壁和地面上厚达300 mm的超隔热地板层可一直保持室内温暖，而太阳光、人的活动、灯光、器具和热水散发的热量能满足所有的供暖需要。保温层设于结构外侧，形成外保温以避免热桥作用，同时也把高蓄热性的混凝土作为天花、墙壁和地面的内表面进行暴露，用以调节室内温度。所有的能源措施（见图 10-76）保证了对夏、冬两季室内环境的自然调节，防止过热或过冷，满足室内人居环境的热舒适性要求。

表 10-2 BedZED 零能耗生态村建筑构造细部和材料选择

构 件	传热系数 K 值/(W/(m^2·K))	材 料
屋顶	0.10	300 mm 泡沫聚苯乙烯
暴露的外墙	0.11	300 mm 矿棉纤维
楼面	0.10	300 mm 膨胀的聚苯乙烯
外窗、外门和天窗	1.20	充氩气的三层玻璃窗

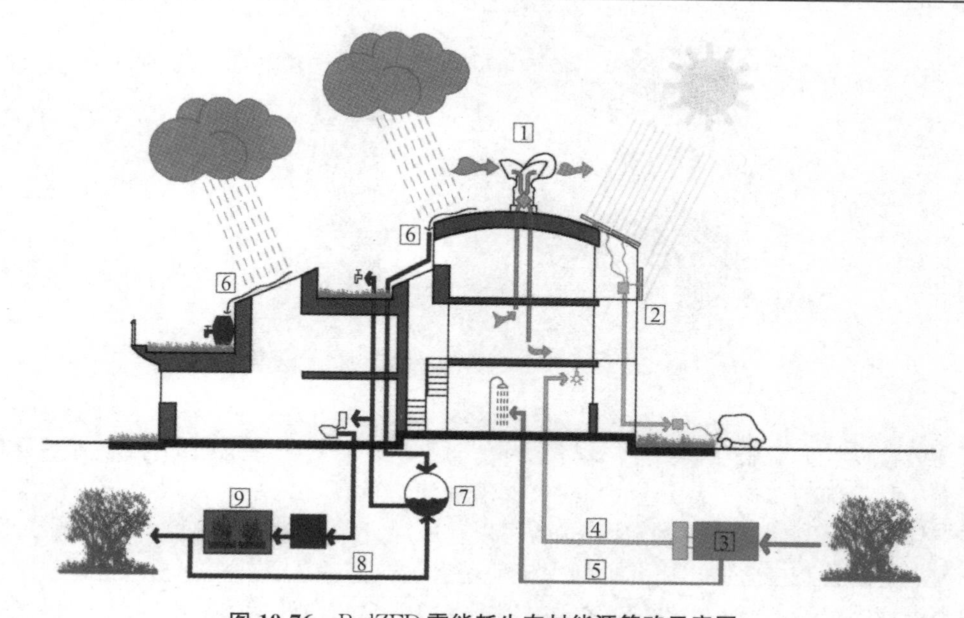

图 10-76 BedZED 零能耗生态村能源策略示意图

1—具有热回收功能的风压通风系统；2—用于给电动车充电的 PV 电池；
3—生物燃料 CHP 装置；4—电能；5—热水；6—雨水收集；
7—雨水储存；8—污水处理；9—“生活机器”

五是最大限度地利用了水资源。日常用水量的 1/5 来源于雨水和中水，它们主要储存在与基础合一的大水箱中。露台、道路和地面上的雨水都被收集到一起，一部分储存在地下的容器中，另一部分被排入生态村北面的沟渠中，并将其整修为颇具野趣的宜人水景。停车场铺设多孔渗水砖，下铺设沙砾层，以减少雨水的流失。通过这些沙砾层的过滤，减轻回流地下水的受污染程度。家用废水和污水就地处理，采用一种被称为“生活机器”的小型生物污水处理设备，其中种满绿色植物，如同一个温室，同时形成宜人的景观。厨房和洗浴废水则首先经过沉淀，然后再经过“生活机器”的处理达到一定的标准，再送回水箱中与收集好的雨水一起用于冲洗厕所。

BedZED 生态村实现了平均每户节水 30%的目标，采用了如下节水措施：通过安装高效节水洁具、使用小容积浴缸、设置节流阀控制水龙头流量、安装双冲水方式的马桶等措施减少自来水用量。

10.4.8 英国伦敦的新国会大厦(Portcullis House)

建造地点:英国　伦敦

竣工时间:2000 年

占地面积:7600 m^2

设计者:Michael Hopkins & Partners

由霍普金斯事务所完成的位于英国伦敦的新国会大厦(见图 10-77)设计是欧洲委员会的焦耳Ⅱ计划的研究项目。其设计的重点问题是提高能源利用效率、减少建筑的能量需求和利用可再生能源。

图 10-77　新国会大厦[146]

霍普金斯将设计的着眼点集中于"软"的方面,而不是发明新的建筑构件,即怎样更好地理解热量在建筑内部和外部的传递,以及空气在建筑周围如何自然流动。是否可以通过建筑设计获得同样流畅的空气流动?利用新的技术知识,是否可以在所设计的建筑中获得更多的自由度,以便将设计从与外界隔离的状态中解脱出来?如何保证使用者的热舒适感受?

在这个设计中,霍普金斯寻求的最终方法是将尽可能多的技术功能集中在单一的建筑元素中,以求取得最优化的最终表现。例如,将防热构造、隔音构造、遮阳和眩光控制设备等技术都整合在围护结构的设计中。下面介绍该设计中最重要的供暖和自然通风设计策略。

根据热惰性材料暴露面积越大节能效果越明显的原理,新国会大厦的楼板结构不是掩藏在天花板和经过装修的地板中,而是直接暴露在外,与(通过窗斗上面的特制反射装置)将日光反射入室内深处的立面细部相结合,使其能接受大量的太阳辐射热。房间的供暖机制类似于古罗马浴室,通过楼板和地板间流动的空气供暖。楼板整合了散热器、日光反射器、天花板的装饰、通风管道和热量储存装置等多种功能。这样一来,其造价要比以前单一功能的楼板造价高,但是却比要实现以上诸多功能的器具组合起来的造价低得多。而且楼板还拥有较低的含能,有较长的使用时间和较少的全寿命周期耗费。

如果在双层玻璃之间的夹层中加装深色的百叶,就可以使之成为一种利用太阳能加热空气的装置。如果不需要热空气,可以将其通过立面夹层借助屋顶层的风扇排出。霍普金斯认为这实际借用了柯布西耶提出的一个设计概念:将中空的墙与通风系统联合。

为了增强自然通风的效果,新国会大厦从三个方面进行了设计。一是从建筑屋顶层引入新风,以避免街面上的受污染的空气进入室内(见图10-78)。二是取消了传统的空调设备而代之以能旋转的烟囱塔。这样可减少建筑物自身的含能并能够最大限度地利用可再生能源。烟囱塔包括生成正压的捕风孔隙和生成负压的排风口两个部分,正压部分引入新风,负压部分排除污染空气。风塔的作用非常明显,不仅大大减少了排风扇的数量,而且在一年的绝大部分时间中,完全可以保证充足的自然通风。它与热压通风相结合,在夜间预冷建筑时的效果尤为显著。三是利用太阳能光电板。太阳能光电板布置在建筑坡屋顶上,在风能不足以驱动风扇时,为风塔中的风扇提供辅助能源。

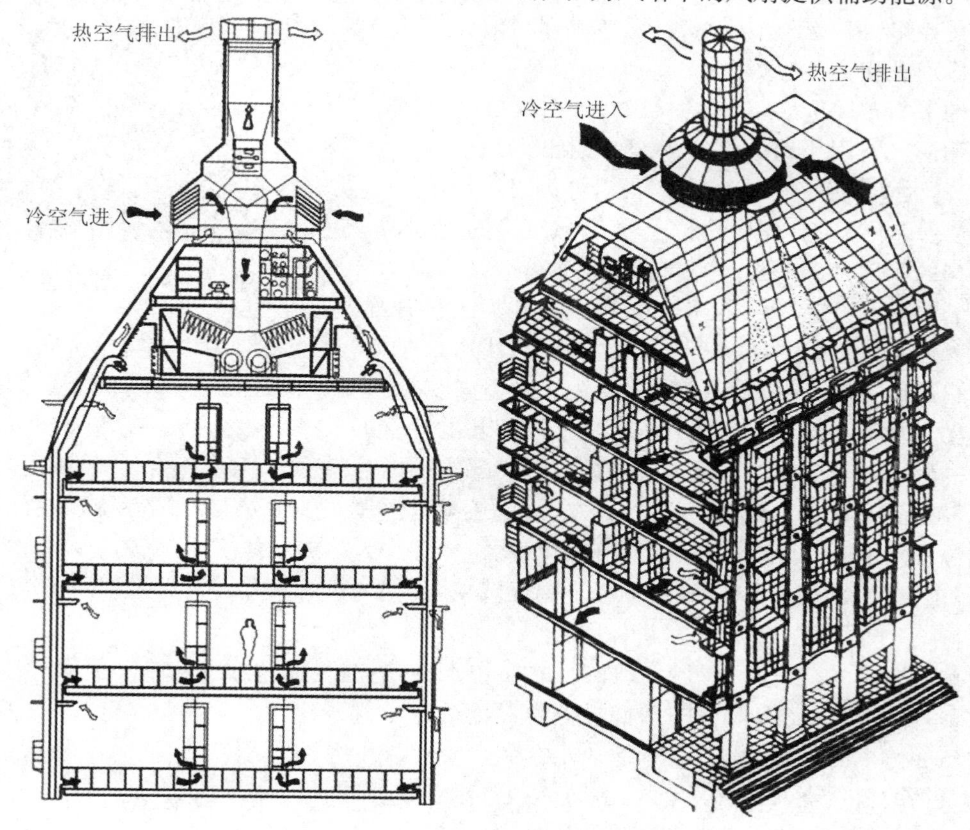

图10-78　风塔通风示意图

综合使用各种节能技术策略后,建筑满足了人们不同季节对室内舒适性的要求,基本解决了有关节能的各个设计问题。研究设计过程中采取的技术方法有三种:一是计算机模拟流体动力学模型;二是比例模型条件下的风洞实验;三是立面组成部分的足尺比例和办公单元的模型研究。

10.4.9　汉诺威贸易博览会有限公司管理楼

(Deutsche Messe AG Administration Building)

建造地点:德国　汉诺威

竣工时间:1999年

建筑占地面积:816 m^2

设计者:Thomas Herzog

作为一种建筑类型，高层建筑通常被认为与环境保护和资源高效利用的思想不相符，但在汉诺威贸易博览会有限公司管理楼中(见图 10-79)，通过对当地现有环境资源的合理利用和特殊的建筑物理知识的运用，将结构形式与能源理念相协调、建筑功能与建筑空间相结合，实现了建筑的可持续发展。

除了环境方面的相关问题，室内空气品质的提高和空间使用的灵活性也是该建筑考虑的主要问题，这能确保建筑在很长一段时间内适应工作理念和类型的变化。

大楼的平面布局包括一个 24 m×24 m 中心工作区和 2 个侧面的区域。侧面区域用作辅助性空间及交通出入核心。这就使得这座 20 层高的大楼使用起来有巨大的灵活性。三层高的入口大厅之上是 14 层专用办公室。大楼顶部是会议和讨论的空间，其中有一层用于公司的管理部门。根据功能需要，每层楼可划分为开放、组合或独立的单元办公室，每个工作区都可以得到相似的空间质量。

图 10-79　管理楼建筑外观[58]

通过开启双层立面内层的落地推拉窗，所有使用者都能享受自然通风。当窗户关闭时，新风通过通风管道进入室内，通风管道位于室内上方。室内空气被使用后变热上升从办公室上部排出，并通过一个中央管道系统和垂直竖井引入一个可旋转的热交换器来回收余热。在冬天，85%的余热能够回收并用于预热送入的新风。在整体设计中融入储能的想法，对于能量的高效使用及内部空间的舒适度来说都有着十分重要的意义。建筑中还配有可调控的加热与冷却系统，该系统能在一个较低的温度条件下对热环境进行控制。建筑用楼面板作为蓄热及蓄冷体，在其中设有水管，室内温度变高时，楼板吸热，反之放热，从而减少温度波动，确保内部环境稳定，并使空间围合构件表面的温度保持适中。

该建筑利用阳光与风能，通过合适的技术手段来控制内部热环境与通风状态，保证建筑在低能耗的条件下获得高度的舒适性。建筑北面的交通核心体上有一座 30 m 高的通风塔。利用热空气上升原理引导整个建筑物的自然空气的进入与排出，这是设计上很重要的一部分。

该大楼的承重结构由钢筋混凝土框架和混凝土楼板构成，主楼南面和东面各有两个交通出入塔。塔体使用的是莫丁立面系统，这是一种悬挂于主体结构上的、背面可通风的陶瓷面砖层的立面系统。办公区域使用了双层皮立面(见图 10-80)，它有以下优点：一是外层玻璃阻挡了高速的气流，其屏障作用保证了建筑物内部自然通风系统的正常运行。二是遮阳板可以以一种简单的方式安装在外层皮的背后，这样一来既能保护遮阳板，又使其易于维护和清洗。三是双层表面之间的狭长空间所形成的缓冲效果有助于减少建筑内部的太阳辐射得热，并确保双层玻璃的高保温性。四是悬臂结构的钢筋混凝土楼板及其防火性能，允许按楼层的高度设置玻璃构件作为大楼立面的主要材料。五是外部表皮使用了具有隔热效果的双层玻璃，使得楼板的悬臂部分不必因热工方面的原因与主体区域相隔离。

图 10-80　双层皮内部视图

该建筑的南立面和东立面如图 10-81 所示，通过走廊和立面窗户进行自然通风，以及通过室内柱基风管进行机械通风。另外，还有可能将承重柱置于双层皮立面的中空部分，这样柱子就不会对功能性的楼层空间产生影响。

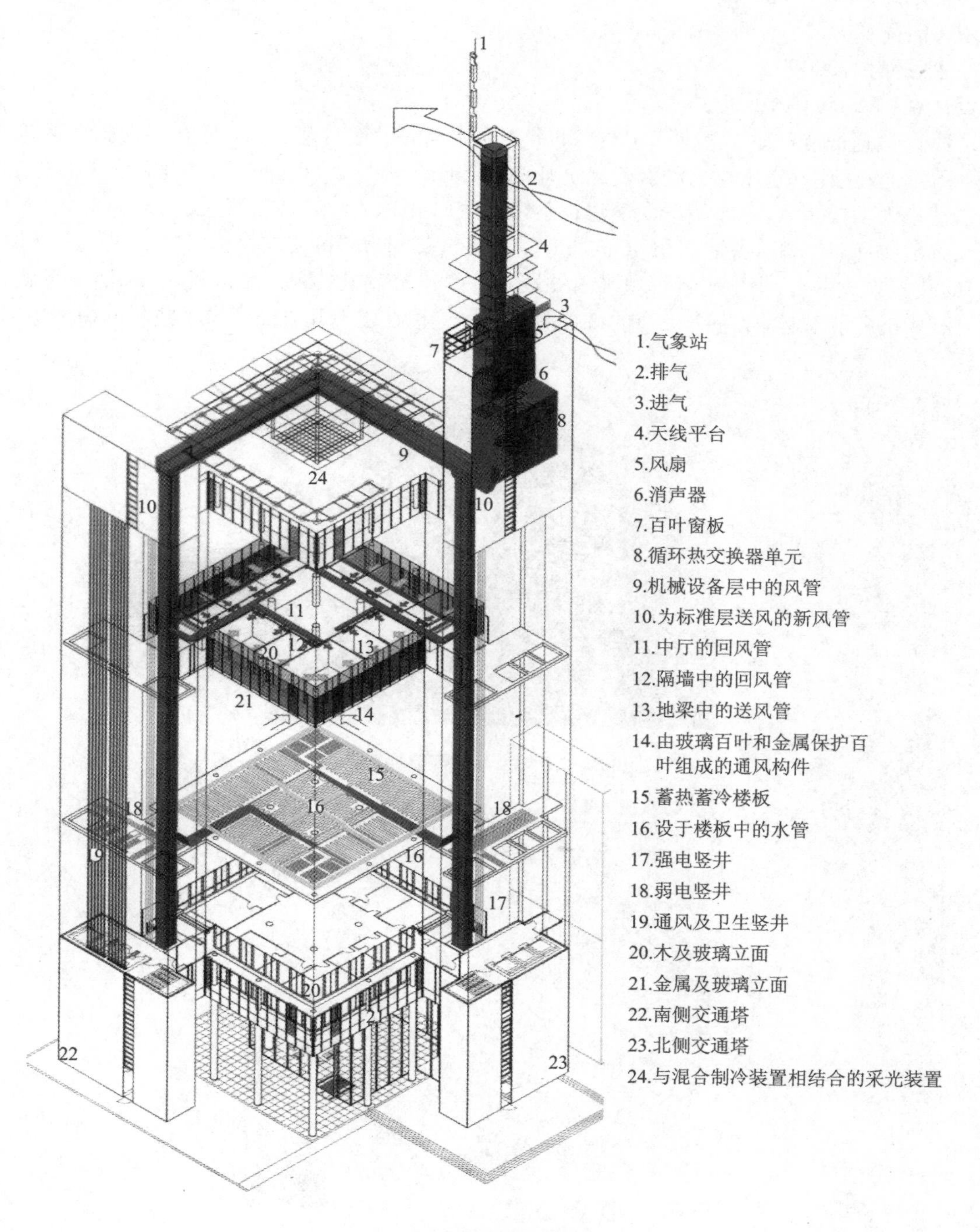

图 10-81　管理楼通风系统

10.4.10 清华大学超低能耗示范楼

建造地点:中国　北京

竣工时间:2005 年

建筑总面积:3000 m^2

设计者:Mario Cucinella

清华大学超低能耗示范楼是 2008 年北京奥运建筑的前期示范工程，旨在体现奥运建筑的高科技、绿色和人性化。它由意大利著名建筑师 Mario Cucinella 设计，是中国和意大利的合作项目，坐落在清华大学校园内，建于清华大学建筑系馆东侧(见图 10-82)。该楼建设用地为南北长、东西短的长方形(见图10-83)，占地面积约 560 m^2。它是国家“十五”科技攻关项目“绿色建筑关键技术研究”的技术集成平台，集中了近百项国内外最先进的建筑节能技术。可以说，整栋楼本身就是各种生态技术的实验载体，是一个综合的科技展示品。该楼在以下几方面考虑了建筑的绿色生态化。

图 10-82　清华大学超低能耗示范楼

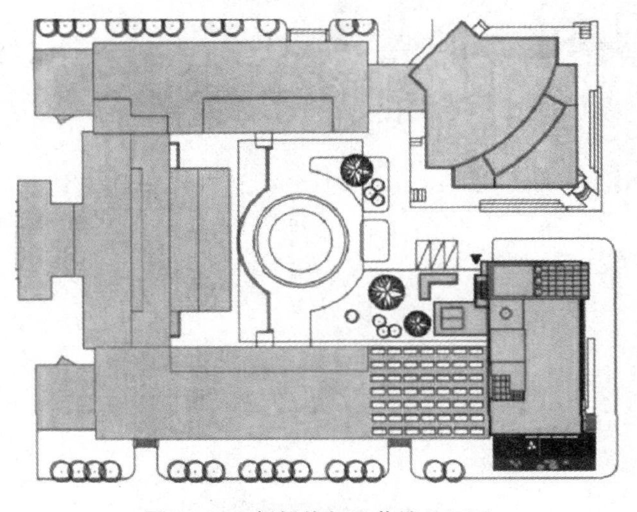

图 10-83　超低能耗示范楼总平面

一是在建筑与环境的关系方面，尽量减少建筑对环境的影响。建筑师深入分析了周围的环境和当地气候特征，在设计中采用了微型园林、人工湿地、植被屋面等绿化技术，对被占用的自然环境作出最大限度的生态补偿。常规的人工水体由于循环性很差，再加上雨水含有许多污染物，水体的景观效果很容易被破坏，而示范楼采用人工湿地与景观水池串连的方式对水池中的水进行循环处理，综合了物理、化学和生物三种措施，水池能长期保持较好的水质。屋顶绿化由9块绿地构成，每一块由一种适应北京气候、抗逆性强、观赏价值高的新优植物材料组成，相邻两块为过渡色，在整体上力求和谐统一。考虑到混凝土垫层和种植屋面的综合效果，屋顶传热系数 $K<0.1\ W/(m^2 \cdot ℃)$，夏季由于植物表面的蒸腾作用，屋顶有时可实现零热流乃至热流从室内传向室外。同时，追求植物景观的季相变化，达到“三季有花，四季有景”的艺术效果。

二是在建筑布局方面，考虑了气候特征。楼梯间、厕所、新风机房等服务空间均安排在西侧中部，起到气候缓冲作用，其余部分为使用空间，达到空间利用的最大化，并为自然通风的组织创造了条件。建筑的北半部外部有风压，采用风压通风，组织穿堂风，而南半部无风压，采用热压通风，发挥烟囱效应。室内楼梯间是一个多功能的综合装置，三跑楼梯中央设置防火玻璃筒作为通风竖井（见图10-84），楼梯间上部设玻璃天窗。这样，三个通风竖井与楼梯间既隔离又透光，同时能满足使用功能、通风功能及消防要求。中央通风竖井还可作为阳光反射通道，为地下室提供自然照明。

图10-84 超低能耗示范楼通风竖井

三是在建筑结构方面，采用轻质结构。考虑到钢结构比混凝土结构轻，排放二氧化碳少，便于材料的回收利用。同时，在使用功能上需要设置一个1.2 m高的设备夹层，钢桁架有利于在夹层间设置管道，因此该楼选用了钢结构。围护结构由玻璃幕墙、轻质保温外墙组成，热容较小，热惰性小，容易导致室内温度波动大，尤其是在冬季，昼夜温差会超过10 ℃。为增加建筑热惯性，以使室内热环境更加稳定，楼层架空地板采用相变蓄热地板，大大增加了地面的蓄热性能，使室内温度波动不超过6 ℃，有效地调节了室内温度。

四是在外围护结构方面，强调建筑外皮的应变性。可调控的“智能型”外围护结构，能够自动适应气候条件的变化和室内环境控制要求的变化。设计师从采光、保温、隔热、通风、太阳能利用等方面进行综合分析，给出不同条件下的推荐形式，在外围护结构上设计了近10种不同的做法，分别分布在大楼的东、南、西、北以及屋面的各个部分。例如，南立面的幕墙采用了三种不同的做法，其中一种选用5 mm+6 A+4 mm+6 A+5 mm双中空加真空Low-E玻璃，而与之类似的东立面采用玻璃幕墙+水平外遮阳。透光屋面是生态仓屋顶，为双中空玻璃的倾斜天窗，其玻璃采用自洁净玻璃，其内遮阳卷帘采用半透光的聚酯纤维面料，可避免夏季温室效应。

五是在室内环境控制方面，优先考虑被动的调节方式。根据北京地区的气候特点，春秋两季可通过大换气量的自然通风来带走余热，保证室内较为舒适的热环境，缩短空调系统运行时间。当需要进行主动式调节时，超低能耗楼采用了温湿度独立控制的空调末端设备。湿负荷由干燥新风带走，室内送风末端根据不同房间功能分别进行个性化送风和置换通风，而房间风机盘管和辐射吊顶末端装置仅负责显热部分，送18 ℃冷水，按照干工况运行，不会结露，彻底避免因潮湿表面滋长真菌而恶化空气质量的现象。照明控制采用一般背景照明与局部照明相结合。全楼一般背景照明随天然采光水平而变化,当天然光充足时,一般背景照明自动变暗,反之,自动变亮。局部照明采用桌面台灯,使用者可根据自己的需要和工作状态自行调节其亮度。当某房间无人使用时,灯自动关闭。

六是在能源和设备方面,采用多项节能措施和可再生能源技术。该楼在高效利用化石燃料能源的同时,积极开发可再生能源。例如,采用楼宇式热电联供系统 BCHP,即采用固体燃料电池及内燃机热电联供系统,清洁燃料天然气作为能源供应。BCHP 系统总的热能利用效率可达到 85%,其中发电效率 43%。大楼所发电力除供应本楼使用外,还可并入校园电网供校内其他建筑使用。冬季四种热电联产方式交替运行,夏季三种制冷机可联合或交替运行。这样,冬季及夏季为满足实验需求及负荷特性,可有近 10 种不同的运行模式。通过多种组合的详细运行数据,可为北京市乃至全国各类建筑的能源系统提供推荐方案。能源系统设计还包括了"高温冷水机组或地源利用"和"溶液除湿的新风处理系统"。该楼充分利用了太阳能这一可再生能源,采用真空管太阳能集热器,为溶液再生器提供能源;在窄通道双层皮玻璃幕墙通道内,利用太阳能光伏电池板为微型排风机提供动力;利用太阳光收集传输系统,为地下室提供自然光照明;屋顶的生态仓也是被动式太阳房与空中花园的结合。

总之,该楼通过各种策略和方法措施实现了超低能耗的目标。冬季建筑物的平均热负荷仅为 0.7 W/m^2,最冷月的平均热负荷也只有 2.3 W/m^2。如果考虑室内人员灯光和设备等的发热量,基本可实现冬季零采暖能耗。夏季最热月围护结构的平均得热也只有 5.2 W/m^2。示范楼的模拟显示,耗冷、耗热量仅为常规建筑的 10%,单位面积全年总用电量指标为 40 kW·h/m^2,仅是北京市高档办公建筑平均总用电量指标的 30%。

10.4.11 芝贝欧文化中心(Jean-Marie Tjibaou Cultural Centre)

建造地点:新喀里多尼亚　努美阿

竣工时间:2000 年

建筑总面积:8000 m^2

设计者:伦佐·皮亚诺建筑师事务所

与只讲究现代建筑的玻璃、金属等高技术应用的某些高技派建筑师不同,皮亚诺不仅仅关注现代高技术在建筑中的具体应用,他还深受后现代主义关注文脉的影响,广泛关注"气候与地理、数学和自然科学、人类学和生态学、美学和艺术、气候与社会"。他认为设计不是孤立的艺术创作,而是和周边一切以至整个宇宙紧密相关的。建筑师所做的就是找到建筑介入历史的特定时刻和介入自然的特定位置,不破坏原有的生态平衡状态,不偏转时间箭头的方向,一切顺其自然。

芝贝欧文化中心(见图 10-85)正是这一设计理念的精彩表达。该建筑位于澳大利亚东侧南太平洋热带地区的新喀里多尼亚的努美阿,当地是卡纳克文明的聚集地。建筑师的设计理念是将建筑作为"一个卡纳克文明的标志",文化中心应该帮助卡纳克人民以他们的方式面对未来,继续生存下去,并在这块土地上发扬他们的民族文化。因此,皮亚诺从卡纳克文明的产生、发展及其内涵的理解开始,将现代生态高技术和人文内涵结合起来,产生了如下的设计特点。

一是隐喻性的总体布局。建筑群由 10 座"容器"般的建筑组成,共形成面向大海的三个"村落",错落地围合在植被丛中。一条略呈弧形的林荫道在背后将建筑群联合为一体。两块岩石分别放在小道的两端，中间的每一栋建筑和其间的环境景观隐喻了卡纳克文明进化和发展的 5 个篇章：产生、农业、聚居、死亡和复活。图 10-86 示出了芝贝欧文化中心院落小道。

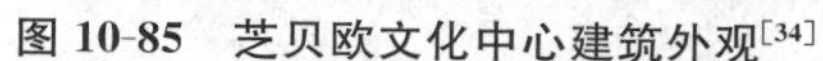

图 10-85　芝贝欧文化中心建筑外观[34]

图 10-86　芝贝欧文化中心院落小道

二是提取民居原型。传统的卡纳克文化强调人与自然的相互融合，棚屋就是卡纳克文化的代表性建筑，它反映了卡纳克民族文化和生活哲学的深刻内涵。棚屋本身由于其材料的易腐性，而不具有寿命上的延续性。皮亚诺从棚屋的造型得到灵感，将传统建筑的形式符号与现代材料和建造技术相结合，创造出带有强烈民族文化的建筑造型，以此延续传统建筑的体制和模式，并传承传统文化。在延续传统符号的同时，通过现代技术手段计算具体造型的形式，并根据计算结果对建筑造型进行有效的修改。

由于努美阿岛气候炎热潮湿，常年多风，因此，最大限度地利用自然通风来降温、降湿，成为适应当地气候、注重生态环境的重要技术。皮亚诺设计的 10 个“棚屋”共有三种尺寸，最高达 28 m，贝壳状的棚屋背向夏季主导风向，在下风处产生强大的吸力，形成负压区，而在棚屋背面开口处形成正压，从而使建筑内部产生空气流动。针对不同风速（从微风到飓风）和风向，居住者通过调节百叶的开合和不同方向上的百叶来控制室内气流，从而实现完全被动式的自然通风，达到节约能源、减少污染的目的。

三是高技术的广泛应用。文化中心的最终造型取决于计算流体动力学 CFD（computational fluid dynamics）对气流的模拟和风洞实验。在皮亚诺最初的设计中，建筑主体的每一个垂直的肋骨支架最后在顶点处汇合。主体中敞开的部分面向信风的方向，产生对流作用，为其增强自然通风的效果。但是，通过风洞实验计算出这种设计方案并不具备进风口的功能。因此，在最后的设计版本中，室内和室外环状肋骨支架在它们的顶端是不汇聚在一起的（见图 10-87）。这些肋骨支架上环状物之间的空隙被证实可以作为一个自然通风系统的对流罩。这时，这些建筑物和卡纳克棚屋就不那么相似了，而且它们将同时背向信风的方向。木屏风取代传统棚屋的树叶材料，将“iroko”弯曲成所需要的形式，并在木肋间架设密集的百叶，建筑向外突出呈弧形，外层屏风和后面的玻璃间形成空腔。木屏风式的建筑造型

图 10-87　芝贝欧文化中心单体模型

设计具有良好的散热、通风、节能的功效,并在外部观感上与当地的自然肌理和文化融合在一起。图 10-88 是单体模型确定前的风洞实验和对气流的计算模拟。

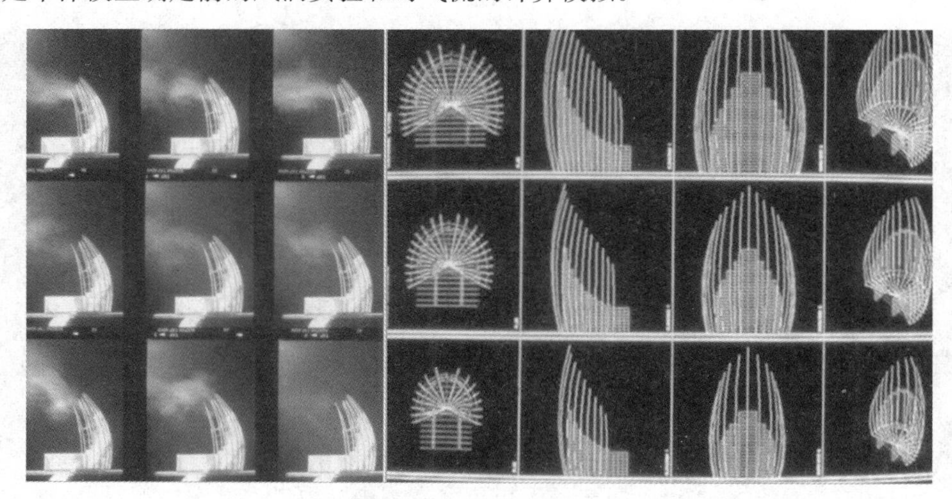

图 10-88　模拟气流分析和风洞实验

附录　气候分析工具与方法

附录 A　棒影图与太阳轨迹图

棒影图和太阳轨迹图是进行建筑日照与遮阳设计、阴影分析等的重要工具，它们都是根据太阳在天空中的运行规律而绘制的。因此，太阳在天空中的位置描述是学习棒影图和太阳轨迹图首先要了解的。可以用赤道坐标系和地平坐标系来描述太阳在天空中的位置(见图 A-1)。赤道坐标系是基于赤道平面用赤纬角 δ 和时角 Ω 来描述的。赤纬角是太阳入射光线与地球赤道面的夹角，时角是太阳所在的时圈与基地子午圈的夹角。地平坐标系是基于基地的地平面用太阳高度角 h_s 和方位角 A_s 来描述的。太阳的高度角是指太阳光线与基地地平面的夹角，太阳方位角是指太阳光线在基地地平面上的投影与基地正南线之间的夹角。对于建筑环境设计及规划而言，利用地平坐标系是最合适的。太阳的高度角和方位角可用式(A-1)和式(A-2)来准确确定。

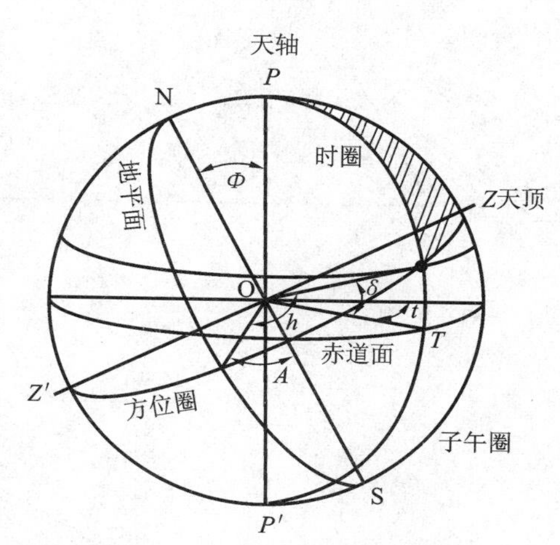

图 A-1　赤道坐标与地平坐标关系

$$\sin h_s = \sin\varphi \cdot \sin\delta + \cos\varphi \cdot \cos\delta \cdot \cos\Omega \tag{A-1}$$

$$\cos A_s = (\sin h \cdot \sin\varphi - \sin\delta)/(\cos h \cdot \cos\varphi) \tag{A-2}$$

式中，φ 为某地纬度，时角 Ω 与当地太阳时 t 有关，按 $\Omega=15(t-12)$(单位为度)计算。一年中任何一天的赤纬角可以用式(A-3)计算，

$$\delta = 23.45 \times \sin\left[\left(\frac{N-80}{370}\right) \times 360\right] \tag{A-3}$$

单位是度，N 是从元旦开始计算的天数。

棒影图的绘制如图 A-2 所示。在某地地面上 O 点立一高度为 H 的垂直棒，当某时刻太阳光线照射到棒上时，棒会在地面形成一个棒影。记棒的顶端在地面上的投影为 a'，当太阳在天空中运行时，投影点 a' 也在地平面上运动形成一轨迹线，这条轨迹线就是棒高为 H 的棒影线。棒影 Oa' 的长度 L 与棒高 H 和太阳的高度角 h_s 有关，表示为 $L=H\coth_s$，因此，在同一时刻，棒高增加一倍则影长也按比例增加一倍。棒影的方位角 A'_s 与太阳的方位角 A_s 有关系，$A'_s=A_s-180°$。因此，如果要绘制某地某日的棒影图，先根据日期按式(A-3)确定太阳赤纬角，再根据纬度用式(A-1)和式(A-2)确定不同时刻太阳的高度角和方位角，进而得到不同时刻棒影长度和棒影方位。将不同时刻的棒影端点连接起来，就得到棒影端点在平面上的运动轨迹线。棒高变化，其影长在同一时刻按比例变化，这样就可绘制不同棒高的多条轨迹线且形成棒影图。图 A-3 是北纬 40°地区冬至日的棒影图。用棒影图可以求出物体在某一时刻的阴影面积、满足日照要求的建筑间距,可分析窗口的遮挡状况和日照时间,还可以用来求室内某时刻的日照面积和遮阳设施的尺寸。图 A-4 是用棒影图确定建筑在上午 10:00 的阴影。

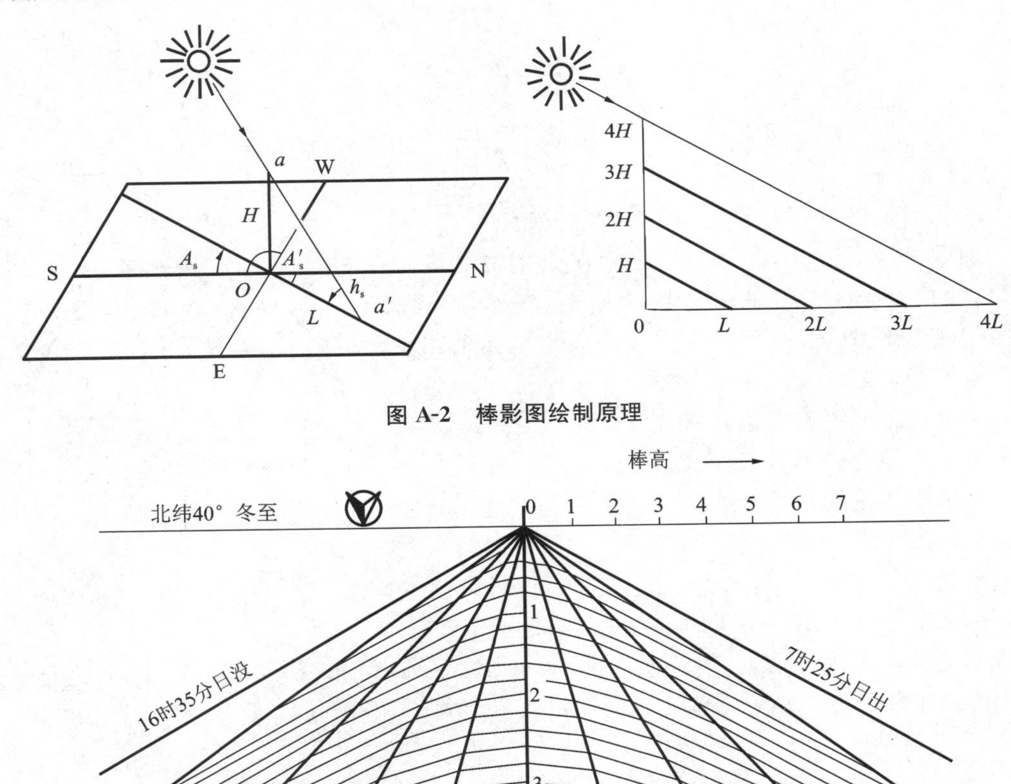

图 A-2 棒影图绘制原理

图 A-3 北纬 40°冬至日棒影图

太阳轨迹图有两种,一种是将太阳在天球上的轨迹直接垂直投影到地平面上,如图 A-5(a)所示,称为正投影图,水平面上高度圈半径与天球上高度圈半径相同。这种图的不足之处是圆心附近表示高度角等间隔的圆圈太疏,而接近圆周的太密。另一种称为平行投影图(见图 A-5(b)),是连接天底与高度圈上的点得到一连线,该连线与地平面相交得到一交点,以交点半径为半径在地平面上表示高度圈。平行投影图由于克服了正投影图的不足,使用较为广泛。

图 A-6 是北纬 35°地区的太阳轨迹图。太阳轨迹图中,圆圈表示高度角,射线表示方位角,竖弧线表示太阳时,通常是以 1 h 为间隔,凹弧线表示太阳轨迹,通常是以每月的 22 日为代表。由于太阳一年在夏至日(6 月 22 日)和冬至日(12 月 22 日)之间来回运动,故在夏至日与冬至日之间,太阳的任一轨迹对应不同季节的两日，例如，在 4 月 22 日和 8 月 22 日具有相同的太阳轨迹。利用太阳轨迹图，可以设计遮阳构件的尺寸，确定垂直和水平方向的遮挡角度，分析窗户在一年中受日照或遮挡的时间，还可用于对室外环境的遮蔽或日照分析。

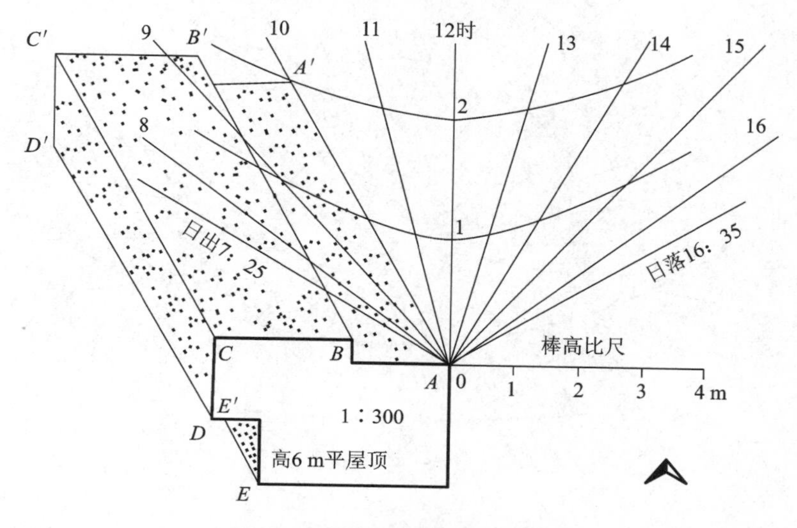

图 A-4　用棒影图确定建筑阴影

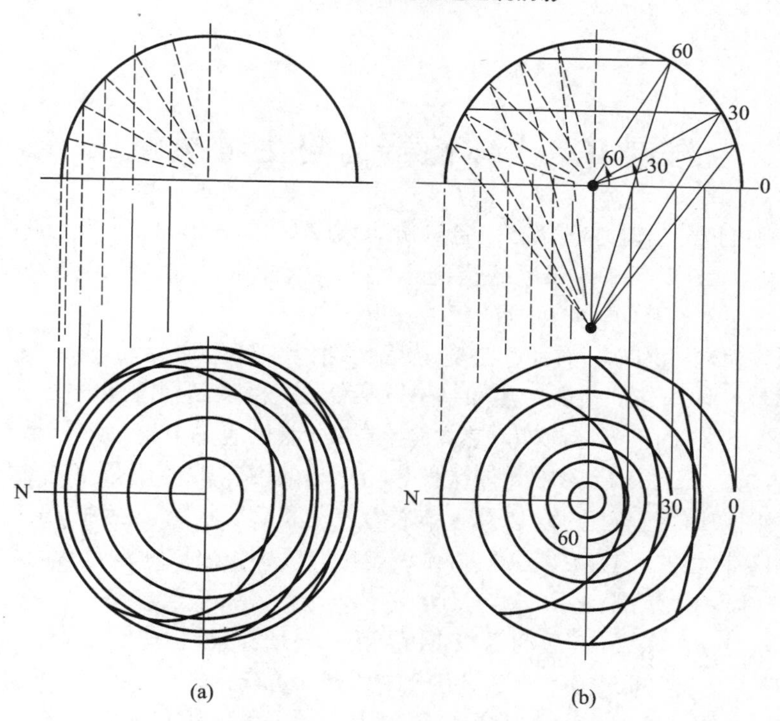

图 A-5　正投影和平行投影太阳轨迹的绘制原理

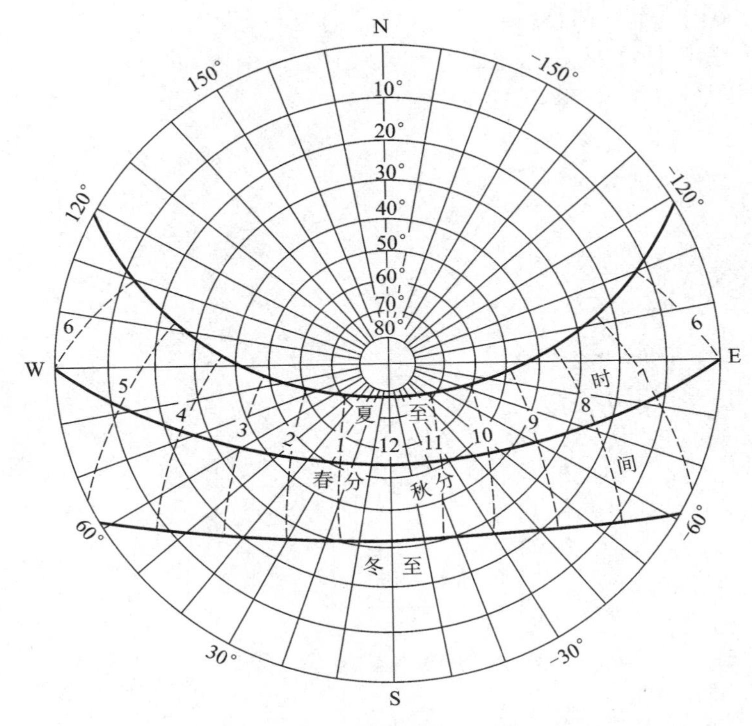

图 A-6 北纬 35°地区的太阳轨迹图

附录 B 人体热舒适与生物气候图

用生物气候图可以分析基地一年之中各月份的热冷变化,并通过这种分析确立气候适应性设计策略,进而提出相应的主动式或被动式措施。生物气候图是以人体热舒适为基础建立起来的。学习生物气候图首先要了解人体热感觉的相关知识。

人是恒温动物,体内每时每刻都存在着新陈代谢以维持生命运动,并同时产生热量以维持36.5 ℃左右的体温。体内新陈代谢产热如果不以某种方式散发到周围环境中去,势必导致体温升高,引起热的感觉;反之,如果人体向外散热太多,体内产热供应不上这种向外散热,人体温度必将下降,引起冷的感觉。研究表明,影响人体这种热冷感觉的因素很多,主要有空气温度、空气湿度、空气流动速度、周围壁面的辐射温度,以及人体衣着状况和活动状况。各种因素对人体热感觉的影响是综合的、可相互补偿的,但存在着一定的限制范围。人体也可以通过自身的生理调节和着衣多少来适应一定的气候变化范围。

科学家们首先对办公室人员(活动等级 MET 为 1.3)的热舒适进行了研究,发现当室内静风(<0.25 m/s)、着装为 0.8 clo(相当于冬季办公的典型衣着)时,人体的热舒适感觉存在一定范围:气温下限为 20 ℃,上限为 26.7 ℃;相对湿度下限为 20%,上限为 80%。在这一范围内,绝大多数人既不会出汗,也不会感觉冷,称这一范围为热舒适区,如图 B-1 所示。

科学家们后来又研究了风速大小以及周围壁面辐射多少对人体热舒适的影响。发现热舒适区随着风速的增加向上扩展,而随着周围辐射的增加向下扩展,科学家们将这些研究成果绘在了湿空

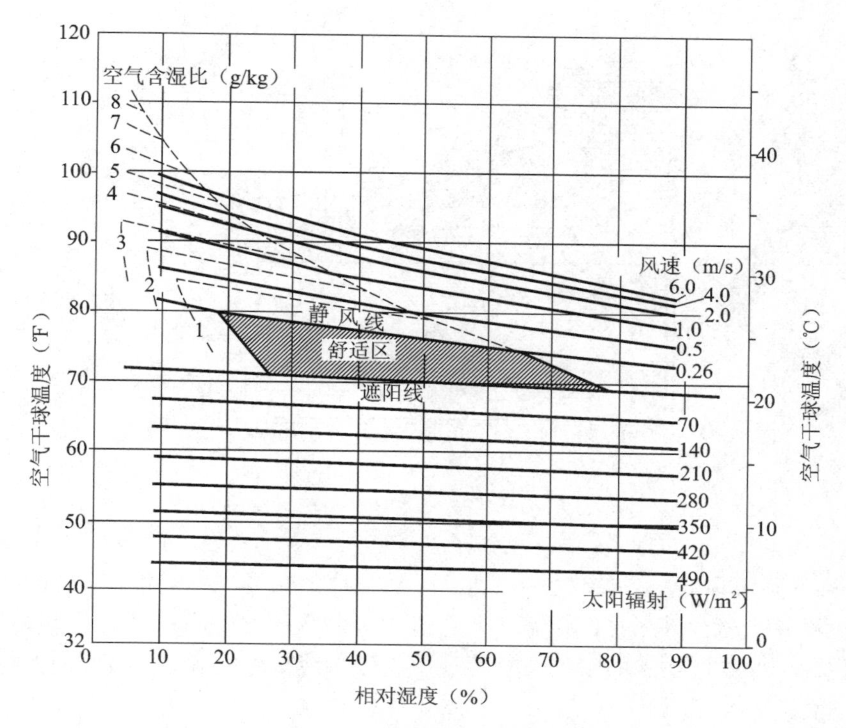

图 B-1　直角坐标生物气候图[54]

气图表中，形成了用于气候分析的生物气候图。图 B-1 是将空气的温度与相对湿度以直角坐标的形式呈现，称为直角坐标生物气候图。值得说明的是，生物气候图中的热舒适区是在周围辐射温度与空气温度相等的情况下得到的，因风速增加向上扩展时，视周围辐射温度仍然等于空气温度，而因周围辐射增加向下扩展时，视风速为零。因此，生物气候图中热舒适区的上线成了需要通风和避风的分界线，称为“静风线”，而热舒适区的下线成了需要日照与遮阳的分界线，称为“遮阳线”，意即下面的区域需要日照，上面的区域需要遮阳。

生物气候图用于室外气候分析，发展至今，已包含了“两线”和“六区”的内容。两线指“静风线”和“遮阳线”，六区指“热舒适区”“自然通风区”“蓄热体区”“蓄热体＋夜间通风区”“蒸发冷却区”“辐射采暖区”，每一个区的名称说明了在该区气候状态下可采取的使人体达到舒适的相应的策略措施，如图 B-2 所示。

热舒适区：是指人穿着一般服装(0.8 clo)坐着休息或办公感到舒适的区域。当气候状态点落在该区域时，表示不需要日照、不需要通风就能使人体达到热舒适，也就是气候本身是舒适的，建筑环境设计与规划时只需考虑遮阳和挡风，无须考虑采取其他采暖和制冷措施。

自然通风区：是指当气候状态点落在该区域时，本身是不舒适的，但依靠遮阳和通风可使人体达到热舒适。风速提高，舒适区域增大。建筑环境设计和规划时，需要考虑遮阳和利用基地的自然通风。如果室外风速较小或不具备自然通风条件，就需要采取其他降温措施。

蓄热体区：是指当气候状态点落在该区域时，依靠蓄热体来调节室内气温可达到热舒适。设计时在室内采用蓄热能力大的材料，利用蓄热体吸热、放热抑制气温升高或降低。

蒸发冷却区：包括直接蒸发冷却和间接蒸发冷却。直接蒸发冷却是让液态水直接在空气中蒸

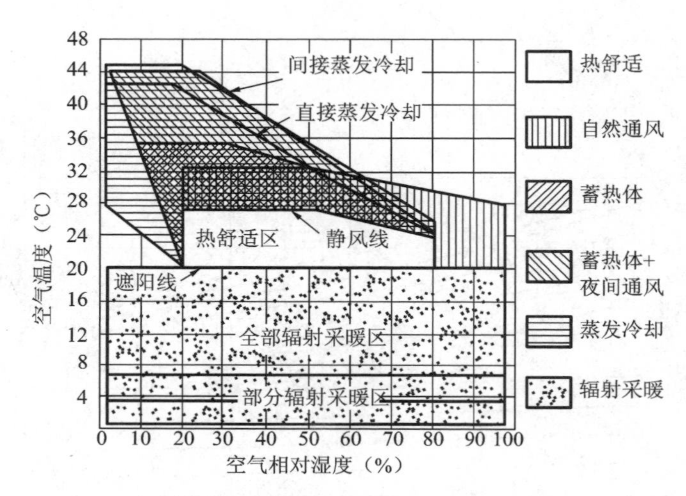

图 B-2　生物气候图上的六个区域表示

(来源:编者自绘)

发对空气进行增湿降温,降温后的空气可以达到人体热舒适要求,直接用于室内。因此,设计时可以考虑用水池、喷泉或用直接蒸发冷却器创造舒适的室内热环境。间接蒸发冷却是指水分在某一建筑元素上蒸发,比如通过在屋面或墙体外部蒸发水分来使其表面降温,从而使建筑元素成为吸热源,冷却相邻空间。

蓄热体+夜间通风区:是指当气候状态点落在该区域时,可依靠蓄热体白天吸热降温维持室内热舒适;夜间利用室外较冷空气冷却蓄热体,以供下一个白天使用。

辐射采暖区:是指遮阳线以下的区域,当气候状态点落在该区时,虽然温度较低,但若有相应的太阳辐射量照在人身上,人体也可感到舒适。由图可知,随着温度的降低,人体需要的太阳辐射量逐渐增加,而相对湿度影响甚微。

如何应用生物气候图分析当地的气候状况,进而得出相应的气候适应性策略,请参阅附录 C “基于生物气候图的气候适应性策略分析”。

附录 C　基于生物气候图的气候适应性策略分析

建筑的基本功能是抵御气候的冷热侵袭,以求得相对稳定的室内热环境。那么,在一定的气候条件下,怎样分析气候资料以找到具有适应性的设计策略呢?本附录介绍基于生物气候图的气候适应性设计策略分析方法。

第一步,收集气象资料。为了得到某一地区的气候适应性设计策略,必须找到该地区的气象资料,包括空气温度和相对湿度的月平均、月最高平均、月最小平均值及月太阳辐射和风速风向状况,进而进行生物气候分析,得出对应的设计策略。例如,图 5-3、图 5-4、图 5-5 分别是北京地区的风速风向、空气温度、相对湿度年变化图。从风速风向玫瑰图可知,北京一年之中,夏季盛行西南风,冬季盛行北风,平均风速除了西北向可达 4.5 m/s 外,其他方向在 3.0 m/s 左右。

第二步,气候状态点绘制。从气象资料中,找到每月温度的最高平均值和最小平均值,它们分别对应于相对湿度最低平均值和最高平均值。将这两点绘于生物气候图中,并用线段连接起来,该线段就代表该月份的气候状态变化情况。线段是从左上向右下倾斜的，左上部分代表白天气候状况，右下部分代表夜间气候状况。线段的位置代表了气候的热冷程度，长短代表了气候变化幅度。例如，对于北京地区，1 月份最低平均气温为－7.4 ℃，出现在凌晨 6:00—7:00 时段，最高平均气温为 0.7 ℃，出现在下午 14:00—15:00 时段，它们分别对应相对湿度最高平均 57％和最低平均 33％（见图 5-4、图 5-5）。在生物气候图中找到(57％，－7.4)和(33％，0.7)两点，将两点用直线连接起来，就表示 1 月份北京气候在直线端点之间变化。用相同的方法将其他月份的空气状态变化表示在生物气候图上。

第三步，气候适应性策略分析。从各月份线段所处位置和长短，可知气温的高低和波动大小，进而结合生物气候各区进行分析，得出相应的气候适应性设计策略。例如，从图 C-1 可知，北京地区 6 月大部分时间是舒适的，7—8 月偏热，但由于风速在 3 m/s 左右，且盛行西南风，因此，建筑在这三个月若能组织自然通风并做好遮阳，是可以不用空调就实现人体热舒适的。9 月和 5 月，线段左上部进入舒适区，说明白天气候基本上处于舒适区，夜间偏冷。如果白天能在室内蓄存一部分太阳能供夜间采暖，夜间做好避风，是可以实现热舒适的。3 月、4 月、10 月、11 月，气候状态点在遮阳线以下，处于冷不舒适区。建筑设计和建筑使用时，要注意积极避风，并争取最大程度的太阳能采暖。12 月、1 月和 2 月，气候极其寒冷，必须使用人工采暖设备才能达到热舒适，但这并不意味着利用太阳能采暖没有意义，相反，最大程度使用太阳能可大大节省人工采暖能耗。这寒冷的三个月，要求建筑必须避风，有良好的保温性能，并在白天最大限度争取日照和太阳热蓄存。

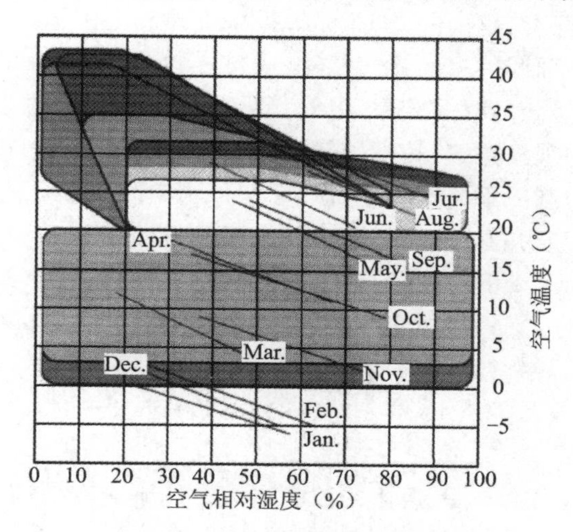

图 C-1　北京地区生物气候图[151]

值得一提的是，上述生物气候分析方法最初是基于人工空调舒适试验结果而建立起来的。有研究表明，对于自然通风的情况，人体热舒适感觉与人工空调状态下的试验结果并不一致，人体感到热舒适的温度受室外平均气温的影响，随室外平均气温升高而提高[46]。有关这方面的进一步知识，请参阅相关的文献。

附录 D　基于平衡点温度确定日照/遮阳的时段和日期

建筑物何时需要日照，何时需要遮阳，是日照与遮阳设计首先要解决的问题。正确确定建筑所需的日照/遮阳时段和日期，关系到日照与遮阳设计的适宜性和经济性，对于选择日照与遮阳策略以及设计遮阳设施的形式和尺寸都有重要意义。日照/遮阳时段和日期的确定不能根据主观臆想，应根据生物气候图和气候状况来定。通常用平衡点温度来作为建筑需要的日照与遮阳的依据。平衡点温度包括采暖平衡点温度和制冷平衡点温度。采暖平衡点温度是指人体在室内感到冷，需要开启设备采暖时对应的室外温度；制冷平衡点温度是指人体在室内感到热，需要开启设备制冷时对应的室外温度。

建筑物从需要采暖转向需要制冷，抑或是从制冷转向采暖，其间通常存在一个过渡时段，在这一时段内，建筑物内部既不用采暖也不用制冷，建筑得热与向外的散热自然相平衡，并维持室内人体所需的舒适温度。人们通常会无意识地采取措施来延长这一过渡时段，例如，感到气候变热了，会开启门窗通风、减少着装，推迟制冷设备的启动时间；感到气候变冷了，会关闭门窗、增加着装，以推迟采暖设备的启动时间。由此推知，在启动制冷设备之前，房间或建筑通常是通风的，室内温度与室外温度相差不会很大。一旦制冷设备启动，为了减少制冷能耗，则要求房间或建筑密闭，此时房间或建筑必须遮阳。因此，制冷平衡点温度决定了必须遮阳的起止时间。同样可知，在启动采暖设备之前，房间或建筑通常是不通风的，室内温度较室外温度高；采暖平衡点温度决定了房间或建筑争取日照的起止时间。

由于使人体热舒适的室内温度是一个范围，人们一般是在范围的低限启动采暖设备，在高限启动制冷设备，这使得两种平衡点温度并不相等。一般情况下，制冷平衡点温度总是高于采暖平衡点温度。两种平衡点温度都与建筑物内的人、照明等设备发热和太阳辐射的得热，以及通风和外围护结构的传热状况有关。与内部产热多的建筑相比，内部产热少的建筑，其采暖平衡点温度较高，即采暖设备的启动时间较早、停止的时间较迟，也就是采暖时间段相对较长；而制冷平衡点温度相对较高、内部产热大的建筑，如观演建筑、教学楼等，平衡点温度较低。对于通风良好或室内产热较少的建筑物，通常以 26 ℃作为制冷平衡点温度，以 18 ℃作为采暖平衡点温度。对于通风差或室内产热多的建筑物，必须根据建筑物的热量平衡确定其采暖与制冷平衡点温度。下面以厦门地区通风良好的建筑为例说明日照与遮阳的时段和日期的确定方法。

第一步，查找气象资料，将资料表格化。从气象资料中找到典型气象年或标准气象年每月逐时空气温度变化，将其整理成表格。例如，表 D-1 为厦门地区月逐时空气温度变化表，表中时段 1 指从 0:00 到 1:00 时间段，时段 2 指从 1:00 到2:00时间段，依次类推。表中温度值是在该时段一个月内的平均值。

第二步，将表格色区化，确定日照/遮阳时段。将表中高于制冷平衡温度点的区域用深色表示，处于采暖平行点温度与制冷平行点温度之间的区域用浅色表示。这样，没有颜色的区域为需要日照的区域，浅色区域既不需要日照也不需要遮阳，为过渡季节区域，深色区域为需要遮阳的区域。从表中色区可以明确看出月份的遮阳时段。例如，从表 D-1 中的深色区域可知，厦门需要遮阳的时间段为：6 月从上午 9:00 到下午 19:00，7 月从上午 7:00 到夜间 2:00，8 月从上午 7:00 到夜间 23:00，9 月从上午 9:00 到下午 19:00，10 月从中午 12:00 到下午 16:00。厦门地区 5 月、6 月、7 月、8 月、9 月、10 月不需要日照，4 月和 11 月白天不需要日照，而夜间和早晨需要日照，1 月、2 月、3 月和 12 月无论是白天或是夜间都需要日照。由此可知，厦门 5 月、6 月、7 月、8 月、9 月、10 月为热季，4 月和 11 月为过渡季节，1 月、2 月、3 月和 12 月为冷季。但由于其中温度值是一个月在该时段的平均值，所以，表 D-1 不能确定具体的日照/遮阳起止日期。

表 D-1　厦门地区月逐时空气温度变化表

（单位：℃）

时段	Jan.	Feb.	Mar.	Apr.	May.	Jun.	Jul.	Aug.	Sep.	Oct.	Nov.	Dec.
1	11.3	11.5	13.1	17.2	20.4	24.9	26.4	25.9	24.6	22.1	17.9	13.1
2	11.1	11.4	13.0	17.2	20.3	24.7	26.2	25.8	24.4	22.0	17.8	12.9
3	10.7	11.2	12.8	17.1	20.2	24.5	25.9	25.7	24.1	21.8	17.5	12.6
4	10.3	10.9	12.5	17.0	20.2	24.2	25.7	25.7	23.8	21.5	17.2	12.2
5	9.9	10.7	12.3	16.9	20.2	24.1	25.6	25.6	23.7	21.2	16.8	11.8
6	9.8	10.7	12.2	16.9	20.3	24.4	25.8	25.8	23.9	21.1	16.7	11.7
7	10.1	10.9	12.5	17.2	20.8	25.0	26.5	26.2	24.5	21.5	17.1	12.0
8	10.8	11.4	13.0	17.6	21.4	25.9	27.5	26.8	25.3	22.4	17.9	12.7
9	11.7	12.1	13.7	18.3	22.2	26.7	28.4	27.4	26.4	23.4	18.9	13.6
10	12.6	12.8	14.3	19.1	23.0	27.3	29.3	28.1	27.5	24.4	19.8	14.6
11	13.6	13.5	15.1	19.9	23.7	27.9	30.0	28.6	28.5	25.3	20.7	15.7
12	14.5	14.1	15.8	20.8	24.3	28.2	30.4	29.2	29.3	26.1	21.4	16.7
13	15.5	14.7	16.5	21.6	24.8	28.4	30.6	29.6	29.7	26.7	22.1	17.5
14	16.5	15.1	17.2	22.4	25.1	28.4	30.6	30.1	29.9	27.2	22.7	18.1
15	17.2	15.3	17.8	22.8	25.3	28.3	30.4	30.5	29.8	27.3	23.0	18.3
16	16.8	14.9	17.7	22.4	24.9	27.9	29.9	30.4	29.3	26.8	22.5	17.7
17	16.0	14.2	17.0	21.6	24.2	27.4	29.2	29.8	28.4	25.9	21.5	16.7
18	14.8	13.5	16.0	20.5	23.3	26.8	28.5	28.9	27.4	24.8	20.5	15.7
19	13.6	12.7	14.9	19.5	22.4	26.2	27.9	27.9	26.4	23.9	19.5	14.8
20	12.6	12.1	14.1	18.6	21.6	25.7	27.4	27.1	25.5	23.1	18.7	14.1
21	12.0	11.8	13.7	18.1	21.1	25.3	27.1	26.5	25.0	22.6	18.1	13.6
22	11.7	11.7	13.4	17.8	20.8	25.2	26.8	26.2	24.8	22.3	17.8	13.3
23	11.5	11.6	13.3	17.7	20.6	25.1	26.7	26.0	24.6	22.2	17.7	13.1
24	11.4	11.6	13.2	17.6	20.5	25.1	26.5	25.9	24.5	22.2	17.7	13.0

第三步，利用线性插值，确定日照/遮阳起止日期。为了利用温度逐时变化表确定日照/遮阳起止日期，有必要作如下假定：气候状态在同一时段的一个月内是线性变化的。也就是说，对于某一月份从月初到月末同一时段温度是线性变化的，从某月份的15日到下一月份15日同一时段的温度也是线性变化的。因此，表中的逐时温度变化近似表达了对应月份15日的气候状态变化。用线性插值的方法可以得出任意一天的温度逐时变化。这样，可以推出一年中需要日照/遮阳的起止日期。例如，对于厦门地区，5月15日下午14:00—15:00时段温度最高为25.3 ℃，6月15日下午14:00—15:00时段温度最高为28.4 ℃，那么在这30天中，此时段温度每天上升(28.4－25.3)/30＝0.1033 ℃。经过(26－25.3)/0.1033＝7天后，即5月22日下午14:00—15:00时段室外空气温度达到26 ℃，因此，5月22日是厦门地区一年中遮阳的起始时间。10月15日15:00温度最高为

27.3 ℃,11 月 15 日 15:00 温度最高为 23 ℃,在这 30 天中,此时段温度每天下降(27.3−23)/30=0.1433 ℃,经过(27.3−26)/0.1433=9 天后,即 10 月 24 日最高温度下降到 26 ℃,由此可知,10 月 24 日为厦门地区一年中最后遮阳的日期。同理推之,厦门地区需要日照的起始日期是 11 月 6 日,终止日期是下一年 4 月 25 日。

从上述分析结果还知道,厦门地区从制冷结束到采暖开始之间的过渡季节时间短,为 12 天左右,而从采暖结束到制冷开始之间的过渡季节时间相对较长,为 27 天左右。值得说明的是,本附录主要是介绍确定日照与遮阳时段的方法,对于具体的建筑物,如果要精确确定其日照/遮阳的时段和日期,应根据热量平衡得出其制冷与遮阳的平衡点温度值后,再用此处介绍的方法确定其日照与遮阳的时段和日期。

附录 E　基于阳光与风的生态选址分析

阳光和风表征着基址的可再生能源利用潜力,它们不仅影响建筑的朝向与布局,还与建筑物被动采暖与降温措施有关,并直接影响建筑设备的能耗。阳光和风还是室外热环境最重要的组成部分,直接影响室外热环境的设计和创造。基于阳光和风的生态选址分析方法,为我们提供了一种具体的从气候角度分析选择基址的可操作途径。

第一步,建立评判分值。由于阳光和风在不同的气候区所起的作用是不同的,而在同一气候区,不同的建筑对阳光与风的要求也不一样。例如,在冬季,内部发热少的住宅要求有较早的或较多的日照进入,而内部发热多的办公楼则要求较晚或较少的日照。根据不同的气候区和不同的建筑类型,建立对阳光和风的评判分值,是该分析方法首先要做的事情。通常采用 0～3 分制,0 分表示最不希望的最坏的条件,3 分表示最希望的最好的条件。表 E-1 示出了一种常用的评分表。

表 E-1　用于评估阳光和风对基地选择影响的评分表

室外气候与类型			无阳光			有阳光			无风			有风		
内部得热型	外部得热型	户外空间	冬	春/秋	夏	冬	春/秋	夏	冬	春/秋	夏	冬	春/秋	夏
		寒冷	0	0	0	3	3	3	2	2	2	1	1	1
	寒冷	凉冷	0	0	2	3	3	1	2	2	0	1	1	3
寒冷	凉冷	温和	0	0	2	3	3	1	2	2	0	1	3	3
干燥凉冷	干燥温和	干燥温热	0	2	2	3	1	1	2	2	0	1	1	3
潮湿凉冷	潮湿温和	潮湿温热	0	2	2	3	1	1	2	0	0	1	3	3
干热	干热	干燥炎热	2	2	2	1	1	1	2	2	2	1	1	1
湿热	湿热	潮湿炎热	2	2	2	1	1	1	0	0	0	3	3	3

第二步,对地形图的阴影状况进行分析。阴影分析一般取最热月(7 月)和最冷月(1 月)的代表日进行。分析前,将地形图进行网格划分。利用地形图所在的纬度和代表日的棒影图或其他方法,

例如，计算机显现，可在地形图上绘出某时刻的所有阴影区，得出一张带有阴影标记的图层。对多个时刻进行同样处理，可得出多张图层。一般分析选取上午 9:00、中午 12:00 和下午 15:00 三个时刻即可。参阅表 E-1，在各图层的格子中填入对应的分值，然后将相同格子的分值相加，就可得到一张阴影总积分图层。图 E-1 是温和气候地区的某地形图，上面有一凹形平面建筑物，该建筑西边有一小山丘，小山丘上长有树木，西北面有较高的山丘，而正北面有一洼地。图 E-2 是 1 月份的阴影分析及其总积分图层。

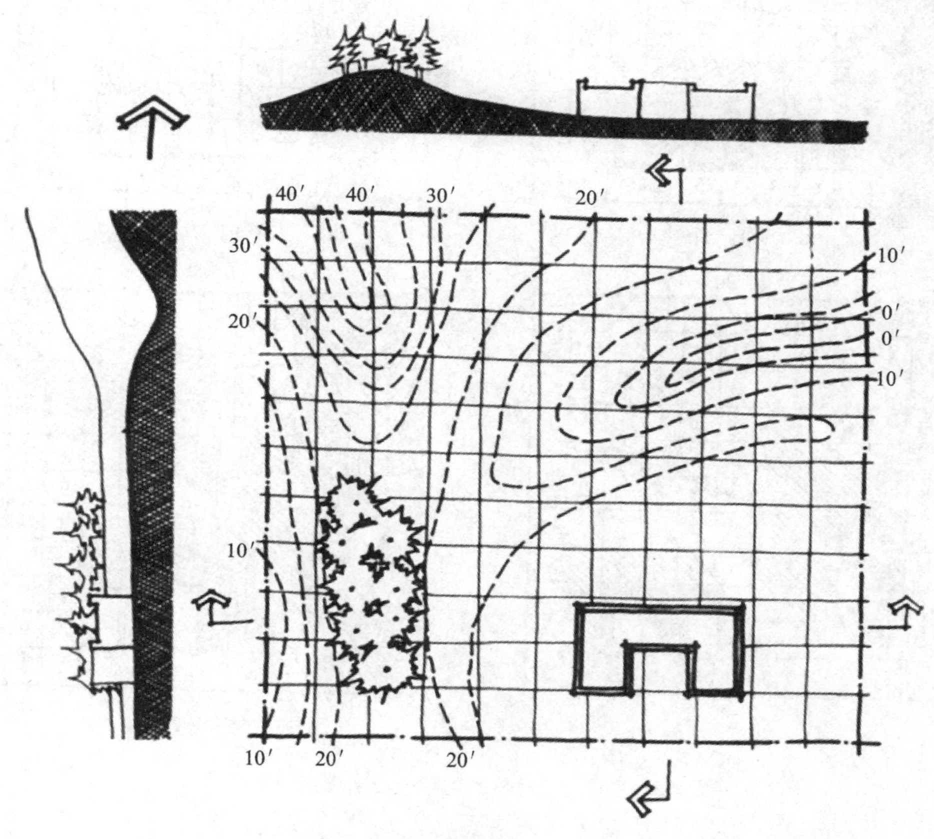

图 E-1　某温和气候地区地形图

第三步，对地形图的风状况进行分析。从地形图所在的城市和气候区，找到最热月（7 月）和最冷月（1 月）的风玫瑰图，可以确定风的大小和方向，由此，可在地形图上绘制出风的流动状况，得出一张带有风流动状况的图层。参阅表 E-1，在风流动状况的图层格子中填上相应的分值。风流动图也可以用计算机模拟得到。上述地形冬季（1 月）风向为西北偏西风，7 月盛行南风，图 E-3 示出了 1 月和 7 月的风流动状况以及相应的分值。

第四步，季节和年的综合评价。将同一季节风况分析图与阴影分析图叠加，同一格子中各层的数值加起来，就得到相应季节综合评价图层。综合评价图层中，总数值越大的地方说明对于该季节来讲越适合作为建筑基址，反之，则说明是不适宜的。值得说明的是，在这种叠层计算方法中，风况分析图要与所有时刻的阴影图各重叠一次，这样才能使风与阳光的作用并重。对于此处的分析案例，风况分析图要用 3 次。将不同季节的综合评价图层再次叠加，就可得出年综合评价图层。年综

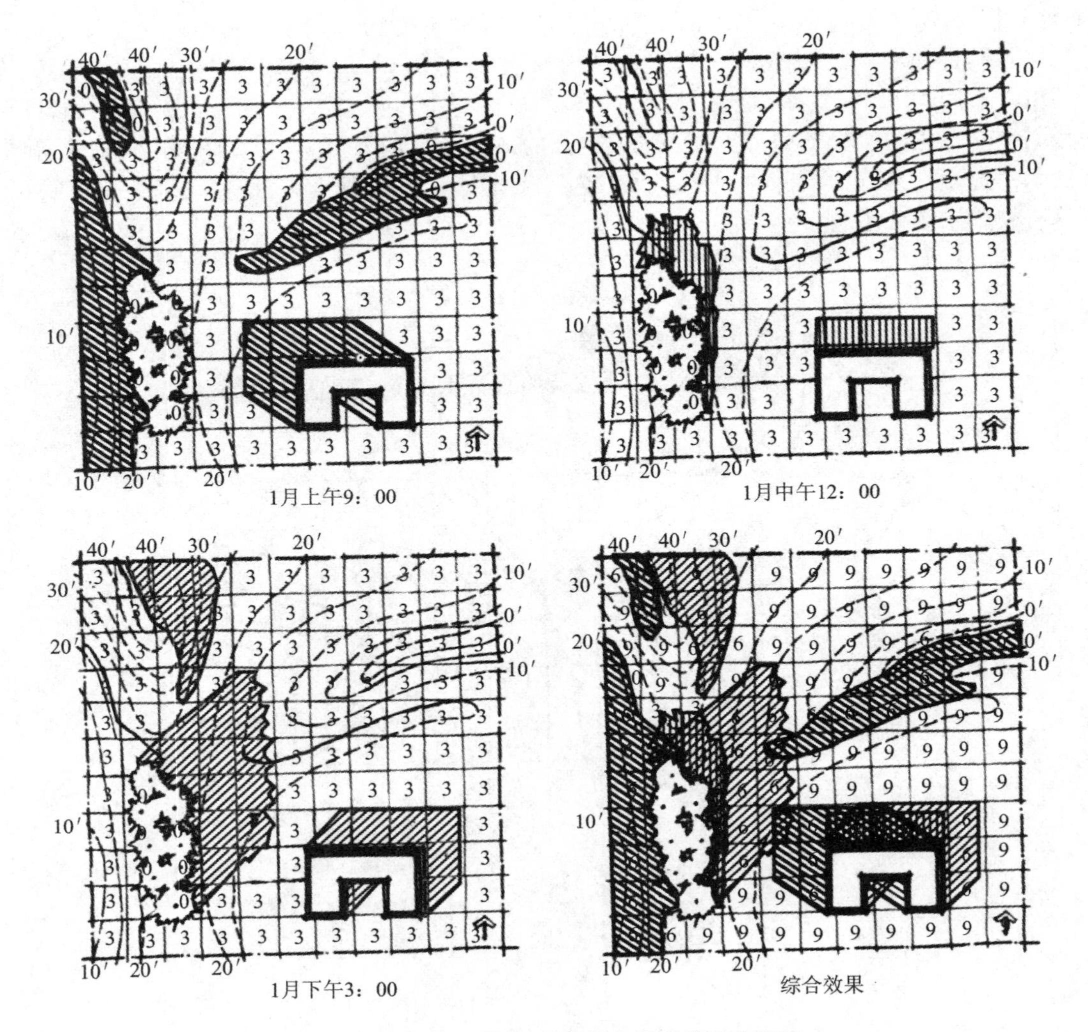

图 E-2　冬季(1 月份)的阴影分析及总积分图层

合评价图层中,总数值大的地方说明对于年来讲适合作为建筑基址。图 E-4 示出了上述地形的季节综合评价结果。如果考虑冬季的阳光和风,那么有三块地适于建造,一是在已有建筑物南侧,二是在已有建筑物的北侧南坡,三是在已有建筑物东北侧,就是冬季 1 月份图中标注 15 分的三块涂黑区域。如果出于夏季防热考虑,那么应将建筑物建在树木的东侧或西侧,就是标注 13 分的黑色区域。图 E-5 示出了全年综合评价结果,图中分值为 27 的区域构成了可选的区域,一共有 4 块。一是现有建筑物北侧南坡地,在那里,不仅冬季有良好的日照和因西侧山丘的阻挡避开了寒风,而且夏季通风良好,它的面积最大,为后续发展提供了较大的可能性,应是最值得推荐之地,缺点是地势不平坦。二是已有建筑物的东北侧,这里冬季日照良好,风速较小,夏季能获得良好的自然通风,且地势平坦,也是值得考虑的地方。另外,就是已有建筑物的东南和西南角,夏季通风良好,冬季分别受到建筑物和树木的挡风作用。考虑到地势问题,东南角较好一些。由此可见,“冬季避风,争取日照,夏季遮阴,争取通风”是基于阳光与风的选址原则。

值得说明的是,这种方法为我们提供了可操作的分析途径,它随着网格的细化而不断精确。在实际工程中，遇到的情况可能比上述例子复杂得多，规划师、建筑师以及从事景观的工程人员可借助于计算机实现阴影和风况的精细分析，从而更真实地再现空气的流动状况，对各种选择方案进行方便的预测和比较。

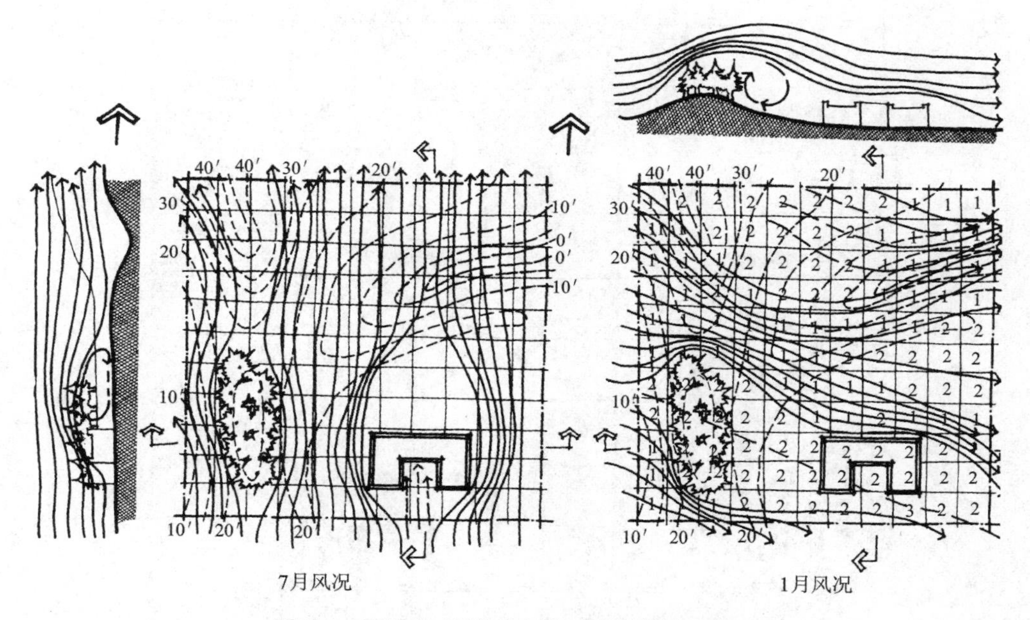

图 E-3　夏季(7 月)和冬季(1 月)风的流动状况

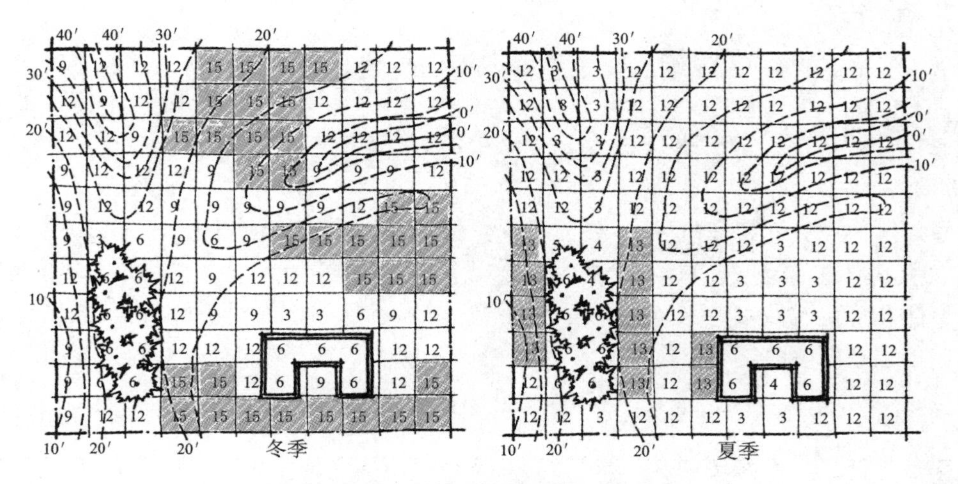

图 E-4　基址选择的季节综合评价图层

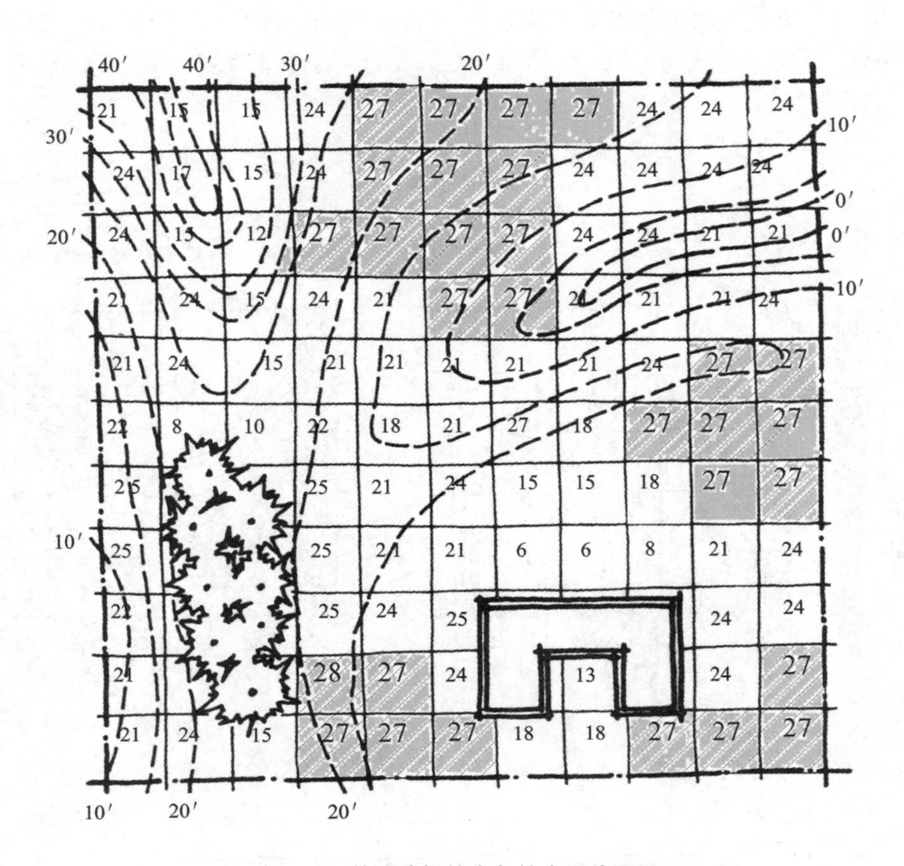

图 E-5 基址选择的全年综合评价图层

附录 F 采光系数的确定方法

在建筑环境中充分利用天然光，不仅能体现建筑利用自然资源的有效性，而且可以保护视力、提高生产和学习效率，满足人们对天然光的喜爱和需要，还能够大大减少人工灯具的耗电发热量，对于建筑节能和环保有双重意义。采光系数是指在全阴天室外光气候条件下，某点照度与同一时刻室外无遮挡水平照度之比，即

$$C=\frac{E_i}{E_{\mathrm{w}}}\times 100\% \tag{F-1}$$

采光系数是衡量采光好坏的一个指标，为了满足人们从事某种活动的视觉需要，规范标准对各种工种所需的最小采光系数或平均采光系数做了规定。采光系数的确定，按下列三个步骤进行。

第一步，确定各种活动所需的天然光照度。按活动或视觉要求，从表 F-1 查出各种活动所需的天然光照度要求。

表 F-1　各种活动所需的天然光照度 E_i

采光等级	车间名称	辅助建筑	视觉工作分类		面采光(lx)	顶部采光(lx)
			工作精度	识别的最小尺寸 d(mm)		
Ⅰ	1. 精密机械和精密机电成品检验车间，精密仪表加工和装配车间，光学仪器精加工和装配车间，印刷厂镌版车间、工艺美术厂木工雕刻、刺绣、绘画车间，毛纺厂选毛车间		特别精细工作	$d \leqslant 0.15$	250	350
Ⅱ	2. 精密机械加工和装配车间，精密机电装配车间，光学元件抛光车间，造纸厂选纸车间，纺织厂精纺、织造及检验车间	工艺室，设计室，绘图室，打字室，阅览室，陈列室，医务所的诊察室、包扎室	很精细工作	$0.15 < d \leqslant 0.3$	150	250
Ⅲ	3. 印刷厂装订车间，造纸厂造纸车间，纺织厂前纺、上浆车间，机械加工和装配车间，机电装配车间	厂部及车间办公室、资料室、会议室、报告厅、广播室，托儿所、幼儿园的活动室、哺乳室，餐厅，厨房，理发室	精细工作	$0.3 < d \leqslant 1.0$	100	150
Ⅳ	4. 焊接、钣金、冲压剪切车间，锻工、热处理车间，食品厂糖果、饼干加工、包装车间，卷烟厂制丝车间，纺织厂清花、包装车间	车间休息室、吸烟室、浴室、更衣室、盥洗室、门厅	一般工作	$1.0 < d \leqslant 5.0$	50	100
Ⅴ	5. 压缩机、风机、锅炉、泵房、汽车库，大、中件贮存库，配料、原料间，耐火材料加工车间	楼梯间、走道、储藏室、库房	粗糙仓库工作	$d > 5.0$	25	50

第二步，确定光气候区的采光修正系数。从相关资料中查到建筑所在的光气候区[152]，得出采光修正系数 K_i 值：$K_{\mathrm{I}}=0.85$，$K_{\mathrm{II}}=0.9$，$K_{\mathrm{III}}=1.0$，$K_{\mathrm{IV}}=1.1$，$K_{\mathrm{V}}=1.2$。

第三步，计算采光系数。我国规定以第Ⅲ光气候区的采光系数为标准，其室外临界照度（室内不需要开灯的最小室外照度）取 5000 lx，其他光气候区的采光系数在其上进行修正，由此得出计算采光系数的公式为

$$C=\frac{K_iE_i}{5000}\times 100\% \tag{F-2}$$

对于室内植物光合作用所需的采光系数，可用同样的方法确定。

附录G　不同高度风速的确定

由于下垫面物体对风速的阻挡和摩擦，致使风速随离地高度增加而增加。单位高度上风速的增加称为风速梯度。不同的下垫面对风速的阻挡和摩擦是不一样的。在大城市的中心，由于建筑物密集且高低不一，高层建筑较多，导致风速梯度在近地面不及在乡村和海滩明显。风速随高度的变化并非无止尽的增加，当高度达到一定程度后，风速不再随高度增加而增加。这种变化可以近似用指数函数来表示。

如果所求风速点的高度≤10 m，且已知当地机场10 m高处的风速，可以直接在图G-1纵坐标中代入高度值，水平向右与对应的曲线相交，由交点垂直向下可得一比值，将该值乘以机场10 m高处风速值即得所求风速。

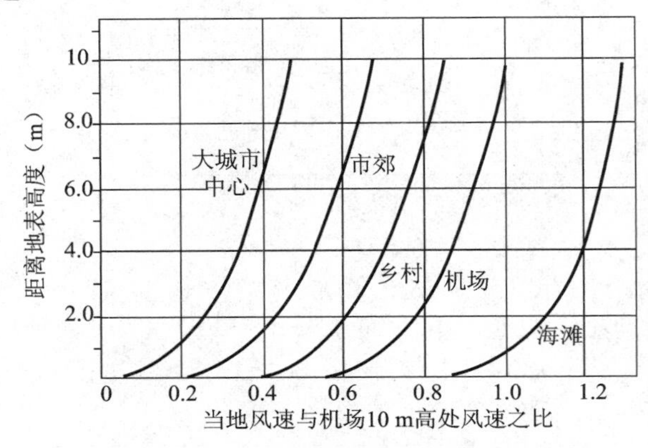

图G-1　从机场风速确定某高度风速

如果是已知当地机场或气象站的测点高度以及风速值，就将气象站(或机场)测点高度 h_0、风速值 V_0 和所求风速点高度 h 代入式(G-1)中，从表G-1中找到对应的 n 值，求出风速 V。

$$V=V_0(h/h_0)^n \tag{G-1}$$

表G-1　不同地点的 n 取值

地点	城市	市郊	开旷乡村	机场	空旷地区	海滩
n 值	0.33～0.398	0.293	0.172	0.158	0.14	0.100

附录H　建筑物得失热量的估算

要利用自然通风和蒸发冷却技术使建筑物室内在夏季达到热舒适，一方面，必须估算建筑物在夏季的净得热量，从而设计自然通风口的尺寸和确定蒸发冷却措施，以带走这些热量；另一方面，在冬季要利用太阳能来采暖或利用覆土保温，又要估计建筑物的失热量。建筑物得失热量的估算，要考虑室内人员、照明设备和其他运行设备的产热，以及通过围护结构的热交换量，包括透过门窗的太阳辐射、空气渗透和导热传热。估算建筑物得失热量，必须分别估算各相关项。

第一，估算室内人体产热 Q_1。室内人体产热与人体活动量有关，根据人体活动或典型的建筑类型，从表 H-1 估算单个人体发出的显热和潜热，将显热和潜热相加就可得到单个人体的总产热量。根据建筑类型从表 H-2 估算人口密度（人/100 m²）。

表 H-1 活动程度与人体产热量

活动程度	建筑类型	显热(W)	潜热(W)
坐着休息或坐着从事很轻的工作	影剧院	66～72	31～45
中等活动量，办公，慢走	办公楼，银行，旅馆，零售店，公寓，杂货店	73	59
久坐从事某种工作	饭店，手工工厂	81	81～139
中等跳舞	一般舞厅	89	160
快走，中等体力活	工厂	110	183
打保龄球，重体力活，搬运	保龄球馆，工厂	170～186	255～283
体育运动	体育馆，体操房	208	319

表 H-2 建筑类型与人口密度

建筑类型	人口密度(人/100 m²)		建筑类型	人口密度(人/100 m²)	
	平均	最大		平均	最大
*零售店建筑	8	32	实验室	—	32
超市	—	22	图书馆	—	22
*办公建筑	4	8	*杂货店	9	22
*集会建筑	22	—	*临时住宿建筑	4	5
会堂、礼堂	135	151	医院病房	—	11
会议厅	—	54	监狱	—	22
库房	1	5	*多户住宅建筑	3	3
*餐馆建筑	8	—	宿舍	—	22
饭厅	—	75	*娱乐建筑	—	—
快餐店，酒吧	—	108	观众厅	—	161
厨房	—	22	体育馆、健身房	—	32
*教育建筑	11	32	球室	—	108
教室	—	54	—	—	—

将表 H-2 的人口密度与表 H-1 的单人发热量相乘，就得到每 100 m² 人体发热量，从而得到每平方米的人体产热量（W/m²）。值得说明的是，表 H-2 中带 * 栏对应的是整栋建筑的人口密度，而

不带 * 的是某一空间的人口密度。在没有详细资料时,可用上表估算,而有详细资料时,按实际情况进行估算更为准确。

第二,估算室内照明产热 Q_2。照明产热与室内照度要求、灯具的类型和效率有关。根据活动要求从表 H-3 找到照度要求或根据图 H-1 找到相应的推荐照度值,然后结合图 H-2 中的灯具类型和效率,可得出每平方米的灯具发热量(W/m²)。

表 H-3 工作种类与照度要求

照明分类	活动类型	照度水平(lx)		
		低	中	高
一般照明	周围暗淡的公共场所	20	30	50
	辨别方向的短暂停留	50	75	100
	偶尔有视觉作业的工作空间	100	150	200
	视觉作业,物体尺寸大,亮度对比度高	200	300	500
工作照明	视觉作业,物体尺寸小,亮度对比度中	500	750	1000
	视觉作业,物体尺寸很小,亮度对比度低	1000	1500	2000

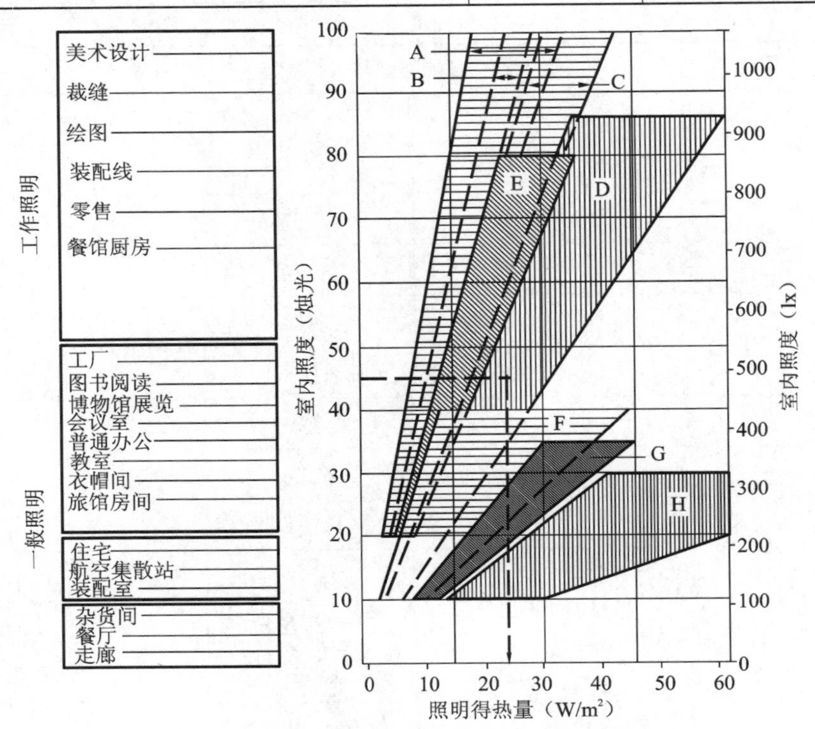

图 H-1 用推荐照度值和灯具类型求灯具的发热量

值得说明的是,同种类型的灯具,如果发光效率高,取区域靠左的值,反之,取区域靠右的值;另外,在建筑照明系统设计中,当灯具选择后,就可以知道其具体热效率,从而对其进行准确计算。

第三,估算室内设备产热 Q_3。如果没有详细的资料,可根据建筑类型从表 H-4 估算建筑物室内设备产热量。表中"低"值意味着设备新、效率高和设备少,"高"值意味着设备旧、效率低和设备

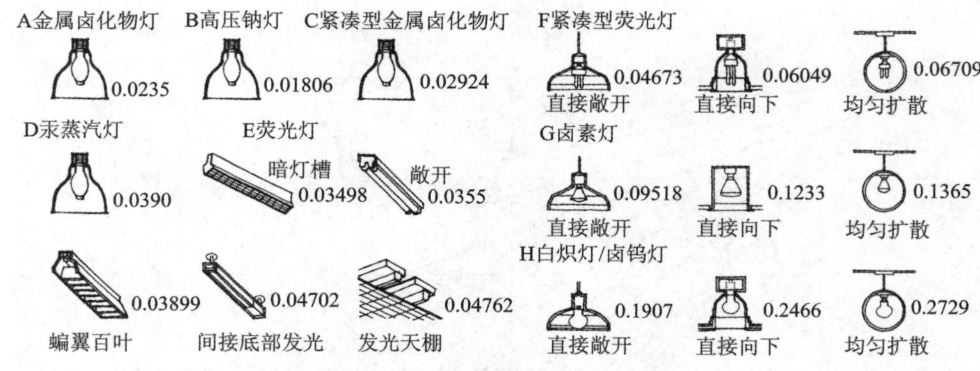

图 H-2　灯具类型及其热效率（W/（m^2·lx））

表 H-4　建筑物室内设备产热量

建筑类型	产热量（W/m^2）	
	低	高
商业及买卖	10	17
办公	10	17
集会	4	7
库房	8	13
餐馆	32	52
教育	14	23
杂货店	24	42
出租房	10	17
住宅	3	6

多。如果有详细资料，则按详细资料计算。

第四，估算围护结构传热量 Q_4。如果窗是双层玻璃窗，从图 H-3 左边横坐标找到围护结构不透明部分的传热系数，对应到双层玻璃占围护结构面积的百分比线，得到一个交点；由交点向右与右图斜线相交，由交点向上在横坐标上得出温差为 1 ℃的热流值，用该值乘以室内外温差就得到对应于每平方米地板的散热量，用该散热量乘以地板总面积即可得出建筑物总散热量。如果窗不是双层玻璃，就应该折算为双层玻璃，例如单层玻璃窗的传热系数为 6.4 W/（m^2·℃），大概是双层玻璃窗的 2 倍，因此 40%的单层玻璃窗就可以视为 80%的双层窗估算。如果这种折算超过了 100%，那么就先用超过的百分数来查，得出围护结构的传热系数后，再加上对应的整数值。例如，有一建筑外围护结构，不透明部分传热系数为 0.15 W/（m^2·℃），60%的单层玻璃窗，求内外温差为 1 ℃时的散热量。60%的单层玻璃窗折算为 120%的双层窗，就先用 20%双层窗查出对应的围护结构传热系数值为 1.27 W/（m^2·℃），再加上 1 W/（m^2·℃）就得出总传热系数为 2.27 W/（m^2·℃）。该图也可按相反的顺序来使用，即从热流强度开始，确定不透明外围护结构所需的传热系数 K 值。

第五，估算太阳辐射得热量 Q_5。从表 H-5 找到相应玻璃或窗的遮阳系数 SC_1，再从表 H-6 找到内遮阳或外遮阳系数 SC_2，就可计算窗口的综合遮阳系数值（$SC_1 \times SC_2$）。从文献[153]附录中找到相应的日射得热因子，代入图 H-4 中左图横坐标对应到窗面积百分线得一交点，由该交点向右与综合遮阳系数相交，再从该交点对应到右图水平轴，就得到单位外表面积的日射得热量。用该值乘以建筑外表面积就得到总的日射得热量。

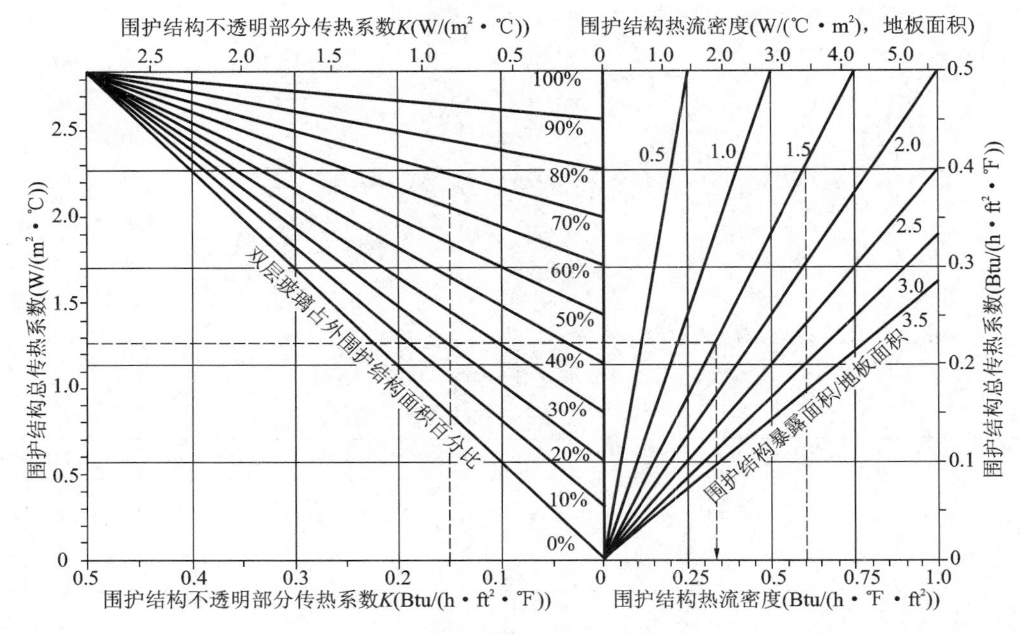

图 H-3　围护结构本身传热量的估算

表 H-5　玻璃或窗的遮阳系数 SC_1

玻璃＋窗框		遮阳系数	玻璃＋窗框		遮阳系数	玻璃＋窗框		遮阳系数
单层窗	透明	0.69～0.73	双层窗	透明	0.6～0.7	双层Low-E玻璃窗	透明	0.32～0.6
	铜色	0.53～0.62		铜色	0.43～0.53		铜色	0.23～0.48
	绿色	0.5～0.61		绿色	0.4～0.52		绿色	0.27～0.47
	灰色	0.48～0.6		灰色	0.38～0.51		灰色	0.21～0.46
	热反射	0.17～0.28		热反射	0.12～0.2		HP 绿色	0.25～0.39
				HP 绿色	0.33			

玻　璃	遮阳系数	玻　璃	遮阳系数
“标准玻璃”	1.0	单层灰色丙烯酸塑料	0.52～0.89
5 mm 厚普通玻璃	0.93	单层透明聚碳酸酯塑料	0.98
6 mm 厚普通玻璃	0.89	单层铜色聚碳酸酯塑料	0.74
3 mm 厚吸热玻璃	0.96	单层灰色聚碳酸酯塑料	0.74
5 mm 厚吸热玻璃	0.88	双层透明玻璃中加软百叶	0.33～0.36
6 mm 厚吸热玻璃	0.83	双层透明玻璃中加太阳布帘	0.43～0.49
双层 3 mm 厚普通玻璃	0.86	透明圆顶天窗	0.81～0.99
双层 5 mm 厚普通玻璃	0.78	透明玻璃砖	0.65
双层 6 mm 厚普通玻璃	0.74	灰色玻璃砖	0.24
单层透明丙烯酸塑料	0.98	热反射玻璃砖	0.16
单层铜色丙烯酸塑料	0.46～0.9		

表 H-6　内遮阳或外遮阳系数 SC_2

内遮阳类型	遮阳系数	外遮阳类型	遮阳系数
白色布帘(浅色)	0.5	可完全遮挡直射阳光的固定百叶、固定挡板、遮阳板 *	0.5
浅蓝布帘(中间色)	0.6	可基本遮挡直射阳光的固定百叶、固定挡板、遮阳板 *	0.7
深黄、紫红、深绿布帘(深色)	0.65	较密的花格	0.7
黑色织物全开	0.74～0.87	非透明活动百叶或卷帘	0.6
中间色织物半开	0.59～0.72	室外软百叶	0.1～0.15
中间色软百叶	0.6	帆布遮阳篷	0.20～0.35
贴反射铝箔软百叶	0.45	南向窗宽挑出水平板	0.2～0.3
黑色软百叶	0.75	窗前树木(叶密一叶疏)	0.2～0.6
浅色卷帘百叶	0.39	水平可调遮阳板	0.1～0.15
黑色卷帘百叶	0.81	垂直可调遮阳板或肋板	0.1～0.3
浅色帏帐	0.37	太阳布帘	0.15～0.42
深色帏帐	0.53	窗外板条格子遮阳	0.1～0.3

注：* 位于窗口上方的上一楼层的阳台也作为遮阳板考虑。

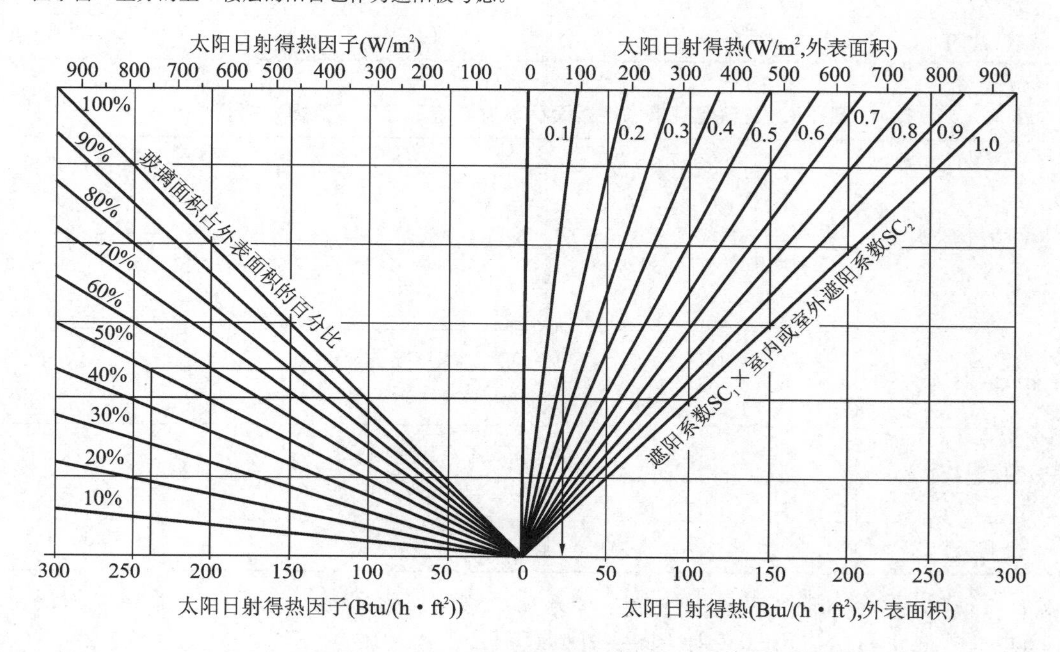

图 H-4　利用太阳日射得热因子和遮阳系数估算太阳辐射得热量

第六,估算通风换气与空气渗透得失热量 Q_6。对于商业建筑或集合住宅,可以根据通风换气次数的要求,从表 H-7 中查出相对于每平方米地板每 1 ℃温差下的通风换气得失热量值;如果知道了住宅建筑的构造状况,则可从表 H-8 查出相对于每平方米地板每 1 ℃温差下因空气渗透的得失热量值。将查出的值乘上室内外温差,再乘以地板面积,就得到相应的得失热量。

表 H-7　商业建筑和集合住宅单位地板面积单位温差下的通风换气得失热量值

建筑类型/房间	通风换气的得失热量(W/(℃·m²))		建筑类型/房间	通风换气的得失热量(W/(℃·m²))	
	平均	最大		平均	最大
零售建筑	0.43	1.84	教室	—	4.60
购物商场	—	1.23	实验室	—	3.68
办公建筑	0.49	0.86	图书馆	—	1.84
集会建筑	1.84	—	杂货店建筑	0.74	1.84
礼堂、会堂	11.49	12.87	暂住建筑	0.37	0.46
会议房间	—	6.13	医院病房	—	1.53
库房	0.06	0.31	多住户住宅建筑	0.28	0.28
餐馆建筑	0.86	—	集体住房	—	1.84
餐厅	—	8.58	自动修理店	—	9.19
快餐店、酒吧	—	18.38	娱乐建筑观众区	—	13.79
厨房	—	1.84	体育馆	—	3.68
教育建筑	0.92	2.76	球室	—	15.32

表 H-8　住宅建筑单位地板面积单位温差下空气渗透得失热量

住宅构造类型	空气渗透得失热量(W/(℃·m²))		住宅构造类型	空气渗透得失热量(W/(℃·m²))	
	平均值(3.4 m/s)	最大值(6.7 m/s)		平均值(3.4 m/s)	最大值(6.7 m/s)
有漏风的旧建筑	1.02	2.04	+密封接头和发泡密封裂缝	0.26	0.51
传统保温构造	0.77	1.53	+高级密封和热回收系统	0.13	0.26
+塑料防潮层	0.51	1.02	—	—	—

第七,将所求的各项热量代入式(H-1),估算建筑物的得失热量。式中"±"表示该项热量可从室外传向室内(取正号),也可从室内传向室外(取负号)。

$$\Delta Q = Q_1 + Q_2 + Q_3 \pm Q_4 + Q_5 \pm Q_6 \tag{H-1}$$

附录 I　风压、热压、混合通风冷却能力的估算

建筑的自然通风按照空气流动的动力不同，分为风压通风、热压通风以及二者兼有的混合通风，它们主要是靠建筑物的一些开口（门、窗等）和空间组织（过道、中庭、天井等）来实现的。空气绕建筑物流动时，会在建筑物外围产生空气压力 $P_v = k\rho v^2/2$（其中 k 为空气动力系数，v 为空气流速；ρ 为空气的密度）。如果在建筑物的开口两侧存在空气压力差 ΔP_v，空气就会在这个压力差的作用下从高压区流向低压区，这种流动通风称为风压通风，其驱动力可表示为 $\Delta P_v = \xi\rho u^2/2$（其中 ξ 为洞口的局部阻力系数，u 为空气流过洞口的速度）。风速越大产生的抽吸力越强，这就是伯努利效应；气流流动时会因为空间的收缩而引起加速，这就是文丘里效应。由于温度高的空气轻，温度低的空气重，因此，相同高度的热冷空气就会因温度不同而形成重力差 $\Delta P_t \approx 353\ hg\Delta t/\overline{T}^2$（其中 h 为进出口高差，g 为重力加速度，Δt 为进出口空气温差（℃），$\overline{T}$ 为进出口空气绝对温度平均值（K）），驱使空气流动，称为热压通风。混合通风冷却能力的估算，必须首先分别估算风压通风冷却能力和热压通风冷却能力。

第一，风压通风冷却能力的估算。找到建筑物的迎风速度即“设计”风速和进出风口的面积大小，从图 I-1 中横纵坐标出发在图中找到交点，从交点可读出风向入射角为 0°～40°、室内外温差为 1.7 ℃时的冷却能力，然后再进行温差和风向的修正，如果实际室内外温差为 ΔT，则将所得冷却能力乘以比值 $\Delta T/1.7$；如果风向入射角为 40°～60°，就乘以系数 0.714；如果风向入射角为 60°～80°，就乘以系数 0.4。值得说明的是，风向可以用风玫瑰图确定，而实际风速的大小要考虑具体条件。关于风速沿高度的变化，请参阅附录 G“不同高度风速的确定”；关于高层建筑引起的各种风效应，请参阅 5.3.4“注意高层建筑形状引起的各种风效应”；关于建筑物间隔和密度对风速的影响，请参阅 5.3.7“安排建筑疏密控制空气流动”；关于防风物或建筑对风速的影响，请参阅 5.3.12“利用防风物或建筑围合抵御寒风”；关于风速大小对人体热舒适的影响，请参阅附录 B“人体热舒适与生物气候图”。在缺乏详细资料的情况下，可用 0.5 的衰减因子对当地机场或气象风速大小进行修正。

另外，图 I-1 也可以反过来用，即知道了风速大小和方向以及建筑物的得热量，可以确定进风口或出风口的面积大小。在这种情况下，如果室内外温差低于或高于 1.7 ℃，开口需要按比例修正，乘以 $1.7/\Delta T$；如果风向入射角为 40°～60°，开口就乘以系数 1.4；如果风向入射角为 60°～80°，开口就乘以系数 2.5。

第二，热压通风冷却能力的确定。首先按均匀断面来估算热压通风冷却能力：找到热压通风进出风口高度差及其断面积大小，从图 I-2 横纵坐标出发在图中找到交点，从交点可读出均匀断面、室内外温差为 1.7 ℃时的热压通风冷却能力。然后，再进行温差和断面修正：如果实际室内外温差为 ΔT，则将所得冷却能力乘以 $\sqrt{\Delta T/1.7}$；如果断面不均匀，就从图 I-3 的横坐标找到进风口相对于出风口的比值，查出相对的冷却量或风量增加的百分数。将增加量加到均匀断面条件下估算的冷却量就是热压通风的冷却能力。

另外，图 I-2 也可以反过来用，即知道了烟囱高度和建筑物得热量，可以确定烟囱的断面面积，同样，知道了烟囱断面面积和建筑物得热量，可以确定烟囱的高度。

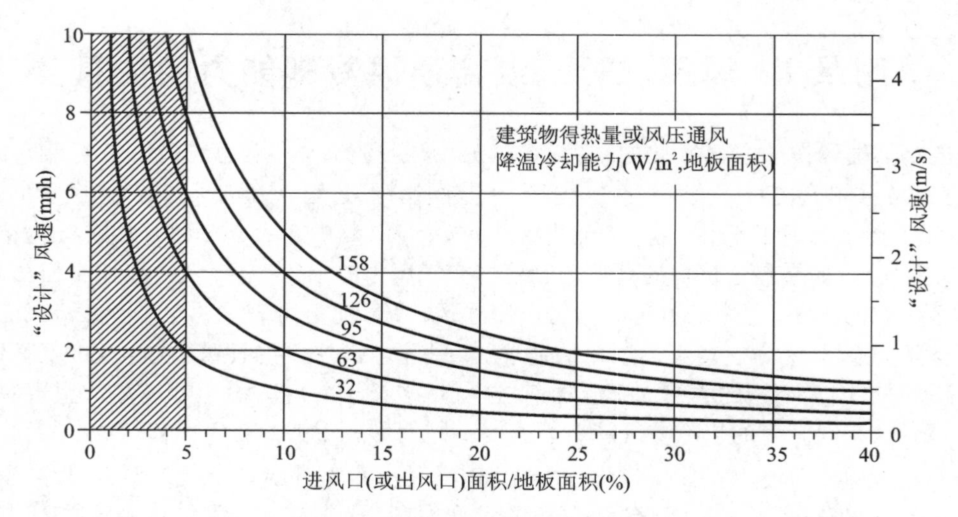

图 I-1 风压通风冷却能力的估算

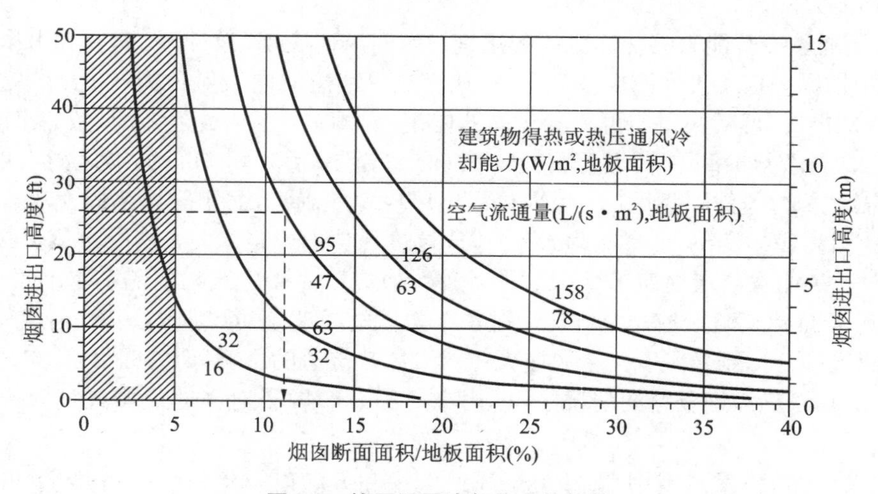

图 I-2 热压通风冷却能力的估算

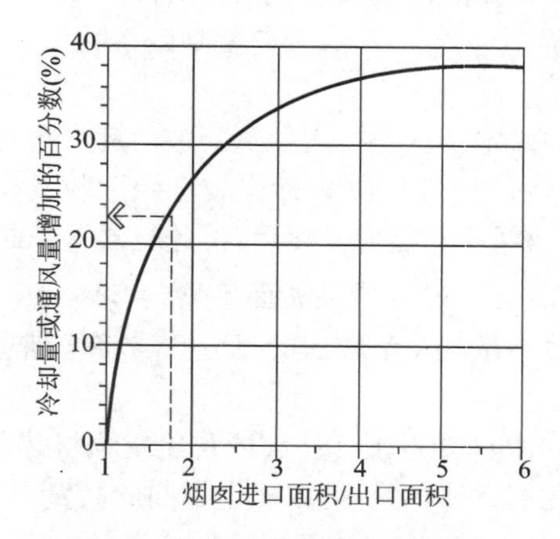

图 I-3 热压通风冷却能力的修正

第三，混合通风冷却能力的确定。求得风压通风的冷却能力和热压通风的冷却能力后，将风压通风冷却量代入图 I-4 纵坐标，水平移动到与热压通风冷却能力曲线相交，从交点向下与横坐标的交点值即为混合通风的冷却能力。混合通风的冷却能力是以单位地板面积表示的，用该值乘以地板总面积，就得出总的混合通风冷却能力。

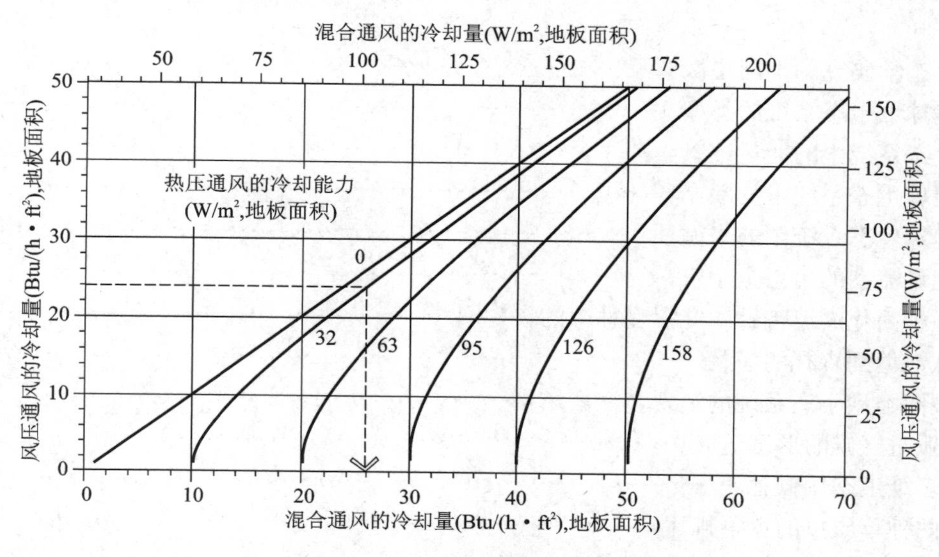

图 I-4　混合通风冷却能力的估算

图表索引目录

参 考 文 献

[1] E. P. Odum. Fundamentals of ecology[M]. W. B. Saunders,1971.
[2] 祝廷成,董厚德. 生态系统浅说[M]. 北京:科学出版社,1983.
[3] 林鹏. 植物群落学[M]. 上海:上海科学技术出版社,1986.
[4] 郝道猛. 生态学概论[M]. 徐氏基金会,1978.
[5] 晏磊. 可持续发展基础—资源环境生态巨系统结构控制[M]. 北京:华夏出版社,1998.
[6] 李振基,陈小麟,郑海雷,等. 生态学[M]. 北京:科学出版社,2001.
[7] 宋永昌,由文辉,王祥荣. 城市生态学[M]. 上海:华东师范大学出版社,2000.
[8] 陈易. 自然之韵—生态居住社区设计[M]. 上海:同济大学出版社,2003.
[9] 曹伟. 城市·建筑的生态图景[M]. 北京:中国电力出版社,2006.
[10] http://www.footprintnetwork.org/en/index.php/GFN/page/footprint_data_and_results.
[11] 周海林. 可持续发展原理[M]. 北京:商务印书馆,2004.
[12] Aulay Mackenzie,Andy S. Ball and Sonia R. Virdee. Instant notes in ecology[M]. 北京:科学出版社,1999.
[13] 布赖恩·爱德华兹. 可持续性建筑[M]. 周玉鹏,宋晔皓,译. 北京:中国建筑工业出版社,2003.
[14] 吴良镛. 人居环境科学导论[M]. 北京:中国建筑工业出版社,2001.
[15] 靳其敏. 生态建筑学. 建筑学报[J]. 2000(7):6-11.
[16] 王立红. 绿色住宅概论[M]. 北京:中国环境科学出版社,2003.
[17] 荆其敏,张丽安. 生态的城市与建筑[M]. 北京:中国建筑工业出版社,2005.
[18] 周曦,李湛东. 生态设计新论[M]. 南京:东南大学出版社,2003.
[19] 宋晔皓. 结合自然整体设计—注重生态的建筑设计研究[M]. 北京:中国建筑工业出版,2000.
[20] 崔英姿,赵源. 持续发展中的生态建筑与绿色建筑[J]. 山西建筑,2004,30(8):9-10.
[21] 张亚民. 生态建筑设计的原则及对策研究[J]. 节能技术. 2004,22(2):52-53.
[22] 沈丽. 生态建筑理念解析[J]. 国外建材科技. 2002,23(1):92-96.
[23] 中国社会科学院语言研究所词典编辑室. 现代汉语词典(第5版)[M]. 北京:商务印书馆,2005.
[24] The David and Lucile Packard Foundation. Building for Sustainablility Report. October 2002. http://www.bnim.com/newsite/pdfs/2002-report.pdf.
[25] 戴维·纪森. 大且绿(走向21世纪的可持续性建筑)(精)[M]. 林耕,刘宪,姚小琴,译. 天津:天津科技翻译出版公司,2005.
[26] 中建建筑承包公司. 绿色建筑概论[J]. 建筑学报,2002(7):16-18.
[27] 顾国维. 绿色技术及其应用[M]. 上海:同济大学出版社,1999.
[28] 西安建筑科技大学绿色建筑研究中心. 绿色建筑[M]. 北京:中国计划出版社,1999.

[29] 中华人民共和国行业标准. 绿色建筑评价标准 GB/T50378-2014[S]. 北京：中国建筑工业出版社，2014.
[30] 台湾建筑报道杂志社. 永续绿建筑[M]. 台湾建筑报道杂志社，2002.
[31] 牛文元. 持续发展导论[M]. 北京：科学出版社，1997.
[32] 世界环境与发展委员会. 我们共同的未来[M]. 王之佳，译. 长春：吉林人民出版，1997.
[33] 杨京平，田光明. 生态设计与技术[M]. 北京：化学工业出版社，2005.
[34] 周浩明，张晓东. 生态建筑-面向未来的建筑[M]. 南京：东南大学出版社，2002.
[35] Brenda Vale，Robert Vale. Green Architecture：Design for a sustainable future[M]. London：Thames and Hudson Ltd，1991.
[36] Sim Van Der Ryn, Stuart Cowan. Ecological Design [M]. Washington, DC: Island Press，1995.
[37] 刘先觉. 生态建筑学[M]. 北京：中国建筑工业出版社，2009.
[38] 刘加平，董靓，孙世钧. 绿色建筑概论[M]. 北京：中国建筑工业出版社，2010.
[39] 吴良镛. 关于建筑学未来的几点思考(上)[J]. 建筑学报，1997(2)：16-21.
[40] (美)伦纳德 R·贝奇曼，梁多林译. 整合建筑—建筑学的系统要素[M]. 机械工业出版社，2005.
[41] 王其亨. 风水理论研究[M]. 天津：天津大学出版社，1992.
[42] 诺伯特·莱希纳，张利，周玉鹏等译. 建筑师技术设计指南—采暖·降温·照明[M]. 北京：建筑工业出版社，2004.
[43] 姚宏涛. 场地设计[M]. 沈阳：辽宁科学技术出版社，2000.
[44] 伊恩·伦诺克斯·麦克哈格. 设计结合自然[M]. 芮经纬，译. 天津：天津大学出版社，2006.
[45] 章家恩. 生态规划学[M]. 北京：化学工业出版社，2009.
[46] 刘磊. 场地设计[M]. 北京：中国建材工业出版社，2007.
[47] 鲍家声. 建筑设计教程[M]. 北京：中国建筑工业出版社，2009.
[48] Serge Salat，郤毅，陈静译. 可持续发展设计指南—高环境质量的建筑[M]. 北京：清华大学出版社，2006.
[49] 林宪德. 绿色建筑[M]. 北京：中国建筑工业出版社，2011.
[50] Public Technology Inc . US Green Building Council. 绿色建筑技术手册：设计·建造·运行[M]. 王长庆，龙惟定，杜鹏飞，等译. 北京：中国建筑工业出版社，1999.
[51] 刘念雄，秦佑国. 建筑热环境[M]. 北京：清华大学出版社，2005.
[52] 柳孝图. 建筑物理[M]. 北京：中国建筑工业出版社，1991.
[53] 荆其敏，张丽安. 中外传统民居[M]. 天津：百花文艺出版社，2004.
[54] G·Z·Brown，Mark Dekay. Sun Wind and light—Architectural Design Strategies[M]. John Wiley & Sons，Inc. 2001.
[55] 赫曼·赫茨伯格. 建筑学教程：设计原理[M]. 仲德，译. 天津：天津大学出版社，2003.
[56] 宋晔皓，栗德祥. 整体生态建筑观、生态系统结构框架和生物气候缓冲层[J]. 建筑学报. 1999(3)：4-9.
[57] Ferriss. Hugh. The metropolis of tomorrow[M]. New York: IvesWashburn. Reprint edi-

tion, Princeton NJ: Princeton Architectural Press, 1986.
[58] 英格伯格·费拉格等. 托马斯·赫尔佐格(建筑+技术)[M]. 李保峰,译. 北京:中国建筑工业出版社,2003.
[59] 王星明,罗刚. 徽州古村落[M]. 沈阳:辽宁人民出版社. 2002.
[60] 张镝鸣. 雪兰莪州格思里高尔夫俱乐部[J]. 世界建筑. 2001(4),53-55.
[61] 大卫·劳埃德·琼斯. 建筑与环境—生物气候学建筑设计[M]. 王茹,贾红博,贾国果,译. 北京:中国建筑工业出版社,2005.
[62] T·A·马克斯 E·N·莫里斯. 建筑物·气候·能量[M]. 陈士驎,译. 北京:中国建筑工业出版社,1990.
[63] 渠箴亮. 被动式太阳房建筑设计[M]. 北京:中国建筑工业出版社,1987.
[64] 宋德萱. 节能建筑设计与技术[M]. 上海:同济大学出版社,2003.
[65] 刘加平,杨柳. 室内热环境设计[M]. 北京:机械工业出版社,2005.
[66] 李元哲. 被动式太阳房的原理及其设计[M]. 北京:能源出版社,1989.
[67] 休·奥尔德西—威廉斯. 当代仿生建筑[M]. 大连:大连理工大学出版社,2004.
[68] 大师系列丛书编辑部. 弗兰克·盖里的作品与思想(随书光盘)[M]. 北京:中国电力出版社,2005.
[69] 渊上正幸. 世界建筑师的思想和作品[M]. 覃力,黄衍顺,徐慧,吴再兴,译. 北京:中国建筑工业出版社,2000.
[70] 刘丛红,戴路. 当代世界建筑[M]. 邹颖,译. 北京:机械工业出版社,2003.
[71] 夏威尔·古埃及. 安东尼·高迪[M]. 沈阳: 辽宁科学技术出版社,2005.
[72] 戴志中,杨震,熊伟. 建筑创作构思解析—生态·仿生[M]. 北京:中国计划出版社,2006.
[73] Philip Jodidio. Santiago Calatrava. Cologne, Germany. Taschen Verlag, 1998.
[74] http://bbs. house. focus. cn/photoshow/2712/1119454. html.
[75] http://en. wikipedia. org/wiki/Bah%C3%A1'%C3%AD_House_of_Worship.
[76]《大师系列》丛书编辑部. 伦佐·皮亚诺的作品与思想—大师系列[M]. 北京: 中国电力出版社,2006.
[77] 武云霞. 日本建筑之道—民族性与时代性共生[M]. 哈尔滨:黑龙江美术出版社,1997.
[78] 李大夏. 丹下建三[M]. 北京: 中国建筑工业出版,1989.
[79] http://en. wikipedia. org/wiki/Image:Germany_Pavilion_Expo_67_-_Montreal_Quebec. jpg.
[80] 马丁·波利. 诺曼·福斯特:世界性的建筑[M]. 刘亦昕,译. 北京:建筑工业出版社,2004.
[81] http://www. bluemaple. ca/images/myphoto/myphoto1. html.
[82] http://www. aaart. com. cn/cn/theory/show. asp? news_id=8293.
[83] http://en. wikipedia. org/wiki/Image:08terminal5. jpg.
[84] http://www. feitium. org/ft-news/ReadNews. asp? NewsID=183.
[85] 崔悦君. THE URGENCY OF CHANGE 创新建筑—崔悦君和他的进化式建筑[M]. 北京:中国建筑工业出版社,2002.
[86] 李保峰. 仿生学的启示[J]. 建筑学报,2002(9):24-26.
[87] 李保峰. 生态建筑的思与行[J]. 新建筑. 2001(5):35-38.

[88] 宁艳杰. 城市景观生态问题的探讨[J]. 城市管理与科技,2005,7(6): 248-250.
[89] 俞孔坚,李迪华. 景观生态规划发展历程—纪念麦克哈格先生逝世两周年. 景观设计:专业、学科与教育[M]. 北京:中国建筑工业出版社,2004.
[90] 李嘉乐. "《景观设计:专业学科与教育》导读"读后感[J]. 中国园林,2004 (5): 12.
[91] 夏昌世. 园林述要[M]. 广州: 华南理工大学出版社,1995.
[92] City of Santa Monica Green Building Program, Environmental Landscaping, (available at: http://greenbuildings. santa-monica. org/landscape/landscapela 3. html) (accessed on 11 April 2007).
[93] 孙洪波. 居住区生态绿化景观设计与评价[J]. 住宅科技,2003 (12):15-17.
[94] 罗华. 德国居住区生态型景观设计解析[J]. 园林,2004 (4):28-29.
[95] 赫伯特·德莱赛特尔,迪特尔·格劳,卡尔·卢德维格. 德国生态水景设计:规划、设计和建筑中的水资源利用[M]. 沈阳: 辽宁科学技术出版社,2003.
[96] MELBY P. CATHCART T. 可持续景观设计技术:景观设计实际应用[M]. 北京: 机械工业出版社,2005.
[97] 翟辉. "斑块、边界、基质、廊道"与城市的断想[J]. 华中建筑,2001(3):59-60.
[98] 左玉辉. 环境学[M]. 北京: 高等教育出版社,2002.
[99] 沈莉莉,柏益尧,左玉辉. 城市景观生态规划:生态基础设施建设与人文生态设计—以常州市为例[J]. 四川环境 2006,25 (4): 71-74.
[100] 俞孔坚,李迪华. 城市景观之路—与市长们交[M]. 北京: 中国建筑工业出版社,2003.
[101] 黄志新. 试论景观生态学原理与城市景观生态建设[J]. 江西农业大学学报(社科版),2004,3(3): 94-96.
[102] 杨宇振. 中国西南地域生态与山地建筑文化研究[J]. 重庆建筑大学学报(社科版). 2001,2(3):20-22.
[103] 刘桂英,王德成,王志琴,等. 廊坊城市绿地景观生态规划探讨[J]. 河北林果研究. 2005. 20(12): 396-399.
[104] 廖德兵. 景观生态学在区域环评中的应用[J]. 四川环境,2004. 23(2):53-56.
[105] 李建军. 略议城市大景观[J]. 华中建筑,1997,15(3):81-83.
[106] STEINITZ C. A framework for theory applicable to the education of landscape architects (and other design professionals). Landscape Journal, 1990, 9(2):136-143.
[107] 栗德祥. 应用生态位理论分析建筑现象[J]. 世界建筑,2007(04):132-134.
[108] 范文义,龚文峰,刘丹丹,等. 3S 技术在哈尔滨市郊景观生态规划中的应用[J]. 应用生态学报,2005,16(12): 2291-2295.
[109] 郭晋平,张芸香. 城市景观及城市景观生态研究的重点[J]. 中国园林. 2004,20(2):44-46.
[110] 中华人民共和国行业标准. 民用建筑热工设计规范 GB 50176-93[S],1993.
[111] 中华人民共和国行业标准. 夏热冬冷地区居住建筑节能设计标准 JCJ 134—2001[S],2001.
[112] 中华人民共和国行业标准. 夏热冬暖地区居住建筑节能设计标准 JGJ 75—2003[S],2003.
[113] 中华人民共和国行业标准. 公共建筑节能设计标准 GB50189-2005[S],2005.
[114] 付祥钊. 夏热冬冷地区建筑节能技术[M]. 北京:中国建筑工业出版社,2002.

[115] 刘加平.建筑物理[M].北京:中国建筑工业出版社(第3版),2000.
[116] 林其标.建筑防热[M].广州:广东科技出版社,1997.
[117] 龙惟定.建筑节能与建筑能效管理[M].北京:中国建筑工业出版社,2005.
[118] 王立雄.建筑节能[M].北京:中国工业建筑出版社,2004.
[119] 黄振利.外墙保温应用技术[M].北京:建筑工业出版社,2005.
[120] 房志勇.建筑节能技术[M].北京:能源出版社,1999.
[121] 薛志峰.超低能耗建筑技术及应用[M].北京:中国建筑工业出版社,2005.
[122] 李保峰."双层皮"幕墙类型分析及应用展望[J].建筑学报.2001(11):28-31.
[123] 谢浩.蓄水屋面的隔热构造设计[J].新型建筑材料,2002(4):43-45.
[124] 玛丽·古佐夫斯基.可持续建筑的自然光运用[M].汪芳,李天骄,谢亮蓉,译.北京:中国建筑工业出版社,2004.
[125] 王长贵,郑瑞澄.新能源在建筑中的应用[M].北京:中国电力出版社,2003.
[126] http://www.china-cap.com/htm_gb/product_list.php? product_type=34&position=34.
[127] 环境共生住宅推进协会.环境共生住宅A—Z[M].东京:东京都港区南青山信山社社,1998.
[128] http://news.xinhuanet.com/newscenter/2005-04/17/content_2840582.html'.
[129] 夏云,夏葵.节能节地建筑基础[M].西安:陕西科学技术出版社,1994.
[130] 夏云,夏葵,施燕.生态与可持续建筑[M].北京:中国建筑工业出版社,2001.
[131] 陈洋,张定青,黄明华.集雨节水建筑技术[J].西安交通大学学报.2002,36(5):545-548.
[132] 赵琪微.生活污水中水回用研究[D].南开大学硕士学位论文,2003.
[133] BECKMANI,WEIDT E. Archiecoframe or a Partial Analysis of the Ecological Impact of Building Materials and Residential Scale Structural System. Minneapolis: University of minnesota Department of Architecture,1973.
[134] Lyle J T. Regenerative Design for Sustainable Development[M]. New York: John Wiley &Son,1994.
[135] 徐强,陈汉云,刘少瑜.沪港绿色建筑研究与设计案例[M].中国建筑工业出版社,2005.
[136] 久洛·谢拜什真.新建筑与新技术[M].肖立春,李朝华,译.北京:中国建筑工业出版社,2006.
[137] 陈从周,金宝源.中国民居[M].上海:学林出版社,1997.
[138] 黄汉民.福建土楼——中国传统民居的瑰宝[M].北京:生活·读书·新知三联书店,2003.
[139] 袁炯炯.石桥村客家土楼传统设计理念的生态适应性研究[D].华侨大学硕士学位论文,2005.
[140] http// www.cctv.com/science/20051201/101173.shtml.
[141] JAMES W. Green architecture[M]. Taschen,2000.
[142] 高辉.重读简考布斯住宅——赖特的"被动式"有机建筑[J].新建筑.2002(6):26-28.
[143] 叶晓健.查尔斯·柯里亚的建筑空间[M].北京:中国建筑工业出版社,2003.
[144] 刘先觉.阿尔瓦·阿尔托[M].北京:中国建筑工业出版社,1999.
[145] 若弗雷·H·巴克.建筑设计方略—形式的分析[M].王玮,张宝林,王丽娟,译.北京:中国水利水电出版社,知识产权出版社,2005.

[146] 李华东.高技术生态建筑[M].天津:天津大学出版社,2002.
[147] HAMZAH TR, YEANG. Ecology of the sky. Mulgrave, victoria ,Australia :The Images Publishing Group Pty Ltd,2001.
[148] 韩继红.上海生态建筑示范工程·生态办公示范楼[M].北京:中国建筑工业出版社,2005.
[149] 林宪德.绿色魔法学校[M].台北:新自然主义股份有限公司 & 幸福绿光股份有限公司出版,2012.
[150] 帕高·阿森西奥.生态建筑[M].侯正华,宋晔皓,译.南京:江苏科技出版社,2001.
[151] 龙淳.中国典型城市生物气候建筑设计策略研究[D].华侨大学硕士学位论文,2006.
[152] 华南理工大学.建筑物理[M].广州:华南理工大学出版社,2002.
[153] 曹叔维.房间热过程和空调负荷[M].上海:上海科学技术文献出版社,1991.